T0280920

Andreas Herz

Repetitorium
Funktionentheorie

Aus dem Programm _____
Reelle und Komplexe Analysis

Analysis 1-3
von Otto Forster

Übungsbuch zur Analysis 1
von Otto Forster und Rüdiger Wessoly

Übungsbuch zur Analysis 2
von Otto Forster und Thomas Szymczak

Analysis, Band 1
von Ehrhard Behrends

Einführung in die Analysis
von Thomas Sonar

Funktionentheorie
von Wolfgang Fischer und Ingo Lieb

Ausgewählte Kapitel aus der Funktionentheorie
von Wolfgang Fischer und Ingo Lieb

vieweg _____

Andreas Herz

Repetitorium Funktionentheorie

**Mit über 200 ausführlich
bearbeiteten Prüfungsaufgaben**

2., überarbeitete und erweiterte Auflage

Mit 164 Abbildungen

Unter Mitarbeit von Martin Schalk

Bibliographic information published by Die Deutsche Bibliothek
Die Deutsche Bibliothek lists this publication in the Deutsche Nationalbibliografie;
detailed bibliographic data is available in the Internet at <http://dnb.ddb.de>.

Andreas Herz
Königsberger Straße 4
87439 Kempten

andreas.herz@jakob-brucker-gymnasium.de

Dieses Buch ist eine überarbeitete und erweiterte Fassung des 1994 im Deutschen Universitäts-Verlag erschienen Titels „Repetitorium der Funktionentheorie" von A. Herz und M. Schalk.

1. Auflage 1996
2., überarbeitete und erweiterte Auflage Oktober 2003

Alle Rechte vorbehalten
© Friedr. Vieweg & Sohn Verlag/GWV Fachverlage GmbH, Wiesbaden 2003

Der Vieweg Verlag ist ein Unternehmen der Fachverlagsgruppe BertelsmannSpringer.
www.vieweg.de

Das Werk einschließlich aller seiner Teile ist urheberrechtlich geschützt. Jede Verwertung außerhalb der engen Grenzen des Urheberrechtsgesetzes ist ohne Zustimmung des Verlages unzulässig und strafbar. Das gilt insbesondere für Vervielfältigungen, Übersetzungen, Mikroverfilmungen und die Einspeicherung und Verarbeitung in elektronischen Systemen.

Umschlaggestaltung: Ulrike Weigel, www.CorporateDesignGroup.de

Gedruckt auf säurefreiem und chlorfrei gebleichtem Papier.

ISBN-13:978-3-528-16903-9   e-ISBN-13:978-3-322-83209-2
DOI: 10.1007/978-3-322-83209-2

für
Konstantin und Philipp

Vorwort

Allen Studierenden der Funktionentheorie soll mit diesem Buch geholfen werden, den Vorlesungsstoff besser zu verstehen, Übungsaufgaben erfolgreich zu bearbeiten und sich auf Prüfungen gezielt vorzubereiten. Zu diesem Zweck wurden die klassischen Inhalte der Funktionentheorie thematisch gegliedert, in vielen Tabellen, Übersichten und Graphiken anschaulich dargestellt und an Hand zahlreicher detailliert bearbeiteter Prüfungsaufgaben erläutert.

Bei der Auswahl des Inhalts wurden neben dem „Kerngebiet" der Funktionentheorie auch diejenigen Themen berücksichtigt, die in einer einsemestrigen Einführungsvorlesung oft nur am Rande oder erst im zweiten Semester behandelt werden können, bei Prüfungen dennoch meist zum Pflichtsoff gehören. Beispiele hierzu sind die konformen Abbildungen, die harmonischen Funktionen, die Indexfunktion, die Homologieversionen der Integralsätze, der Holomorphiebegriff auf der Riemannschen Zahlensphäre sowie die Sätze von Mittag-Leffler und Weierstraß.

Jeder Paragraph gliedert sich in einen Theorie- und einen Aufgabenteil. Der erste Bereich fasst die wichtigsten Definitionen und Aussagen zusammen, die zum Lösen der Aufgaben des zweiten Teils benötigt werden.

Anders als in den meisten Lehrbüchern richten sich der Inhalt, die Gliederung und die Darstellung des Theorieteils nicht nach beweistechnischen oder historischen Gesichtspunkten. Dagegen wurde auf eine rein thematische Gliederung sowie auf eine knappe, aber vollständige und didaktisch sinnvolle Darstellung des Basisstoffs Wert gelegt. So wurden zum Beispiel die drei Vertauschungssätze bei kompakter Konvergenz, nämlich die Übertragung der Stetigkeit, Differenzierbarkeit und Integrierbarkeit auf die Grenzfunktion, wegen ihrer thematischen Verknüpfung zu einem Paragraphen zusammengefasst. Dies wurde in diesem Buch ermöglicht durch das Weglassen der zugehörigen Beweise, die der Studierende in Lehrbüchern finden kann, die im Literaturverzeichnis angegeben sind.

Die zahlreichen Gegenüberstellungen von komplexer und reeller Version wichtiger Sätze sollen das Begreifen des inhaltlichen Kerns erleichtern und die Vorteile der komplexen gegenüber der reellen Analysis verdeutlichen.

Der Aufgabenteil nimmt entsprechend der Bedeutung der Übung für den Lernprozess einen besonders großen Platz ein. Die Lösungen sind sehr detailliert, um sie für den Leser leichter nachvollziehbar zu machen. Häufig auftretende Beweisschemata und Rechenroutinen werden besonders deutlich herausgearbeitet, so dass sie von den Lesern auch auf andere Aufgaben übertragen werden können. Erwähnt sei hier nur das Schema zur Integralberechnung nach der (in Prüfungen so beliebten) Residuenmethode. Ich hoffe, dass dieses Buch den Lesern helfen wird, Übungs- und Prüfungsaufgaben zu meistern und wünsche dazu recht viel Erfolg.

Die meisten der über 200 bearbeiteten Aufgaben stammen aus der Bayerischen Ersten Staatsprüfung für das Lehramt an Gymnasien. Zum kleinen Teil wurden die Angaben der Examensaufgaben aus Gründen der Einheitlichkeit geringfügig abgeändert, ohne jedoch die Aufgabenstellung inhaltlich zu verändern.

Bedanken möchte ich mich bei allen, die an der Realisierung dieses Buches mitgewirkt haben:
Große Teile dieses Buches, wie z. B. die Kapitel V, VI und VII basieren auf Arbeiten meines Kollegen Martin Schalk. Da ohne seine vierjährige Mitarbeit dieses Buch nie entstanden wäre, schulde ich ihm größten Dank.

Für die sehr sorgfältige Überprüfung des Skripts und für viele Verbesserungsvorschläge möchte ich mich bei meinen Kolleginnen und Kollegen Lisa Amann, Christine Frank-Schalk, Andrea Hechenleitner, Rainer Hoff und Tine Lenz recht herzlich bedanken. Ein besonderer Dank gilt Herrn Professor Dr. Günther Kraus für die Unterstützung bei der Erstellung und Veröffentlichung des Skripts. Das im

Deutschen Universitäts Verlag erschienene Buch „Repetitorium der Funktionentheorie" von Martin Schalk und mir, aus dem das vorliegende Buch hervorgegangen ist, wurde von meinen Kolleginnen Ursula Kellerer und Gabi Wienholtz sehr gewissenhaft und kompetent auf Fehler überprüft. Bei ihnen möchte ich mich ebenso bedanken wie bei Herrn Prof. Dr. Heinrich Steinlein, dessen Verbesserungsvorschläge und Ideen das Buch bereichert haben. Auch für die Ermutigungen und die wertvollen Informationen von Herrn und Frau Oehler und Herrn Schenk möchte ich mich recht herzlich bedanken. Meiner Frau Birgit danke ich für unendlich viel Geduld, die sie in den letzten zwei Jahren mit mir haben musste. Schließlich danke ich Frau Ulrike Schmickler-Hirzebruch vom Lektorat des Vieweg-Verlags für die gute Zusammenarbeit bei der Verwirklichung dieses Buches.

München, im August 1996   Andreas Herz

Vorwort zur zweiten Auflage

Einige Kapitel wurden durch Erweiterung des Theorieteils und durch Hinzufügen einiger Aufgaben abgerundet. Im Übrigen wurde, abgesehen von einigen typographischen Fehlern und sachlichen Korrekturen, der Text der ersten Auflage übernommen.

Das Konzept des Buches, den Basisstoff der Funktionentheorie thematisch zur Gliedern und mit zahlreichen bearbeiteten Aufgaben zu festigen, wurde von vielen Leserinnen und Lesern als sehr Gewinn bringend bezeichnet. Zahlreiche Sudierende konnten das Repetitorium, besonders in Kombination mit Lehrbüchern der Funktionentheorie, wie das von Wolfgang Fischer und Ingo Lieb (Vieweg 2003), erfolgreich zur Vertiefung des Vorlesungsstoffs und zur Vorbereitung auf Prüfungen einsetzen.

Danken möchte ich Allen, die mir geholfen haben, dem (wohl unerreichbaren) Ideal eines fehlerfreien Buches ein Stück näher zu kommen. Besonders hervorheben möchte ich meinen Kollegen Christian Dummer, der äußerst präzise die erste Auflage nach Fehlern durchsuchte.

Frau Petra Rußkamp und Frau Ulrike Schmickler-Hirzebruch vom Lektorat Mathematik des Vieweg Verlags danke ich für die Initiierung und Realisierung der zweiten Auflage dieses Buches.

Kempten, im August 2003   Andreas Herz

Inhaltsverzeichnis

Kapitel I
Komplexe Differenzierbarkeit und Holomorphie

Das Kapitel beginnt mit einem einführenden „nullten" Paragraphen über die komplexen Zahlen. Im Vergleich der Mengen der reellen und komplexen Zahlen bezüglich ihrer algebraischen, ordnungstheoretischen und topologischen Eigenschaften soll bereits vorhandenes Wissen aufgefrischt und ergänzt werden. Im anschließenden Paragraphen werden die reelle und die komplexe Differenzierbarkeit vergleichend gegenübergestellt, um ihre kennzeichnenden Merkmale herauszustellen. Hierbei liegt in der $\mathbb{R}$- bzw. $\mathbb{C}$-Linearität der Ableitungen der charakteristische Unterschied. Die Holomorphie von Funktionen wird im zweiten Paragraphen über die komplexe Differenzierbarkeit definiert. Im darauffolgenden Paragraphen findet man eine Auflistung der wichtigsten, zum Lösen von Prüfungsaufgaben unentbehrlichen Eigenschaften holomorpher Funktionen. Ihm schließt sich ein kurzer Abschnitt über die biholomorphe Abbildung an, die mit ihrem reellen Gegenstück, der diffeomorphen Abbildung, verglichen wird. Das Kapitel endet mit einem Paragraphen über harmonische Funktionen, zu denen auch die Real- und Imaginärteile holomorpher Funktionen gehören.

§0   Die komplexen Zahlen

In diesem einführenden Paragraphen werden die wichtigsten algebraischen, topologischen und Ordnungseigenschaften der Menge der komplexen Zahlen zusammengestellt und mit den entsprechenden Eigenschaften der Menge der reellen Zahlen verglichen.

0.1   Algebraische Struktur

Durch Vorgabe von Verknüpfungen auf einer Menge M, welche gewisse algebraische Axiome erfüllen (z. B. Assoziativ- und Kommutativgesetze, Distributivgesetz, Existenz neutraler und inverser Elemente), wird eine algebraische Struktur auf M definiert.

Durch die Festlegung der algebraischen Struktur können beispielsweise folgende algebraische Grundbegriffe definiert werden: Summe und Produkt; Null-, Eins- und inverses Element; Nullteiler; Einheit; Polynom; Gruppe; Körper . . .

0.1.1 Definition: Der Körper der komplexen Zahlen

Die Menge $\mathbb{R}^2$ der geordneten Paare reeller Zahlen wird durch die beiden Verknüpfungen

Addition: +   : $\mathbb{R}^2 \times \mathbb{R}^2 \to \mathbb{R}^2$, $(a, b) + (c, d) := (a + c, b + d)$ und

Multiplikation: ·   : $\mathbb{R}^2 \times \mathbb{R}^2 \to \mathbb{R}^2$, $(a, b) \cdot (c, d) := (ac - bd, ad + bc)$

zu einem Körper, dem Körper $\mathbb{C}$ der komplexen Zahlen, mit dem Nullelement $(0, 0)$ und dem Einselement $(1, 0)$.

0.1.2 Bemerkungen und Definition

a) Die Menge $\mathbb{R}' := \{(a, 0) : a \in \mathbb{R}\}$ ist ein zu $\mathbb{R}$ isomorpher Unterkörper von $\mathbb{C}$. Aus diesem Grund identifiziert man $\mathbb{R}'$ mit $\mathbb{R}$ und schreibt a anstatt $(a, 0)$.

Der Körper der reellen Zahlen $\mathbb{R}$ ist somit in natürlicher Weise ein Unterkörper von $\mathbb{C}$.

b) Das Paar (0, 1) heißt <u>imaginäre Einheit</u> und wird mit dem Buchstaben i bezeichnet.

Charakteristische Eigenschaft: $i^2 = (0, 1) \cdot (0, 1) = (-1, 0) = -1$.

                                     Die Zahl i ist somit Nullstelle (Wurzel) des Polynoms x^2+1.

c) Mit den Vereinbarungen in a) und b) kann nun jede komplexe Zahl (a, b) in die aus der linearen Algebra bekannte Form a + i · b umgeschrieben werden („Summendarstellung"):

$$(a, b) = (a, 0) + (0, b) = (a, 0) + (0, 1) \cdot (b, 0) = a + i \cdot b$$

Hierbei heißen $a \in \mathbb{R}$ der <u>Realteil</u> und $b \in \mathbb{R}$ der <u>Imaginärteil</u> der komplexen Zahl z = a + ib und werden Re z   bzw. Im z   geschrieben.

d) Eine komplexe Zahl z mit Re z = 0 heißt <u>(rein) imaginär</u>.

0.1.3   Konjugation und Rechenregeln

a) Die Konjugationsabbildung $\overline{}$: $\mathbb{C} \to \mathbb{C}$, $a + ib \mapsto \overline{a + ib} := a - ib$ $(a, b \in \mathbb{R})$ ist ein involutorischer Körperautomorphismus von $\mathbb{C}$, der $\mathbb{R}$ elementweise festhält.

Das bedeutet für z, w $\in \mathbb{C}$:

   i) $\overline{z \pm w} = \overline{z} \pm \overline{w}$,

   ii) $\overline{z \cdot w} = \overline{z} \cdot \overline{w}$,

   iii) $\overline{\dfrac{z}{w}} = \dfrac{\overline{z}}{\overline{w}}$,   falls w $\neq$ 0 ,

   iv) $\overline{\overline{z}} = z$ („involutorisch") ,

   v) $\overline{z} = z$ genau dann, wenn z $\in \mathbb{R}$,

   vi) $\overline{z} = -z$ genau dann, wenn z $\in i\mathbb{R}$.

b) Beim Rechnen mit komplexen Zahlen werden die folgenden Regeln oft benötigt:

Für z = a + ib und w = c + id $\in \mathbb{C}$ (a, b, c, d $\in \mathbb{R}$)   gilt:

   i)   z + w   =   (a + c) + i(b + d) ,

   ii)   z · w   =   (ac – bd) + i(ad + bc) ,

   iii) $z \cdot \overline{z}$ = $a^2 + b^2$,

   iv) z^{-1} = $\dfrac{\overline{z}}{z\overline{z}} = \dfrac{a - ib}{a^2 + b^2}$,   falls z $\neq$ 0   (Inverses zu z) ,

   v)   Re(z)   = $\frac{1}{2} \cdot (z + \overline{z})$;   Im(z)   = $\frac{1}{2i} \cdot (z - \overline{z})$,

   vi) $(z + w)^n = \binom{n}{0} z^n + \binom{n}{1} z^{n-1} w + \ldots + \binom{n}{n-1} z\,w^{n-1} + \binom{n}{n} w^n$

        (binomischer Satz).

0.1.4   Geometrische Deutung algebraischer Operationen

a) Da die komplexen Zahlen ursprünglich als geordnete Paare reeller Zahlen definiert wurden, liegt es nahe, die Zahlen aus dem Körper $\mathbb{C}$ mit den Punkten der euklidischen Ebene $\mathbb{R}^2$ zu identifizieren. Hierzu wird die komplexe Zahl z = a + ib als Punkt (a, b) mit den kartesischen Koordinaten a und b gedeutet.

Diese Ebene wird <u>Gaußsche Zahlenebene</u> genannt.

Die Veranschaulichung der komplexen Zahlen als Punkte der Zahlenebene ermöglicht die geometrische Deutung einiger algebraischer Operationen. So sind beispielsweise die Addition zweier komplexer Zahlen als Vektoraddition von Ortsvektoren in $\mathbb{R}^2$ oder die Konjugantion einer komplexen Zahl als Spiegelung eines Punktes an der reellen Achse interpretierbar.

b) Zu jeder komplexen Zahl $z \in \mathbb{C}^*$ gibt es genau ein Paar $(r, \phi) \in \mathbb{R}^+ \times [0 ; 2\pi[$ reeller Zahlen mit

$$z = r \cdot (\cos \phi + i \cdot \sin \phi) .$$

Diese Darstellung von z heißt <u>Polarkoordinaten-darstellung</u> („Polarform").

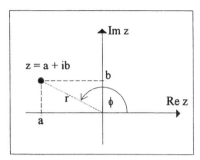

Hierbei gibt die Zahl r den Abstand des Punktes z vom Ursprung an, während die Zahl ϕ den positiv orientierten Winkel zwischen der reellen positiven Halbachse und dem Vektor z [1] bezeichnet (siehe Skizze).

Man nennt ϕ das <u>Argument</u> von z. Symbol: $\phi = \arg (z)$.

<u>Berechnungsformeln</u>:

$$r = |z| = \sqrt{(\text{Re } z)^2 + (\text{Im } z)^2} ,$$

$$\phi = \begin{cases} \arctan ((\text{Im } z) \cdot (\text{Re } z)^{-1}) & \text{, falls Re } z > 0 \text{ und Im } z \geq 0 \\ \arctan ((\text{Im } z) \cdot (\text{Re } z)^{-1}) + 2\pi & \text{, falls Re } z > 0 \text{ und Im } z < 0 \\ \arctan ((\text{Im } z) \cdot (\text{Re } z)^{-1}) + \pi & \text{, falls Re } z < 0 \\ \frac{\pi}{2} & \text{, falls Re } z = 0 \text{ und Im } z > 0 \\ 3\frac{\pi}{2} & \text{, falls Re } z = 0 \text{ und Im } z < 0 . \end{cases}$$

Hierbei bezeichnet $\arctan : \mathbb{R} \to \left] -\frac{\pi}{2} ; \frac{\pi}{2} \right[$ den Hauptzweig des (reellen) Arcustangens.

c) Unter Verwendung der Exponentialfunktion $\exp : \mathbb{C} \to \mathbb{C}$ [2] und der <u>Eulerischen Formel</u>

$$e^{iw} = \exp(iw) = \cos w + i \cdot \sin w \qquad (w \in \mathbb{C})$$

lässt sich die Polarkoordinatendarstellung von $z \in \mathbb{C}^*$ umschreiben in $z = r \cdot e^{i\phi}$.

d) Für $z_1 = r_1 \cdot e^{i\phi_1}$ und $z_2 = r_2 \cdot e^{i\phi_2}$ gilt:

$$z_1 \cdot z_2 = r_1 r_2 e^{i(\phi_1 + \phi_2)} \qquad \text{und} \qquad \frac{z_1}{z_2} = \frac{r_1}{r_2} e^{i(\phi_1 - \phi_2)} .$$

0.1.5 <u>Satz: Algebraische Abgeschlossenheit</u>

a) Der Körper der reellen Zahlen $\mathbb{R}$ ist nicht algebraisch abgeschlossen. [3]
   Beispielsweise besitzt $X^2 + 1 \in \mathbb{R}[X]$ keine Nullstelle in $\mathbb{R}$.

b) Der Körper der komplexen Zahlen $\mathbb{C}$ ist algebraisch abgeschlossen
   (Fundamentalsatz der Algebra) .
   Beispielsweise besitzt $X^2 + 1 \in \mathbb{C}[X]$ die beiden Nullstellen $\pm i \in \mathbb{C}$.

---

[1] z wird hierbei als zweidimensionaler Vektor („Ortsvektor zum Punkt z") im $\mathbb{R}^2$ verstanden.

[2] Siehe hierzu Kap. III, §2.

[3] Ein Körper K heißt algebraisch abgeschlossen, falls jedes Polynom positiven Grades aus K[X] eine Nullstelle in K besitzt.

0.1.6   Vergleich der algebraischen Eigenschaften von $\mathbb{R}$, $\mathbb{R}^2$ und $\mathbb{C}$

> o $\mathbb{R}$ ist ein Körper, aber kein algebraisch abgeschlossener Körper.
>
> o $\mathbb{R}^2$ ist ein $\mathbb{R}$-Vektorraum.
>
> o $\mathbb{C}$ ist ein Körper, sogar ein algebraisch abgeschlossener Körper.

0.2   Ordnungsstruktur

Durch Vorgabe einer Relation auf einer Menge M, welche gewisse Ordnungsaxiome erfüllt (siehe Anhang A) wird eine Ordnungsstruktur auf M definiert.

Durch die Festlegung der Ordnungsstruktur können beispielsweise folgende ordnungstheoretische Grundbegriffe definiert werden: Maximales, minimales Element; obere Schranke; Supremum, Infimum einer Menge; beschränkte Menge; beschränkte Funktion; monotone Punktfolge ...

0.2.1   Satz: Angeordneter Körper

a)   Der Körper der reellen Zahlen $\mathbb{R}$ ist durch die gewöhnliche „kleiner-gleich"- Relation „$\leq$" archimedisch angeordnet. [4]

b)   Der Körper der komplexen Zahlen $\mathbb{C}$ lässt sich nicht anordnen. Es gibt also keine konnexe Ordnungsrelation, die mit der Addition und Multiplikation von $\mathbb{C}$ verträglich ist. [5]

0.2.2   Vergleich der Ordnungseigenschaften von $\mathbb{R}$ und $\mathbb{C}$

> o $\mathbb{R}$ ist durch die Relation „$\leq$" ein angeordneter, sogar archimedisch angeordneter Körper.
>
> o $\mathbb{C}$ lässt sich nicht anordnen.

0.3   Topologische Struktur

Durch Vorgabe einer Topologie, d. h. eines Systems von Teilmengen („offenen Mengen") einer Menge M, welches die Topologie-Axiome erfüllt (siehe Anhang A), wird eine topologische Struktur auf M definiert.

Durch Festlegung der topologischen Struktur können beispielsweise folgende topologische Grundbegriffe definiert werden: Abgeschlossene, kompakte, zusammenhängende Menge; Rand-, Häufungs-, Berühr- und innerer Punkt; Konvergenz einer Folge; Stetigkeit von Abbildungen ...

0.3.1   Definition: Topologie eines metrischen Raumes

Sei M ein metrischer Raum mit Metrik $d : M \times M \to \mathbb{R}$.

a)   Für $r > 0$ und $c \in M$ heißt die Menge

$$B_r(c) := \{x \in M : d(x, c) < r\}$$

die offene Kugel mit Mittelpunkt c und Radius r.

---

[4]   Zum Begriff der „archimedischen Anordnung" siehe Anhang A.

[5]   Zu den Begriffen „angeordneter Körper" bzw. „konnexe Ordnungsrelation" siehe Anhang A.

b) Eine Menge $U \subset M$ heißt <u>offen</u> in M,

  falls für alle $c \in U$ ein $r > 0$ existiert mit $B_r(c) \subset U$.

Die Menge der so definierten offenen Teilmengen von M ist tatsächlich eine Topologie. Sie erfüllt also die Topologie-Axiome. [6]

Diese Topologie heißt die <u>von der Metrik d induzierte Topologie</u> auf M.

0.3.2 <u>Satz: Die Norm und die Metrik der komplexen Zahlen</u>

a) Die Abbildung $|\cdot| : \mathbb{C} \to \mathbb{R}_0^+$, $|z| := \sqrt{z \cdot \overline{z}} = \sqrt{\mathrm{Re}(z)^2 + \mathrm{Im}(z)^2}$ ist eine Norm auf $\mathbb{C}$,

   auch <u>Betragsfunktion</u> genannt.

b) Die Abbildung $d : \mathbb{C} \times \mathbb{C} \to \mathbb{R}$, $d(z, w) := |z - w|$ ist eine Metrik auf $\mathbb{C}$, die von der Norm

   $|\cdot|$ induzierte Metrik auf $\mathbb{C}$.

   Die in 0.3.1 a) definierten offenen Kugeln $B_r(c)$ heißen hier <u>offene Kreisscheiben</u> in $\mathbb{C}$.

c) Die in b) definierte Metrik d auf $\mathbb{C}$ ist identisch mit der wohlbekannten euklidischen Metrik

$$d_e : \mathbb{R}^2 \times \mathbb{R}^2 \to \mathbb{R}, \quad d_e((x, y), (x', y')) := \sqrt{(x-x')^2 + (y-y')^2}$$

auf $\mathbb{R}^2$ und heißt deshalb selbst <u>euklidisch</u>.

Das bedeutet u.a.:

- Eine Teilmenge $U \subset \mathbb{C}$ ist genau dann offen (abgeschlossen, kompakt, zusammenhängend,...) <u>in $\mathbb{C}$</u>, wenn sie dies auch <u>in $\mathbb{R}^2$</u> ist.
- Ein Punkt $c \in \mathbb{C}$ ist von der Menge $M \subset \mathbb{C}$ genau dann ein Randpunkt (Berühr-, Häufungs-, innerer Punkt, ...) <u>in $\mathbb{C}$</u>, wenn er dies auch <u>in $\mathbb{R}^2$</u> ist.
- Ein Punkt $c \in \mathbb{C}$ ist von der komplexen Folge $(c_n)_n$ genau dann ein Grenzwert (Häufungswert) <u>in $\mathbb{C}$</u>, wenn er dies auch <u>in $\mathbb{R}^2$</u> ist.
- Eine Funktion $z \mapsto f(z) \in \mathbb{C}$ ist genau dann stetig auf einer Menge $U \subset \mathbb{C}$ (in einem Punkt $c \in \mathbb{C}$), wenn die reelle Funktion $(x, y) \mapsto (\mathrm{Re}\, f(x + iy), \mathrm{Im}\, f(x + iy)) \in \mathbb{R}^2$ auf der Menge $U \subset \mathbb{R}^2$ (im Punkt $c \in \mathbb{R}^2$) stetig ist.

0.3.3 Rechenregeln für die Norm

Häufig werden folgende Regeln benötigt:

Für $z, w \in \mathbb{C}$ gilt:

i) $|z| \geq 0$ und $|z| = 0 \Leftrightarrow z = 0$,

ii) $|z|^2 = z\,\overline{z} = (\mathrm{Re}\, z)^2 + (\mathrm{Im}\, z)^2$,

iii) $|z| - |w| \leq ||z| - |w|| \leq |z + w| \leq |z| + |w|$,

iv) $|z| - |w| \leq ||z| - |w|| \leq |z - w| \leq |z| + |w|$,

---

[6]   Siehe hierzu Anhang A.

v) $|z \cdot w| = |z| \cdot |w|$,

vi) $|\frac{z}{w}| = \frac{|z|}{|w|}$, falls $w \neq 0$,

vii) $|\bar{z}| = |z|$,

viii) $|\text{Re}(z)| \leq |z|$ und $|\text{Im}(z)| \leq |z|$,

ix) $|z| \leq |\text{Re } z| + |\text{Im } z|$,

x)   Anders als im Reellen sind die Zahlen $|z|^2$ und z^2 im Allgemeinen verschieden.

       Beispiel: $z = i$; $|i|^2 = 1 \neq -1 = i^2$.

0.3.4 Satz: Vollständiger metrischer Raum

       Die metrischen Räume $\mathbb{R}$, $\mathbb{R}^2$ und $\mathbb{C}$ sind vollständige metrische Räume. [7]

0.3.5 Vergleich der topologischen Eigenschaften von $\mathbb{R}$, $\mathbb{R}^2$ und $\mathbb{C}$

o $\mathbb{R}$ ist (versehen mit der euklidischen Metrik) ein vollständiger metrischer Raum.
o $\mathbb{R}^2$ und $\mathbb{C}$ sind (versehen mit der euklidischen Metrik) identische vollständige metrische Räume.

0.4   Satz: Charakterisierung der Menge der reellen und der Menge der komplexen Zahlen

a) Die Menge $\mathbb{R}$, versehen mit	o der gewöhnlichen Addition und Multiplikation,
	o der gewöhnlichen „kleiner-gleich"-Ordnungsrelation und
	o der gewöhnlichen euklidischen Metrik
ist ein	o archimedisch angeordneter Körper und
	o vollständiger metrischer Raum.
Durch diese Eigenschaften ist $\mathbb{R}$ eindeutig charakterisiert.	
b) Die Menge $\mathbb{C}$, versehen mit	o der oben definierten Addition und Multiplikation und
	o der euklidischen Metrik
ist ein	o algebraisch abgeschlossener Körper und
	o vollständiger metrischer Raum.
Durch diese Eigenschaften ist $\mathbb{C}$ eindeutig charakterisiert.	

---

[7] Ein metrischer Raum M heißt vollständig, wenn jede Cauchyfolge in M einen Grenzwert in M besitzt. (Siehe Anhang A.)

Aufgaben zu Kapitel I, §0

Aufgabe I.0.1:

Von den folgenden komplexen Zahlen bestimme man jeweils den Real- und den Imaginärteil.

a) $a := (3 + 2i)^3$ 　　 b) $b := e^{3(2-i)}$ 　　 c) $c := \dfrac{i+1}{i-1}$.

Lösung:

a) Die Anwendung des Binomischen Satzes (0.1.3 b) vi)) ergibt:

$$a = 3^3 + 3 \cdot 3^2 \cdot 2i + 3 \cdot 3 \cdot (2i)^2 + (2i)^3 = 27 + 54i - 36 - 8i = -9 + 46i .$$

Daraus folgt: 　　 Re $(a) = -9$ und Im $(a) = 46$.

b) Die Anwendung der Eulerischen Formel (0.1.4 c)) führt zu:

$$b = e^6 e^{-3i} = e^6 \cdot (\cos(-3) + i \sin(-3)) .$$

Daraus folgt: 　　 Re $(b) = e^6 \cdot \cos 3$ und 　 Im $(b) = -e^6 \cdot \sin 3$.

c) Nach Rechenregel 0.1.3 b) iii) erhält man:

$$c = \frac{(i+1)\overline{(i-1)}}{(i-1)\overline{(i-1)}} = \frac{(i+1)(-i-1)}{(-1)^2 + 1^2} = -\frac{i^2 + 2i + 1^2}{2} = -\frac{2i}{2} = -i .$$

Daraus folgt: 　　 Re $(c) = 0$ und 　 Im $(c) = -1$.

Aufgabe I.0.2:

Geben Sie das multiplikativ Inverse zu

a) $c := 3 + \sqrt{3}\, i$, 　　 b) $d := 5 e^{i\frac{7}{4}\pi}$

sowohl in der Summendarstellung als auch in der Polarform an.

Lösung:

Unter Verwendung der Formeln 0.1.3 b) iii), iv) und 0.3.3 ii) sowie 0.1.4 b) und c) erhält man:

a) Summendarstellung: 　 $c^{-1} = \dfrac{\bar{c}}{c\,\bar{c}} = \dfrac{\bar{c}}{|c|^2} = \dfrac{3 - \sqrt{3}\,i}{\sqrt{9+3}} = \dfrac{3}{\sqrt{12}} - \sqrt{\dfrac{1}{4}}\, i$.

Polarform: 　　 $c = r\, e^{i\phi}$ mit 　 $r = |c| = \sqrt{12}$

und 　 $\phi = \arctan \dfrac{\sqrt{3}}{3} = \dfrac{\pi}{6}$.

$$c^{-1} = (\sqrt{12}\, e^{i\frac{\pi}{6}})^{-1} = 12^{-\frac{1}{2}} e^{-i\frac{\pi}{6}} = 12^{-\frac{1}{2}} e^{i\frac{11}{6}\pi} .$$

b) Polarform: 　　 $d^{-1} = 5^{-1} e^{-i\frac{7}{4}\pi} = 0{,}2\, e^{i\frac{\pi}{4}}$.

Summendarstellung: 　 $d^{-1} = 0{,}2 \cos(\frac{\pi}{4}) + 0{,}2 \sin(\frac{\pi}{4})\, i = \dfrac{\sqrt{2}}{10} + \dfrac{\sqrt{2}}{10}\, i$.

Aufgabe I.0.3:

Man berechne die Beträge der folgenden komplexen Zahlen:

a) $a := -4 - 3i$ b) $b := \dfrac{4 - 3i}{2 + i}$ c) $c := 2e^{5 + 3i}$.

d) $d := \dfrac{1}{(1 + i)^n} + \dfrac{1}{(1 - i)^n}$, wobei n eine natürliche ungerade Zahl ist.

<u>Lösung:</u>

Man verwende die Rechenregeln für die Norm in 0.3.3:

a)   Nach Regel ii) gilt:

$$|a| = \sqrt{\text{Re}(a)^2 + \text{Im}(a)^2} = \sqrt{(-4)^2 + (-3)^2} = 5 .$$

b)   Nach Regel vi) gilt:

$$|b| = \frac{|4 - 3i|}{|2 + i|} = \frac{\sqrt{4^2 + (-3)^2}}{\sqrt{2^2 + 1^2}} = \frac{5}{\sqrt{5}} = \sqrt{5} .$$

c)   Wegen $|e^{3i}| = |\cos 3 + i \cdot \sin 3| = \sqrt{(\cos 3)^2 + (\sin 3)^2} = 1$

gilt nach Regel v):

$$|c| = |2| \cdot |e^5| \cdot |e^{3i}| = 2e^5 .$$

d)   Da die Konjugation $\overline{} : \mathbb{C} \to \mathbb{C}$ ein Körperautomorphismus ist (0.1.3 a)), erhält man nach Regel ii):

$$|d|^2 = d\bar{d} = \left(\frac{1}{(1 + i)^n} + \frac{1}{(1 - i)^n}\right)\left(\frac{1}{(1 - i)^n} + \frac{1}{(1 + i)^n}\right) =$$

$$= \frac{1}{(1 + i)^{2n}} + \frac{1}{(1 - i)^{2n}} + \frac{2}{((1 + i)(1 - i))^n} =$$

$$= \frac{1}{(2i)^n} + \frac{1}{(-2i)^n} + \frac{2}{2^n} .$$

Da n ungerade ist, folgt daraus:

$$|d|^2 = \frac{2}{2^n} = 2^{1-n} \quad \text{und damit} \quad |d| = 2^{\frac{1-n}{2}} .$$

Aufgabe I.0.4

Sei das Dreieck ABC mit den Eckpunkten $A = 1 - i$, $B = 2 + 2i$ und $C = -2 + 3i$ vorgegeben. Berechnen Sie die Längen der Dreiecksseiten und den Innenwinkel bei Eckpunkt A.

<u>Lösung:</u>

Die Längen der Dreiecksseiten berechnen sich nach 0.3.2 b) und 0.3.3 ii) zu

$$d(A, B) = |(1 - i) - (2 + 2i)| = |-1 - 3i| = (1 + 9)^{1/2} = 10^{1/2},$$

$$d(B, C) \; = \; |(2 + 2i) - (-2 + 3i)| \; = \; |4 - i| \; = \; (16 + 1)^{1/2} \; = \; 17^{1/2} \, ,$$

$$d(C, A) \; = \; |(-2 + 3i) - (1 - i)| \; = \; |-3 + 4i| \; = \; (9 + 16)^{1/2} \; = \; 5.$$

Der Innenwinkel Ψ bei Eckpunkt A bestimmt man gemäß der Skizze und nach 0.1.4 b):

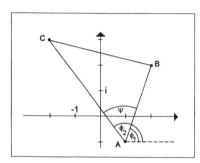

$$\Psi \; = \; \arg (C - A) - \arg (B - A) \; =$$

$$= \; \arg (-3 + 4i) - \arg (1 + 3i) \; =$$

$$= \; \arctan \left(\frac{4}{-3}\right) + 360^{\circ} - \arctan (3) \; =$$

$$= \; 126{,}86\dots^{\circ} - 71{,}56\dots^{\circ} \; = \; 55{,}30\dots^{\circ} \, .$$

Alternativ verwendet man 0.1.4 d):

Aus $\quad \dfrac{C - A}{B - A} \; = \; \dfrac{|C - A|}{|B - A|} \, e^{i(\phi_2 - \phi_1)} \quad$ und $\quad \psi = \phi_2 - \phi_1 \quad$ folgt

$$\psi \; = \; \arg \frac{C - A}{B - A} \; = \; \arg \frac{-3 + 4i}{1 + 3i} \; = \; \arg \frac{(-3 + 4i)(1 - 3i)}{(1 + 3i)(1 - 3i)} \; = \; \arg \frac{9 + 13i}{10} \; = \; \arctan \frac{13}{9} \; = \; 55{,}30\dots^{\circ} \, .$$

Aufgabe I.0.5:

Sei $S := \{x + iy \in \mathbb{C} : |y| \le 1\}$. Bestimmen Sie $L := \sup \{|\sin z| : z \in S\}$ und zeigen Sie, dass $L < \sqrt{3}$ gilt.

Lösung:

Berechnung von $|\sin z| = ((\operatorname{Re} \sin z)^2 + (\operatorname{Im} \sin z)^2)^{0{,}5}$:

Für $z = x + iy$ gilt:

$$\sin z = \frac{1}{2i} (e^{iz} - e^{-iz}) = -\frac{i}{2} (e^{ix}e^{-y} - e^{-ix}e^{y}) = -\frac{i}{2} ((\cos x + i \sin x)e^{-y} - (\cos x - i \sin x)e^{y}) =$$

$$= \frac{1}{2} ((\sin x \, e^{-y} + \sin x \, e^{y}) + i \cdot (\cos x \, e^{y} - \cos x \, e^{-y})) = \sin x \cdot \frac{e^{-y} + e^{y}}{2} + i \cdot \cos x \cdot \frac{e^{y} - e^{-y}}{2} =$$

$$= \sin x \cosh y + i \cdot \cos x \sinh y$$

Somit ist

$$|\sin z|^2 = \sin^2 x \cosh^2 y + \cos^2 x \sinh^2 y = \sin^2 x \cosh^2 y + \sinh^2 y - \sin^2 x \sinh^2 y = \sin^2 x + \sinh^2 y$$

nach Anwendung der Beziehungen $\sin^2 + \cos^2 = 1$ und $\cosh^2 - \sinh^2 = 1$. [8]

Wegen

$$\frac{d}{dy} \sinh y = \cosh y = \frac{1}{2} (e^{y} + e^{-y}) > 0 \quad \text{für} \quad y \in \mathbb{R}$$

ist sinh auf $\mathbb{R}$ streng monoton steigend.

---

[8]   Siehe hierzu „Zusammenfassungen und Übersichten, Teil E".

Damit berechnet sich L zu:

$$L = \| \sqrt{(\sin x)^2 + (\sinh y)^2} \|_S = \sqrt{1 + \sinh^2(1)} = \sqrt{1 + \tfrac{1}{4}(e - e^{-1})^2} = \sqrt{1 + \tfrac{1}{4}(e^2 - 2 + e^{-2})} =$$
$$= \tfrac{1}{2}(e + e^{-1}) < \sqrt{3}$$

Aufgabe I.0.6:

Bestimmen Sie die Lösungen der Gleichungen

a) $z^2 = 53 - 28i$,   b) $iz^2 + (2 - 2i)z - 2 + 25i = 0$.

Lösung:

a)   Der Ansatz $z = a + bi$ mit $a, b \in \mathbb{R}$ führt zur Gleichung

$$(a + bi)^2 = 53 - 28i$$
$$a^2 - b^2 + 2abi = 53 - 28i .$$

Der Vergleich der Imaginärteile liefert $2ab = -28$, also $ab = -14$.

Der Versuch $|a| = 7$, $|b| = 2$ führt zum Erfolg:

Sowohl $z_1 = 7 - 2i$ als auch $z_2 = -7 + 2i$ sind Lösungen der quadratischen Gleichung. Da eine quadratische Gleichung höchstens zwei Lösungen besitzt, ist die Lösungsmenge bestimmt. (Siehe Kap. III, 1.5.2.)

Hinweis: Hätte der Versuch mit den ganzzahligen a und b nicht zum Erfolg geführt, wäre das das Gleichungssystem (I) $a^2 - b^2 = 53$, (II) $ab = -14$ zu lösen gewesen.

b)   Durch Normierung

$$iz^2 + (2 - 2i)z - 2 + 25i = 0 \qquad | \cdot (-i)$$
$$z^2 - (2 + 2i)z + 2i + 25 = 0$$

und quadratischer Ergänzung der Gleichung

$$(z^2 - (2 + 2i)z + (1+i)^2) - (1+i)^2 + 2i + 25 = 0$$

erhält man die Beziehung

$$(z - (1+i))^2 = -25$$

und damit die Lösungen der Gleichung

$$z_{1,2} - (1 + i) = \pm 5i$$
$$z_1 = 1 + i + 5i = 1 + 6i \qquad \text{und} \qquad z_2 = 1 + i - 5i = 1 - 4i .$$

Aufgabe I.0.7:

Man zeige:

Alle Wurzeln der Gleichung $z^7 - 5z^3 + 12 = 0$ liegen im Ringgebiet zwischen den Kreislinien

$\{z \in \mathbb{C} : |z| = 1\}$ und $\{z \in \mathbb{C} : |z| = 2\}$.

Hinweis: Unter den Wurzeln einer Gleichung versteht man deren Lösungen.

Lösung:

Da der Körper $\mathbb{C}$ algebraisch abgeschlossen ist (siehe 0.1.5), besitzt die obige Gleichung Wurzeln (= Lösungen) in $\mathbb{C}$.

Nach den Regeln für die Normfunktion (siehe 0.3.3) erhalten wir folgende Abschätzungen:

Für $z \in \mathbb{C}$, $|z| \leq 1$: $|z^7 - 5z^3 + 12| \geq |z^7 + 12| - |5z^3| \geq 12 - 5 = 7 > 0$.

und für $z \in \mathbb{C}$, $|z| \geq 2$: $|z^7 - 5z^3 + 12| \geq |z^3(z^4 - 5)| - |12| = |z|^3 \cdot |z^4 - 5| - 12 \geq$

$$\geq |z|^3 \cdot (|z|^4 - 5) - 12 \geq 2^3 \cdot (2^4 - 5) - 12 = 76 > 0 .$$

Somit liegen alle Wurzeln der Gleichung in dem oben definierten Kreisring.

Bemerkung:

Eine elegante Lösung ist auch mit dem Satz von Rouché (siehe Kap. VI, 3.1.3) möglich.

§1   Reelle Differenzierbarkeit - Komplexe Differenzierbarkeit

Zur Definition der reellen und komplexen Differenzierbarkeit werden zunächst die Begriffe der $\mathbb{R}$- bzw. $\mathbb{C}$-linearen Abbildung eingeführt.

1.1   Definition: $\mathbb{R}$- und $\mathbb{C}$-lineare Abbildung

Eine Abbildung $L : \mathbb{C} \to \mathbb{C}$ heißt

a) $\mathbb{R}$-linear,

wenn die Abbildung L — hier vermöge der Identifikation $x + i \cdot y \triangleq (x,y)$ verstanden als $\mathbb{R}^2$-wertige Funktion zweier reeller Variablen — folgende Eigenschaft besitzt:

Für alle $\lambda, \mu \in \mathbb{R}$ und alle $(x, y), (x', y') \in \mathbb{R}^2$ gilt:

$$L(\lambda \cdot (x, y) + \mu \cdot (x', y')) = \lambda \cdot L((x, y)) + \mu \cdot L((x', y')) .$$

b) $\mathbb{C}$-linear,

wenn die Abbildung L folgende Eigenschaft besitzt:

Für alle $\lambda, \mu \in \mathbb{C}$ und alle $z, z' \in \mathbb{C}$ gilt:

$$L(\lambda \cdot z + \mu \cdot z') = \lambda \cdot L(z) + \mu \cdot L(z') .$$

1.2   Satz: $\mathbb{R}$- und $\mathbb{C}$-lineare Abbildungen

Sei die Abbildung $L : \mathbb{C} \to \mathbb{C}$ und die reellen Zahlen α, β, γ und δ vorgegeben.

Dann sind die in jeder der beiden folgenden Spalten jeweils aufgelisteten Aussagen äquivalent:

a) L ist $\mathbb{R}$-linear

mit $L(1) = \alpha + i \cdot \gamma$

und $L(i) = \beta + i \cdot \delta$.

a') L ist $\mathbb{C}$-linear

mit $L(1) = \alpha + i \cdot \gamma$.

b) L besitzt (bezüglich der kanonischen $\mathbb{R}$-Basis $1 \triangleq \binom{1}{0}$, $i \triangleq \binom{0}{1}$ von $\mathbb{C}$) die Matrixdarstellung [9]

$$L((x, y)) = \begin{pmatrix} \alpha & \beta \\ \gamma & \delta \end{pmatrix} \cdot \binom{x}{y} \quad \text{für alle } \binom{x}{y} \in \mathbb{R}^2 .$$

b') L besitzt (bezüglich der kanonischen $\mathbb{R}$-Basis $1 \triangleq \binom{1}{0}$, $i \triangleq \binom{0}{1}$ von $\mathbb{C}$) die Matrixdarstellung

$$L((x, y)) = \begin{pmatrix} \alpha & -\gamma \\ \gamma & \alpha \end{pmatrix} \cdot \binom{x}{y} \quad \text{für alle } \binom{x}{y} \in \mathbb{R}^2 .$$

c) Für alle $z \in \mathbb{C}$ gilt:

$L(z) = \zeta \cdot z + \eta \cdot \overline{z}$

mit $\zeta = \frac{1}{2} \cdot [(\alpha + \delta) - i \cdot (\beta - \gamma)]$

und $\eta = \frac{1}{2} \cdot [(\alpha - \delta) + i \cdot (\beta + \gamma)]$.

c') Für alle $z \in \mathbb{C}$ gilt:

$L(z) = \zeta \cdot z$

mit $\zeta = \alpha + i \cdot \gamma$.

Aufgrund der Eigenschaft c') wird eine $\mathbb{C}$-lineare Abbildung L meistens einfach mit der zugehörigen komplexen Zahl ζ identifiziert.

Durch Vergleich von b) und b') erkennt man, dass jede $\mathbb{C}$-lineare Abbildung auch $\mathbb{R}$-linear ist, aber eine $\mathbb{R}$-lineare Abbildung nicht zugleich $\mathbb{C}$-linear sein muss.

---

[9]   Hier wird L vermöge der Identifikation $x + i \cdot y \triangleq (x, y)$ als $\mathbb{R}^2$-wertige Funktion zweier reeller Variablen verstanden.

1.3   Satz und Definition: Reelle und komplexe Differenzierbarkeit

Sei U eine offene Teilmenge von $\mathbb{C}$ und c ein Punkt aus U mit Realteil a und Imaginärteil b. Eine Funktion f : U $\to$ $\mathbb{C}$ heißt reell differenzierbar bzw. komplex differenzierbar in c, falls eine der äquivalenten Aussagen der linken bzw. rechten Spalte erfüllt ist:

reell differenzierbar	komplex differenzierbar
a) Es gibt eine $\mathbb{R}$-lineare Abbildung $L_c : \mathbb{C} \to \mathbb{C}$ und eine in c stetige Funktion $\phi_c : U \to \mathbb{C}$ mit $\phi_c(c) = 0$, so dass für alle $z \in U$ gilt: $f(z) = f(c) + L_c(z-c) + \phi_c(z) \cdot |z-c|$.	a') Es gibt eine $\mathbb{C}$-lineare Abbildung $L_c : \mathbb{C} \to \mathbb{C}$ und eine in c stetige Funktion $\phi_c : U \to \mathbb{C}$ mit $\phi_c(c) = 0$, so dass für alle $z \in U$ gilt: $f(z) = f(c) + L_c(z-c) + \phi_c(z) \cdot |z-c|$.
b) Es gibt eine $\mathbb{R}$-lineare Abbildung $L_c : \mathbb{C} \to \mathbb{C}$ mit $\lim\limits_{z \to c} \dfrac{|f(z) - f(c) - L_c(z-c)|}{|z-c|} = 0$.	b') Es gibt eine $\mathbb{C}$-lineare Abbildung $L_c : \mathbb{C} \to \mathbb{C}$ mit $\lim\limits_{z \to c} \dfrac{f(z) - f(c) - L_c(z-c)}{z-c} = 0$.
c) Es gibt in c stetige Funktionen $f_1, f_2 : U \to \mathbb{C}$, so dass für alle $z = x + iy \in U$ $(x, y \in \mathbb{R})$ gilt: $f(z) = f(c) + (x-a) \cdot f_1(z) + (y-b) \cdot f_2(z)$	
d) Es gibt in c stetige Funktionen $\hat{f}_1, \hat{f}_2 : U \to \mathbb{C}$, so dass für alle $z \in U$ gilt: $f(z) = f(c) + (z-c) \cdot \hat{f}_1(z) + (\overline{z} - \overline{c}) \cdot \hat{f}_2(z)$.	d') Es gibt eine in c stetige Funktion $\hat{f}_1 : U \to \mathbb{C}$, so dass für alle $z \in U$ gilt: $f(z) = f(c) + (z-c) \cdot \hat{f}_1(z)$.
Im Falle der reellen Differenzierbarkeit sind die $\mathbb{R}$-linearen Abbildungen L_c in a) und b) identisch und heißen das Differential oder die Ableitung von f in c.	Im Falle der komplexen Differenzierbarkeit sind die $\mathbb{C}$-linearen Abbildungen L_c in a') und b') identisch und heißen das Differential oder die Ableitung von f in c.
Das Differential in c ist eindeutig bestimmt und man schreibt gewöhnlich dafür f'(c).	Das Differential in c ist eindeutig bestimmt und man schreibt gewöhnlich dafür f'(c).

Die Funktion f heißt in (auf) U reell bzw. komplex differenzierbar, falls f in jedem Punkt von U reell bzw. komplex differenzierbar ist.

1.3.1   Anmerkungen

Sei U eine offene Teilmenge von $\mathbb{C}$ und c ein Punkt aus U mit Realteil a und Imaginärteil b.

Durch Vergleich der Aussagen a) und a') wird ersichtlich, dass eine Funktion f : U $\to$ $\mathbb{C}$ genau dann im Punkt c komplex differenzierbar ist, wenn sie in c reell differenzierbar und das $\mathbb{R}$-lineare Differential $L_c : \mathbb{C} \to \mathbb{C}$ sogar $\mathbb{C}$-linear ist.

Insbesondere gilt für Funktionen f : U $\to$ $\mathbb{C}$ folgende Implikationskette:

Die Funktion f ist im Punkt c (bzw. auf U) komplex differenzierbar. $\genfrac{}{}{0pt}{}{\Rightarrow}{\not\Leftarrow}$

Die Funktion f ist im Punkt c (bzw. auf U) reell differenzierbar. $\genfrac{}{}{0pt}{}{\Rightarrow}{\not\Leftarrow}$

Die Funktion f ist im Punkt c (bzw. auf U) stetig.

Als Gegenbeispiel für die erste Rückrichtung „$\Leftarrow$" dient die Konjugationsabbildung (siehe 1.3.4 iii).

1.3.2 Definition: Ableitungsfunktion

Sei $U \subset \mathbb{C}$ offen und $f : U \to \mathbb{C}$ eine komplex differenzierbare Funktion.

Da nach 1.2 eine $\mathbb{C}$-lineare Abbildung als eine komplexe Zahl interpretiert werden kann, ist die Abbildung

$$f' : \; c \mapsto f'(c) := L_c$$

selbst eine auf U definierte komplexwertige Funktion $f' : U \to \mathbb{C}$, die Ableitung(sfunktion) von f.

Alternative Schreibweisen: $\qquad f' = \dfrac{df}{dz} = \dfrac{d}{dz} f$.

Ist die Funktion f' selbst auf U komplex differenzierbar, so heißt f zweimal komplex differenzierbar und man schreibt für die zweite Ableitung(sfunktion):

$$f^{(2)} = f'' := (f')'.$$

Auf diese Weise werden nun sukzessive auch die n-te komplexe Differenzierbarkeit und die n-te Ableitung(sfunktion) von f definiert:

$$f^{(n)} := (f^{(n-1)})' \;, \qquad n \in \mathbb{N}. \quad [10]$$

Alternative Schreibweisen: $\qquad f^{(n)} = \dfrac{d^n f}{dz^n} = \dfrac{d^n}{dz^n} f \,, \qquad n \in \mathbb{N}_0 \,,$

mit der Zusatzdefinition: $\qquad f^{(0)} = f$.

1.3.3 Rechenregeln: Summen-, Produkt-, Quotienten-, Ketten- und Leibnizsche Regel

Sei $U \subset \mathbb{C}$ offen, $c \in U$, $a, b \in \mathbb{C}$ und $n \in \mathbb{N}$. Ferner seien f und $g : U \to \mathbb{C}$ zwei im Punkt c komplex differenzierbare Funktionen. Dann gilt:

a) Summenregel

Die Funktion $a \cdot f + b \cdot g : U \to \mathbb{C}$ ist in c komplex differenzierbar mit der Ableitung

$$(a \cdot f + b \cdot g)'(c) = a \cdot f'(c) + b \cdot g'(c) \,.$$

b) Produktregel

Die Funktion $f \cdot g : U \to \mathbb{C}$ ist in c komplex differenzierbar mit der Ableitung

$$(f \cdot g)'(c) = f'(c) \cdot g(c) + f(c) \cdot g'(c) \,.$$

c) Quotientenregel

Ist $g(c) \neq 0$, so ist der Quotient $\dfrac{f}{g}$ in einer Umgebung von c wohldefiniert und im Punkt c komplex differenzierbar mit der Ableitung

$$\left(\frac{f}{g} \right)'(c) = \frac{f'(c) \cdot g(c) - f(c) \cdot g'(c)}{g(c)^2} \,.$$

d) Kettenregel

Sei h eine in einer offenen Umgebung von f(U) definierte komplexwertige Funktion, die im Punkt h(c) komplex differenzierbar ist, so ist auch die Komposition $h \circ f : U \to \mathbb{C}$ in c komplex differenzierbar mit der Ableitung

$$(h \circ f)'(c) = h'(f(c)) \cdot f'(c) \,.$$

e) Leibnizsche Produktregel für höhere Ableitungen

Seien f und g auf U n-mal komplex differenzierbar[11], so ist auch das Produkt $f \cdot g : U \to \mathbb{C}$

---

[10]   Es sei bereits hier erwähnt, dass eine einmal komplex differenzierbare Funktion auch beliebig oft komplex differenzierbar ist. Siehe 3.1.

[11]   Vergleiche Fußnote zu 1.3.2.

n-mal komplex differenzierbar mit der Ableitung

$$(f \cdot g)^{(n)}(z) = \sum_{k=0}^{n} \binom{n}{k} \cdot f^{(k)}(z) \cdot g^{(n-k)}(z) , \qquad \text{für alle } z \in U.$$

Für n = 1 geht diese Formel natürlich in die Produktregel b) über.

1.3.4 Beispiele für komplex differenzierbare Funktionen

i) Jedes Polynom $f : z \mapsto \sum_{k=0}^{n} a_k \cdot z^k$ ist in $\mathbb{C}$ komplex differenzierbar mit der Ableitungsfunktion

$$f' : z \mapsto \sum_{k=1}^{n} k \cdot a_k \cdot z^{k-1} .$$

Insbesondere ist jede konstante Funktion und jede n-te Potenz auf $\mathbb{C}$ komplex differenzierbar.

ii) Für $n \in \mathbb{N}$ ist die Funktion $f : z \mapsto z^{-n}$ auf $\mathbb{C}^*$ komplex differenzierbar mit der Ableitungsfunktion

$$f' : z \mapsto - n \cdot z^{-n-1} .$$

iii) Die Konjugationsabbildung $f : z \mapsto \overline{z}$ ist zwar auf $\mathbb{C}$ reell differenzierbar, aber in keinem Punkt von $\mathbb{C}$ komplex differenzierbar.

iv) Die Funktion $f : z \mapsto |z|^2$ ist ebenfalls auf $\mathbb{C}$ reell differenzierbar, aber nur im Nullpunkt komplex differenzierbar.

Weitere Beispiele findet man in „Zusammenfassungen und Übersichten, Teil F".

1.4 Partielle Differenzierbarkeit

1.4.1 Definition

Sei U eine offene Teilmenge von $\mathbb{C}$, c ein Punkt aus U und $g : U \to \mathbb{R}$ (bzw. $\mathbb{C}$) eine reell- (bzw. komplex-) wertige Funktion auf U.

Dann heißt die Funktion g im Punkt c

a) partiell nach x differenzierbar, falls der Limes

$$\lim_{\substack{h \to 0 \\ h \in \mathbb{R} \setminus \{0\}}} \frac{g(c + h) - g(c)}{h} \qquad \text{existiert.}$$

b) partiell nach y differenzierbar, falls der Limes

$$\lim_{\substack{h \to 0 \\ h \in \mathbb{R} \setminus \{0\}}} \frac{g(c + ih) - g(c)}{h} \qquad \text{existiert.}$$

Im Falle der Existenz heißt der Grenzwert die partielle Ableitung von g in c nach der Variable x (bzw. y) und wird mit $g_x(c)$ oder $\frac{\partial g}{\partial x}(c)$ (bzw. $g_y(c)$ oder $\frac{\partial g}{\partial y}(c)$) geschrieben.

Existieren beide partiellen Ableitungen, so heißt g in c partiell differenzierbar.

1.4.2 Satz: Partielle und totale reelle Differenzierbarkeit

Sei U eine offene Teilmenge von $\mathbb{C}$, c ein Punkt aus U und $f : U \to \mathbb{C}$ eine Funktion mit Realteil $u := \text{Re } f : U \to \mathbb{R}$ und Imaginärteil $v := \text{Im } f : U \to \mathbb{R}$.

Dann gilt:

Die Funktion f ist in c reell differenzierbar.   ⇔

Die Funktionen u und v sind in c reell differenzierbar. [12]   ⇒
                                                                                 ⇍

Die Funktion f ist in c (nach x und y) partiell differenzierbar.   ⇔

Die Funktionen u und v sind in c (nach x und y) partiell differenzierbar.

Ein Gegenbeispiel für die zweite Rückrichtung „⇐" findet man in Aufgabe I.1.4.

Zur deutlicheren Abgrenzung von der partiellen Differenzierbarkeit bezeichnet man die reelle Differenzierbarkeit auch als <u>totale (reelle) Differenzierbarkeit</u> und das Differential L_c als das <u>totale Differential</u>.

1.4.3 Partielle Ableitungen und Wirtinger Kalkül

Sei U eine offene Teilmenge von $\mathbb{C}$ und c ein Punkt aus U.

a) Sei $f : U \to \mathbb{C}$ eine Funktion mit Realteil $u := \mathrm{Re}\, f : U \to \mathbb{R}$ und Imaginärteil $v := \mathrm{Im}\, f : U \to \mathbb{R}$.

Ferner sei f in c (total) reell differenzierbar, so existieren die folgenden Zahlen:

α) $u_x(c)$, $u_y(c)$, $v_x(c)$ und $v_y(c)$, da u und v in c partiell differenzierbar sind (vgl. 1.4.2),

β) $f_x(c)$ und $f_y(c)$, da f in c partiell differenzierbar ist (vgl. 1.4.2),

γ) $f_1(c)$ und $f_2(c)$, nach 1.3 c),

δ) $f_z(c) := \hat{f}_1(c)$ und $f_{\bar{z}}(c) := \hat{f}_2(c)$, nach 1.3 d),

und es bestehen zwischen diesen die folgenden Beziehungen:

$$f_x(c) = u_x(c) + i \cdot v_x(c) = f_1(c)\,, \qquad f_y(c) = u_y(c) + i \cdot v_y(c) = f_2(c)\,,$$

$$f_z(c) = \tfrac{1}{2} \cdot (f_x(c) - i \cdot f_y(c))\,, \qquad f_{\bar{z}}(c) = \tfrac{1}{2} \cdot (f_x(c) + i \cdot f_y(c))\,.$$

Die komplexen Zahlen $f_z(c)$ und $f_{\bar{z}}(c)$ heißen die <u>Wirtinger Ableitungen</u> von f im Punkt c nach z bzw. nach $\bar{z}$.

Suggestiv schreibt man auch $f_z = \dfrac{\partial f}{\partial z}$ bzw. $f_{\bar{z}} = \dfrac{\partial f}{\partial \bar{z}}$.

b) Wirtinger Kalkül

Anstatt die Funktion f nach den reellen Variablen x und y zu differenzieren und anschließend die Wirtinger Ableitungen gemäß den Formeln in a) zu berechnen, kann f auch direkt formal nach den komplexen Variablen z und $\bar{z}$ abgeleitet werden.

Die zugehörigen Differentialoperatoren sind die <u>Wirtinger Operatoren</u> $\dfrac{\partial}{\partial z}$ und $\dfrac{\partial}{\partial \bar{z}}$.

Bei dieser Berechnung werden z und $\bar{z}$ als voneinander unabhängige Variablen betrachtet. [13]

c) Summen-, Produkt-, und Quotientenregel für das Wirtinger Kalkül

Seien $f, g : U \to \mathbb{C}$ im Punkt c reell differenzierbare Funktionen.

Für die Wirtinger-Operatoren $\dfrac{\partial}{\partial z}$ und $\dfrac{\partial}{\partial \bar{z}}$ können Summen-, Produkt- und Quotientenregel aus 1.3.3 direkt übernommen werden. Es ist nur f'(c) durch $\dfrac{\partial f}{\partial z}$ (c) bzw. $\dfrac{\partial f}{\partial \bar{z}}$ (c) zu ersetzen.

---

[12]   Die Funktionen u und v werden hier als reellwertige Funktionen zweier reeller Variablen verstanden: $u : (x, y) \mapsto u(x, y)$, $v : (x, y) \mapsto v(x, y)$.

[13]   Siehe hierzu die Aufgaben I.1.2 und I.1.3.

d) Kettenregel für das Wirtinger Kalkül

Sei $f : U \to \mathbb{C}$ im Punkt c reell differenzierbar und h eine in einer Umgebung von f(U) definierte komplexwertige Funktion, die in Punkt f(c) reell differenzierbar ist, so sind auch die Komposition $h \circ f : U \to \mathbb{C}$ und die Konjugation $\overline{f} : U \to \mathbb{C}$, $z \mapsto \overline{f(z)}$ in c reell differenzierbar und es gilt:

$$\frac{\partial (h \circ f)}{\partial z}(c) = \frac{\partial h}{\partial z}(f(c)) \cdot \frac{\partial f}{\partial z}(c) + \frac{\partial h}{\partial \overline{z}}(f(c)) \cdot \frac{\partial \overline{f}}{\partial z}(c) \qquad \text{und}$$

$$\frac{\partial (h \circ f)}{\partial \overline{z}}(c) = \frac{\partial h}{\partial z}(f(c)) \cdot \frac{\partial f}{\partial \overline{z}}(c) + \frac{\partial h}{\partial \overline{z}}(f(c)) \cdot \frac{\partial \overline{f}}{\partial \overline{z}}(c).$$

1.4.4 Partielle Ableitung und Differential

Sei U eine offene Teilmenge von $\mathbb{C}$, c ein Punkt aus U und $f : U \to \mathbb{C}$ eine Funktion mit Realteil $u := \operatorname{Re} f : U \to \mathbb{R}$ und Imaginärteil $v := \operatorname{Im} f : U \to \mathbb{R}$.

a) Sei f in c (total) reell differenzierbar,

dann besitzt das $\mathbb{R}$-lineare Differential $L_c = f'(c)$ bezüglich der $\mathbb{R}$-Basis $\{1; i\}$ von $\mathbb{C}$ die Matrixdarstellung (Jakobimatrix):

$$L_c = f'(c) = \begin{pmatrix} u_x(c) & u_y(c) \\ v_x(c) & v_y(c) \end{pmatrix}$$

Insbesondere gilt für $z = x + iy \in U$ und $c = a + ib \in U$ (x, y, a und $b \in \mathbb{R}$):

$$L_c(z - c) = \begin{pmatrix} u_x(c) & u_y(c) \\ v_x(c) & v_y(c) \end{pmatrix} \cdot \begin{pmatrix} x - a \\ y - b \end{pmatrix} = \begin{pmatrix} u_x(c) \cdot (x - a) + u_y(c) \cdot (y - b) \\ v_x(c) \cdot (x - a) + v_y(c) \cdot (y - b) \end{pmatrix}$$

(vgl. 1.3 a) und b)).

b) Sei f in c komplex differenzierbar,

dann kann das $\mathbb{C}$-lineare Differential $L_c = f'(c)$ als folgende komplexe Zahl interpretiert werden:

$$L_c = f'(c) = f_z(c).$$

Insbesondere gilt für $z \in U$:

$$L_c(z - c) = f_z(c) \cdot (z - c)$$

(vgl. 1.3 a') und b')).

Da eine in c reell differenzierbare Funktion nach 1.3.1 genau dann komplex differenzierbar ist, falls ihr Differential L_c sogar $\mathbb{C}$-linear ist, erhält man gemäß 1.4.4 a) und 1.2 b') den folgenden bedeutenden Satz.

1.5 Satz: Cauchy-Riemannsche Differentialgleichungen und Wirtinger Ableitungen

Sei U eine offene Teilmenge von $\mathbb{C}$ und c ein Punkt aus U.

Für eine in c reell differenzierbare Funktion $f : U \to \mathbb{C}$ mit Realteil $u := \operatorname{Re} f : U \to \mathbb{R}$ und Imaginärteil $v := \operatorname{Im} f : U \to \mathbb{R}$ sind die folgenden Aussagen äquivalent:

a)   f ist in c komplex differenzierbar.

b)   Es gelten im Punkt c die Cauchy-Riemannschen Differentialgleichungen
$$u_x(c) = v_y(c) \quad \text{und} \quad u_y(c) = -v_x(c).$$

c)   Im Punkt c verschwindet die Wirtinger Ableitung nach $\overline{z}$: $f_{\overline{z}}(c) = 0$.

Im Falle der komplexen Differenzierbarkeit gilt somit nach 1.4.4 b) und 1.4.3 a) für das Differential f'(c):

$$f'(c) \; = \; f_z(c) \; = \; f_x(c) \; = \; - \, i \cdot f_y(c) \; .$$

Zur Beachtung:

Die (totale) reelle Differenzierbarkeit von f im Punkt c ist eine notwendige Voraussetzung für die Gültigkeit des Satzes. Ein Beispiel dafür liefert die Aufgabe I.1.4.

Die folgende Regel kann in vielen Fällen die Berechnung von Grenzwerten einer komplex differenzierbaren Funktion erleichtern.

1.6   Regel von L'Hospital

Sei U eine offene Teilmenge von $\mathbb{C}$, c ein Punkt aus U und n eine natürliche Zahl.

Die Funktionen f und g : U $\to$ $\mathbb{C}$ seien n-mal komplex differenzierbar mit $f^{(k)}(c) = g^{(k)}(c) = 0$ für alle $0 \leq k \leq n - 1$, aber $g^{(n)}(c) \neq 0$. Dann gilt:

$$\lim_{z \to c} \frac{f(z)}{g(z)} \; = \; \frac{f^{(n)}(c)}{g^{(n)}(c)} \quad .$$

Am häufigsten tritt der Fall n = 1 auf:

$$\lim_{z \to c} \frac{f(z)}{g(z)} \; = \; \frac{f'(c)}{g'(c)} \quad .$$

Aufgaben zu Kapitel I, §1

Aufgabe I.1.1:

Ist die Funktion f : $\mathbb{C}$ $\to$ $\mathbb{C}$, x+iy $\mapsto$ $x^2 - y^2 - 2x + 2iy\,(x-1)$ komplex differenzierbar ?

Lösung:

Seien u : $\mathbb{C}$ $\to$ $\mathbb{R}$, u(x+iy) := $x^2 - y^2 - 2x$ und v : $\mathbb{C}$ $\to$ $\mathbb{R}$, v(x+iy) := $2y\,(x-1)$ der Real- bzw. Imaginärteil von f.

Dann berechnen sich die partiellen Ableitungen zu

$$u_x(x+iy) = 2x - 2 \qquad u_y(x+iy) = -2y$$
$$v_x(x+iy) = 2y \qquad\qquad v_y(x+iy) = 2x - 2 \qquad\qquad (x + iy \in \mathbb{C}, \; x, y \in \mathbb{R}).$$

Somit gelten für die (reell differenzierbare) Funktion f : $\mathbb{C}$ $\to$ $\mathbb{C}$; x+iy $\mapsto$ u(x+iy) + iv(x+iy) die Cauchy-Riemannschen Differentialgleichungen (1.5)

$$u_x(x+iy) = v_y(x+iy) \; \text{ und } \; u_y(x+iy) = -v_x(x+iy) \qquad\qquad \text{für alle } x+iy \in \mathbb{C}.$$

Damit ist f auf ganz $\mathbb{C}$ komplex differenzierbar.

Aufgabe I.1.2:

Ist die Funktion $f : \mathbb{C} \to \mathbb{C}$ mit $f(z) = 1 + z + z^2 + \overline{z}^3$ komplex differenzierbar?

Lösung:

Die Wirtinger-Ableitung nach $\overline{z}$ berechnet sich nach 1.4.3b) zu: $f_{\overline{z}}(z) = 3\overline{z}^2$.
Da sie nur für $z = 0$ verschwindet, ist die reell differenzierbare Funktion $f : \mathbb{C} \to \mathbb{C}$ nach 1.5 auch nur im Nullpunkt komplex differenzierbar.

Aufgabe I.1.3:

Man bestimme alle Punkte $z \in \mathbb{C}$, in denen die folgenden auf $\mathbb{C}$ definierten Funktionen komplex differenzierbar sind:

$\quad$ a) $f(z) = \overline{z}$ $\qquad$ b) $g(z) = |z|^2$ $\qquad$ c) $h(z) = \sin \overline{z}$.

Lösung:

a) $\quad$ Die Wirtinger-Ableitung nach $\overline{z}$ berechnet sich für alle $z \in \mathbb{C}$ zu: $f_{\overline{z}}(z) = 1$.
$\quad$ Damit ist f nach Satz 1.5 nirgends komplex differenzierbar.

b) $\quad$ Für alle $z = x + iy \in \mathbb{C}$ $(x, y \in \mathbb{R})$ gilt $g(z) = x^2 + y^2$.
$\quad$ Die Funktion $g : \mathbb{C} \to \mathbb{C}$ ist also reell differenzierbar.
$\quad$ Die partiellen Ableitungen des Realteils $u(x+iy) := x^2 + y^2$ und des Imaginärteils $v(x+iy) := 0$
$\quad$ von f berechnen sich für $x + iy \in \mathbb{C}$ zu:

$$u_x(x+iy) = 2x \qquad u_y(x+iy) = 2y \qquad v_x(x+iy) = 0 \qquad v_y(x+iy) = 0 .$$

$\quad$ Die Cauchy-Riemannschen Differentialgleichungen (1.5) $u_x = v_y$ und $u_y = -v_x$ gelten folglich
$\quad$ nur für $x = y = 0$. Damit ist g nur im Punkt $z = 0$ komplex differenzierbar.

c) $\quad$ Da die Sinusfunktion und die Konjugationsabbildung auf $\mathbb{C}$ reell differenzierbar ist, gilt dies nach
$\quad$ der Kettenregel (1.3.3 d)) auch für deren Komposition $h : \mathbb{C} \to \mathbb{C}$.

$\quad$ Die Wirtinger-Ableitung nach $\overline{z}$ berechnet sich zu: $h_{\overline{z}}(z) = \cos \overline{z}$.
$\quad$ Diese verschwindet genau in den Punkten $(2k+1)\frac{\pi}{2}$, $k \in \mathbb{Z}$.
$\quad$ Die Funktion h ist demnach genau in diesen Punkten komplex differenzierbar.

Aufgabe I.1.4:

Es sei die Funktion $f : \mathbb{C} \to \mathbb{C}$, $x + iy \mapsto \sqrt{|xy|}$ $(x, y \in \mathbb{R})$ vorgegeben. Ferner seien die
Funktionen $u := \operatorname{Re} f : \mathbb{C} \to \mathbb{R}$ und $v := \operatorname{Im} f : \mathbb{C} \to \mathbb{R}$ der Real- bzw. der Imaginärteil von f.

a) $\quad$ Zeigen Sie: Die Funktionen u und v sind im Nullpunkt partiell (reell) differenzierbar und es
$\qquad$ gelten die Cauchy-Riemannschen Differentialgleichungen

$$u_x(0) = v_y(0) \qquad und \qquad u_y(0) = -v_x(0) .$$

b)   *Ist die Funktion f im Nullpunkt reell differenzierbar?*

c)   *Ist die Funktion f im Nullpunkt komplex differenzierbar?*

d)   *Sind die Funktionen u und v (als Funktionen zweier reeller Variablen) im Nullpunkt reell differenzierbar?*

Lösung:

a)   Wegen $$\lim_{\substack{h \to 0 \\ h \in \mathbb{R} \setminus \{0\}}} \frac{u(0+h) + u(0)}{h} = \lim_{\substack{h \to 0 \\ h \in \mathbb{R} \setminus \{0\}}} 0 = 0 \,,$$

$$\lim_{\substack{h \to 0 \\ h \in \mathbb{R} \setminus \{0\}}} \frac{u(0+ih) + u(0)}{h} = \lim_{\substack{h \to 0 \\ h \in \mathbb{R} \setminus \{0\}}} 0 = 0 \,,$$

$$\lim_{\substack{h \to 0 \\ h \in \mathbb{R} \setminus \{0\}}} \frac{v(0+h) + v(0)}{h} = \lim_{\substack{h \to 0 \\ h \in \mathbb{R} \setminus \{0\}}} 0 = 0 \qquad \text{und}$$

$$\lim_{\substack{h \to 0 \\ h \in \mathbb{R} \setminus \{0\}}} \frac{v(0+ih) + v(0)}{h} = \lim_{\substack{h \to 0 \\ h \in \mathbb{R} \setminus \{0\}}} 0 = 0$$

existieren die partiellen Ableitungen $u_x(0)$, $u_y(0)$, $v_x(0)$ und $v_y(0)$ und besitzen den Wert 0.

Die Cauchy-Riemannschen Differentialgleichungen (1.5) sind somit im Nullpunkt erfüllt.

b)   Behauptung: Die Funktion f ist im Nullpunkt nicht reell differenzierbar.

Beweis:

Annahme: Die Funktion f ist im Nullpunkt reell differenzierbar.

Dann berechnet sich das Differential im Nullpunkt gemäß 1.4.4 a) zu:

$$L_0 = \begin{pmatrix} u_x(0) & u_y(0) \\ v_x(0) & v_y(0) \end{pmatrix} = \begin{pmatrix} 0 & 0 \\ 0 & 0 \end{pmatrix} \quad \text{(Matrixdarstellung bezüglich der } \mathbb{R}\text{-Basis } \{1;\, i\} \text{ von } \mathbb{C})$$

Damit gilt nach Definition 1.3 b) der reellen Differenzierbarkeit:

$$0 = \lim_{z \to 0} \frac{|f(z) - f(0) - L_0(z - 0)|}{|z - 0|} = \lim_{\substack{x + iy \to 0 \\ x,y \in \mathbb{R}}} \frac{\sqrt{|xy|}}{\sqrt{x^2 + y^2}}$$

Insbesondere gilt für die Nullfolge $(x_n + i y_n)_n$ mit $x_n = y_n = n^{-1}$ $(n \in \mathbb{N})$ die Beziehung:

$$0 = \lim_{n \to \infty} \frac{\sqrt{|x_n y_n|}}{\sqrt{x_n^2 + y_n^2}} = \lim_{n \to \infty} \frac{n^{-1}}{\sqrt{2}\, n^{-1}} = 2^{-1/2}$$

Widerspruch.

c)   Die Funktion f ist im Nullpunkt auch nicht komplex differenzierbar, da dies nach 1.3.1 die reelle Differenzierbarkeit im Nullpunkt implizieren würde.

d)   Die Funktion $v = \text{Im } f = 0$ ist natürlich im Nullpunkt reell differenzierbar, nicht aber die Funktion $u = \text{Re } f$, da dies nach 1.4.2 die reelle Differenzierbarkeit von f im Nullpunkt zur Folge hätte.

§2   Holomorphie

2.1   Definition: Holomorphe Funktion

Sei $U \subset \mathbb{C}$ offen und $c \in U$.

a) Eine Funktion $f : U \to \mathbb{C}$ heißt holomorph, falls f in U komplex differenzierbar ist.

b) Eine Funktion $f : U \to \mathbb{C}$ heißt holomorph im Punkt c, falls eine offene Umgebung $V \subset U$ von c existiert, so dass die Einschränkung $f|_V : V \to \mathbb{C}$ eine holomorphe Funktion ist.

Die Menge aller auf U holomorphen Funktionen schreibt man $\mathscr{O}(U)$.

Eine holomorphe Funktion $f : \mathbb{C} \to \mathbb{C}$ heißt ganz.

2.2   Bemerkungen

i)   Holomorphie in einem Punkt bedeutet Holomorphie in einer offenen Umgebung dieses Punktes.

  Dagegen braucht eine in einem Punkt komplex differenzierbare Funktion nicht notwendig in einer Umgebung dieses Punktes komplex differenzierbar zu sein.

ii) Die holomorphen Funktionen sind genau die (komplex) analytischen Funktionen, die in Kapitel VI, §1 eingeführt werden. Deshalb spricht man auch oft von analytischen anstatt von holomorphen Funktionen.

iii) Die Summe und das Produkt holomorpher Funktionen sind selbst holomorph. Auch der Quotient zweier holomorpher Funktionen, dessen Nenner nullstellenfrei ist, stellt wieder eine holomorphe Funktion dar. (Vgl. 1.3.3.)

iv) Kompositionen holomorpher Funktionen sind selbst holomorph.

v)   In Kapitel III, §4 wird der Holomorphiebegriff verallgemeinert.

vi) In „Übersichten und Zusammenfassungen, Teil A" sind alle wichtigen Charakteristika holomorpher Funktionen, die in diesem Repetitorium behandelt werden, zusammengestellt.

2.3   Zur algebraischen Struktur von $\mathscr{O}(U)$

Sei $U \subset \mathbb{C}$ offen.

i)   Versehen mit der punktweise definierten Multiplikation mit einem Skalar sowie Addition und Multiplikation von Funktionen ist $\mathscr{O}(U)$ eine $\mathbb{C}$-Algebra.

ii) Die Einheiten von $\mathscr{O}(U)$ sind die nullstellenfreien Funktionen, d. h. man kann in $\mathscr{O}(U)$ mit null-stellenfreien Funktionen dividieren.

iii) $\mathscr{O}(U)$ ist genau dann ein Integritätsring, wenn U ein Gebiet ist.

Einen Beweis der Aussage iii) findet man in Aufgabe I.4.3.

In der Literatur wird weitgehend folgende Sprachregelung eingehalten:

2.4   Sprachvereinbarung

Seien U und V offene Teilmengen von $\mathbb{C}$ und $f : U \to V$ eine Abbildung.

Dann nennt man f holomorphe Abbildung, falls $\hat{f} : U \to \mathbb{C}, z \mapsto f(z)$ eine holomorphe Funktion ist.

Aufgaben zu Kapitel I, §2

Aufgabe I.2.1:

Es sei $f : \mathbb{C} \to \mathbb{C}$ definiert durch $f(x + iy) := x^2 + y^2 + i(x^2 - y^2)$. Man bestimme die Menge aller Punkte $z \in \mathbb{C}$, in denen f komplex differenzierbar ist.

Ist f in einem Punkt $z \in \mathbb{C}$ holomorph?

Lösung:

Für $x + iy \in \mathbb{C}$ $(x, y \in \mathbb{R})$ stellen die Funktionen

$$u(x+iy) := x^2 + y^2 \quad \text{und} \quad v(x+iy) := x^2 - y^2$$

den Real- bzw. den Imaginärteil von f dar.

Da u und v auf $\mathbb{C}$ reell differenzierbar sind, gilt dies nach 1.4.2 auch für die Funktion f.

Die partiellen Ableitungen berechnen sich zu:

$$u_x(x+iy) = 2x \qquad u_y(x+iy) = 2y \qquad v_x(x+iy) = 2x \qquad v_y(x+iy) = -2y \,.$$

Die Cauchy-Riemannschen Differentialgleichungen (1.5) gelten folglich genau in allen Punkten der Geraden $M := \{z := x+iy \in \mathbb{C} : y = -x\}$ (Winkelhalbierende des II. und des IV. Quadranten). Genau in diesen Punkten ist die Funktion f nach 1.5 komplex differenzierbar.

Da M allerdings keine offene Teilmenge von $\mathbb{C}$ enthält, ist f nirgends holomorph.

Aufgabe I.2.2:

Folgende Aussagen sind zu beweisen oder durch ein Gegenbeispiel zu widerlegen.

a)   Ist f eine holomorphe Funktion auf einem Gebiet G in $\mathbb{C}$, dann hat die Menge der z in G mit $f(z) = \bar{z}$ keinen Häufungspunkt.

b)   Ist f eine holomorphe Funktion auf einem Gebiet G in $\mathbb{C}$, dann hat die Menge der z in G mit $f(z) = \bar{z}$ keinen inneren Punkt.

Lösung:

a)   Behauptung: Die Aussage ist falsch.

   Gegenbeispiel: $G = \mathbb{C}$ und $f(z) = z$ für $z \in G$.

   Es ist $\{z \in G : f(z) = \bar{z}\} = \mathbb{R}$ und jeder Punkt von $\mathbb{R}$ ist Häufungspunkt von $\mathbb{R}$ in G.

b)   Behauptung: Die Aussage ist wahr.

   Beweis: Annahme: Es gibt ein Gebiet $G \subset \mathbb{C}$, eine Funktion $f \in \mathcal{O}(G)$ und einen Punkt c, der innerer Punkt von $\{z \in G : f(z) = \bar{z}\}$ in G ist. Dann gibt es eine offene Umgebung $U \subset G$ von c mit $f(z) = \bar{z}$ für $z \in U$.

   Es gilt somit auf U: $(\operatorname{Re} f)_x = 1$ und $(\operatorname{Im} f)_y = -1$.

   Die Cauchy-Riemannschen Differentialgleichungen (1.5) sind somit auf U nicht erfüllt. Widerspruch zur Holomorphie von f auf U.

Aufgabe I.2.3:

Sei U eine offene, zur reellen Achse symmetrische Teilmenge von $\mathbb{C}$.

Begründen Sie:

Ist $f : U \to \mathbb{C}$ holomorph, so auch $g : U \to \mathbb{C}$, wobei $g(z) := \overline{f(\overline{z})}$ definiert ist.

Lösung:

Die Symmetriebedingung für U kann folgendermaßen in Formeln gefasst werden:

$$z \in U \iff \overline{z} \in U .$$

Sei nun $c \in U$, so ist f in $\overline{c} \in U$ komplex differenzierbar.

Nach 1.3 d') gibt es daher eine in $\overline{c}$ stetige Funktion $\varphi : U \to \mathbb{C}$ mit

$$f(z) = f(\overline{c}) + (z - \overline{c}) \cdot \varphi(z) \qquad \text{für alle } z \in U .$$

Da die Konjugation $\overline{} : \mathbb{C} \to \mathbb{C}$ ein involutorischer Körperautomorphismus ist (vgl. 0.1.3 a)), erhalten

wir somit: $\qquad \overline{f(\overline{z})} = \overline{f(\overline{c})} + (\overline{z} - \overline{c}) \cdot \overline{\varphi(\overline{z})} \qquad \text{für alle } z \in U ,$

$\qquad \qquad$ also $\quad g(\overline{z}) = g(c) + (\overline{z} - c) \cdot \psi(\overline{z}) \qquad \text{für alle } z \in U ,$

mit der in c stetigen Abbildung $\psi : U \to \mathbb{C} , z \mapsto \overline{\varphi(\overline{z})}$. [14]

Da U symmetrisch zur reellen Achse ist, folgt schließlich daraus:

$$g(z) = g(c) + (z - c) \cdot \psi(z) \qquad \text{für alle } z \in U ,$$

mit der in c stetigen Abbildung $\psi : U \to \mathbb{C}$.

Somit ist auch g in c komplex differenzierbar, also in U holomorph.

Anmerkung: In der Originalangabe des Bayerischen Staatsexamens fehlt die Symmetriebedingung an U. Ohne diese ist aber leicht ein Gegenbeispiel zu finden:

So ist z. B. die Funktion $f : z \mapsto (z + i)^{-1}$ auf $U := \mathbb{C} \backslash \{-i\}$ holomorph, die Funktion $g : z \mapsto \overline{f(\overline{z})} = (z - i)^{-1}$ ist jedoch auf U nicht holomorph (da nicht auf ganz U definiert).

Aufgabe I.2.4:

Sei $f : \mathbb{C} \to \mathbb{C}$ definiert durch $f(z) = e^z$. Man schreibe $z \in \mathbb{C}$ in der Form $z = x + iy$ ($x, y \in \mathbb{R}$).

a)   *Seien $0 < \varepsilon < \pi$ und $a \in \mathbb{R}$. Man zeichne die Bildmenge $f(Q)$ des Quadrates*
    $Q = \{ x + iy : a - \varepsilon \leq x \leq a + \varepsilon, -\varepsilon \leq y \leq \varepsilon \}$ unter der Abbildung f.

b)   *Man berechne das Verhältnis der Flächen $f(Q)$ und von Q im Limes $\varepsilon \to 0$.*

c)   *Wieso folgt das Ergebnis in Teilaufgabe b) auf Grund der Holomorphie der Funktion f ?*

---

[14]   Man beachte, dass die Konjugationsabbildung stetig ist.

Lösung:

a)

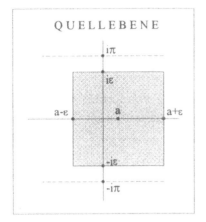
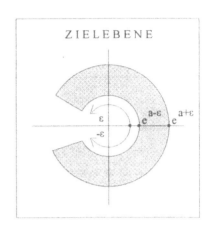

(Siehe auch Kapitel IV, 3.2.)

b)   Die Flächeninhalte berechnen sich zu: $F_Q = (2\varepsilon)^2 = 4\varepsilon^2$ und

$$F_{f(Q)} = \frac{2\varepsilon}{2\pi}((e^{a+\varepsilon})^2 \cdot \pi - (e^{a-\varepsilon})^2 \cdot \pi) =$$

$$= \varepsilon \cdot e^{2a} \cdot (e^{2\varepsilon} - e^{-2\varepsilon}).$$

Daraus erhalten wir den gesuchten Grenzwert

$$\lim_{\varepsilon \to 0} \frac{F_{f(Q)}}{F_Q} = \lim_{\varepsilon \to 0} \frac{e^{2a}}{4} \cdot \frac{e^{2\varepsilon} - e^{-2\varepsilon}}{\varepsilon} = \frac{e^{2a}}{4} \cdot \lim_{\varepsilon \to 0} \frac{2e^{2\varepsilon} - (-2) \cdot e^{-2\varepsilon}}{1} = e^{2a},$$

nach Anwendung der Regel von L'Hospital (1.6).

c)   Sei die Abbildung

$$\phi = (\phi_1, \phi_2) : \mathbb{R} \times]-\pi ; \pi[\; \to \; \mathbb{R}^2 \quad \text{durch} \quad (x, y) \mapsto (\text{Re } f(x+iy), \text{Im } f(x+iy))$$

definiert.

Aus der reellen Analysis ist bekannt, dass der Betrag der Funktionaldeterminante $|\det \phi'(x,y)|$ den Quotienten aus differentiellem Bildvolumen dV' zum differentiellen Urbildvolumen dV angibt, was durch die symbolische Schreibweise „ dV' $= |\det \phi'(x,y)|$ dV " zum Ausdruck gebracht wird. (vgl. „Substitutionsregel für Volumenintegrale" in den Lehrbüchern der reellen Analysis).

Da f = u + iv holomorph ist, gilt aufgrund der Cauchy-Riemannschen Differentialgleichungen (1.5) und der Identität

$$f' = f_x = u_x + i \cdot v_x \quad \text{auf} \quad \mathbb{R} \times]-\pi ; \pi[\quad (\text{vgl. 1.5 und 1.4.3 a)})$$

die Beziehung:

$$|\det \phi'| = \left| \det \begin{pmatrix} \phi_{1,x} & \phi_{1,y} \\ \phi_{2,x} & \phi_{2,y} \end{pmatrix} \right| = |\phi_{1,x} \cdot \phi_{2,y} - \phi_{2,x} \cdot \phi_{1,y}| = |u_x \cdot v_y - v_x \cdot u_y| = |u_x^2 + v_x^2| = |f'|^2,$$

also $|\det \phi'(a,0)| = |f'(a)|^2 = e^{2a}$.

§3   Fundamentale Eigenschaften holomorpher Funktionen

3.1   Satz: Unendlich häufige komplexe Differenzierbarkeit

Jede holomorphe Funktion ist unendlich oft komplex differenzierbar.

Insbesondere ist die Ableitungsfunktion einer holomorphen Funktion selbst holomorph.

3.2   Identitätssatz

Sei G ein Gebiet in $\mathbb{C}$ und $f, g \in \mathcal{O}(G)$, so sind die folgenden Aussagen äquivalent:

a) $f = g$.

b) Die Menge $\{z \in G : f(z) = g(z)\}$ besitzt einen Häufungspunkt in G. [15]

c) Es gibt einen Punkt $c \in G$ mit $f^{(n)}(c) = g^{(n)}(c)$ für alle $n \in \mathbb{N}_0$.

Dieser Satz wird oft auf den Spezialfall $g = 0$ angewandt.

3.3   Riemannscher Fortsetzungssatz (Hebbarkeitssatz)

Sei $U \subset \mathbb{C}$ offen, M eine Teilmenge von U ohne Häufungspunkt in U und $f \in \mathcal{O}(U \setminus M)$, so sind die folgenden Aussagen äquivalent:

a) f ist zu einer holomorphen Funktion $U \to \mathbb{C}$ fortsetzbar.

b) f ist zu einer stetigen Funktion $U \to \mathbb{C}$ fortsetzbar.

c) Zu jedem $c \in M$ gibt es eine offene Umgebung $V \subset U$ von c, so dass f auf $V \setminus \{c\}$ beschränkt ist.

d) Zu jedem $c \in M$ gibt es ein $w \in \mathbb{C}$ mit $\lim\limits_{\substack{z \to c \\ z \in U \setminus M}} f(z) = w$.

3.4   Satz: Charakterisierung konstanter Funktionen

Sei $U \subset \mathbb{C}$ offen und $f : U \to \mathbb{C}$ eine Funktion, so sind die folgenden Aussagen äquivalent:

a) f ist holomorph mit $f' = 0$ auf U.

b) f ist lokal konstant in U, d. h. zu jedem Punkt $c \in U$ gibt es eine offene Umgebung $V \subset U$ von c, so dass f auf V konstant ist.

c) f ist auf jeder Zusammenhangskomponente von U konstant. [16]

Ist zusätzlich U ein Gebiet in $\mathbb{C}$, so sind die beiden folgenden Aussagen äquivalent:

a') f ist holomorph mit $f' = 0$ auf U.

b') f ist konstant.

3.5   Satz von Liouville

Jede beschränkte ganze Funktion ist konstant.

---

[15] Die Menge $\{z \in G : f(z) = g(z)\}$ besitzt also einen Häufungspunkt in $\mathbb{C}$ und dieser liegt sogar in G. Zum Begriff „Häufungspunkt" siehe Anhang A und C.

[16] Zum Begriff „Zusammenhangskomponente" siehe Anhang B.

Ausführlich: Existiert zur holomorphen Funktion $f \in \mathcal{O}(\mathbb{C})$ eine reelle positive Zahl K
mit $|f(z)| < K$ für alle $z \in \mathbb{C}$, so ist die Funktion f konstant.

Beweise dieses Satzes liefern die Aufgaben III.4.1 und V.3.5.

3.6   Offenheitssatz und Satz von der Gebietstreue

a) Jede nirgends lokal konstante holomorphe Funktion ist offen, d. h. Bilder offener Mengen sind
selbst offen.

b) Jede nirgends lokal konstante holomorphe Abbildung ist gebietstreu, d. h. Bilder offener und
zusammenhängender Mengen sind selbst offen und zusammenhängend.

3.7   Satz: Maximum- und Minimumprinzip

Maximumprinzip für beliebige Gebiete

Sei G ein Gebiet in $\mathbb{C}$.

Nimmt der Absolutbetrag der holomorphen Funktion $f \in \mathcal{O}(G)$ in G ein lokales Maximum an,
so ist f konstant.

Maximumprinzip für beschränkte Gebiete

Sei G ein beschränktes Gebiet in $\mathbb{C}$.

Ist die stetige Funktion $f : \overline{G} \to \mathbb{C}$ auf G holomorph,[17]
so gilt für alle $z \in \overline{G}$:

$$|f(z)| \leq \max_{c \in \partial G} |f(c)|.$$

Minimumprinzip für beliebige Gebiete

Sei G ein Gebiet in $\mathbb{C}$.

Nimmt der Absolutbetrag der holomorphen Funktion $f \in \mathcal{O}(G)$ im Punkt $c \in G$ ein lokales
Minimum an, so ist $f(c) = 0$ oder f konstant.

Minimumprinzip für beschränkte Gebiete

Sei G ein beschränktes Gebiet in $\mathbb{C}$.

Ist die stetige Funktion $f : \overline{G} \to \mathbb{C}$ auf G holomorph und nullstellenfrei,
so gilt für alle $z \in \overline{G}$:

$$|f(z)| \geq \min_{c \in \partial G} |f(c)|.$$

3.8   Satz: Mittelwerteigenschaft

Sei $U \in \mathbb{C}$ offen, $r > 0$ und $c \in U$ mit $\overline{B_r(c)} \subset U$.

Dann gilt für eine holomorphe Funktion $f : U \to \mathbb{C}$ die Mittelwertgleichung:[18]

$$f(c) = \frac{1}{2\pi} \cdot \int_0^{2\pi} f(c + r \cdot e^{i\varphi})\, d\varphi.$$

---

[17]   Hierbei bezeichnet $\overline{G}$ die abgeschlossene Hülle von G: $\overline{G} = G \cup \partial G$. Siehe Anhang A.

[18]   Siehe auch Kap. V, 3.5.1.

Aufgaben zu Kapitel I , §3

Aufgabe I.3.1:

Bestimmen Sie alle ganzen Funktionen f mit $f(\frac{1}{n}) = \frac{1}{n^2}$ für alle $n \in \mathbb{N}$.

Lösung:

Sei $f : \mathbb{C} \to \mathbb{C}$ eine ganze Funktion mit obiger Eigenschaft. Auf der Menge $\{ \frac{1}{n} : n \in \mathbb{N} \}$, die im Ursprung, also im Holomorphiegebiet von f, einen Häufungspunkt besitzt, stimmt f mit der ganzen Funktion $g : \mathbb{C} \to \mathbb{C}, z \mapsto z^2$ überein.

Nach dem Identitätssatz (3.2) ist damit $f = g$.

Aufgabe I.3.2:

Man zeige, dass $f : \mathbb{R}^2 \to \mathbb{R}^2$, $f(x, y) := (x^2 - y^2, 2xy)$ eine offene Abbildung ist.

Lösung:

Beweis:

Die Funktion $f =: (u, v)$ ist reell differenzierbar und erfüllt auf $\mathbb{R}^2$ die Cauchy-Riemannschen-Differential-gleichungen (1.5):

$$u_x(x, y) = 2x = v_y(x, y) \ , \ u_y(x, y) = -2y = -v_x(x, y) \ .$$

Sie ist also holomorph (genauer: $\hat{f} : \mathbb{C} \to \mathbb{C}$, $x + iy \mapsto u(x, y) + i \cdot v(x, y)$ ist holomorph) auf $\mathbb{C}$, so dass die Behauptung nun aus dem Offenheitssatz (3.6) folgt.

Aufgabe I.3.3:

Man entscheide, in welchem Fall eine im Nullpunkt holomorphe Funktion f existiert mit

$f(\frac{1}{n}) = \ldots$ für $n = 1, 2, 3, \ldots$

(i) $0 , \frac{1}{2} , 0 , \frac{1}{4} , 0 , \frac{1}{6} , \ldots$

(ii) $\frac{1}{2} , \frac{1}{2} , \frac{1}{4} , \frac{1}{4} , \frac{1}{6} , \frac{1}{6} , \ldots$

(iii) $\frac{1}{2} , \frac{2}{3} , \frac{3}{4} , \frac{4}{5} , \frac{5}{6} , \frac{6}{7} , \ldots$

Lösung:

(i)   Behauptung: Es gibt keine solche holomorphe Funktion.

Beweis: Wäre $f \in \mathcal{O} (U)$ ($0 \in U \subset \mathbb{C}$ offen) eine solche Funktion, dann würde f auf der Menge $M := \{ n^{-1} : n \in \mathbb{N}$ ungerade$\} \cap U$, die in $0 \in U$ einen Häufungspunkt besitzt, mit der

Nullfunktion übereinstimmen.

Nach dem Identitätssatz (3.2) wäre dann f auf der Zusammenhangskomponente von U , die den Nullpunkt beinhaltet, konstant = 0 . Widerspruch zu $f(\frac{1}{2}) = \frac{1}{2}$.

(ii)   Behauptung: Es gibt keine solche holomorphe Funktion.

Beweis: Eine solche Funktion $f \in \mathscr{O}$ (U) (0 ∈ U ⊂ ℂ offen) würde auf der Menge
N := { n^{-1} : n ∈ ℕ gerade } ∩ U , die in 0 ∈ U einen Häufungspunkt besitzt, mit der
identischen Abbildung id übereinstimmen.

Wiederum nach dem Identitätssatz (3.2) wäre dann f auf der Zusammenhangskomponente, die
den Nullpunkt beinhaltet, gleich dieser Abbildung id . Widerspruch zu $f(1) = \frac{1}{2}$.

(iii)   Die Funktion f : ℂ\{-1} → ℂ , z ↦ $\dfrac{z^{-1}}{z^{-1}+1}$ = $\dfrac{1}{1+z}$ erfüllt die geforderten Eigenschaften.

Aufgabe I.3.4:

*Man zeige: Die Nullstellenmenge N(f) einer in einem Gebiet G ∈ ℂ holomorphen, nichtkonstanten
Funktion f ist abgeschlossen und diskret in G.*

Lösung:

Die Menge {0} ist abgeschlossen in ℂ . Da f stetig ist, folgt daraus, dass f^{-1}({0}) = N(f) abgeschlossen in G ist. (Vgl. allgemeine Definition der Stetigkeit in Anhang A.)

Da f nicht konstant ist, besitzt N(f) nach dem Identitätssatz (3.2) keinen Häufungspunkt in G .
Deswegen gibt es zu jedem Punkt c ∈ N(f) eine offene Umgebung U ⊂ G von c mit U ∩ N(f) = {c}.
Folglich besteht N(f) nur aus in G isolierten Punkten, N(f) ist also diskret in G .

Aufgabe I.3.5:

Zeigen Sie mit Argumenten der Funktionentheorie, dass die Funktionen

$$f_n : \mathbb{R}_+ \to \mathbb{R} \ , \ n = 1, \dots , N$$

$$f_n(x) \ = \ \frac{1}{(n+x)^2} \ , \qquad \text{linear unabhängig über } \mathbb{R} \text{ sind.}$$

Lösung:

Beweis: Alle Funktionen f_n können wir auf das Gebiet G := ℂ \ { -1; -2; . . . ; -N } holomorph
fortsetzen. Die Fortsetzungen seien wieder mit f_n bezeichnet:

$$f_n : G \to \mathbb{C} \ , \ z \mapsto (n + z)^{-2} \quad (n \in \{1, \dots , N\} \ ).$$

Sei nun $(\lambda_1, \dots , \lambda_N) \in \mathbb{R}^N$ mit $\lambda_1 f_1(x) + \dots + \lambda_N f_N(x) = 0$ für alle x ∈ $\mathbb{R}_+$.

Da $\mathbb{R}_+$ natürlich einen Häufungspunkt in G besitzt, ist nach dem Identitätssatz (3.2) die

Funktion $F := \lambda_1 f_1 + \ldots + \lambda_N f_N$ identisch mit der Nullfunktion auf G .

Da $\{-1, \ldots, -N\}$ in $\mathbb{C}$ keinen Häufungspunkt besitzt, ist F nach dem Riemannschen Fortsetzungssatz (3.3 c) $\Rightarrow$ a)) auf $\mathbb{C}$ stetig zur Nullfunktion fortsetzbar.

Aus $\quad \lim_{z \to -n} f_m(z) = \begin{cases} \infty & \text{falls } n = m \\ (m-n)^{-2} & \text{falls } n \neq m \end{cases} \neq 0$,

folgt notwendig: $\quad \lambda_1 = \ldots = \lambda_N = 0$.

Aufgabe I.3.6:

Sei $G \subset \mathbb{C}$ ein Gebiet. Die Funktionen $f : G \to \mathbb{C}$ und $h : G \to \mathbb{C}$ seien stetig reell differenzierbar und verschwinden nicht identisch. Es gelte $\frac{\partial f}{\partial x} = f \cdot h$ (*) und $\frac{\partial f}{\partial y} = i \cdot f \cdot h$ (**) auf G.

Zeigen Sie : f und h sind holomorph.

Lösung:

Beweis: Nach 1.4.3 a) gilt auf G : $f_{\bar{z}} = \frac{1}{2}(f_x + i \cdot f_y) = \frac{1}{2}(f \cdot h + i^2 \cdot f \cdot h) = 0$.

Nach dem Satz über die Wirtinger-Ableitungen (1.5) ist somit f holomorph. Insbesondere ist $f_x = f'$ auf G. Da $f \neq 0$ gilt, besitzt die Nullstellenmenge N von f nach dem Identitätssatz (3.2) keinen Häufungspunkt in G.

Auf $G \backslash N$ ist also h nach Voraussetzung (*) gleich $\frac{f'}{f}$ und damit auf $G \backslash N$ holomorph. Nach dem Riemannschen Fortsetzungssatz (3.3) folgt nun aus der Stetigkeit von h auch deren Holomorphie auf ganz G.

Aufgabe I.3.7:

Sei $G \subset \mathbb{C}$ ein Gebiet, $f : G \to \mathbb{C}$, $z \mapsto f(z) = f(x + iy)$, $x, y \in \mathbb{R}$, eine beliebig oft reell differenzierbare Funktion und $0 \in G$.

Es gelte $\quad \frac{\partial^n f}{\partial x^n}(0) = 0$, $\frac{\partial^n f}{\partial y^n}(0) = 0$ für alle $n \in \mathbb{N}_0$.

a)   *Zeigen Sie: Ist f holomorph in G, so ist $f = 0$.*

b)   *Zeigen Sie anhand eines Beispiels, dass die entsprechende Aussage für reell differenzierbare Funktionen falsch ist.*

Lösung:

a)   Nach 1.5 besteht aufgrund der Holomorphie von f die Beziehung

$$f' = \frac{\partial f}{\partial x} = -i \cdot \frac{\partial f}{\partial y} \quad \text{auf G} .$$

Aufgrund der unendlich häufig komplexen Differenzierbarkeit von f (3.1) erhalten wir demnach

$$f^{(n)}(0) = \frac{\partial^n f}{\partial x^n}(0) = (-i)^n \cdot \frac{\partial^n f}{\partial y^n}(0) = 0 \quad \text{für alle } n \in \mathbb{N}_0 .$$

Aus dem Identitätssatz (3.2) folgt somit $f = 0$.

b)   Wir betrachten die Funktion :

$$f : \mathbb{R}^2 \to \mathbb{R} , \ (x, y) \ \mapsto \ \begin{cases} \exp(-x^{-2}) & , x \neq 0 \\ 0 & , x = 0 \end{cases} .$$

Aus der Analysis ist bekannt, dass f beliebig oft reell differenzierbar ist mit den partiellen

Ableitungen $\dfrac{\partial^n f}{\partial y^n} (0, 0) = 0$ und $\dfrac{\partial^n f}{\partial x^n} (0, 0) = 0$.

Aber es ist $f \neq 0$.

Aufgabe I.3.8:

Geben Sie alle ganzen Funktionen f auf $\mathbb{C}$ an, für die ein $a > 0$ existiert, mit $|f'(z)| \leq a \cdot |e^z|$ für alle genügend großen $z \in \mathbb{C}$.

Lösung:

Seien a und ρ reelle positive Zahlen sowie $f : \mathbb{C} \to \mathbb{C}$ eine ganze Funktion, so dass

$$|f'(z)| \leq a \cdot |e^z| \quad \text{für alle } |z| > \rho \text{ gilt.}$$

Da $K := \overline{B_\rho(0)}$ kompakt und $g : z \mapsto f'(z) \cdot e^{-z}$ eine ganze (und damit stetige) Funktion ist, existiert $m := \max_{z \in K} |g(z)|$.

Somit gilt $|g(z)| \leq \max\{m, a\}$ für alle $z \in \mathbb{C}$.

Nach dem Satz von Liouville (3.5) ist daher die ganze Funktion g konstant.

Es existiert somit ein $C \in \mathbb{C}$ mit

$$g(z) = C, \quad \text{also } f'(z) = C \cdot e^z$$

und damit auch ein $D \in \mathbb{C}$ mit

$$f(z) = C \cdot e^z + D \quad (*) \quad \text{für } z \in \mathbb{C}.$$

Andererseits erfüllen alle Funktionen der Form (*) mit C, D $\in \mathbb{C}$ die geforderten Eigenschaften und sind somit genau die gesuchten.

Aufgabe I.3.9:

Warum ist eine auf ganz $\mathbb{C}$ holomorphe Funktion $f = u + iv$, deren Realteil u beschränkt ist, konstant ?

Lösung:

Beweis:

Erste Möglichkeit: Wegen $|e^{f(z)}| = e^{u(z)}$ ist $z \mapsto e^{f(z)}$ eine ganze, beschränkte Funktion, nach dem Satz von Liouville (3.5) also konstant. Wegen der 2πi-Periodizität der

Exponentialfunktion (Kap. III, 2.1.1) folgt nun:

$$f(\mathbb{C}) \subset f(0) + 2\pi i\mathbb{Z}.$$

Die Menge $f(\mathbb{C})$ ist also nicht offen in $\mathbb{C}$.

Aus dem Satz über die Gebietstreue (3.6) erhalten wir somit die Konstanz von f.

Zweite Möglichkeit: Sei $S > 0$ eine obere Schranke von $|u|$ und $g \in \mathcal{O}(\mathbb{C})$ definiert durch $g(z) = 2 \cdot S + f(z)$.

Wegen $\mathrm{Re}\,(g) = 2 \cdot S + u$ gilt:

$$|g| = (|\mathrm{Re}\,(g)|^2 + |\mathrm{Im}\,(g)|^2)^{1/2} \geq |\mathrm{Re}\,(g)| \geq 2 \cdot S - |u| \geq S.$$

Die Funktion $z \mapsto (g(z))^{-1}$ ist somit auf $\mathbb{C}$ definiert, also ganz, und durch S^{-1} beschränkt. Somit ist sie nach dem Satz von Liouville (3.5) konstant. Daraus folgt die Konstanz von g und somit auch von f.

Dritte Möglichkeit: Wie bei der ersten Möglichkeit gezeigt wurde, ist die Funktion $z \mapsto e^{f(z)}$ eine ganze, beschränkte Funktion, also konstant.

Somit ist auch deren „Radialanteil" $z \mapsto |e^{f(z)}| = e^{u(z)}$ konstant. Da u reellwertig ist, folgt aus der strengen Monotonie der Exponentialfunktion auf $\mathbb{R}$ auch die Konstanz von u. Somit ist $f(\mathbb{C}) = u(\mathbb{C}) + i \cdot v(\mathbb{C})$ nicht offen in $\mathbb{C}$.

Nach dem Offenheitssatz (3.6) ist damit auch f konstant.

Aufgabe I.3.10:

Bestimmen Sie alle ganzen, periodischen Funktionen f mit der Periode 1 und

$$\lim_{y \to \pm \infty} f(x + iy) = 0 \quad (*) \quad \text{für } 0 \leq x \leq 1 \text{ gleichmäßig.}$$

Lösung:

Sei $f : \mathbb{C} \to \mathbb{C}$ eine ganze Funktion mit obigen Eigenschaften. Insbesondere gibt es ein $\rho > 0$ mit $|f(z)| \leq 1$ für alle $z = x + iy$ aus der Menge

$S := \{x + iy \in \mathbb{C} : 0 \leq x \leq 1 ; |y| > \rho\}$.

Da $Q := \{x + iy \in \mathbb{C} : 0 \leq x \leq 1 ; |y| \leq \rho\}$

kompakt und f stetig ist, existiert $M := \max\limits_{z \in Q} |f(z)|$.

Wegen der Periodizität von f mit der Periode 1 ergibt sich schließlich für alle $z \in \mathbb{C}$:

$|f(z)| \leq \sup\limits_{\zeta \in \mathbb{C}} |f(\zeta)| = \sup\limits_{\zeta \in Q \cup S} |f(\zeta)| = \max\{1; M\}$.

Die ganze Funktion f ist somit beschränkt, nach dem Satz von Liouville (3.5) also konstant.

Aufgrund der Eigenschaft (*) muss damit f die Nullfunktion sein.

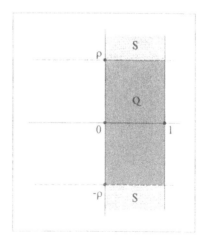

Aufgabe I.3.11:

Bestimmen Sie alle ungeraden ganzen Funktionen f mit Periode 2 und den Eigenschaften

$$(*) \quad f'(0) = 1, \qquad (**) \quad |f(x+iy)| \le e^{\pi|y|} \qquad (x, y \in \mathbb{R}).$$

(Hinweis: Die gesuchten Funktionen haben alle ganzen Zahlen als Nullstellen (Beweis!).
Beispiel: $\pi^{-1} \sin(\pi z)$)

Lösung:

1. Behauptung: $\mathbb{Z} \subset N(f)$.

   Beweis: Wegen $f(0) = -f(-0) = -f(0)$ ist $f(0) = 0$.

                Aufgrund der 2-Periodizität folgt nun:

                $$2\mathbb{Z} \subset N(f).$$

                Wegen $f(1) = f(-1+2) = f(-1) = -f(1)$ ist auch $f(1) = 0$.

                Aufgrund der 2-Periodizität folgt deswegen:

                $$1 + 2\mathbb{Z} \subset N(f).$$

                Beide Ergebnisse zusammengefasst, ergibt:

                $$\mathbb{Z} \subset N(f).$$

2. Behauptung: $g : \mathbb{C}\backslash N(f) \to \mathbb{C}$, $g(z) = \dfrac{f(z)}{\pi^{-1}\sin(\pi z)}$ ist auf $\mathbb{C}$ holomorph fortsetzbar.

   Beweis: Der Nenner $h : \mathbb{C} \to \mathbb{C}$, $z \mapsto \pi^{-1}\sin(\pi z)$ hat bekanntlich genau die ganzen Zahlen
                als Nullstellen. Da $h'(k) = \cos(\pi k) \ne 0$ für alle $k \in \mathbb{Z}$ gilt, existiert nach der
                Regel von L' Hospital (1.6) für alle $k \in N(f)$ der Grenzwert

                $$\lim_{z \to k} g(z) \quad \text{(und ist gleich null)}.$$

                Nach dem Riemannschen Fortsetzungssatz (3.3) folgt daraus die Behauptung.

3. Behauptung: Die Fortsetzung $\tilde{g} : \mathbb{C} \to \mathbb{C}$ von g ist beschränkt.

   Beweis: Sei $K := \{z \in \mathbb{C} : 0 \le \text{Re } z \le 1 \,;\, -1 \le \text{Im } z \le 1\}$ gegeben. Da K kompakt und
                $|\tilde{g}|$ stetig auf K ist, existiert $M := \max\limits_{z \in K} |\tilde{g}(z)|$.
                Wegen der 2-Periodizität ist M auch das Maximum von $|\tilde{g}|$ auf dem Streifen
                $S := \{z \in \mathbb{C} : |\text{Im } z| \le 1\}$.

                Für alle $z = x+iy$ $(x, y \in \mathbb{R})$ aus $\mathbb{C}\backslash S$ gilt die Abschätzung (vgl. 0.3.3 iv)):

                $$|\tilde{g}(z)| = \left| \frac{2\pi \cdot f(z)}{e^{i\pi z} - e^{-i\pi z}} \right| \le 2\pi \cdot \frac{|f(z)|}{||e^{i\pi z}| - |e^{-i\pi z}||} \le 2\pi \cdot \frac{e^{\pi|y|}}{|e^{-\pi|y|} - e^{\pi|y|}|} =$$

                $$= \frac{2\pi}{|e^{-2\pi|y|} - 1|} \le \frac{2\pi}{|e^{-2\pi} - 1|}$$

                Daraus folgt: $\tilde{g} : \mathbb{C} \to \mathbb{C}$ ist beschränkt.

4. Behauptung: $f(z) = \pi^{-1}\sin(\pi z)$ ist die einzige mögliche Funktion.

   Beweis: $\tilde{g}$ ist eine ganze, beschränkte Funktion und damit nach dem Satz von Liouville
                (3.5) konstant, d. h. $\tilde{g}(z) = a$ mit einem $a \in \mathbb{C}$ für alle $z \in \mathbb{C}$.

Daraus folgt für f : $f(z) = a \cdot \pi^{-1} \sin(\pi z)$, $z \in \mathbb{C}$.

Die Ableitung berechnet sich zu: $f'(z) = a \cdot \cos(\pi z)$, $z \in \mathbb{C}$.

Aus Voraussetzung (*) folgt nun: $a = 1$.

Aufgabe I.3.12:

Es sei $G \subset \mathbb{C}$ ein beschränktes Gebiet. Die Funktion f sei holomorph, nicht konstant auf G und stetig auf der abgeschlossenen Hülle $\bar{G}$ von G.

a)   Beweisen Sie, dass der Rand des Bildgebietes enthalten ist im Bild des Randes von G.

b)   Geben Sie ein Beispiel, dass in a) echte Inklusion ($\subsetneq$) möglich ist.

c)   Geben Sie ein Beispiel, dass reelle Differenzierbarkeit für $f : \bar{G} \to \mathbb{R}^2$ nicht ausreicht, um a) zu schließen.

Lösung:

a)   <u>Es ist zu zeigen:</u> $\partial f(G) \subset f(\partial G)$.

  <u>Beweis:</u>   Da Kompaktheit eine stetige Invariante ist (vgl. Anhang A), ist mit $\bar{G}$ auch $f(\bar{G})$ kompakt, insbesondere abgeschlossen. Aus der Definition der abgeschlossenen Hülle folgt: $\overline{f(G)} \subset f(\bar{G})$, also $\partial f(G) \subset f(\bar{G})$.

  <u>Annahme:</u>   Es gibt ein $c \in G$ mit $f(c) \in \partial f(G)$. Dann ist aber $f(G) \cap \partial f(G) \neq \emptyset$, d. h. $f(G)$ ist nicht offen in $\mathbb{C}$ im Widerspruch zum Offenheitssatz (3.6). Damit ist Behauptung a) gezeigt.

b)   Sei $G := \mathbb{E} \setminus \{-\frac{1}{2}\}$ und $f : \bar{G} \to \mathbb{C}, f(z) := z^2$ definiert, so gilt:

  ○ $f(G) = \mathbb{E}$,   da $(\frac{1}{2})^2 = (-\frac{1}{2})^2 = \frac{1}{4}$. (Vgl. auch Kap. IV, 3.4.2.)

  ○ $\partial f(G) = \partial \mathbb{E}$.

  ○ $\partial G = \partial \mathbb{E} \cup \{-\frac{1}{2}\}$.

  ○ $f(\partial G) = \partial \mathbb{E} \cup \{\frac{1}{4}\}$,   aber $\frac{1}{4} \notin \partial f(G) = \partial \mathbb{E}$.

c)   Sei $G := \mathbb{E}$ und die Funktion

        $f : \bar{\mathbb{E}} \to \mathbb{C} \cong \mathbb{R}^2$, $f(z) = |z|^2$

vorgegeben.

Dann ist f auf $\mathbb{E}$ reell differenzierbar, nicht aber holomorph (z. B. sind die Cauchy-Riemannschen Differentialgleichungen 1.5 nicht erfüllt) und es gilt:

  ○ $f(G) = [0 ; 1[\times \{0\} \subset \mathbb{R}^2 \cong \mathbb{C}$.

  ○ $\partial f(G) = [0 ; 1] \times \{0\} \subset \mathbb{R}^2 \cong \mathbb{C}$.

        (Beachte: $\partial f(G)$ ist der Rand von $f(G)$ in $\mathbb{C}$, nicht in $\mathbb{R}$).

  ○ $\partial G = \partial \mathbb{E}$.

  ○ $f(\partial G) = \{1\} \times \{0\}$,   also $\partial f(G) \not\subset f(\partial G)$.

Aufgabe I.3.13:

Sei G ein Gebiet in $\mathbb{C}$ *und* $f : G \to \mathbb{C}$ *holomorph und nicht konstant. Für welche* $(\alpha, \beta) \in \mathbb{C}^2$ *ist die Funktion* $\alpha \cdot Re(f) + \beta \cdot Im(f) : G \to \mathbb{C}$ *holomorph ?*

Lösung:

Sei (α, β) ein Paar komplexer Zahlen mit $\alpha \cdot Re(f) + \beta \cdot Im(f) \in \mathcal{O}(G)$.
Nach Subtraktion von $\alpha \cdot f \in \mathcal{O}(G)$ erhalten wir die holomorphe Funktion

$$g := (\alpha i - \beta) \cdot Im(f) : G \to \mathbb{C}.$$

Behauptung: $\alpha i = \beta$.

Annahme: $\alpha i \neq \beta$.

Dann ist auch $g \cdot (\alpha i - \beta)^{-1} = Im(f)$ holomorph auf G . Da $f \in \mathcal{O}(G)$ nicht konstant ist, ist auch der Imaginärteil $Im(f)$ nach dem Offenheitssatz (3.6) nicht konstant. (Vgl. Aufgabe I.3.9, „Dritte Möglichkeit".)

Das Bild von G unter der nicht konstanten, holomorphen Funktion $Im(f) : G \to \mathbb{C}$ ist nach dem Satz über die Gebietstreue (3.6) wieder ein Gebiet. Es ist aber $Im(f)(G) \subset \mathbb{R} + i\{0\}$ und damit nicht offen in $\mathbb{C}$.

Widerspruch.

Andererseits sind alle Funktionen

$$\alpha \cdot Re(f) + i \cdot \alpha \cdot Im(f) = \alpha \cdot f \quad \text{mit} \quad \alpha \in \mathbb{C}$$

auf G holomorph, so dass die Zahlenpaare $\{ (\alpha, i\alpha) \in \mathbb{C}^2 : \alpha \in \mathbb{C} \}$ genau die gesuchten sind.

Aufgabe I.3.14:

Sei U eine zusammenhängende Umgebung der abgeschlossenen Einheitsscheibe $\overline{\mathbb{E}}$ *und sei* $f : U \to \mathbb{C}$ *holomorph.*
Es existiere eine reelle Konstante $c \geq 0$ *mit* $|f(z)| = c$ *für alle* $z \in \mathbb{C}$ *mit* $|z| = 1$.

Man zeige: f ist konstant oder besitzt eine Nullstelle im Innern von $\overline{\mathbb{E}}$.

Lösung:

1. Fall: $c = 0$:   Aus dem Identitätssatz (3.2) folgt: $f(z) = 0$ für alle $z \in \overline{\mathbb{E}}$.

2. Fall: $c \neq 0$:   Besitze nun f keine Nullstelle im Innern von $\overline{\mathbb{E}}$.

   Nach dem Maximumprinzip für beschränkte Gebiete (3.7) ist $|f(z)| \leq c$ für alle $z \in \overline{\mathbb{E}}$. Nach dem Minimumprinzip für beschränkte Gebiete ist dagegen $|f(z)| \geq c$ für alle $z \in \overline{\mathbb{E}}$.

   Daraus folgt nun $|f(z)| = c$ für alle $z \in \mathbb{E}$. Die Menge $f(\mathbb{E})$ liegt somit auf einem Kreisrand mit Radius c , ist also nicht offen in $\mathbb{C}$.

   Aus dem Offenheitssatz (3.6) folgt daraus die Konstanz von f auf $\mathbb{E}$ und schließlich auch auf U nach dem Identitätssatz (3.2).

§4   Biholomorphe Abbildungen

4.1   Definition: Schlichte Funktion und biholomorphe Abbildung

Seien U und V offene Teilmengen von $\mathbb{C}$.

i)   Eine holomorphe Funktion $f : U \to \mathbb{C}$ heißt schlicht, falls f injektiv ist.

ii) Eine holomorphe Abbildung $f : U \to V$ heißt biholomorph, falls f bijektiv und auch die Umkehrabbildung $f^{-1} : V \to U$ holomorph ist.

4.2   Satz: Biholomorphiekriterium

Sei $U \subset \mathbb{C}$ offen und $f \in \mathcal{O}(U)$ eine schlichte Funktion, so ist

a) $f'(z) \neq 0$ für alle $z \in U$,

b) $f(U)$ offen in $\mathbb{C}$,

c) $f : U \to f(U)$ biholomorph

und

d) $(f^{-1})'(\zeta) = [f'(f^{-1}(\zeta))]^{-1}$ für alle $\zeta \in f(U)$.

4.2.1 Situation im Reellen: Diffeomorphiekriterium

Sei $U \subset \mathbb{R}^n$ offen und $f : U \to \mathbb{R}^n$ eine injektive, stetig differenzierbare Funktion mit $\det(f'(x)) \neq 0$ für alle $x \in U$, so ist

a) $f'(x) \neq 0$ für alle $x \in U$,

b) $f(U)$ offen in $\mathbb{R}^n$,

c) $f : U \to f(U)$ C^1- diffeomorph, d. h. bijektiv und in beide Richtungen stetig differenzierbar,

und

d) $(f^{-1})'(\zeta) = [f'(f^{-1}(\zeta))]^{-1}$ für alle $\zeta \in f(U)$.

Das bedeutet: Die Jacobimatrix $(f^{-1})'(\zeta)$ von f^{-1} an der Stelle ζ ist das Inverse der Jacobimatrix $f'(f^{-1}(\zeta))$ von f an der Stelle $f^{-1}(\zeta)$.

4.2.2 Bemerkung

a)   Seien U, V $\subset \mathbb{C}$ offen und $f : U \to V$ eine Abbildung, so folgt aus 4.2 die Äquivalenz:

$$\boxed{\text{f ist bijektiv und holomorph} \quad \Leftrightarrow \quad \text{f ist biholomorph.}}$$

b)   Seien U, V $\subset \mathbb{R}^n$ offen und $f : U \to V$ eine Abbildung, so sind die folgende Aussagen nicht äquivalent:

$$\boxed{\text{f ist bijektiv und stetig differenzierbar} \quad \genfrac{}{}{0pt}{}{\not\Rightarrow}{\Leftarrow} \quad \text{f ist } C^1\text{- diffeomorph.}}$$

Als Gegenbeispiel für die Implikation „$\Rightarrow$" diene die Abbildung

$$f : \mathbb{R}^n \to \mathbb{R}^n, \quad (x_1, \ldots, x_n) \mapsto (x_1^3, \ldots, x_n^3).$$

Nach 4.2.1 sind aber die beiden Aussagen unter der Zusatzvoraussetzung $\det(f'(x)) \neq 0$ für $x \in U$, äquivalent.

c) Seien $U \subset \mathbb{R}^n$ und $V \subset \mathbb{R}^m$ beliebige Mengen und $f : U \to V$ eine Abbildung, so sind die folgenden Aussagen nicht äquivalent:

$$f \text{ ist bijektiv und stetig} \quad \overset{\not\Rightarrow}{\underset{\Leftarrow}{}} \quad f \text{ ist homöomorph (topologisch).} \quad [19]$$

Ein Gegenbeispiel für die Implikation „$\Rightarrow$" findet man in Aufgabe I.4.1.

Ist aber eine der drei Zusatzvoraussetzungen

      i) $n = m = 1$ und U ein Intervall ,

      ii) $n = m$ und U eine offen Menge

oder

      iii) U kompakt

erfüllt, so sind die obigen Aussagen äquivalent.

d) Seien $U, V \subset \mathbb{C}$ offen und $f : U \to V$ eine Abbildung, so gilt:

$$f \text{ ist biholomorph} \quad \overset{\Rightarrow}{\underset{\not\Leftarrow}{}} \quad f \text{ ist (als reelle Funktion) } C^1\text{-diffeomorph} \quad \overset{\Rightarrow}{\underset{\not\Leftarrow}{}} \quad f \text{ ist homöomorph.}$$

Für die erste Rückrichtung „$\Leftarrow$" kann leicht ein Gegenbeispiel angegeben werden:

Die Konjugationsabbildung $\overline{} : \mathbb{C} \to \mathbb{C}$, $x + iy \mapsto x - iy$ ist C^1-diffeomorph, aber nicht biholomorph.

Ein Gegenbeispiel für die zweite Rückrichtung „$\Leftarrow$" findet man in Aufgabe I.4.2.

4.3 Satz: Lokales Biholomorphiekriterium

Sei $U \subset \mathbb{C}$ offen, $f \in \mathcal{O}(U)$, $c \in U$ mit $f'(c) \neq 0$, so gibt es eine offene Umgebung $V \subset U$ von c, so dass $f|_V : V \to f(V)$ biholomorph ist.

4.3.1 Situation im Reellen: Lokaler Umkehrsatz

Sei $U \subset \mathbb{R}^n$ offen, $f : U \to \mathbb{R}^n$ stetig differenzierbar und $c \in U$ mit $\det(f'(c)) \neq 0$, so gibt es eine offene Umgebung $V \subset U$ von c, so dass $f|_V : V \to f(V)$ C^1- diffeomorph ist mit $\det(f'(x)) \neq 0$ für alle $x \in V$.

4.3.2 Bemerkung

Die Notwendigkeit der Voraussetzung $\det(f'(c)) \neq 0$ im Satz 4.3.1 beweist das Beispiel $f : \mathbb{R} \to \mathbb{R}$, $x \mapsto x^3$ mit $c = 0$.

4.4 Anmerkungen

i) Nach dem Offenheitssatz (3.6) gilt die Aussage 4.2b) auch für nirgends lokal konstante holo-

---

[19] Zum Begriff „homöomorphe (topologische) Abbildung" siehe Anhang A.

morphe Funktionen, die nicht injektiv sind.

ii) Die biholomorphen Abbildungen sind genau die konformen Abbildungen, die in Kapitel IV besprochen werden.

Beispiele:

- Lineare Transformationen $\mathbb{C} \to \mathbb{C}$, $z \mapsto az + b$ $(a \in \mathbb{C}*, c \in \mathbb{C})$

- Exponentialfunktion $\{z \in \mathbb{C} : -\pi < |\mathrm{Im}\,(z)| < \pi\} \to \mathbb{C}^-$, $z \mapsto \exp(z)$

- Stürzung (Inversion) $\mathbb{E}^* \to \mathbb{C} \setminus \overline{\mathbb{E}}$, $z \mapsto z^{-1}$

- Cayleyabbildung $\mathbb{H} \to \mathbb{E}$, $z \mapsto \dfrac{z - i}{z + 1}$

- Möbiustransformationen $\mathbb{P} \to \mathbb{P}$, $z \mapsto \dfrac{az + b}{cz + d}$ $(a, b, c, d \in \mathbb{C},\ ad - bc \neq 0)$

(Hierbei bezeichnet $\mathbb{P}$ die Riemannsche Zahlensphäre. Siehe Kap. III, 4.1.)

iii) Wie die ganze, $2\pi i$-periodische Funktion $\exp : \mathbb{C} \to \mathbb{C}$ zeigt, muss eine auf einem Gebiet holomorphe Funktion mit nirgends verschwindender Ableitung nicht notwendig schlicht (injektiv) sein.

4.5   Satz: Schlichte ganze Funktion

Folgende Aussagen über eine Funktion $f : \mathbb{C} \to \mathbb{C}$ sind äquivalent:

a) f ist injektiv und holomorph, d. h. f ist schlicht.

b) f ist bijektiv und holomorph, d. h. f ist biholomorph.

c) f ist $\mathbb{C}$-linear, d. h. es gibt $a, b \in \mathbb{C}$ mit $a \neq 0$ und $f(z) = a \cdot z + b$ für alle $z \in \mathbb{C}$.

Die Aufgabe VI.4.3 enthält Beweise der entscheidenden Implikationen a) $\Rightarrow$ b)   und a) $\Rightarrow$ c).

Aufgaben zu Kapitel I , §4

Aufgabe I.4.1:

Seien $U_1 := \,]0\,;1[\, \cap \,\mathbb{Q}$, $U_2 := \,]1\,;2[\setminus\mathbb{Q}$ und $U := U_1 \cup U_1$ definiert.

Man zeige, dass die Abbildung

$$f : U \to \,]0\,;1[\, ,\quad x \mapsto \begin{cases} x & \text{für } x \in U_1 \\ x - 1 & \text{für } x \in U_2 \end{cases}$$

eine stetige und bijektive, aber nicht homöomorphe (topologische) Abbildung ist.

Lösung:

Die Abbildung f ist als Einschränkung der stetigen Abbildung

$$\tilde{f} : \ ]0;1[\ \cup \ ]1;2[\ \to \ \mathbb{R} \ , \ x \mapsto \begin{cases} x & \text{für } x < 1 \\ x-1 & \text{für } x > 1 \end{cases}$$

selbst stetig.

Für die Abbildung

$$g : \ ]0;1[\ \to \ U \ , \ x \mapsto \begin{cases} x & \text{für } x \in \ ]0;1[\ \cap \ \mathbb{Q} \\ x+1 & \text{für } x \in \ ]0;1[\ \backslash \ \mathbb{Q} \end{cases}$$

gilt $g \circ f = \mathrm{id}_U$ und $f \circ g = \mathrm{id}_{]0;1[}$.

Die Abbildung f ist also umkehrbar mit Umkehrabbildung g und damit bijektiv.

Die Umkehrabbildung g ist allerdings nicht stetig, da in jeder offenen Teilmenge von $]0;1[$ sowohl rationale wie auch irrationale Zahlen enthalten sind.

Die Abbildung $f : U \to [0;1]$ ist somit nicht homöomorph.

Aufgabe I.4.2:

Man zeige, dass die Abbildung

$$f : \mathbb{C} \to \mathbb{E} \ , \ z \mapsto z \cdot (1 + |z|)^{-1}$$

eine homöomorphe (topologische), aber nicht biholomorphe Abbildung ist.

Lösung:

Für die Abbildung $g : \mathbb{E} \to \mathbb{C}$, $z \mapsto z \cdot (1 - |z|)^{-1}$ gilt:

$$g \circ f = \mathrm{id}_{\mathbb{C}} \quad \text{und} \quad f \circ g = \mathrm{id}_{\mathbb{E}} \ ,$$

wie man leicht durch Einsetzen überprüft.
Beide Abbildungen sind als Kompositionen stetiger Abbildungen auf ihren Definitionsmengen stetig.

Da jede holomorphe Abbildung $\mathbb{C} \to \mathbb{E}$ ganz und beschränkt, nach dem Satz von Liouville (3.5) damit konstant ist, kann aber f keine holomorphe Abbildung sein.

Aufgabe I.4.3:

Welche der folgenden Aussagen sind richtig, welche sind falsch? Geben Sie eine Begründung.

a)   *Eine offene Teilmenge $U \subset \mathbb{C}$ ist genau dann zusammenhängend, wenn $\mathcal{O}(U)$ ein Integritätsring ist.*

b)   *Es gibt eine biholomorphe Abbildung von $\mathbb{C}$ auf das Gebiet $G = \{ z \in \mathbb{C} : 1 < |z| < 2 \}$.*

c)   *Es gibt eine nicht konstante holomorphe Funktion $f : \mathbb{C} \to \mathbb{C}$ mit $f((-1)^n \frac{1}{n}) = 0$ für alle $n \geq 1$.*

Lösung:

a)   Behauptung: Die Aussage ist wahr.

     Begründung:

    „⇒"   Sei $U \subset \mathbb{C}$ zusammenhängend, also ein Gebiet. Weiter seien f, g $\in \mathcal{O}$ (U) mit f·g = 0.
        Ist f = 0 , so ist nichts mehr zu zeigen. Gilt dagegen f $\neq$ 0 , so besitzt die Nullstellen-
        menge N von f nach dem Identitätssatz (3.2) keinen Häufungspunkt in U , d. h. U\N ist
        offen in $\mathbb{C}$ und es muss (da $\mathbb{C}$ ein Integritätsring ist) gelten: $g|_{U \backslash N} = 0$.

        Wiederum nach dem Identitätssatz folgt daraus g = 0 auf ganz U .

    „⇐"   Sei $U \subset \mathbb{C}$ unzusammenhängend. So gibt es nach Definition offene, nichtleere und
        disjunkte Mengen V, W $\subset \mathbb{C}$ mit V $\cup$ W = U.

        Die Indikatorfunktionen[20] 1_V , $1_W : U \to \mathbb{C}$ sind dann nichtverschwindende Nullteiler
        in $\mathcal{O}$ (U), denn für alle z $\in$ U gilt:

$$1_V(z) \cdot 1_W(z) = 0 .$$

b)   Behauptung: Die Aussage ist falsch.

    Erste Begründung:

    Eine solche biholomorphe Abbildung f : $\mathbb{C} \to$ G wäre ganz und beschränkt, also konstant nach
    dem Satz von Liouville (3.5), im Widerspruch zu ihrer Surjektivität.

    Zweite Begründung:

    Eine biholomorphe Abbildung ist insbesondere eine homöomorphe (topologische) Abbildung
    (4.2.2 d)).

    Da der einfache Zusammenhang eines Gebietes eine topologische Invariante [21] darstellt, müsste
    mit dem Quellgebiet $\mathbb{C}$ auch das Zielgebiet G einfach zusammenhängend sein[22], was offensichtlich
    nicht der Fall ist.

c)   Behauptung: Die Aussage ist falsch.

    Begründung:

    Die Punktmenge $\{ (-1)^n \cdot n^{-1} : n \in \mathbb{N} \}$ besitzt in $\mathbb{C}$ einen Häufungspunkt, nämlich den Nullpunkt.
    Nach dem Identitätssatz (3.2) wäre dann f konstant = 0 .

Aufgabe I.4.4:

Die folgenden Aussagen sind zu begründen oder zu widerlegen.

a)   *Wenn ϕ eine biholomorphe Abbildung der Zahlenebene $\mathbb{C}$ auf sich mit zwei Fixpunkten ist,*
    dann ist ϕ die Identität.

---

[20]   Definition der Indikatorfunktion: $1_V(z) = 1$ für $z \in V$ und $1_V(z) = 0$ für $z \notin V$.

[21]   Zum Begriff „topologische Invariante" siehe Anhang A.

[22]   Zum Begriff „einfacher Zusammenhang" siehe Anhang B.

b)   Wenn ϕ eine biholomorphe Abbildung der Zahlensphäre $\mathbb{P}$ auf sich mit zwei Fixpunkten ist, dann ist ϕ die Identität.

<u>Lösung:</u>

a)   <u>Behauptung</u>: Die Aussage ist wahr.

    <u>Begründung</u>:

    Nach dem Satz über schlichte ganze Funktionen (4.5) ist f eine lineare Funktion, d. h. gibt es

    $a \in \mathbb{C}^*$ und $b \in \mathbb{C}$ mit $\phi(z) = az + b$ $(z \in \mathbb{C})$.

    Seien v und $w \in \mathbb{C}$, $v \neq w$, zwei Fixpunkte von ϕ, d. h.

        (I) $a \cdot v + b = v$ und   (II) $a \cdot w + b = w$.

    Aus der Differenz der Gleichungen (I) – (II) $a(v - w) = v - w$ der Gleichungen und aus $v \neq w$

    folgt $a = 1$ und $b = 0$ und damit die Behauptung $\phi = \mathrm{id}_{\mathbb{C}}$.

b)   <u>Behauptung</u>: Die Aussage ist falsch.

    <u>Begründung durch ein Gegenbeispiel</u>:

    $\phi : \mathbb{P} \to \mathbb{P}$, $z \mapsto \begin{cases} 2z & \text{für } z \in \mathbb{C} \\ \infty & \text{für } z \in \infty \end{cases}$ ist als Möbiustransformation (4.4 ii)) biholomorph

    mit zwei Fixpunkten 0 und ∞, aber nicht die Identität.

Weitere Aufgaben zu den biholomorphen (konformen) Abbildungen findet man in Kapitel IV, §§ 1 bis 3.

§5   Harmonische Funktionen

5.1   Definition: Harmonische Funktion

Sei $U \subset \mathbb{C}$ offen und die Funktionen $u, v : U \to \mathbb{R}$ (als Funktionen zweier reeller Variablen) zweimal reell differenzierbar.

Die Funktion u heißt <u>harmonische Funktion</u> oder <u>Potentialfunktion</u>, falls

$$u_{xx} + u_{yy} = \frac{\partial^2 u}{\partial x^2} + \frac{\partial^2 u}{\partial y^2} = 0 \qquad \text{auf U gilt.}$$

Die Funktionen u und v heißen <u>harmonisch konjugiert</u> zueinander, falls u und v harmonisch sind und $f := u + i \cdot v$ holomorph auf U ist.

5.2   Bemerkung

Real- und Imaginärteil einer holomorphen Funktion sind harmonisch. Dies folgt direkt aus den Cauchy-Riemannschen Differentialgleichungen (1.5).

5.3   Satz: Existenz einer harmonisch Konjugierten

Sei G ein einfach zusammenhängendes Gebiet [23] und $u : G \to \mathbb{R}$ harmonisch, so existiert eine zu u harmonisch konjugierte Funktion.

Diese ist bis auf eine reelle additive Konstante eindeutig bestimmt:

Sei $c \in G$ ein beliebiger Punkt und das Vektorfeld $F : G \to \mathbb{R}^2$ durch $F := (-u_y, u_x)$ definiert, so ist durch

$$v : G \to \mathbb{R}, \ z \mapsto \int_{\gamma_{c,z}} <F, ds> = \int_{\gamma_{c,z}} (-u_y \, dx + u_x \, dy)$$

eine zu u harmonisch konjugierte Funktion gegeben.[24]

Für $z \in G$ ist dabei $\gamma_{c,z}$ ein Weg in G mit Anfangspunkt c und Endpunkt z.

<u>Begründung:</u>   Aufgrund der Beziehung

$$\frac{\partial(-u_y)}{\partial y} = -u_{yy} = u_{xx} = \frac{\partial(u_x)}{\partial x}$$

erfüllt das Vektorfeld F die Integrabilitätsbedingung und ist somit auf G wegunabhängig integrierbar.[25]

Wegen grad v = F gilt

$$v_x = -u_y \quad \text{und} \quad v_y = u_x \ .$$

Damit ist $u + i \cdot v$ holomorph.

---

[23]   Zum Begriff „einfach zusammenhängendes Gebiet" siehe Anhang B.

[24]   Siehe Kap. V, 1.3.

[25]   Siehe Kapitel V, 2.5.

Einige wichtige Eigenschaften holomorpher Funktionen gelten in entsprechender Form auch für harmonische Funktionen:

5.4   Satz: Unendlich häufige reelle Differenzierbarkeit

Eine harmonische Funktion ist beliebig oft reell differenzierbar.

5.5   Satz: Maximum- und Minimumprinzip

Maximum- und Minimumprinzip für beliebige Gebiete

Sei G ein Gebiet in $\mathbb{C}$ und die harmonische Funktion $u : G \to \mathbb{R}$ nehme in G ein lokales Maximum oder Minimum an.

Dann ist u konstant. [26]

Maximum- und Minimumprinzip für beschränkte Gebiete

Sei G ein beschränktes Gebiet in $\mathbb{C}$ und die stetige Funktion $u : \overline{G} \to \mathbb{R}$ sei auf G harmonisch.

Dann gilt:

$$\min_{c \in \partial G} u(c) \leq u(z) \leq \max_{c \in \partial G} u(c) \quad \text{für alle } z \in \overline{G}.$$

5.6   Satz: Mittelwerteigenschaft

Sei $U \subset \mathbb{C}$ offen, $c \in U$ und $r > 0$ mit $\overline{B_r(c)} \subset U$.

Dann gilt für eine harmonische Funktion $u : U \to \mathbb{R}$ die Mittelwertgleichung:

$$u(c) = \tfrac{1}{2\pi} \cdot \int_0^{2\pi} u(c + r \cdot e^{i\phi}) \, d\phi \; .$$

Aufgaben zu Kapitel I , §5

Aufgabe I.5.1:

Gibt es eine holomorphe Funktion $f : \mathbb{C} \to \mathbb{C}$, deren Realteil gleich $u(x, y) = x^2 - 3x + y^2$ ist ?

Lösung:

Man berechnet leicht: $u_{xx} = 2$, $u_{yy} = 2$ auf $\mathbb{C}$.

Daraus folgt: $u_{xx} + u_{yy} = 4 \neq 0$ auf $\mathbb{C}$.

Damit ist u nicht harmonisch. Nach 5.2 existiert somit keine holomorphe Funktion $f : \mathbb{C} \to \mathbb{R}$, deren Realteil gleich u ist.

---

[26]   Einen (Kontrapositions-) Beweis findet man in Aufgabe I.5.3.

Aufgabe I.5.2:

Bestimmen Sie alle $a, b \in \mathbb{R}$, für welche die Funktion $u : \mathbb{R}^2 \to \mathbb{R}$, $(x, y) \mapsto ax^2 + 2bxy - y^2$ harmonisch ist.

Geben Sie für diese $a, b \in \mathbb{R}$ jeweils eine holomorphe Funktion $f : \mathbb{C} \to \mathbb{C}$ an, deren Realteil gleich u ist.

Lösung:

Für $(x, y) \in \mathbb{R}^2$ ist $\quad u_x(x, y) = 2ax + 2by \quad , \quad u_{xx}(x, y) = 2a \quad$ und

$\quad\quad\quad\quad\quad\quad\quad\quad\quad u_y(x, y) = 2bx - 2y \quad , \quad u_{yy}(x, y) = -2 \quad .$

Daher gilt $\quad u_{xx} + u_{yy} = 0 \quad$ auf $\mathbb{R}^2$ genau dann, wenn $(a, b) \in \{1\} \times \mathbb{R}$ ist.

Sei nun $(a, b) \in \{1\} \times \mathbb{R}$ vorgegeben.

Da $\mathbb{R}^2 \cong \mathbb{C}$ einfach zusammenhängend ist, existiert nach Satz 5.3 eine zu u harmonisch Konjugierte $v : \mathbb{R}^2 \to \mathbb{R}$.

Diese erfüllt auf $\mathbb{R}^2$ die Gleichungen:

$\quad v_y(x, y) = u_x(x, y) = 2x + 2by \quad \Rightarrow \quad v(x, y) = 2xy + by^2 + h(x) \quad (*)$

$\quad v_x(x, y) = -u_y(x, y) = 2y - 2bx \quad \Rightarrow \quad v(x, y) = 2xy - bx^2 + g(y) \quad (**)$

Die Funktionen h und g können nun (bis auf eine additive Konstante) durch Vergleich von (*) und (**) bestimmt werden:

$\quad\quad h(x) = -bx^2 \quad , \quad g(y) = by^2 \quad .$

Somit erhält man $v(x, y) = -bx^2 + 2xy + by^2$ und damit

$\quad\quad f : \mathbb{C} \to \mathbb{C} \, , \quad x + iy \mapsto (x^2 + 2bxy - y^2) + i \cdot (-bx^2 + 2xy + by^2) \quad .$

Aufgabe I.5.3:

Es sei $G \subset \mathbb{R}^2$ offen und zusammenhängend, $u : G \to \mathbb{R}$ zweimal stetig differenzierbar, $u_{xx} + u_{yy} = 0$ in G, und es sei u nicht konstant. Dann hat u keine Maximumstelle in G.

Beweisen Sie dies unter der erleichternden Zusatzannahme, dass G einfach zusammenhängend ist.

Hilfe : $|e^{f(z)}| = e^{\operatorname{Re} f(z)}$.

Lösung:

Beweis: Nach dem Satz 5.3 existiert zu u eine harmonisch konjugierte Funktion $v : G \to \mathbb{R}$.
Es ist also $f := u + i \cdot v$ holomorph auf G.

1. Möglichkeit: Da u nicht konstant ist und die Exponentialfunktion exp auf $\mathbb{R}$ streng monoton steigend ist, ist auch $|e^f| = e^u$ und damit e^f nicht konstant.

Annahme: Die Funktion u nimmt auf G ein Maximum an.
Dann besitzt auch $|e^f| = e^u$ wegen der strengen Monotonie von $\exp : \mathbb{R} \to \mathbb{R}$ ein Maximum in G, im Widerspruch zum Maximumprinzip (3.7).

2. Möglichkeit: Mit u ist auch f = u + i · v nicht konstant.

Annahme: u nimmt im Punkt c ∈ G ein Maximum an. Nach dem Offenheitssatz (3.6) ist f(G) ∋ f(c) = u(c) + i · v(c) offen in $\mathbb{C}$, es gibt also ein c' ∈ G mit Re f(c') = u(c') > u(c). Widerspruch.

Aufgabe I.5.4:

Beweisen oder widerlegen Sie die folgenden Aussagen:

a)   *Ist u(x, y) = a + bx + cy mit a, b, c ∈ $\mathbb{R}$, so gibt es eine auf $\mathbb{C}$ holomorphe Funktion f mit Re f = u.*

b)   *Es ist |sin z| ≤ 1 für alle z ∈ $\mathbb{C}$.*

c)   *Ist G ⊂ $\mathbb{C}$ ein Gebiet, f : G → $\mathbb{C}$ holomorph und die reelle Funktion Re f + Im f konstant auf G , so ist auch f konstant.*

Lösung:

a)   <u>Behauptung:</u>   Die Aussage ist wahr.

<u>Begründung:</u>

Wegen $u_{xx} + u_{yy} = 0 + 0 = 0$ auf $\mathbb{C}$ ist u : $\mathbb{C}$ → $\mathbb{R}$ harmonisch. Da $\mathbb{C}$ ein einfach zusammenhängendes Gebiet ist, existiert nach Satz 5.3 dieses Paragraphen eine zu u harmonisch konjugierte Funktion v : $\mathbb{C}$ → $\mathbb{R}$.

(Z. B. erfüllt v(x, y) = –cx + by die geforderten Eigenschaften.)

b)   <u>Behauptung:</u>   Die Aussage ist falsch.

<u>Begründung:</u>

1. Möglichkeit: Da die Sinusfunktion ganz ist, wäre sie nach dem Satz von Liouville (3.5) konstant.

2. Möglichkeit: $|\sin i| = \frac{1}{2} \cdot |e^{i^2} - e^{-i^2}| = \frac{1}{2} \cdot |e^{-1} - e| > 1.$

c)   <u>Behauptung:</u>   Die Aussage ist wahr.

<u>Begründung:</u>

Wir schreiben u = Re f : G → $\mathbb{C}$ und v = Im f : G → $\mathbb{C}$.

Aus der Konstanz der Funktion u + v : G → $\mathbb{R}$ erhalten wir die beiden Gleichungen

(1) $0 = (u + v)_x = u_x + v_x$,   (2) $0 = (u + v)_y = u_y + v_y$,

und aus der Holomorphie von f die Cauchy-Riemannschen Differentialgleichungen (1.5)

(3) $u_x = v_y$, (4) $u_y = -v_x$.

Somit ist $v_x \underset{(1)}{=} -u_x \underset{(3)}{=} -v_y \underset{(2)}{=} u_y \underset{(4)}{=} -v_x$, also $v_x = 0$ und wegen (1) auch $u_x = 0$.

Da f holomorph ist, gilt nach 1.5 die Beziehung $f' = f_x = u_x + i \cdot v_x = 0$.

Da schließlich G ein Gebiet ist, folgt aus Satz 3.4 die Behauptung.

Kapitel II
Folgen und Reihen
von Punkten und Funktionen

Das Kapitel beginnt mit einem Paragraphen über die wichtigsten Konvergenzbegriffe bei Folgen und Reihen. Auch die gängigsten Konvergenzkriterien werden aufgeführt. Der zweite Paragraph befasst sich mit der Übertragung von Stetigkeit, Differenzierbarkeit und Integrierbarkeit von Folgen- und Reihengliedern kompakt konvergenter Funktionenfolgen und -reihen auf deren Grenzfunktionen. Im Zentrum steht hierbei der Weierstraßsche Konvergenzsatz. Das wichtigste Beispiel einer Funktionenreihe, nämlich die Potenzreihe, ist Thema des dritten Paragraphen. Ihm schließt sich ein kurzer Paragraph über Laurentreihen an. Die letzten beiden Paragraphen sind die Grundlagen des Kapitels VI, das die Entwickelbarkeit holomorpher Funktionen in Potenz- und Laurentreihen behandelt.

§1 Konvergenzbegriffe und -kriterien

Das Symbol $\mathbb{K}$ bezeichne im Folgenden entweder den Körper der reellen Zahlen $\mathbb{R}$ oder den Körper der komplexen Zahlen $\mathbb{C}$.

Ferner sei X eine beliebige Teilmenge von $\mathbb{C}$, $\mathbb{P}$ oder $\mathbb{R}^n$. [1]

1.1 Definitionsübersicht: Punktfolgen und -reihen

Sei c ein beliebig vorgegebener Punkt aus X.

Sei $(c_n)_n$ eine **Punktfolge** in X. Sie heißt . . .

Sei $\sum_n c_n$ eine **Punktreihe** in $\mathbb{K}$. Sie heißt . . .

. . . *konvergent*
(gegen den Grenzwert c), . . .

falls zu jedem $\varepsilon > 0$ ein $N_\varepsilon \subseteq \mathbb{N}$ existiert, so dass für alle $n \geq N_\varepsilon$ gilt:

$$|c_n - c| < \varepsilon .$$

falls zu jedem $\varepsilon > 0$ ein $N_\varepsilon \in \mathbb{N}$ existiert, so dass für alle $k \geq N_\varepsilon$ gilt:

$$\left| \sum_{n=0}^{k} c_n - c \right| < \varepsilon .$$

. . . *absolut konvergent*, . . .

falls die Punktreihe $\sum_n |c_n|$ in $\mathbb{R}$ konvergiert.

Im Fall der Konvergenz schreibt man $\lim\limits_{n \to \infty} c_n = c$ bzw. $\sum_{n=1}^{\infty} c_n = c$.

---

[1] Im Falle $X \subset \mathbb{P}$ ist $\mathbb{P}$ entweder als Sphäre im $\mathbb{R}^3$ und $|.|$ als der euklidische Betrag im $\mathbb{R}^3$ aufzufassen, oder es ist $|c_n - c|$ durch $\chi(c_n)$ mit der chordalen Metrik $\chi : \mathbb{P} \times \mathbb{P} \to \mathbb{R}$ zu ersetzen. (Siehe Kap. III, 4.1 d).)

1.2   Definitionsübersicht: Funktionenfolgen und -reihen

Sei $f : X \to \mathbb{K}$ eine beliebig vorgegebene Funktion.

Sei $(f_n)_n$ eine **Funktionenfolge** mit den Folgengliedern $f_n : X \to \mathbb{K}$ für $n \in \mathbb{N}_0$. Sie heißt . . .	Sei $\sum_n f_n$ eine **Funktionenreihe** mit den Reihengliedern $f_n : X \to \mathbb{K}$ für $n \in \mathbb{N}_0$. Sie heißt . . .

. . . *punktweise konvergent* auf X
(gegen die *Grenzfunktion* f), . . .

falls für alle $x \in X$ die Punktfolge $(f_n(x))_n$ gegen den Grenzwert $f(x)$ konvergiert.	falls für alle $x \in X$ die Punktreihe $\sum_n f_n(x)$ gegen den Grenzwert $f(x)$ konvergiert.

. . . *gleichmäßig konvergent* auf X
(gegen die *Grenzfunktion* f), . . .

falls für alle $\varepsilon > 0$ ein $N_\varepsilon \in \mathbb{N}$ existiert, so dass für alle $n \geq N_\varepsilon$ und alle $x \in X$ gilt: $$|f_n(x) - f(x)| < \varepsilon$$	falls für alle $\varepsilon > 0$ ein $N_\varepsilon \in \mathbb{N}$ existiert, so dass für alle $k \geq N_\varepsilon$ und alle $x \in X$ gilt: $$\left|\sum_{n=0}^{k} f_k(x) - f(x)\right| < \varepsilon$$

. . . *absolut konvergent* auf X , . . .

	falls für alle $x \in X$ die Punktreihe $\sum_n |f_n(x)|$ in $\mathbb{R}$ konvergiert.

. . . *lokal gleichmäßig konvergent* auf X
(gegen die *Grenzfunktion* f), . . .

falls jeder Punkt $x \in X$ eine Umgebung $U \subset X$ besitzt, so dass die Funktionenfolge $(f_n|_U)_n$ gleichmäßig auf U gegen die Grenzfunktion $f|_U$ konvergiert.	falls jeder Punkt $x \in X$ eine Umgebung $U \subset X$ besitzt, so dass die Funktionenreihe $\sum_n f_n|_U$ gleichmäßig auf U gegen die Grenzfunktion $f|_U$ konvergiert.

. . . *kompakt konvergent* auf X
(gegen die *Grenzfunktion* f), . . .

falls für jede kompakte Teilmenge K von X die Funktionenfolge $(f_n|_K)_n$ gleichmäßig auf K gegen die Grenzfunktion $f|_K$ konvergiert.	falls für jede kompakte Teilmenge K von X die Funktionenreihe $\sum_n f_n|_K$ gleichmäßig auf K gegen die Grenzfunktion $f|_K$ konvergiert.

. . . normal konvergent auf X, . . .

> falls die Funktionenreihe $\sum_n |f_n|$ auf X
> kompakt konvergiert.

Im Fall der Konvergenz schreibt man $\lim_{n \to \infty} f_n = f$ bzw. $\sum_{n=1}^{\infty} f_n = f$.

Eine nicht konvergente Punktfolge oder -reihe heißt divergent. Ebenso nennt man eine nicht punktweise konvergente Funktionenfolge oder -reihe divergent.

1.2.1 Bemerkungen

i) Die obigen Definitionen sind natürlich unabhängig vom Anfangsindex der Folge bzw. Reihe.

ii) Es ist zu beachten, dass das Reihensymbol $\sum_n a_n$ (a_n : Punkte oder Funktionen) zwei Bedeutungen besitzt:

Einerseits bezeichnet es die Folge $(\sum_{n=0}^{k} a_n)_k$ der Partialsummen, andererseits im Konvergenzfall auch deren Grenzwert $\lim_{k \to \infty} \sum_{n=0}^{k} a_n$.

iii) Sei $f : X \to \mathbb{K}$ eine Abbildung und $\varepsilon > 0$, so sind die beiden Schreibweisen äquivalent:

α) $|f(x)| < \varepsilon$ für alle $x \in X$,

β) $\|f\| < \varepsilon$ mit der Supremumsnorm $\|f\| := \sup \{|f(x)| : x \in X\}$. [2]

iv) Der vorherrschende Konvergenzbegriff in diesem Repetitorium ist die kompakte Konvergenz. Die normale Konvergenz wird erst in Kapitel VI, §6 verwendet.

v) Weitere Konvergenzbegriffe in diesem Repetitorium, die erst in Kapitel VI, §6 definiert werden:
   - kompakte Konvergenz einer Reihe meromorpher Funktionen
   - (absolute) Konvergenz eines unendlichen Produkts komplexer Zahlen
   - punktweise Konvergenz eines unendlichen Produkts von Funktionen
   - normale Konvergenz eines unendlichen Produkts von Funktionen

1.2.2 Satz: Beziehungen zwischen den Konvergenztypen

Es mögen dieselben Voraussetzungen und Bezeichnungen wie in den Definitionsübersichten 1.1 und 1.2 gelten.

Dann bestehen folgende allgemeine Beziehungen zwischen den Konvergenztypen:

bei Punktreihen

   absolute Konvergenz $\underset{\nLeftarrow}{\Rightarrow}$ Konvergenz

bei Funktionenfolgen

   kompakte Konvergenz $\Leftrightarrow$ lokal gleichmäßige Konvergenz $\underset{\nLeftarrow}{\Rightarrow}$ punktweise Konvergenz [3]

Im Konvergenzfall sind die Grenzfunktionen identisch.

---

[2]   Die Supremumsnorm ist tatsächlich eine Norm auf dem $\mathbb{K}$-Vektorraum der beschränkten Funktionen $f : X \to \mathbb{K}$. Ist X kompakt und f stetig, so kann statt „sup" auch „max" geschrieben werden.

[3]   Es sei hier erwähnt, dass die Äquivalenz von kompakter und lokal gleichmäßiger Konvergenz bei Funktionenfolgen und -reihen nur dann besteht, wenn X ein lokal kompakter Raum ist. Diese Bedingung ist aber hier durch die Voraussetzung „ $X \subset \mathbb{C}$, $\mathbb{R}^n$ oder $\mathbb{P}$ " erfüllt.

bei Funktionenreihen

α) normale Konvergenz $\overset{\Rightarrow}{\nLeftarrow}$ absolute Konvergenz $\overset{\Rightarrow}{\nLeftarrow}$ punktweise Konvergenz

β) normale Konvergenz $\overset{\Rightarrow}{\nLeftarrow}$ kompakte Konvergenz $\Leftrightarrow$ lokal gleichmäßige Konvergenz

$$\overset{\Rightarrow}{\nLeftarrow} \text{ punktweise Konvergenz}$$

Im Konvergenzfall sind die Grenzfunktionen identisch.

1.3 Konvergenzkriterien

Aus der Vielzahl von Konvergenzkriterien sind im Folgenden nur die wichtigsten aufgelistet.

1.3.1 Eine notwendige Bedingung für die Konvergenz einer Punktreihe

Sei $\sum_n c_n$ eine konvergente Punktreihe in $\mathbb{K}$, so ist die Folge $(c_n)_n$ eine Nullfolge.

Dieses Kriterium ist nicht hinreichend, wie das aus der reellen Analysis bekannte Beispiel $\sum_{n=1}^{\infty} n^{-1}$ zeigt.

1.3.2 Quotienten- und Wurzelkriterium

Sei $\sum_n c_n$ eine Punktreihe in $\mathbb{K}$.

a) Existiert ein $N \in \mathbb{N}$ und ein $r \in \,]0;1[$ mit

i) $c_n \neq 0$ und $\left| \dfrac{c_{n+1}}{c_n} \right| \leq r$ für alle $n \geq N$

oder

ii) $\sqrt[n]{|c_n|} \leq 1$ für alle $n \geq N$,

dann ist die Reihe konvergent.

b) Existiert ein $M \in \mathbb{N}$ mit

i') $c_n \neq 0$ und $\left| \dfrac{c_{n+1}}{c_n} \right| \geq 1$ für alle $n \geq M$

oder

ii') $\sqrt[n]{|c_n|} \geq r$ für alle $n \geq M$,

dann ist die Reihe divergent. [4]

Folgerung:

Besitzt die Folge $\left(\left| \dfrac{c_{n+1}}{c_n} \right| \right)_n$ oder die Folge $\left(\sqrt[n]{|c_n|} \right)_n$ einen Grenzwert c in $\mathbb{R}_0^+$, dann ist die Punktreihe $\sum_n c_n$

konvergent, falls c < 1   und   divergent, falls c > 1.

Im Fall c = 1 kann die Reihe konvergieren oder auch divergieren.

---

[4]   Es reicht sogar, dass eine der beiden Ungleichungen nur für unendlich viele Reihenglieder erfüllt ist.

1.3.3 Weierstraßsches Majorantenkriterium

<u>für Punktreihen</u>

Sei $\sum_n a_n$ eine konvergente Reihe nichtnegativer reeller Zahlen und es gelte für alle Zahlen $c_n \in \mathbb{K}$ ($n \in \mathbb{N}_0$) die Ungleichung $|c_n| \leq a_n$, so ist die Punktreihe $\sum_n c_n$ absolut konvergent.

<u>für Funktionenreihen</u>

Sei $\sum_n a_n$ eine konvergente Reihe nichtnegativer reeller Zahlen und es gelte für alle Funktionen $f_n : X \to \mathbb{K}$ ($n \in \mathbb{N}_0$) die Ungleichung $\|f_n\| \leq a_n$ für $n \in \mathbb{N}$ [5], so ist die Funktionenreihe $\sum_n f_n$ gleichmäßig auf X konvergent.

1.3.4 Cauchysches Konvergenzkriterium

Sei $(c_n)_n$ eine **Punktfolge** in X.	Sei $(f_n)_n$ eine **Funktionenfolge** mit den Folgengliedern $f_n : X \to \mathbb{K}$ für $n \in \mathbb{N}_0$.
Sie ist genau dann konvergent, falls sie eine Cauchyfolge ist.	Sie ist genau dann gleichmäßig konvergent in X, falls sie eine Cauchyfolge ist [6].
Das bedeutet: Zu $\varepsilon > 0$ gibt es ein $N_\varepsilon \in \mathbb{N}$, so dass für alle $m, n \geq N_\varepsilon$ gilt: $$|c_m - c_n| < \varepsilon$$	Das bedeutet: Zu $\varepsilon > 0$ gibt es ein $N_\varepsilon \in \mathbb{N}$, so dass für alle $m, n \geq N_\varepsilon$ gilt: $$\|f_m - f_n\| < \varepsilon$$
Sei $\sum_n c_n$ eine **Punktreihe** in $\mathbb{K}$.	Sei $\sum_n f_n$ eine **Funktionenreihe** mit den Reihengliedern $f_n : X \to \mathbb{K}$ für $n \in \mathbb{N}_0$.
Sie ist genau dann konvergent, falls die Folge $(\sum_{n=0}^k c_n)_k$ der Partialsummen eine Cauchyfolge ist.	Sie ist genau dann gleichmäßig konvergent in X, falls die Folge $(\sum_{n=0}^k f_n)_k$ der Partialsummen eine Cauchyfolge ist.
Das bedeutet: Zu $\varepsilon > 0$ gibt es ein $N_\varepsilon \in \mathbb{N}$, so dass für alle $k \geq m \geq N_\varepsilon$ gilt: $$\left|\sum_{n=m}^k c_n\right| < \varepsilon \, .$$	Das bedeutet: Zu $\varepsilon > 0$ gibt es ein $N_\varepsilon \in \mathbb{N}$, so dass für alle $k \geq m \geq N_\varepsilon$ gilt: $$\left\|\sum_{n=m}^k f_n\right\| < \varepsilon \, .$$

1.4 Existenz konvergenter Teilfolgen

Die folgenden beiden Sätze liefern Kriterien für die Existenz konvergenter Teilfolgen von Folgen komplexer Zahlen (Satz von Bolzano-Weierstraß) bzw. Folgen holomorpher Funktionen (Satz von Montel).

---

[5] $\|\cdot\|$ bezeichnet die Supremumsnorm auf X. Siehe 1.2.1 iii).

[6]   Cauchyfolge bezüglich der Supremumsnorm $\|\cdot\|$ auf dem $\mathbb{K}$-Vektorraum der beschränkten Funktionen $f : X \to \mathbb{K}$.

1.4.1 Satz von Bolzano-Weierstraß

Sei K eine kompakte Teilmenge von $\mathbb{C}$, $\mathbb{P}$ oder $\mathbb{R}^n$ und M eine Teilmenge von K.
Dann gilt:
Ist M eine unendliche Menge, so besitzt M mindestens einen Häufungspunkt in K.

Folgerung:
Jede beschränkte Folge komplexer Zahlen besitzt eine konvergente Teilfolge.

1.4.2 Satz von Montel

Sei $U \in \mathbb{C}$ offen und F eine Menge (Familie) von auf U holomorphen Funktionen.
Dann gilt:
Ist F lokal gleichmäßig beschränkt, so ist F normal.

Dabei bedeutet

„F ist lokal gleichmäßig beschränkt":
Für alle $c \in U$ gibt es eine Umgebung $V \subset U$ von c und ein $M > 0$, so dass $\|f\|_V \leq M$ ist für alle $f \in F$.

„F ist normal":
Jede Folge aus F besitzt eine in U kompakt konvergente Teilfolge.

Folgerung:
Jede (lokal) gleichmäßig beschränkte Folge holomorpher Funktionen besitzt eine kompakt konvergente Teilfolge.

Dass jede Teilfolge einer konvergenten Punkt- oder Funktionenfolge ebenfalls gegen den selben Grenzwert bzw. die selbe Grenzfunktion konvergiert, ist leicht einzusehen. Der folgende Satz beantwortet „Kehr-Frage", inwiefern die Konvergenz von Teilfolgen die Konvergenz der Folge impliziert.

1.4.3 Satz: Übertragung des Konvergenzverhaltens von Teilfolgen auf die Folge

a) Sei $(c_n)_n$ eine Folge von Punkten in X und $c \in X$ vorgegeben.
   Besitzt jede Teilfolge von $(c_n)_n$ eine gegen c konvergente Teilfolge, so konvergiert $(c_n)_n$ selbst gegen c.

b) Sei $(f_n)_n$ eine Folge von Funktionen $f_n : X \to \mathbb{K}$ und $f : X \to \mathbb{K}$ vorgegeben.
   Besitzt jede Teilfolge von $(f_n)_n$ eine gegen f (punktweise, gleichmäßige, lokal gleichmäßige, kompakt) konvergente Teilfolge, so konvergiert $(f_n)_n$ selbst auf die gleiche Art gegen f.

Anmerkungen:

i) Aus der Existenz einer konvergierende Teilfolge kann natürlich nicht auf die Konvergenz der Folge geschlossen werden, wie das einfache Beispiel $(c_n)_n = ((-1)^n)_n$, $(c_{n_j})_j = ((-1)^{2j})_j$ zeigt.

ii) Beweise dieser Aussagen findet man in den Aufgaben II.1.7 bzw. II.1.8.

Aufgaben zu Kapitel II , §1

Aufgabe II.1.1:

Zeigen sie, dass die Reihe $\sum_{n=0}^{\infty} \frac{c^n}{n!}$ (*) für alle $c \in \mathbb{C}$ konvergiert.

Lösung:

Sei $c \in \mathbb{C}$ vorgegeben.

Wegen $\left| \frac{c^{n+1} \cdot n!}{(n+1)! \cdot c^n} \right| = \frac{|c|}{n+1} \xrightarrow[n \to \infty]{} 0$ konvergiert die Reihe (*)

nach dem Quotientenkriterium (1.3.2).

Aufgabe II.1.2:

Untersuchen Sie die Funktionenreihe $\sum_{n=1}^{\infty} f_n(z)$ mit $f_n(z) = \frac{\cos nz}{n^2}$ (*) auf gleichmäßige Konvergenz

a)   auf $X = \mathbb{R}$.

b)   auf $X = \mathbb{C}$.

Lösung:

a) $\underline{X = \mathbb{R}}$:

Für alle $z \in \mathbb{R}$ gilt: $\left| \frac{\cos nz}{n^2} \right| = \frac{|\cos nz|}{n^2} \leq \frac{1}{n^2}$.

Da die Reihe $\sum_{n=1}^{\infty} \frac{1}{n^2}$ konvergiert (gegen $\frac{\pi^2}{6}$), ist die Funktionenreihe (*) nach dem Weierstraßschen Majorantenkriterium (1.3.3) auf $\mathbb{R}$ gleichmäßig konvergent.

b) $\underline{X = \mathbb{C}}$:

Die Funktionenreihe (*) konvergiert nicht gleichmäßig auf $\mathbb{C}$, ja nicht einmal (punktweise) in allen Punkten von $\mathbb{C}$.

Beispiel: $z = i$.

Wegen $f_n(i) = \frac{\cos ni}{n^2} = \frac{e^{-n} + e^n}{2 \cdot n^2} \geq \frac{e^n}{2n^2} \xrightarrow[n \to \infty]{} \infty$

ist $(f_n(i))_n$ nicht einmal eine Nullfolge. Die Funktionenreihe (*) konvergiert nach 1.3.1 also sicher nicht im Punkt i .

Aufgabe II.1.3:

Untersuchen Sie das Konvergenzverhalten der Funktionenreihe $\sum_{n=1}^{\infty} f_n(z)$ mit $f_n(z) = \frac{z^{n-1}}{n^2 \cdot 2^{n-1}}$.

Lösung:

Wegen

$$\lim_{n \to \infty} \left| \frac{f_{n+1}(z)}{f_n(z)} \right| = \lim_{n \to \infty} \frac{n^2 \cdot |z|}{(n+1)^2 \cdot 2} = \frac{|z|}{2} \cdot \lim_{n \to \infty} \frac{n^2}{n^2 + 2n + 1} = \frac{|z|}{2}$$

ist die Funktionenreihe (*) nach dem Quotientenkriterium (1.3.2) in den Punkten $z \in \mathbb{C}$ mit $|z| < 2$ konvergent und für alle $z \in \mathbb{C}$ mit $|z| > 2$ divergent.

Jetzt sei $z \in K := \overline{B_2(0)}$.

Da nun $|f_n(z)| = \dfrac{|z|^{n-1}}{n^2 \cdot 2^{n-1}} \leq \dfrac{1}{n^2}$ für alle $n \in \mathbb{N}$ gilt, konvergiert die gegebene Funktionenreihe

nach dem Majorantenkriterium von Weierstraß (1.3.3) auf K gleichmäßig.

Aufgabe II.1.4:

Es bezeichne $K \subset \mathbb{R}^n$ eine kompakte Teilmenge und $(f_n)_n$ sei eine Folge stetiger Funktionen $f_n : K \to \mathbb{R}$ mit $0 \leq f_{n+1}(x) \leq f_n(x)$ für alle $n \in \mathbb{N}$ und $x \in K$ (*) .

Beweisen Sie: *Falls $(f_n)_n$ gegen eine stetige Grenzfunktion f konvergiert, so konvergiert sie gleichmäßig auf K .*

Lösung:

Beweis: Sei $f : K \to \mathbb{R}$ die stetige Grenzfunktion der Funktionenfolge $(f_n)_n$.

Ferner sei $\varepsilon > 0$ vorgegeben.

(i)   Aufgrund der Eigenschaft (*) und der punktweisen Konvergenz von $(f_n)_n$ gegen f gilt

$$f_n(x) \geq f(x) \quad \text{für alle } n \in \mathbb{N} \text{ und } x \in X .$$

Die Folge $(f_n)_n$ konvergiert also punktweise monoton fallend gegen f .

(ii)   Zu jedem $x \in K$ gibt es wegen der punktweisen Konvergenz eine natürliche Zahl $N_{\varepsilon, x} \in \mathbb{N}$ mit

$$f_{N_{\varepsilon, x}}(x) - f(x) < \varepsilon .$$

(iii)   Zu jedem $x \in K$ gibt es wegen der Stetigkeit der Funktion $f_{N_{\varepsilon, x}} - f$ sogar eine offene Umgebung $U_x \subset \mathbb{R}^n$ von x , so dass gilt:

$$f_{N_{\varepsilon, x}}(\xi) - f(\xi) < \varepsilon \qquad \text{für alle } \xi \in U_x \cap K .$$

(iv)   Da $K \subset \mathbb{R}^n$ kompakt ist, besitzt die offene Überdeckung $\{U_x , x \in K\}$ von K eine endliche Teilüberdeckung $U_{x_1} \cup ... \cup U_{x_p} \supset K$ mit gewissen Punkten $x_1 , ... , x_p$ aus K .

Setzt man $N_\varepsilon := \max \{N_{\varepsilon, x_1} , ... , N_{\varepsilon, x_p}\}$, so gilt nach (iii) und (i) :

$$f_{N_\varepsilon}(\xi) - f(\xi) < \varepsilon \qquad \text{für alle } \xi \in K$$

(v)   Wegen der punktweise monotonen Konvergenz (i) gilt die Ungleichung in (iv) nicht nur für den Index N_ε , sondern sogar für alle Indizes $n \geq N_\varepsilon$.

Es gilt also:

$$f_n(\xi) \; - \; f(\xi) \; < \; \varepsilon \qquad \text{für alle } \xi \in K \text{ und } n \geq N_\varepsilon$$

und wegen (i) auch:

$$|f_n(\xi) \; - \; f(\xi)| \; < \; \varepsilon \qquad \text{für alle } \xi \in K \text{ und } n \geq N_\varepsilon .$$

Damit ist gezeigt:

Die Funktionenfolge $(f_n)_n$ konvergiert also gleichmäßig auf K gegen die Grenzfunktion f .

Aufgabe II.1.5:

Widerlegen Sie die folgende Behauptung mit einem Gegenbeispiel:
Die Menge der ganzen Funktionen ist eine normale Familie.

Lösung:

Sei S die Menge der ganzen Funktionen.

Die Funktionenfolge

$$(f_n)_{n \in \mathbb{N}} \quad \text{mit} \quad f_n(z) = n \quad \text{für alle } z \in \mathbb{C}$$

ist eine Folge aus S. Sie besitzt sicher keine konvergente und damit auch keine kompakt konvergente Teilfolge.

Somit ist gezeigt:

Die Menge S ist keine normale Familie.

Aufgabe II.1.6:

Sei $g : \mathbb{E} \to \mathbb{R}$ eine stetige Funktion und F eine Teilmenge von $\mathcal{O}(\mathbb{E})$ mit

$$|f(z)| \; \leq \; |g(z)| \qquad \text{für alle } f \in F \text{ und } z \in \mathbb{E} .$$

Beweisen Sie, dass jede Folge $(f_n)_n$ in F eine Teilfolge besitzt, die auf jeder kompakten Teilmenge von $\mathbb{E}$ gleichmäßig konvergiert.

Lösung:

Es ist also zu zeigen, dass F normal ist.

Sei nun $c \in \mathbb{E}$ vorgegeben.

Da $\mathbb{E}$ offen in $\mathbb{C}$ ist, existiert eine kompakte Umgebung $K_c \subset \mathbb{E}$ von c.

Da g stetig ist, existiert das Maximum $\qquad M := \max\limits_{z \in K_c} |g(z)|$.

Somit gilt nach Voraussetzung für alle $f \in F$: $\qquad \| f \|_{K_c} \leq M$.

Die Menge F ist somit lokal gleichmäßig beschränkt und ist damit nach dem Satz von Montel (1.4.2) normal.

Aufgabe II.1.7:

Sei $(c_n)_n$ eine Folge von komplexen Zahlen.

Beweisen Sie: *Besitzt jede Teilfolge von $(c_n)_n$ eine gegen $c \in \mathbb{C}$ konvergente Teilfolge, so konvergiert $(c_n)_n$ selbst gegen c.*

Lösung:

Sei $(c_n)_n$ eine Folge mit den geforderten Eigenschaften.

Annahme: $(c_n)_n$ konvergiert nicht gegen c.

Dann gibt es ein $\varepsilon > 0$ und unendlich viele Indizes $n_1 < n_2 < n_3 < \ldots$ mit

$$|c_{n_j} - c| \geq \varepsilon \text{ alle } j \in \mathbb{N} . \qquad (*)$$

Nach Voraussetzung besitzt die Folge $(c_{n_j})_j$ eine gegen c konvergente Teilfolge, im Widerspruch zu (*).

Aufgabe II.1.8:

Sei X eine beliebige Teilmenge von $\mathbb{C}$, $\mathbb{P}$ oder $\mathbb{R}^n$ und $\mathbb{K}$ entweder der Körper der reellen oder der Körper der komplexen Zahlen.

Ferner sei $(f_n)_n$ eine Folge von Funktionen $f_n : X \to \mathbb{K}$ und $f : X \to \mathbb{K}$ eine weitere Funktion.

Beweisen Sie: *Besitzt jede Teilfolge von $(f_n)_n$ eine gegen f kompakt konvergente Teilfolge, so konvergiert $(f_n)_n$ selbst kompakt gegen f.*

Lösung:

Sei K eine kompakte Teilmenge von X.

Annahme: $(f_n)_n$ konvergiert auf K nicht gleichmäßig gegen f.

Dann gibt es ein $\varepsilon > 0$ und unendlich viele Folgenglieder $f_{n_1}, f_{n_2}, f_{n_3}, \ldots$ mit

$$\| f_{n_k} - f \|_K \geq \varepsilon \text{ für alle } k \in \mathbb{N} . \qquad (*)$$

Nach Vorraussetzung besitzt die Teilfolge $(f_{n_k})_k$ eine Teilfolge, die auf K gleichmäßig gegen f konvergiert, im Widerspruch zu (*).

Damit ist die kompakte Konvergenz von $(f_n)_n$ auf X beweisen.

Aufgabe II.1.9:

Beweisen Sie:	*Ist $(f_n)_n$ eine Folge holomorpher Funktionen $f_n : \mathbb{E} \to \mathbb{E}*$ und $\lim_{n \to \infty} f_n(0)$, so gilt $\lim_{n \to \infty} f_n(0) = 0$ für jedes $z \in \mathbb{E}$.*
Hinweis:	*Verwenden Sie in einem Widerspruchsbeweis den Satz von Montel (1.4.2) sowie den Satz:*
	Die Grenzfunktion einer kompakt konvergenten Folge $(f_n)_n$ holomorpher und nullstellenfreier Funktionen $f_n : \mathbb{E} \to \mathbb{C}$ ist selbst holomorph sowie nullstellenfrei oder konstant Null. [7]

Lösung:

Annahme: Es gibt ein $c \in \mathbb{E}$, so dass die Punktfolge $(f_n(c))_n$ nicht gegen 0 konvergiert.

Insbesondere gibt es ein $\delta \in \,]0\,;1[$ so dass sich unendlich viele Folgenglieder außerhalb von $B_\delta(0)$ befinden.

Nach dem Satz von Bolzano-Weierstraß (1.4.1) besitzt die Menge dieser Folgenglieder einen Häufungspunkt in der kompakten Menge $\overline{\mathbb{E}} \setminus B_\delta(0)$. Folglich hat die Punktfolge $(f_n(c))_n$ eine konvergente Teilfolge $(f_{n_j})_j(c)$ mit einem von Null verschiedenen Grenzwert a.

Wegen $f_{n_j}(\mathbb{E}) \subset \mathbb{E}*$ $(j \in \mathbb{N})$ ist die Familie $\{f_{n_j} : k \in \mathbb{N}\}$ holomorpher Funktionen beschränkt, nach dem Satz von Montel (1.4.2) somit normal.

Es existiert demnach eine kompakt konvergente Teilfolge $(f_{n_{j_k}})_k$ von $(f_{n_j})_j$.

Deren Grenzfunktion $f : \mathbb{E} \to \mathbb{C}$ ist wegen

$$f(0) = \lim_{k \to \infty} f_{n_{j_k}}(0) = 0 \quad \text{und} \quad f(c) = \lim_{k \to \infty} f_{n_{j_k}}(c) = a \; (\neq 0)$$

weder nullstellenfrei noch konstant Null.

Nach dem angegeben Satz im Hinweis gibt es (mindestens) ein Folgenglied von $(f_{n_{j_k}})_k$, das nicht nullstellenfrei ist, im Widerspruch zur Voraussetzung $f_n(\mathbb{E}) \subset \mathbb{E}*$ für alle $n \in \mathbb{N}$.

---

[7]   Vorgriff auf den nächsten Paragraphen. Siehe 2.6.

§2   Vertauschungssätze bei kompakter Konvergenz

2.1   Satz: Übertragung der Stetigkeit auf die Grenzfunktion

Es bezeichne $\mathbb{K}$ den Körper der reellen Zahlen $\mathbb{R}$ oder den Körper der komplexen Zahlen $\mathbb{C}$ und X eine beliebige Teilmenge von $\mathbb{C}$, $\mathbb{P}$, oder $\mathbb{R}^n$.

a) Sei $(f_n)_n$ eine Funktionenfolge mit stetigen Folgengliedern $f_n : X \to \mathbb{K}$ $(n \in \mathbb{N})$, die auf X kompakt konvergiert.

Dann ist die Grenzfunktion $f : X \to \mathbb{K}$ ebenfalls stetig.

b) Sei $\sum_n f_n$ eine Funktionenreihe mit stetigen Reihengliedern $f_n : X \to \mathbb{K}$ $(n \in \mathbb{N})$, die auf X kompakt konvergiert.

Dann ist die Grenzfunktion $f : X \to \mathbb{K}$ ebenfalls stetig.

2.2   Weierstraßscher Konvergenzsatz: Übertragung der Holomorphie auf die Grenzfunktion

Sei U eine offene Teilmenge von $\mathbb{C}$.

a) Sei $(f_n)_n$ eine Funktionenfolge mit holomorphen Folgengliedern $f_n : U \to \mathbb{C}$ $(n \in \mathbb{N})$, die in U kompakt konvergiert.

Dann ist auch die Grenzfunktion $f : U \to \mathbb{C}$ holomorph.

Für $k \in \mathbb{N}$ konvergiert die Funktionenfolge $(f_n^{(k)})_n$ der k-ten Ableitungen kompakt in U gegen $f^{(k)}$.

Symbolisch: $\lim_n f_n^{(k)} = (\lim_n f_n)^{(k)}$.

b) Sei $\sum_n f_n$ eine Funktionenreihe mit holomorphen Reihengliedern $f_n : U \to \mathbb{C}$ $(n \in \mathbb{N})$, die in U kompakt konvergiert.

Dann ist auch die Grenzfunktion $f : U \to \mathbb{C}$ holomorph.

Für $k \in \mathbb{N}$ konvergiert die Funktionenreihe $\sum_n f_n^{(k)}$ der k-ten Ableitungen kompakt in U gegen $f^{(k)}$.

Symbolisch : $\sum_n f_n^{(k)} = (\sum_n f_n)^{(k)}$.

2.3   Situation im Reellen: Übertragung der Differenzierbarkeit auf die Grenzfunktion

Sei J ein beliebiges Intervall in $\mathbb{R}$.

a) Sei $(f_n)_n$ eine Funktionenfolge mit (reell) differenzierbaren Funktionen $f_n : J \to \mathbb{R}$.

Es konvergiere   die Folge $(f_n')_n$ kompakt in J   und

                              die Folge $(f_n)_n$ (wenigstens) in einem Punkt von J.

Dann konvergiert   die Folge $(f_n)_n$ kompakt in J gegen eine (reell) differenzierbare
                                                                   Funktion $f : J \to \mathbb{R}$ und

                              die Folge $(f_n')_n$ kompakt in J gegen $f' : J \to \mathbb{R}$.

Symbolisch: $\lim_n f_n' = (\lim_n f_n)'$.

b) Sei $\sum f_n$ eine Funktionenreihe mit (reell) differenzierbaren Funktionen $f_n : J \to \mathbb{R}$.

Es konveriere   die Reihe $\sum_n f_n'$ kompakt in J   und

die Reihe $\sum_n f_n$ (wenigstens) in einem Punkt von J.

Dann konvergiert   die Reihe $\sum_n f_n$ kompakt in J gegen eine (reell) differenzierbare Funktion $f : J \to \mathbb{R}$ und

die Reihe $\sum_n f_n'$ kompakt in J gegen $f' : J \to \mathbb{R}$.

Symbolisch: $\sum_n f_n' = (\sum_n f_n)'$.

2.4   Satz: Übertragung der Integrierbarkeit auf die Grenzfunktion

Sei γ ein Weg [8] in $\mathbb{C}$.

a) Sei $(f_n)_n$ eine Funktionenfolge mit stetigen Folgengliedern $f_n : |\gamma| \to \mathbb{C}$ $(n \in \mathbb{N})$, die auf dem Träger $|\gamma|$ gleichmäßig [9] gegen eine Grenzfunktion $f : |\gamma| \to \mathbb{C}$ konvergiert. Dann gilt:

i)   f ist eine stetige Funktion.

ii)   Die Punktfolge $(\int_\gamma f_n(z)\,dz)_n$ konvergiert gegen $\int_\gamma f(z)\,dz$.

Symbolisch: $\lim_n (\int_\gamma f_n\,dz) = \int_\gamma (\lim_n f_n)\,dz$

b) Sei $\sum_n f_n$ eine Funktionenreihe mit stetigen Reihengliedern $f_n : |\gamma| \to \mathbb{C}$ $(n \in \mathbb{N})$, die auf dem Träger $|\gamma|$ gleichmäßig gegen eine Grenzfunktion $f : |\gamma| \to \mathbb{C}$ konvergiert. Dann gilt:

i)   f ist eine stetige Funktion.

ii)   Die Punktfolge $(\sum_{n=0}^k \int_\gamma f_n(z)\,dz)_k$ konvergiert gegen $\int_\gamma f(z)\,dz$.

Symbolisch: $\sum_n (\int_\gamma f_n\,dz) = \int_\gamma (\sum_n f_n)\,dz$.

2.5   Situation im Reellen: Übertragung der Integrierbarkeit auf die Grenzfunktion

Die Übertragung des obigen Satzes auf den reellen Fall ist leicht. Man streiche die erste Zeile und ersetze nur:

o   „$\mathbb{C}$" durch „$\mathbb{R}$" ,

o   „z" durch „x" ,

o   „$|\gamma|$" durch ein kompaktes Intervall „$[a,b]$" von $\mathbb{R}$,

o   „$\int_\gamma \ldots dz$ "   durch   „$\int_a^b \ldots dx$ " .

Man kann den Satz auch allgemeiner für Riemann-integrierbare Funktionen formulieren, dann ist weiter zu ersetzen:

o   „stetige Funktion(en)" durch „Riemann-integrierbare Funktion(en)" .

---

[8]   Zum Begriff „Weg" siehe Anhang B.

[9]   Da $|\gamma|$ kompakt ist, sind hier die Begriffe der kompakten und gleichmäßigen Konvergenz äquivalent.

2.6   Satz: Übertragung der Nullstellenfreiheit und der Injektivität auf die Grenzfunktion

Sei G ein Gebiet in $\mathbb{C}$ und $(f_n)_n$ eine Funktionenfolge mit holomorphen Folgengliedern $f_n : G \to \mathbb{C}$, die in G kompakt gegen die Grenzfunktion $f : G \to \mathbb{C}$ konvergiert.

Ferner seien die folgenden Teilmengen von $\mathcal{O}(G)$ vorgegeben:

$$M_1 := \{g \in \mathcal{O}(G) : g \text{ nullstellenfrei}\}$$
$$M_2 := \{g \in \mathcal{O}(G) : g \text{ injektiv}\}.$$

Dann gilt: $f_n \in M_1$ für alle $n \in \mathbb{N}$ $\Rightarrow$ $f \in M_1$ oder konstant Null.

$f_n \in M_2$ für alle $n \in \mathbb{N}$ $\Rightarrow$ $f \in M_2$ oder konstant.

Einen Beweis der ersten Aussage findet man in Aufgabe VI.3.13.

Aufgaben zu Kapitel II , §2

Aufgabe II.2.1:

Ist die folgende Aussage richtig oder falsch ?

Eine Folge holomorpher Funktionen $(f_n)_{n \geq 1}$ konvergiere auf $\mathbb{E}$ kompakt gegen die Grenzfunktion f. Sind alle f_n nullstellenfrei, so auch f.

Lösung:

Behauptung: Die Aussage ist falsch.

Gegenbeispiel: $f_n(z) = n^{-1}$ für $z \in \mathbb{E}$ und $n \in \mathbb{N}$.

Die Funktionenfolge $(f_n)_{n \in \mathbb{N}}$ konvergiert kompakt (sogar gleichmäßig) auf $\mathbb{E}$ gegen $f = 0$.

(Bemerkung: Die Aussage ist wahr, falls $f \neq 0$ vorausgesetzt wird.[10])

Aufgabe II.2.2:

Man zeige, dass durch $f(z) := \sum_{k=0}^{\infty} \exp(k^2 z)$ eine holomorphe Funktion auf der linken Halbebene definiert wird.

---

[10]   Vergleiche Satz 2.6 für $f_n \in M_1$.

Lösung:

Sei $\mathbb{H}^- := \{ z \in \mathbb{C} : \operatorname{Re} z < 0 \}$ die linke Halbebene.

Weiter sei c ein Punkt aus $\mathbb{H}^-$ und die reelle Zahl ρ durch $\rho := -\frac{1}{2} \cdot \operatorname{Re}(c)$ definiert.

Dann gilt $\rho > 0$ und die kompakte Kreisscheibe $K_c := \overline{B_\rho(c)}$ liegt in $\mathbb{H}^-$.

Für alle $z \in K_c$ und $k \in \mathbb{N}_0$ gilt demnach :

$$|\exp(k^2 z)| = \exp(k^2 \cdot \operatorname{Re} z) \leq \exp(-k^2 \cdot \rho) \leq (\exp(-\rho))^{k^2} \leq (\exp(-\rho))^k .$$

Da $|\exp(-\rho)| < 1$ gilt, konvergiert die Reihe $\sum_{k=0}^\infty (\exp(-\rho))^k = (1 - \exp(-\rho))^{-1}$. (Geometrische Reihe, siehe Kap. III, 3.1.3.)

Nach dem Weierstraßschen Majorantenkriterium (1.3.3) konvergiert somit die Funktionenreihe $\sum_{k=0}^\infty \exp(k^2 z)$ gleichmäßig auf K_c, also kompakt auf $\mathbb{H}^-$.

Da sich nach dem Konvergenzsatz von Weierstraß (2.2) die Holomorphie der Reihenglieder $z \mapsto \exp(k^2 z)$ $(k \in \mathbb{N}_0, z \in \mathbb{C})$ bei kompakter Konvergenz auf die Grenzfunktion überträgt, ist der Beweis erbracht.

Aufgabe II.2.3:

Seien U eine offene Teilmenge von $\mathbb{C}$, $(z_n)_n$ eine gegen $c \in U$ konvergente Folge in U und $(f_n)_n$ eine Folge holomorpher Funktionen in U, die auf jeder kompakten Teilmenge von U gleichmäßig gegen eine holomorphe Funktion f konvergiert.

Beweisen Sie, dass $f'(c) = \lim_n f_n'(z_n)$ gilt.

Lösung:

Beweis:

Sei $\varepsilon > 0$ vorgegeben.

Nach dem Weierstraßschen Konvergenzsatz (2.2) konvergiert auch $(f_n')_n$ kompakt in U gegen f'. Da $K := \{c\} \cup \{ z_n : n \in \mathbb{N} \}$ eine kompakte Teilmenge von U ist, gibt es somit ein $M_\varepsilon \in \mathbb{N}$ mit

$$|f_n'(z_n) - f'(z_n)| < \tfrac{1}{2} \cdot \varepsilon \qquad \text{für alle } n \geq M_\varepsilon .$$

Da weiter $f' \in \mathcal{O}(U)$ stetig ist, existiert eine weitere natürliche Zahl N_ε mit

$$|f'(z_n) - f'(c)| < \tfrac{1}{2} \cdot \varepsilon \qquad \text{für alle } n \geq N_\varepsilon .$$

Schließlich erhalten wir für alle $n \geq \max\{M_\varepsilon, N_\varepsilon\}$ die zu beweisende Ungleichung:

$$|f_n'(z_n) - f'(c)| \leq |f_n'(z_n) - f'(z_n)| + |f'(z_n) - f'(c)| < \tfrac{1}{2} \cdot \varepsilon + \tfrac{1}{2} \cdot \varepsilon = \varepsilon .$$

Aufgabe II.2.4:

Es seien $K \subset \mathbb{C}$ eine kompakte Menge und $f : K \to \mathbb{C}$ eine Funktion mit folgender Eigenschaft:

(*)   Zu jedem $\varepsilon > 0$ existiert eine ganze Funktion g   mit $\sup\limits_{z \in K} |g(z) - f(z)| < \varepsilon$.

Beweisen Sie:

a)   Notwendig für die Eigenschaft (*) ist, dass f auf K stetig und auf der Menge $\overset{\circ}{K}$ der inneren Punkte von K holomorph ist.

b)   die unter a) genannte Aussage ist für das Bestehen von (*) nicht hinreichend (Beispiel).

Lösung:

a)   Beweis:

Wir können $\overset{\circ}{K} \neq \emptyset$ annehmen.

Nach Voraussetzung gibt es zu jedem $n \in \mathbb{N}$ eine ganze Funktion $g_n : \mathbb{C} \to \mathbb{C}$ mit $\sup\limits_{z \in K} |g_n(z) - f(z)| < n^{-1}$. Die Folge $(g_n|_K)_n$ stetiger Funktionen konvergiert also gleichmäßig gegen $f : K \to \mathbb{C}$ und so auch die Folge $(g_n|_{\overset{\circ}{K}})_n$ holomorpher Funktionen gegen $f|_{\overset{\circ}{K}} : \overset{\circ}{K} \to \mathbb{C}$.

Nach den Vertauschungssätzen 2.1 und 2.2 überträgt sich die Stetigkeit bzw. die Holomorphie der Folgenglieder auf die Grenzfunktion, d.h f ist stetig und $f|_{\overset{\circ}{K}}$ holomorph.

b)   Beweis:

Wir betrachten die Mengen $K_1 := \overline{\mathbb{E}}$,

$\qquad\qquad\qquad\qquad\qquad K_2 := \{ z \in \mathbb{C} : 2 \leq |z| \leq 3 \}$ und

$\qquad\qquad\qquad\qquad\qquad K := K_1 \cup K_2$,

sowie die Funktion $f : K \to \mathbb{C} , z \mapsto \begin{cases} 1 \text{ , falls } z \in K_1 \\ 0 \text{ , falls } z \in K_2 \end{cases}$.

Die Menge K ist kompakt, die Funktion f stetig und auf $\overset{\circ}{K}$ holomorph.

Annahme: Zu $\varepsilon := \frac{1}{2}$ gibt es eine ganze Funktion $g : \mathbb{C} \to \mathbb{C}$ mit

$\qquad\qquad \sup\limits_{z \in K} |g(z) - f(z)| < \varepsilon = \frac{1}{2}$ (**).

Insbesondere gilt dann: $\sup\limits_{|z| = 5/2} |g(z)| = \sup\limits_{|z| = 5/2} |g(z) - f(z)| < \frac{1}{2}$

und somit nach dem Maximumprinzip (Kap. I, 3.7) : $|g(0)| < \frac{1}{2}$.

Daraus folgt schließlich nach (**) :

$\frac{1}{2} > |f(0) - g(0)| \geq 1 - |g(0)| > 1 - \frac{1}{2}$, also $\frac{1}{2} > \frac{1}{2}$.

Widerspruch.

Aufgabe II.2.5:

Es sei p ein komplexes Polynom und nicht konstant 0. Geben Sie das größte Gebiet an, auf dem durch $f(z) = \sum_0^\infty p(n) \cdot e^{nz}$ (*)   eine holomorphe Funktion definiert wird.

Lösung:

Sei das komplexe Polynom $p(z) = a_s z^s + a_{s-1} z^{s-1} + \ldots + a_1 z + a_0$ mit $\deg p = s \geq 0$ und $a_s \neq 0$ vorgegeben.

Notwendig für die punktweise Konvergenz der Reihe (*) in einem Punkt $z \in \mathbb{C}$ ist die Konvergenz der Folge $(p(n) \cdot e^{nz})_n$ gegen Null.

Wegen

$$|p(n)| \to \infty \quad \text{für} \quad n \to \infty \quad \text{und} \quad |e^{nz}| = e^{n \cdot \operatorname{Re}(z)} ,$$

muss der Punkt z in der linken Halbebene $\mathbb{H}^- := \{ z \in \mathbb{C} : \operatorname{Re} z < 0 \}$ liegen.

Behauptung: $\mathbb{H}^-$ ist das gesuchte Gebiet.

Beweis: Nach dem Konvergenzsatz von Weierstraß (2.2) ist nur noch die kompakte Konvergenz der Reihe auf $\mathbb{H}^-$ zu zeigen.

Sei also $K \subset \mathbb{H}^-$ kompakt.

Da die Abbildung

$$\operatorname{Re} : \mathbb{C} \to \mathbb{R}, \; z \mapsto \operatorname{Re} z = \tfrac{1}{2} \cdot (z + \bar{z})$$

stetig ist, existiert das Maximum $m := \max \{\operatorname{Re} z : z \in K\} < 0$.

Somit erhält man für alle $n \in \mathbb{N}$ und $z \in K$ folgende Abschätzung:

$$|p(n) \cdot e^{nz}| = |p(n)| \cdot e^{n \cdot \operatorname{Re} z} \leq |a_s n^s + a_{k-1} n^{s-1} + \ldots + a_0| \cdot e^{-|m| \cdot n} . \quad (**)$$

Weiter gilt für alle $n \in \mathbb{N}$ und $d \in \mathbb{N}_0$ mit $0 \leq d \leq s$:

$$n^d \cdot e^{-|m| \cdot n} = \Big(\sum_{k=0}^{\infty} \frac{|m|^k}{k!} \cdot n^{k-d} \Big)^{-1} \leq \Big(\frac{|m|^{d+2}}{(d+2)!} \cdot n^2 \Big)^{-1} = c_d \cdot n^{-2}$$

mit der reellen positiven Zahl $c_d := \dfrac{(d+2)!}{|m|^{d+2}}$.

Setzt man $C := |a_s| \cdot c_s + |a_{s-1}| \cdot c_{s-1} + \ldots + |a_1| \cdot c_1 + |a_0|$, so kann die

Abschätzung (**) folgendermaßen fortgeführt werden:

$$|p(n) \cdot e^{nz}| = |p(n)| \cdot e^{n \cdot \operatorname{Re} z} \leq |p(n) \cdot e^{-|m| \cdot n}| \leq C \cdot n^{-2}$$

für alle $z \in K$ und $n \in \mathbb{N}$.

Aus dem Majorantenkriterium von Weierstraß (1.3.3) folgt nun die gleichmäßige Konvergenz der Reihe (*) auf K und damit die kompakte Konvergenz auf $\mathbb{H}^-$.

Aufgabe II.2.6:

Sei $(a_n)_n$ eine Folge komplexer Zahlen. Gibt es dann stets eine ganze Funktion $f : \mathbb{C} \to \mathbb{C}$ mit $f(n) = a_n$ für alle $n \in \mathbb{N}$?

Hinweis: Konstruieren Sie f als Reihe $\sum_1^{\infty} \phi_n(z)$ mit Polynomen ϕ der Gestalt

$$\phi_n(z) = b_n \cdot (z - 1) \cdot \ldots \cdot (z - n + 1) \cdot \left(\frac{z}{n} \right)^k .$$

Lösung:

Wir definieren die Polynome ϕ_j ($j \in \mathbb{N}$) rekursiv durch

$$\phi_1(z) = b_1 \, z^{k_1} \qquad\qquad\qquad \text{mit } b_1 = a_1 \text{ und } k_1 = 1$$

$$\phi_j(z) = b_j \cdot (z - 1) \cdot \ldots \cdot (z - (j - 1)) \cdot \left(\frac{z}{j} \right)^{k_j} \quad \text{mit } b_j = \frac{a_j - \sum_{n=1}^{j-1} \phi_n(j)}{(j - 1)!} \qquad \text{und}$$

$$k_j \in \mathbb{N} \text{ so groß, dass} \quad |b_j| \cdot \max_{|z| \le j-1} \{|(z - 1) \cdot \ldots \cdot (z - (j - 1))|\} \cdot \left| \frac{j - 1}{j} \right|^{k_j} \le j^{-2} \quad (*) .$$

(Das Maximum existiert, da die Menge $\{ z \in \mathbb{C} : |z| \le j - 1 \}$ kompakt ist.)

Dann ist für $j \in \mathbb{N}$:
$$\sum_{n=1}^{j} \phi_n(j) = \sum_{n=1}^{j-1} \phi_n(j) + \frac{a_j - \sum_{n=1}^{j-1} \phi_n(j)}{(j - 1)!} \cdot (j - 1)! \cdot 1^{k_j} = a_j$$

und
$$\sum_{n=j+1}^{\infty} \phi_n(j) = 0 .$$

Die Funktionenreihe $\sum_{n=1}^{\infty} \phi_n(z)$ (**) konvergiert also für alle $z = j \in \mathbb{N}$ gegen den gewünschten Wert.

Um die Konvergenz und die Holomorphie der Reihe (**) auf ganz $\mathbb{C}$ nachzuweisen, genügt es nach dem Konvergenzsatz von Weierstraß (2.2) die kompakte Konvergenz der Reihe auf $\mathbb{C}$ zu zeigen.

Sei also $K \subset \mathbb{C}$ kompakt. Dann gibt es ein $j \in \mathbb{N}$ mit $K \subset \overline{B_{j-1}(0)}$.

Somit gilt nach (*) für alle $z \in K$ und $n \ge j - 1$:

$$|\phi_n(z)| \le |b_n| \cdot \max_{|z| \le n-1} \{|(z - 1) \cdot \ldots \cdot (z - (n - 1))|\} \cdot \left| \frac{n - 1}{n} \right|^{k_n} \le n^{-2} .$$

Aus dem Majorantenkriterium von Weierstraß (1.3.3) erhalten wir die gleichmäßige Konvergenz der Reihe (**) auf K und somit die kompakte Konvergenz auf $\mathbb{C}$.

Aufgabe II.2.7:

Welche elementare holomorphe Funktion stellt die Funktionenreihe $\sum_{n=0}^{\infty} f_n(z)$ mit den Reihengliedern $f_n(z) = (-1)^n \cdot \dfrac{z^{2n+1}}{2n + 1}$ auf $\mathbb{E}$ dar ?

Lösung:

Nach dem komplexen Analogon zum Hauptsatz der Differential- und Integralrechnung [11] gilt für alle $n \in \mathbb{N}$ und $z \in \mathbb{E}$:

---

[11]   Vergleiche hierzu Kap. V, 2.2.

$$f_n(z) = f_n(z) - f_n(0) = \int_{[0;z]} (-\zeta^2)^n \, d\zeta , \quad (*)$$

wobei $[0;z]$ eine Parametrisierung der Strecke zwischen 0 und z bezeichnet.

Behauptung:

     Die Funktionenreihe $\sum_{n=0}^{\infty} (-\zeta^2)^n$ konvergiert kompakt auf $\mathbb{E}$.

Beweis: Sei K eine kompakte Teilmenge von $\mathbb{E}$, so gibt es ein $r \in \,]0;1[$ mit $|\zeta| \le r$ für alle

     $\zeta \in K$.

     Wegen $|-\zeta^2| \le r^2 \le r$ und der Konvergenz der geometrischen Reihe $\sum_{n=0}^{\infty} r^n$ konver-

     giert die Funktionenreihe $\sum_{n=0}^{\infty} (-\zeta^2)^n$ nach dem Majorantenkriterium von Weierstraß

     (1.3.3) auf K gleichmäßig, also auf $\mathbb{E}$ kompakt.

     Damit erhält man nach Satz 2.4 unter Verwendung der Gleichung (*) für alle $z \in \mathbb{E}$:

$$\sum_{n=0}^{\infty} f_n(z) = \sum_{n=0}^{\infty} \left(\int_{[0;z]} (-\zeta^2)^n \right) d\zeta = \int_{[0;z]} \left(\sum_{n=0}^{\infty} (-\zeta^2)^n \right) d\zeta = \int_{[0;z]} \frac{1}{1+\zeta^2} \, d\zeta =$$

$$= [\arctan z]_0^z = \arctan z ,$$

     da der Arcustangens eine Stammfunktion von $z \mapsto (1+z^2)^{-1}$ auf $\mathbb{E}$ ist. [12]

Aufgabe II.2.8:

Sei $G \subset \mathbb{C}$ ein Gebiet, $(f_n)_n$ eine Folge holomorpher Funktionen $f_n : G \to \mathbb{C}$ mit

$\mathrm{Im}(f_n(G)) \subset \mathbb{H}$ und $c \in G$.

Für jedes $r \in \mathbb{N}$ gelte: $c + \dfrac{1}{r} \in G$ und $\lim_{n \to \infty} f_n\!\left(c + \dfrac{1}{r}\right) = i$.

Beweisen Sie: Die Folge $(f_n)_n$ konvergiert kompakt gegen die konstante Funktion

     $K : G \to \mathbb{C}, \; z \mapsto i$.

Lösung:

Mit Hilfe der (biholomorphen) Cayleyabbildung $g : \mathbb{H} \to \mathbb{E}$, $z \mapsto \dfrac{z-i}{z+i}$ (Kap. I, 4.5 und Kap. IV, 3.5)

lässt sich eine beschränkte Folge $(h_n)_n$ holomorpher Funktionen gewinnen:

$$h_n := g \circ f_n : G \to \mathbb{E} .$$

Sei $(h_{n_j})_j$ eine beliebige Teilfolge von $(h_n)_n$. Da diese ebenfalls eine beschränkte Folge holomorpher Funktionen ist, besitzt sie nach dem Satz von Montel (1.4.2) eine kompakt konvergente Teilfolge $(h_{n_{j_k}})_k$. Die Grenzfunktion $f : G \to \mathbb{E}$ ist nach 2.2 holomorph.

Für alle $r \in \mathbb{N}$ gilt auf Grund der Stetigkeit von g:

---

[12]   Vergleiche „Zusammenfassungen und Übersichten", Teil E.

$$h(c + \tfrac{1}{r}) \;=\; \lim_{k \to \infty} h_{n_{j_k}}(c + \tfrac{1}{r}) \;=\; \lim_{k \to \infty} g\,(f_{n_{j_k}}(c + \tfrac{1}{r})) \;=$$

$$= g(\lim_{k \to \infty} f_{n_{j_k}}(c + \tfrac{1}{r})) = g(i) = 0 \;.$$

Da die Menge $\{\, c + \tfrac{1}{r} : r \in \mathbb{N} \,\}$ einen Häufungspunkt in G besitzt (nämlich c), ist h nach dem Identitätssatz (Kap. I, 3.2) die Nullfunktion $N : G \to \mathbb{E}$, $z \mapsto 0$.

Nach Satz 1.4.3 konvergiert nun auch $(h_n)_n$ gegen N.

Da die Cayleyabbildung biholomorph ist, existiert eine holomorphe Umkehrfunktion $g^{-1} : \mathbb{E} \to \mathbb{H}$.

Somit folgt schließlich wegen $g^{-1}(0) = i$:

$$\lim_{n \to \infty} f_n \;=\; \lim_{n \to \infty} g^{-1}(h_n) \;=\; g^{-1}(\lim_{n \to \infty} h_n) \;=$$

$$= g^{-1}(N) \;=\; K$$

und zwar gleichmäßig auf G.

§3   Potenzreihen

Im Folgenden bezeichne c einen festen Punkt aus $\mathbb{C}$.

3.1   Definition: Potenzreihe

Eine Funktionenreihe $\sum_0^\infty f_n$ mit den Reihengliedern $f_n : \mathbb{C} \to \mathbb{C}$, $z \mapsto c_n \cdot (z - c)^n$ ($c_n \in \mathbb{C}$ für $n \in \mathbb{N}_0$) heißt eine <u>Potenzreihe</u> mit <u>Entwicklungspunkt</u> c und den <u>Koeffizienten</u> c_n.

3.2   Definition: Konvergenzradius

Sei $P(z) = \sum_0^\infty c_n (z - c)^n$ eine Potenzreihe mit Entwicklungspunkt c.

Die Zahl $r \in [0\,;\,\infty]$ heißt <u>Konvergenzradius</u> der Potenzreihe P(z), falls $B_r(c)$ die größte offene Kreisscheibe ist, auf der P(z) konvergiert. [13] Die offene Kreisscheibe $B_r(c)$ heißt dann <u>Konvergenzkreis</u> der Potenzreihe P(z).

3.3   Satz: Konvergenzverhalten einer Potenzreihe

Sei $P(z) = \sum_0^\infty c_n (z - c)^n$ eine Potenzreihe um den Entwicklungspunkt c mit dem Konvergenzradius $r \in [0\,;\,\infty]$.

Dann gilt:

<u>Im Fall $r = 0$</u>:   P(z) konvergiert nur im Punkt c.

<u>Im Fall $r \neq 0$</u>:   i) P(z) konvergiert auf $B_r(c)$ kompakt und absolut. [14]

                          ii) P(z) divergiert in jedem Punkt von $\mathbb{C} \setminus \overline{B_r(c)}$.

            Für die Menge M der Konvergenzpunkte gilt somit:

$$B_r(c) \subset M \subset \overline{B_r(c)} \,.$$

3.4   Satz: Holomorphie von Potenzreihen

Die Potenzreihe $\sum_0^\infty c_n(z - c)^n$ besitze den nicht verschwindenden Konvergenzradius $r \in\,]0\,;\,\infty]$. Dann gelten die folgenden Aussagen:

a) Die Potenzreihe stellt auf $B := B_r(c)$ eine holomorphe Funktion $f \in \mathcal{O}(B)$ dar. [15]

b) Für $k \in \mathbb{N}$ besitzt auch die formal k-mal gliedweise differenzierte Potenzreihe

$$\sum_{n=0}^\infty n \cdot (n-1) \cdot \ldots \cdot (n-(k-1)) \cdot c_n \cdot (z - c)^{n-k} = \sum_{n=k}^\infty k! \cdot \binom{n}{k} \cdot c_n \cdot (z - c)^{n-k}$$

ebenfalls den Konvergenzradius r und stellt in B die Ableitungsfunktion $f^{(k)} \in \mathcal{O}(B)$ dar.

c) Auch die formal gliedweise integrierte Potenzreihe

---

[13]   Man definiert hierbei: $B_\infty(c) := \mathbb{C}$ und $B_0(c) := \emptyset$.

[14]   P(z) konvergiert sogar normal auf $B_r(c)$. Dies wird aber in diesem Repetitorium nicht weiter verwendet.

[15]   Das bedeutet: Die Potenzreihe konvergiert auf B gegen die holomorphe Funktion f. Oder anders formuliert: Die Grenzfunktion f der Potenzreihe ist eine holomorphe Funktion.

$$\sum_{n=0}^{\infty} \frac{1}{n+1} \cdot c_n \cdot (z-c)^{n+1}$$

besitzt ebenfalls den Konvergenzradius r und stellt in B eine holomorphe Stammfunktion F von f dar.

3.4.1 Die Taylorsche Koeffizientenformel

Die Potenzreihe $\sum_0^{\infty} c_n(z-c)^n$ besitze den nicht verschwindenden Konvergenzradius $r \in \,]0; \infty]$ und stelle auf dem Konvergenzkreis $B := B_r(c)$ die holomorphe Funktion $f : B \to \mathbb{C}$ dar.

Dann gilt für die Koeffizienten c_n:

$$c_n = \frac{f^{(n)}(c)}{n!} \qquad \text{für } n \in \mathbb{N}_0 \,.$$

3.4.2 Vorausschau

Bereits an dieser Stelle sei erwähnt, dass eine holomorphe Funktion $f : U \to \mathbb{C}$ um jeden Punkt c seines Holomorphiegebiets U durch eine eindeutig bestimmte Potenzreihe dargestellt werden kann. Man spricht dann von <u>der</u> Taylorentwicklung (Taylorreihe) von f um den Entwicklungspunkt c.

Dies ist die Kernaussage des Entwicklungssatzes von Taylor. [16]

3.5 Berechnung von Konvergenzradien

Es sei $P(z) = \sum_0^{\infty} c_n(z-c)^n$ eine Potenzreihe mit Entwicklungspunkt c.

Das Wurzel- und das Quotientenkriterium für Punktreihen (1.3.2) liefern die folgenden beiden Bestimmungsmöglichkeiten für Konvergenzradien.

3.5.1 Die Formel von Cauchy-Hadamard

Die Potenzreihe P(z) besitzt den Konvergenzradius $\quad r = (\limsup_{n \to \infty} \sqrt[n]{|c_n|}\,)^{-1}$,

wobei wie gewöhnlich $0^{-1} := \infty$ und $\infty^{-1} := 0$ vereinbart wird. [17]

3.5.2 Quotientenformel

Die Potenzreihe P(z) besitze nur endlich viele verschwindende Koeffizientenglieder und die Punktfolge $(|\frac{c_n}{c_{n+1}}|)_n$ konvergiere gegen einen reellen Wert oder ∞ .

Dann ist dieser Limes der Konvergenzradius von P(z).

3.5.3 Das Abelsche Konvergenzkriterium

Sei ρ und M positive reelle Zahlen mit $\quad |c_n| \cdot \rho^n \le M \quad$ für alle $n \in \mathbb{N}$, so besitzt P(z) einen Konvergenzradius $\ge \rho$.

---

[16]   Siehe Kap. VI, §1.

[17]   Sei $(x_n)_n$ eine reelle Punktfolge, so heißt der Grenzwert $\ \limsup_{n \to \infty} x_n := \lim_n [\,\sup\{x_k : k \ge n\}\,]$ der <u>Limes Superior</u> von $(x_n)_n$. Dies ist der größte Häufungswert der Folge $(x_n)_n$.

3.6 Der Abelsche Grenzwertsatz

Die Potenzreihe $\sum_0^\infty c_n (z - c)^n$ besitze den endlichen, nicht verschwindenden Konvergenzradius $r \in \left]0; \infty\right[$.

Die Potenzreihe stellt somit auf dem Konvergenzkreis $B := B_r(c)$ eine holomorphe Funktion $f : B \to \mathbb{C}$ dar.

Sei nun ζ ein Randpunkt des Konvergenzkreises B, so gilt die Implikation:

Die Potenzreihe konvergiert im Randpunkt ζ, d. h. die Punktreihe $\sum_0^\infty c_n (\zeta - c)^n$ konvergiert.	$\Rightarrow$	Es existiert ein $w \in \mathbb{C}$ mit $\lim\limits_{\substack{z \to \zeta \\ z \in B}} f(z) = w$

Im falle der Konvergenz sind die beiden Grenzwerte gleich:

$$\sum_0^\infty c_n (\zeta - c)^n \;=\; \lim_{\substack{z \to \zeta \\ z \in B}} f(z) \; .$$

3.6.1 Verallgemeinerung

Es mögen dieselben Voraussetzungen und Bezeichnungen wie im Abelschen Grenzwertsatz (3.6) gelten.

Sei M die Menge aller Randpunkte von B, in denen die Potenzreihe konvergiert, so ist die Abbildung $z \mapsto \sum_0^\infty c_n (z - c)^n$ auf $B \cup M$ stetig.

3.6.2 Die Gegenrichtung des Abelschen Grenzwertsatzes

Die Rückrichtung „$\Leftarrow$" im Abelschen Grenzwertsatz liefert eine falsche Aussage, wie folgendes Beispiel zeigt:

Die Potenzreihe $\sum_0^\infty (-1)^n \cdot z^n$ besitzt den Konvergenzkreis $B := \mathbb{E}$ und stellt dort die holomorphe Funktion $f : \mathbb{E} \to \mathbb{C}$, $f(z) = (1 + z)^{-1}$ dar. (Geometrische Reihe, siehe Kap. III, 3.1.3.) Obwohl der Grenzwert $\lim\limits_{\substack{z \to 1 \\ z \in B}} f(z) = \frac{1}{2}$ existiert, konvergiert die Punktreihe $\sum_{n=0}^\infty (-1)^n$ nicht,

denn die Folge $((-1)^n)_n$ ist nicht einmal eine Nullfolge.

3.7 Satz: Addition und Multiplikation von Potenzreihen. Cauchyprodukt

Die Potenzreihen $\sum_0^\infty a_n(z - c)^n$ und $\sum_0^\infty b_n(z - c)^n$ mögen die nicht verschwindenden Konvergenzradien s bzw. t besitzen und in $B_s(c)$ bzw. in $B_t(c)$ die holomorphen Funktionen $f \in \mathcal{O}(B_s(c))$ bzw. $g \in \mathcal{O}(B_t(c))$ darstellen.

Man setze $r := \min\{s, t\}$, so gelten die folgenden beiden Aussagen:

a) Die Potenzreihe $\sum_0^\infty (a_n + b_n)(z - c)^n$ besitzt einen Konvergenzradius $\geq r$ und stellt in $B_r(c)$ die Funktion $f + g \in \mathcal{O}(B_r(c))$ dar.

b) Die Potenzreihe $\sum_{n=0}^\infty \left(\sum_{\mu + \nu = n} a_\mu b_\nu \right)(z - c)^n$ besitzt einen Konvergenzradius $\geq r$ und stellt in $B_r(c)$ die Funktion $f \cdot g \in \mathcal{O}(B_r(c))$ dar. (Cauchyprodukt)

Aufgaben zu Kapitel II , §3

Aufgabe II.3.1:

a)   Bestimmen Sie den Konvergenzradius der Potenzreihe $\sum_0^\infty (\cos n) \cdot z^n$.

b)   Gegeben sei die Potenzreihe $\sum_0^\infty a_n z^n$ mit $a_n \neq 0$ für alle $n \in \mathbb{N}_0$ und
$\lim_n \left| \dfrac{a_n}{a_{n+1}} \right| = r$.

Zeigen Sie: Die Reihe hat den Konvergenzradius r .

Lösung:

a)   Behauptung:

Der Konvergenzradius ist 1 .

Beweis:

Aus der Abschätzung $|(\cos n) \cdot z^n| \leq |z|^n$ für alle $z \in \mathbb{C}$ und $n \in \mathbb{N}_0$ und der Konvergenz der geometrischen Reihe $\sum_0^\infty z^n$ auf $\mathbb{E}$ (vgl. Kap. III, 3.1.3) folgt, dass der Konvergenzradius ρ größer oder gleich 1 ist.

Annahme: $\rho > 1$.

Dann konvergiert die Reihe insbesondere für $z = 1$.

Da aber die Folge

$$((\cos n) \cdot 1^n)_n = (\cos n)_n$$

keine Nullfolge ist, führt dies zum Widerspruch.

b)   Beweis:
Für $z \in \mathbb{C}$ gilt: $\lim_n \left| \dfrac{a_{n+1} \cdot z^{n+1}}{a_n \cdot z^n} \right| = \dfrac{|z|}{r}$.

Ist $|z| < r$, dann gilt für fast alle $n \in \mathbb{N}$: [18]

$$\left| \frac{a_{n+1} \cdot z^{n+1}}{a_n \cdot z^n} \right| \leq \frac{|z| + \frac{1}{2}(r - |z|)}{r} = \frac{|z| + r}{2r} < 1 .$$

Daher konvergiert die Reihe für $|z| < r$ nach dem Quotientenkriterium (1.3.2).

Ist $|z| > r$, dann gilt für fast alle $n \in \mathbb{N}$:

$$\left| \frac{a_{n+1} \cdot z^{n+1}}{a_n \cdot z^n} \right| \geq \frac{|z| - \frac{1}{2}(|z| - r)}{r} = \frac{|z| + r}{2r} > 1 .$$

Daher ist die Folge $(|a_n z^n|)_n$ ab einem genügend großen Index streng monoton steigend, also keine Nullfolge. Die Reihe divergiert somit für $|z| > r$.

---

[18]   Das bedeutet: Alle $n \in \mathbb{N}$ bis auf endlich viele.

Aufgabe II.3.2:

Beweisen Sie durch Rückgriff auf bekannte Sätze oder widerlegen Sie durch ein Beispiel:

Besitzt die Potenzreihe $f(z) := \sum_0^\infty a_n z^n$ den Konvergenzradius 1, so gibt es eine Folge von Punkten $z_n \in \mathbb{C}$ mit $|z_n| < 1$ und $|f(z_n)| \to \infty$ für $n \to \infty$.

Lösung:

Behauptung: Die Aussage ist falsch.

Beweis:

Wir betrachten die Potenzreihe $f(z) = \sum_1^\infty n^{-2} \cdot z^n$. Wegen $\lim_n \dfrac{n^{-2}}{(n+1)^{-2}} = 1$ besitzt die Reihe nach 3.5.2 den Konvergenzradius 1.

1. Möglichkeit: Für alle $z \in \overline{\mathbb{E}}$ ist $n^{-2} \cdot |z|^n \leq n^{-2}$.

Also konvergiert die Reihe $\sum_1^\infty n^{-2} \cdot z^n$ für $z \in \overline{\mathbb{E}}$ nach dem Weierstraßschen Majorantenkriterium (1.3.3) und es ist

$$|f(z)| \leq \sum_1^\infty n^{-2} \left(= \frac{\pi^2}{6} \right) < \infty \quad \text{für alle } z \in \overline{\mathbb{E}}.$$

2. Möglichkeit: Wegen $n^{-2} \cdot |z|^n = n^{-2}$ für alle $z \in \partial\mathbb{E}$ und $n \in \mathbb{N}$, konvergiert die Potenzreihe $f(z)$ nach dem Weierstraßschen Majorantenkriterium (1.3.3) auch in jedem Punkt von $\partial\mathbb{E}$.

Nach dem Abelschen Grenzwertsatz (3.6) ist $z \mapsto p(z)$ auf dem Kompaktum $\overline{\mathbb{E}} = \mathbb{E} \cup \partial\mathbb{E}$ stetig, also beschränkt.

Aufgabe II.3.3:

Sei $f : \mathbb{E} \to \mathbb{C}$ holomorph und $f(0) = 0$.

Zeigen Sie: $\sum_1^\infty f(z^n)$ konvergiert kompakt auf $\mathbb{E}$.

Zeigen Sie anhand eines Beispiels, dass $\sum_1^\infty f(z^n)$ i. A. nicht gleichmäßig konvergiert!

Lösung:

Beweis:

Sei $r \in]0;1[$ und $K := \overline{B_r(0)}$ definiert.

Ferner sei $f(z) = \sum_1^\infty a_k z^k$ die Taylorreihe von f auf $\mathbb{E}$ um den Nullpunkt [19] (wegen $f(0) = 0$ ist $a_0 = 0$), so gilt für $z \in K$:

$$|f(z^n)| = \left| \sum_{k=1}^\infty a_k z^{k \cdot n} \right| = |z^n| \cdot \left| \sum_{k=1}^\infty a_k z^{n(k-1)} \right| \leq |z^n| \cdot \sum_{k=1}^\infty |a_k| \cdot (r^n)^{k-1} \leq |z^n| \cdot c$$

mit $c := \sum_{k=1}^\infty |a_k| \cdot r^{k-1} < \infty$.

(Auch die Reihe $\sum_{k=1}^\infty |a_k| \cdot r^{k-1}$ besitzt den Konvergenzkreis $\mathbb{E}$!)

---

[19]   Siehe Kapitel VI, §1.

Schließlich erhalten wir wegen

$$\sum_1^\infty |f(z^n)| \le c \cdot \sum_1^\infty |z^n| \le c \cdot \sum_1^\infty r^n < \infty \qquad \text{(geometrische Reihe, Kap. III, 3.1.3)}$$

aus dem Weierstraßschen Majorantenkriterium (1.3.3) die gleichmäßige Konvergenz der Reihe $\sum_1^\infty f(z^n)$ auf K , also die kompakte Konvergenz auf $\mathbb{E}$.

Ein Gegenbeispiel für die gleichmäßige Konvergenz liefert die Funktion $f : \mathbb{E} \to \mathbb{C}$, $z \mapsto z$.

Die Reihe $\sum_1^\infty f(z^n) = \sum_1^\infty z^n$ ist auf $\mathbb{E}$ nicht gleichmäßig konvergent, denn für beliebiges $k \in \mathbb{N}$ ist die Differenz

$$|\sum_1^k z^n - \sum_1^\infty z^n| = |z \cdot \frac{1-z^k}{1-z} - \frac{z}{1-z}| = |\frac{z^{k+1}}{1-z}|$$

auf $\mathbb{E}$ sogar unbeschränkt.

Aufgabe II.3.4:

Sei $f : \mathbb{E} \to \mathbb{E}$ holomorph mit $f(0) = f'(0) = 0$. Man beweise:

a) *Für alle $z \in \mathbb{E}$ gilt: $|f(z)| \le |z|^2$*

b) *Durch $F(z) := \sum_1^\infty f(z^n)$ wird in $\mathbb{E}$ eine holomorphe Funktion definiert mit der Eigenschaft,*

 dass $|F(z)| \le \frac{r^2}{1-r^2}$ für $|z| = r < 1$.

Lösung:

a) Nach dem Riemannschen Fortsetzungssatz (Kap. I, 3.3) und der Regel von L'Hospital (Kap. I, 1.6) lässt sich die Funktion $g(z) = \frac{f(z)}{z}$ holomorph auf ganz $\mathbb{E}$ fortsetzen.

 Es ist also nur noch zu zeigen:

$$|g(z)| \le 1 \quad \text{für alle } z \in \mathbb{E} .$$

 Annahme: Es gibt ein $c \in \mathbb{E}$ mit $|g(c)| > 1$.

 Dann gibt es ein $r \in \,]\,|c|\,;\,1\,[$ mit $r^{-2} < |g(c)|$. (*)

 Nach dem Maximumprinzip für beschränkte Gebiete (Kap. I, 3.7) gilt aber wegen $c \in \overline{B_r(0)}$ und $|f(c)| < 1$:

$$|g(c)| \le \|g\|_{\partial B_r(0)} \le \|z^{-2}\|_{\partial B_r(0)} = r^{-2}$$

 im Widerspruch zu (*).

b) Sei $r \in \,]0;1[$ vorgegeben, so gilt für alle $z \in K_r := \overline{B_r(0)}$ nach a): $|f(z^n)| \le |z|^{2n} \le r^{2n}$.

 Aus der Konvergenz der geometrischen Reihe $\sum_1^\infty r^{2n} = \frac{r^2}{1-r^2}$ (*) folgt nach dem Weierstraßschen Majorantenkriterium (1.3.3) die gleichmäßige Konvergenz der Reihe $\sum_1^\infty f(z^n)$ auf K_r, also die kompakte Konvergenz auf $\mathbb{E}$. Nach dem Weierstraßschen Konvergenzsatz (2.2) ist somit F auf $\mathbb{E}$ holomorph und besitzt nach (*) die geforderte Eigenschaft.

Aufgabe II.3.5:

Es sei $f(z) := \sum_{n=0}^{\infty} z^{2^n}$. Man zeige:

a) Der Konvergenzradius dieser Reihe ist 1.

b) $|f(z^{2^k})| \leq |f(z)| + k$ für $|z| < 1$ und $k \in \mathbb{N}$.

c) Für jede 2^k-te Einheitswurzel ρ gilt: $\lim_{\substack{t \to 1 \\ t < 1}} |f(t \cdot \rho)| = \infty$, $k \in \mathbb{N}$.

d) Für keinen Punkt z des Randes (d. h. $|z| = 1$) ist f in eine offene Umgebung von z analytisch fortsetzbar.

Lösung:

a) Es ist $\sum_{n=0}^{\infty} z^{2^n} = \sum_{k=0}^{\infty} a_k z^k$ mit $a_k = 1$, falls $\log_2 k \in \mathbb{N}_0$ und $a_k = 0$, sonst.

Somit ist der Konvergenzradius nach 3.5.1: $r = (\limsup_{k \to \infty} \sqrt[k]{|a_k|})^{-1} = 1^{-1} = 1$.

b) Es gilt für alle $k \in \mathbb{N}$ und $|z| < 1$:

$$|f(z^{2^k})| = |\sum_{n=0}^{\infty} z^{2^{k+n}}| = |\sum_{n=-k}^{\infty} z^{2^{k+n}} - \sum_{n=-k}^{-1} z^{2^{k+n}}| \leq$$

$$\leq |\sum_{n=0}^{\infty} z^{2^n}| + \sum_{n=-k}^{-1} |z|^{2^{k+n}} \leq |f(z)| + k \cdot 1.$$

c) Sei $k \in \mathbb{N}$ vorgegeben.

Vorbemerkung: $\lim_{\substack{t \to 1 \\ t < 1}} |f(t)| = \infty$.

Beweis: Sei $N \in \mathbb{N}$ vorgegeben. So ist zu zeigen:

Es gibt ein $\tau_N \in]0; 1[$ mit $|f(t)| > N$ für alle $t \in]\tau_N; 1[$.

Sei nun $\tau_N := (\frac{1}{2})^{2^{-(2N-1)}}$ definiert, so gilt für alle $t \in]\tau_N; 1[$:

$$|f(t)| = \sum_{n=0}^{\infty} t^{2^n} \geq \sum_{n=0}^{2N-1} t^{2^n} \geq 2N \cdot t^{2^{2N-1}} > 2N \cdot \tau_N^{2^{2N-1}} = 2N \cdot \frac{1}{2} = N$$

Sei nun ρ_k eine beliebige 2^k-te Einheitswurzel, so gilt nach b) und der Vorbemerkung:

$$\lim_{\substack{t \to 1 \\ t < 1}} |f(t \cdot \rho_k)| \geq \lim_{\substack{t \to 1 \\ t < 1}} |f(t^{2^k} \cdot \rho_k^{2^k})| - k = \lim_{\substack{t \to 1 \\ t < 1}} |f(t^{2^k})| - k = \infty.$$

d) Für jedes $k \in \mathbb{N}$ sei ρ_k wieder eine beliebige 2^k-te Einheitswurzel.

Die Menge $\{\frac{j}{2^k} : k \in \mathbb{N}, j \in \{0, \ldots, 2^k - 1\}\}$ liegt dicht in $[0; 1]$, somit liegt auch die

Menge $\{\rho_k^j : k \in \mathbb{N}, j \in \{0, \ldots, 2^k - 1\}\} = \{\exp(2\pi i \cdot \frac{j}{2^k}) : k \in \mathbb{N}, j \in \{0, \ldots, 2^k - 1\}\}$

dicht in $\partial \mathbb{E}$.

Da nun mit ρ_k auch ρ_k^j ($j \in \mathbb{N}_0$) eine 2^k-te Einheitswurzel ist, gibt es in jeder offenen Umgebung eines jeden Randpunktes $z \in \partial \mathbb{E}$ eine 2^k-te Einheitswurzel ($k \in \mathbb{N}$).

Nach c) ist f somit um jeden Punkt von $\partial \mathbb{E}$ unbeschränkt, also nicht analytisch (holomorph) fortsetzbar.

§4   Laurentreihen

Im Folgenden bezeichne c wieder einen festen Punkt aus $\mathbb{C}$.

4.1   Definition: Laurentreihe

Ein Paar von Funktionenreihen der Form

$$L(z) = (\sum_0^\infty c_n(z - c)^n \; ; \; \sum_1^\infty c_{-n}(z - c)^{-n})$$

($c_n \in \mathbb{C}$ für $n \in \mathbb{Z}$) heißt Laurentreihe mit Zentrum c und den Koeffizienten c_n .

Die erste Reihe ist eine Potenzreihe und heißt Nebenteil, die zweite Reihe heißt Hauptteil der Laurentreihe L(z).

4.1.1   Definition: Konvergenz einer Laurentreihe

Die Laurentreihe heißt (absolut) konvergent in einem Punkt in $\mathbb{C}$ bzw. (punktweise, gleichmäßig, absolut, lokal gleichmäßig, kompakt, normal) konvergent auf einer Teilmenge von $\mathbb{C}$, falls dies beide Teilreihen zugleich sind.

Die Laurentreihe heißt divergent in einem Punkt (auf einer Menge), falls mindestens eine der beiden Teilreihen in diesem Punkt (in einem Punkt dieser Menge) nicht konvergiert.

In einem Konvergenzpunkt ζ von $\mathbb{C}$ wird der Laurentreihe der Summenwert

$$\sum_1^\infty c_{-n}(\zeta - c)^{-n} + \sum_0^\infty c_n(\zeta - c)^n$$

zugeordnet. Man schreibt daher vereinfachend

$$L(z) = \sum_{-\infty}^\infty c_n(z - c)^n .$$

4.1.2   Anmerkungen

i) Das Symbol $\sum_{-\infty}^\infty c_n(z - c)^n$ besitzt zweierlei Bedeutung:
   Einerseits bezeichnet es die Laurentreihe an sich (unabhängig von ihrem Konvergenzverhalten), andererseits im Konvergenzfall auch deren Summenwert bzw. Grenzfunktion.

ii) Eine Laurentreihe mit verschwindenden Hauptteil ist eine Potenzreihe.

4.2   Definition: Konvergenzring

Im Folgenden bezeichne $R_{r,s}(c)$ den Kreisring $\{ z \in \mathbb{C} : r < |z - c| < s \}$ um c mit

Innenradius $r \in [0; \infty[$ und

Außenradius $s \in]0; \infty]$,

wobei natürlich $r < s$ vorausgesetzt wird.

Sonderfälle von Kreisringen:

$$r \neq 0, s = \infty : \quad R_{r,\infty}(c) \;\; = \;\; \mathbb{C} \setminus \overline{B_r(c)} \;\; ,$$

$$r = 0, s \neq \infty : \quad R_{0,s}(c) \quad = \quad B_s(c) \setminus \{c\},$$

$$r = 0, s = \infty : \quad R_{0,\infty}(c) \quad = \quad \mathbb{C} \setminus \{c\}.$$

Im Folgenden bezeichne nun $L(z)$ die Laurentreihe $\sum_{-\infty}^{\infty} c_n (z - c)^n$.

Sei weiter $\hat{r} \in [0; \infty]$ der Konvergenzradius der Potenzreihe $\sum_{1}^{\infty} c_{-n}(z - c)^n$ [20]

und $\quad s \in [0; \infty]$ der Konvergenzradius des Nebenteils $\sum_{0}^{\infty} c_n(z - c)^n$.

Dann heißt die Zahl $r := \hat{r}^{-1} \in [0; \infty]$ (mit der Vereinbarung $0^{-1} = \infty$ und $\infty^{-1} = 0$) der
<u>innere Konvergenzradius</u> und s der <u>äußere Konvergenzradius</u> der Laurentreihe $L(z)$.

Im Fall $s > r$ sagt man, die Laurentreihe $L(z)$ besitze den <u>Konvergenzring</u> $R_{r,s}(c)$.

4.3   Satz: Konvergenzverhalten einer Laurentreihe

Sei die Laurentreihe $L(z) = \sum_{-\infty}^{\infty} c_n (z - c)^n$ vorgegeben.
Ferner werde mit r der innere und mit s der äußere Konvergenzradius von $L(z)$ bezeichnet.
Dann gilt

<u>Im Fall $s \leq r$:</u>   Die Laurentreihe $L(z)$ konvergiert auf keiner offenen Menge in $\mathbb{C}$.

<u>Im Fall $s > r$:</u>   i) Die Laurentreihe $L(z)$ konvergiert auf $R_{r,s}(c)$ kompakt und absolut. [21]

ii) Die Laurentreihe $L(z)$ divergiert in jedem Punkt von $\mathbb{C} \setminus \overline{R_{r,s}(c)}$.

Für die Menge M aller Konvergenzpunkte gilt somit

$$R_{r,s}(c) \subset M \subset \overline{R_{r,s}(c)}.$$

4.4   Satz: Holomorphie von Laurentreihen

Sei die Laurentreihe $L(z) = \sum_{-\infty}^{\infty} c_n (z - c)^n$ vorgegeben. Sie besitze den Konvergenzring
$R := R_{r,s}(c) \subset \mathbb{C}$.
Dann gelten die folgenden Aussagen:

a) Die Laurentreihe stellt auf R eine holomorphe Funktion $f \in \mathscr{O}(R)$ dar. [22]

b) Für $k \in \mathbb{N}$ besitzt auch die formal k-mal gliedweise differenzierte Laurentreihe

$$\sum_{-\infty}^{\infty} n \cdot (n - 1) \cdot \ldots \cdot (n - (k - 1)) \cdot c_n \cdot (z - c)^{n-k}$$

ebenfalls den Konvergenzring R und stellt dort die Ableitungsfunktion $f^{(k)} \in \mathscr{O}(R)$ dar.

c) Ist $c_{-1} = 0$, so besitzt die formal gliedweise integrierte Laurentreihe

$$\sum_{\substack{-\infty \\ n \neq 1}}^{\infty} \frac{c_n}{n + 1} \cdot (z - c)^{n+1}$$

---

[20] Man beachte, dass hier über negative Koeffizientenindizes, aber über positive Exponenten
summiert wird.

[21] $L(z)$ konvergiert sogar normal auf $R_{r,s}(c)$. Vergleiche Fußnote zu 3.3.

[22] Das bedeutet: Die Laurentreihe konvergiert auf R gegen die holomorphe Funktion f.
Oder anders formuliert: Die Grenzfunktion f der Potenzreihe ist eine holomorphe Funktion.

ebenfalls den Konvergenzring R und stellt dort eine Stammfunktion $F \in \mathcal{O}(R)$ von f dar.

Ist $c_{-1} \neq 0$, so besitzt f in R keine Stammfunktion. [23]

4.5   Vorausschau

Wie in 3.4.2 sei auch hier bereits erwähnt, dass eine holomorphe Funktion $f : U \to \mathbb{C}$ auf jedem Kreisring R mit $R \subset U$ als eine durch den Kreisring R eindeutig bestimmte Laurentreihe dargestellt werden kann. Man spricht dann von der Laurententwicklung (Laurentreihe) von f auf R.

Dies ist die Kernaussage des Entwicklungssatzes von Laurent, der im zweiten Paragraphen von Kapitel VI behandelt wird.

Aufgaben zu Kapitel II , §4

Aufgabe II.4.1:

Seien $a, b \in \mathbb{C}$ gegeben, $a \neq b$, und sei $f(z) = \frac{1}{(z-a)(z-b)}$.

Man entwickle f um $z_0 = a$ in Laurentreihen mit den Konvergenzbereichen

$R_1 := \{ z \in \mathbb{C} : 0 < |z - a| < |b - a| \}$ *und*

$R_2 := \{ z \in \mathbb{C} : |z - a| > |b - a| \}$.

Lösung:

Es ist $R_1 = R_{0, |b-a|}(a)$ und $R_2 = R_{|b-a|, \infty}(a)$.

Für $z \in R_1$, d. h. für $z \in \mathbb{C}$ mit $0 < |\frac{z-a}{b-a}| < 1$, erhält man nach Satz 3.1.3 von Kapitel III (geometrische Reihe) :

$f(z) = (z-a)^{-1} \cdot (z - a + (a - b))^{-1} = ((z-a)(a-b))^{-1} \cdot (1 - \frac{z-a}{b-a})^{-1} = ((z-a)(a-b))^{-1} \cdot \sum_0^\infty (\frac{z-a}{b-a})^n =$

$= - \sum_{-1}^\infty (b-a)^{-n-2} \cdot (z-a)^n$.

Damit lautet die Laurentreihe von f auf R_1 :

$f(z) = \sum_{-\infty}^\infty a_n (z-a)^n$ mit $a_n := 0$ für $n < -1$

und $a_n := -(b-a)^{-n-2}$ für $n \geq -1$.

---

[23]   Die Funktion f besitzt aber als holomorphe Funktion in R lokale Stammfunktionen.
(Siehe Kap. V, §2 und Kap. VI, 2.3.)

<u>Für</u> $z \in R_2$, d. h. für $z \in \mathbb{C}\backslash\{a\}$ mit $\left|\frac{b-a}{z-a}\right| < 1$, berechnet man wiederum nach Satz 3.1.3 von Kapitel III (geometrische Reihe) :

$$f(z) = (z-a)^{-1} \cdot (z - a + (a-b))^{-1} = (z-a)^{-2} \cdot (1 - \frac{b-a}{z-a})^{-1} = (z-a)^{-2} \cdot \sum_0^\infty (\frac{b-a}{z-a})^n =$$

$$= \sum_{-\infty}^{-2} (b-a)^{-n-2} \cdot (z-a)^n .$$

Somit ist auch die Laurentreihe von f auf R_2 gefunden:

$$f(z) = \sum_{-\infty}^\infty b_n (z-a)^n \quad \text{mit} \quad b_n := (b-a)^{-n-2} \quad \text{für } n \leq -2$$

$$\text{und} \quad b_n := 0 \quad \text{für } n > -2 .$$

Aufgabe II.4.2:

Man finde die Laurententwicklung der durch $f(z) = \frac{2}{(z+1)(z+3)}$ *definierten Funktion im Kreisring* $R_{1;3}(0) = \{ z \in \mathbb{C} : 1 < |z| < 3 \}$.

<u>Lösung:</u>

Der Ansatz für die Partialbruchzerlegung

$$f(z) = \frac{A}{z+1} + \frac{B}{z+3}$$

führt zu den Gleichungen

$$A + B = 0 \quad \text{und} \quad 3A + B = 2 ,$$

die durch $A = 1$ und $B = -1$ gelöst werden.

Damit erhalten wir für $z \in R_{1;3}(0)$ (vgl. geometrische Reihe, Kap. III, 3.1.3):

$$f(z) = (z+1)^{-1} - (z+3)^{-1} = z^{-1} \cdot (1 + \frac{1}{z})^{-1} - 3^{-1} \cdot (1 + \frac{z}{3})^{-1} = z^{-1} \cdot \sum_0^\infty (-z)^{-n} - 3^{-1} \cdot \sum_0^\infty (-\frac{z}{3})^n =$$

$$= \sum_{-\infty}^{-1} (-1)^{n+1} z^n + \sum_0^\infty (-3)^{-n-1} z^n .$$

Die Laurentreihe von f auf $R_{1;3}(0)$ lautet somit:

$$f(z) = \sum_{-\infty}^\infty c_n z^n \quad \text{mit} \quad c_n := (-1)^{n+1} \quad \text{für } n < 0$$

$$\text{und} \quad c_n := (-3)^{-n-1} \quad \text{für } n \geq 0 .$$

Aufgabe II.4.3:

Man entwickle die rationale Funktion $f(z) = \frac{1}{z(z-1)(z-2)}$ *in eine Laurentreihe im Kreisring* $1 < |z| < 2$.

<u>Lösung:</u>

Aus dem Ansatz für die Partialbruchzerlegung

$$f(z) \;=\; \frac{1}{z\,(z-1)\,(z-2)} \;=\; \frac{A}{z} \;-\; \frac{B}{z-1} \;-\; \frac{C}{z-2}$$

ergeben sich die Gleichungen

$$2A \;=\; 1\,; \quad -3A - 2B - C \;=\; 0 \quad \text{und} \quad A + B + C \;=\; 0\,.$$

Diese besitzen die Lösung:

$$A = \tfrac{1}{2}\,; \quad B = -1 \quad \text{und} \quad C = \tfrac{1}{2}\,.$$

Mit Hilfe der geometrischen Reihe (Kap. III, 3.1.3) folgt nun für $z \in R_{1;2}(0)$:

$$f(z) \;=\; \tfrac{1}{2}\,z^{-1} - \frac{1}{z-1} - \tfrac{1}{2}\frac{1}{2-z} \;=\; \tfrac{1}{2}\,z^{-1} - \tfrac{1}{z}\frac{1}{1-\tfrac{1}{z}} - \tfrac{1}{4}\frac{1}{1-\tfrac{z}{2}} \;=$$

$$=\; \tfrac{1}{2}\,z^{-1} - z^{-1}\sum_0^\infty \left(\tfrac{1}{z}\right)^n - \tfrac{1}{4}\sum_0^\infty \left(\tfrac{z}{2}\right)^n \;=$$

$$=\; \tfrac{1}{2}\,z^{-1} - z^{-1}\sum_{-\infty}^0 z^n - \tfrac{1}{4}\sum_0^\infty \left(\tfrac{1}{2}\right)^n z^n \;=$$

$$=\; -\sum_{-\infty}^{-2} z^n - \tfrac{1}{2}\,z^{-1} + \sum_0^\infty (-1)\left(\tfrac{1}{2}\right)^{n+2} z^n \;=$$

$$=\; \sum_{-\infty}^{-2} (-1)\,z^n + \sum_{-1}^\infty (-1)\left(\tfrac{1}{2}\right)^{n+2} z^n\,.$$

Damit lautet die gesuchte Laurentreihe:

$$f(z) \;=\; \sum_{-\infty}^\infty a_n z_n \qquad \text{mit } a_n = -1 \text{ für } n \le -2$$

$$\text{und } a_n = (-1) \cdot \left(\tfrac{1}{2}\right)^{n+2} \text{ für } n \ge -1.$$

Weitere Aufgaben zu Laurentreihen findet man in Kapitel VI, §2.

Kapitel III

Elementare holomorphe Funktionen.
Erweiterung des Holomorphiebegriffs

Mit den einfachsten holomorphen Funktionen, den Polynomen und den rationalen Funktionen, befasst sich der erste Paragraph dieses Kapitels. Bei den rationalen Funktionen müssen wir zunächst die Nullstellenmenge des Nennerpolynoms aus der Definitionsmenge ausgrenzen. Bei der Untersuchung der Umkehreigenschaften der Exponentialfunktion im zweiten Paragraphen stoßen wir zum ersten Mal auf das Problem der Mehrdeutigkeit. Anstatt auf einer geeigneten Riemannschen Fläche eine globale Umkehrfunktion, „den" Logarithmus, zu definieren, umgehen wir das Problem der Mehrdeutigkeit, indem nur gewisse Einschränkungen dieser globalen Abbildung, die Zweige des Logarithmus, betrachtet werden. Da diese Funktionen holomorph im gewöhnlichen Sinne sind, muss nicht auf die Theorie der Riemannschen Flächen zurückgegriffen werden. Die Potenz- und Wurzelfunktionen sind Thema des dritten Paragraphen. Die bei der Untersuchung des Definitionsbereichs einer rationalen Funktion im ersten Paragraphen aufgetretene Frage nach der Behandlung des unendlich fernen Punktes wird im vierten Paragraphen durch die Einführung der Riemannschen Zahlensphäre $\mathbb{P}$ und durch die Definition des Holomorphiebegriffs auf $\mathbb{P}$ beantwortet.

§1   Polynome und rationale Funktionen

1.1   Definition: Polynom und rationale Funktion

a) Sei $n \in \mathbb{N}_0$ und $a_0, a_1, \ldots, a_n \in \mathbb{C}$ mit $a_n \neq 0$.

Dann heißt die holomorphe Funktion

$$p : \mathbb{C} \to \mathbb{C} , \quad z \mapsto a_n z^n + \ldots + a_1 z + a_0 = \sum_{k=0}^{n} a_k z^k$$

komplexes Polynom (komplexe Polynomfunktion) vom Grad $\deg p = n$.

Zu diesen zählt man noch die Nullfunktion und schreibt ihr den Grad $-\infty$ zu.

Die Menge aller komplexen Polynome wird mit $\mathbb{C}[z]$ bezeichnet.

Spezialfälle:

i) $n = 0$:   konstante Funktion ,

ii) $n = 1$:   lineare Funktion (vgl. Kap. I, 4.5) ,

iii) $a_0, a_1, \ldots, a_n \in \mathbb{R}$:   reelles Polynom (reelle Polynomfunktion) .

b) Seien p und q zwei komplexe Polynome und q nicht die Nullfunktion, also mit einer Nullstellenmenge $N(q) \neq \mathbb{C}$.

Dann heißt die holomorphe Funktion $r : \mathbb{C} \setminus N(q) \to \mathbb{C}$, $z \mapsto \dfrac{p(z)}{q(z)}$ komplexe rationale Funktion.

Die Menge aller komplexen rationalen Funktionen wird mit $\mathbb{C}(z)$ bezeichnet.

Spezialfälle:

i) q konstant : $r = \dfrac{p}{q}$ komplexes Polynom ,

ii) $a, b, c, d \in \mathbb{C}$, $ad - bc \neq 0$, $r(z) := \dfrac{az + b}{cz + d}$:   gebrochen lineare Transformation oder Möbiustransformation (Kap. IV, §2).

Anmerkung:

Die Nullstellen des Nennerpolynoms einer komplexen rationalen Funktion, die nicht zugleich Nullstellen des Zählerpolynoms sind, heißen Polstellen der rationalen Funktion.

In diesen Polstellen ist die Funktion nicht endlich. Diese „Undefiniertheit" wird in §4 mit Einführung der Riemannschen Zahlensphäre $\mathbb{P}$ beseitigt werden.

1.2   Satz: Wachstum von Polynomen

Sei $p : \mathbb{C} \to \mathbb{C}$ eine ganze Funktion und d eine natürliche Zahl, so sind die folgenden Aussagen äquivalent:

a) p ist ein komplexes Polynom mit $\deg p \leq d$.

b) Es gibt positive Konstanten r und m, so dass für alle $z \in \mathbb{C}$ mit $|z| \geq r$ gilt

$$|p(z)| \leq m \cdot |z|^d.$$

Ebenso sind äquivalent:

a') p ist ein Polynom mit $\deg p \geq d$.

b') Es gibt positive Konstanten R und M, so dass für alle $z \in \mathbb{C}$ mit $|z| \geq R$ gilt

$$|p(z)| \geq M \cdot |z|^d.$$

Folgerung:

Sei $p : \mathbb{C} \to \mathbb{C}$ ein nicht konstantes Polynom, so folgt aus der Implikation a') ⇒ b'):

$$\lim_{z \to \infty} |p(z)| = \infty$$

1.3   Satz: Wachstum von rationalen Funktionen

Seien p und q komplexe Polynome mit $q \neq 0$ und n, m nichtnegative ganze Zahlen mit $\deg p = m$, $\deg q = n$.

Dann gibt es positive Konstanten c, C und R, so dass die rationale Funktion $f := \dfrac{p}{q}$ in $\{z \in \mathbb{C}: |z| \geq R\}$ keine Polstellen besitzt und dort die Abschätzung

$$c \cdot |z|^{m-n} \leq |f(z)| \leq C \cdot |z|^{m-n}$$

erfüllt.

1.4   Approximation von Funktionen mit Polynomen und rationalen Funktionen

Die Frage nach der Approximierbarkeit holomorpher Funktionen durch Polynome und rationale Funktionen beantwortet der folgende bedeutende Satz:

1.4.1   Der Rungesche Approximationssatz

a)   Sei U eine offene Teilmenge von $\mathbb{C}$, $f : U \to \mathbb{C}$ holomorph und K eine kompakte Teilmenge von U.

Dann existiert eine Folge $(r_n)_n$ von komplexen rationalen Funktionen mit Polen außerhalb von U, die gleichmäßig auf K gegen f konvergiert.

b)   Sei G ein einfach zusammenhängendes Gebiet in $\mathbb{C}$, $f : G \to \mathbb{C}$ holomorph und K eine kompakte Teilmenge von G.

Dann existiert eine Folge $(p_n)_n$ von komplexen Polynomen, die gleichmäßig auf K gegen f konvergiert.

Eine dem Teil b) entsprechende Aussage über reellwertige stetige Funktionen liefert der folgende Satz aus der reellen Analysis:

1.4.2 Der Weierstraßsche Approximationssatz

Sei K ein kompaktes Intervall in $\mathbb{R}$ und $f : K \to \mathbb{R}$ stetig.

Dann gibt es eine Folge $(p_n)_n$ von reellen Polynomen, die auf K gleichmäßig gegen f konvergiert.

1.5 Nullstellen von Polynomen

Grundlegend ist die algebraische Abgeschlossenheit von $\mathbb{C}$:

1.5.1 Fundamentalsatz der Algebra

Jedes nicht konstante komplexe Polynom besitzt eine Nullstelle in $\mathbb{C}$.

Einen Beweis dieses Satzes findet man in den Aufgaben III.1.1 und III.4.1.

Über die Anzahl der Nullstellen eines Polynoms gibt der nächste Satz Auskunft:

1.5.2 Zerlegungssatz

Sei p ein nicht konstantes komplexes Polynom und $z_1, \ldots, z_r \in \mathbb{C}$ die verschiedenen Nullstellen von p mit den Vielfachheiten [1] $n_1, \ldots, n_r \in \mathbb{N}$, so gibt es eine Konstante $c \in \mathbb{C}^*$ mit

$$p(z) = c \cdot (z - z_1)^{n_1} \cdot \ldots \cdot (z - z_r)^{n_r} .$$

Insbesondere besitzt ein nicht konstantes Polynom n-ten Grades genau n Nullstellen (mit Vielfachheiten gezählt). [2]

1.5.3 Definition und Satz: Einheitswurzeln

Sei n eine natürliche Zahl.

Das Polynom $z^n - 1 \in \mathbb{C}[z]$ besitzt mit

$$\zeta_k := e^{\frac{k \cdot 2\pi i}{n}} = \cos \frac{k \cdot 2\pi}{n} + i \cdot \sin \frac{k \cdot 2\pi}{n} , \qquad k = 0, 1, \ldots, n - 1 ,$$

genau n verschiedene Nullstellen in $\mathbb{C}$, die als n-te Einheitswurzeln bezeichnet werden.

---

[1] Sei ζ eine Nullstelle von p, so heißt die kleinste natürliche Zahl n mit $p^{(n)}(\zeta) \neq 0$ Vielfachheit (Nullstellenordnung) von p in ζ. Siehe auch Kap. VI, §3.

[2] Aussagen über die Lage von Nullstellen liefert der Satz von Rouché (Kap. VI, 3.1.3).

Aufgaben zu Kapitel III, §1

Aufgabe III.1.1:

Beweisen Sie den Fundamentalsatz der Algebra unter Verwendung des Satzes von Liouville.

Lösung:

Sei das nicht konstante Polynom

$$f(z) \ = \ a_n z^n + a_{n-1} z^{n-1} + \ldots + a_1 z + a_0 \ , \qquad a_n \neq 0 \, , \ n \geq 1 \, ,$$

vorgegeben.

Nach dem Satz über das Wachstum von Polynomen (1.2) existieren ein $M > 0$ und ein $R > 0$ mit

$$|f(z)| \ \geq \ M \cdot |z|^n$$

für alle $z \in \mathbb{C}$ mit $|z| \geq R$.

Annahme: Die Funktion f besitzt keine Nullstelle in $\mathbb{C}$.

Dann ist $q := \dfrac{1}{f}$ eine ganze Funktion mit $|q(z)| \leq \dfrac{1}{M} \cdot \dfrac{1}{R^n}$ für alle $z \in \mathbb{C}$, $|z| \geq R$.

Da $K := \overline{B_R(0)}$ kompakt und $q : \mathbb{C} \to \mathbb{C}$ stetig ist, existiert $m := \max\limits_{z \in K} |q(z)|$. Somit

besitzt $|q|$ in $\max\{ m, \dfrac{1}{M} \cdot \dfrac{1}{R^n} \}$ eine obere Schranke.

Nach dem Satz von Liouville (Kap. I, 3.5) ist damit q und somit auch f konstant.

Widerspruch.

Aufgabe III.1.2:

Sei p ein nicht konstantes Polynom und $\alpha > 0$ eine reelle Zahl.
Beweisen Sie, dass p in jeder Zusammenhangskomponente von $U := \{ z \in \mathbb{C} : |p(z)| < \alpha \}$ wenigstens eine Nullstelle besitzt. (Verschärfung des Fundamentalsatzes der Algebra)

Lösung:

Annahme: Es gibt eine Zusammenhangskomponente $Z \neq \emptyset$ von U, auf der p nullstellenfrei ist.

Da $\lim\limits_{z \to \infty} |p(z)| = \infty$ gilt (Satz über das Wachstum nicht konstanter Polynome, 1.2), ist $Z \subset \mathbb{C}$ ein beschränktes Gebiet. Wegen der Stetigkeit von $|p|$, ist $|p(z)| = \alpha$ für alle $z \in \partial Z$.

Da p holomorph ist und in Z keine Nullstellen besitzt, liegt nach dem Minimumprinzip für beschränkte Gebiete (Kap. I, 3.7) das Minimum $\min\limits_{z \in \overline{Z}} |p(z)|$ auf dem Rand von Z,

also $\min\limits_{z \in \overline{Z}} |p(z)| = \min\limits_{z \in \partial Z} |p(z)| = \alpha$.

Widerspruch zu $|p(z)| < \alpha$ für alle $z \in Z$ und $Z \neq \emptyset$.

Aufgabe III.1.3:

a) Es sei $f : \mathbb{C} \to \mathbb{C}$ ein Polynom n-ten Grades, $n \geq 1$, und es seien $c_1, \ldots, c_n$ die Nullstellen von f (jede Nullstelle ist dabei so oft aufgeführt wie ihre Vielfachheit angibt).

Man beweise: $\qquad \dfrac{f'(z)}{f(z)} = \sum_{k=1}^{n} \dfrac{1}{z - c_k}$.

b) Man zeige: Jede Nullstelle c von f' ist konvexe Kombination der Nullstellen von f, d. h. es gibt reelle Zahlen $\lambda_1, \ldots, \lambda_n \geq 0$ mit $\sum_k \lambda_k = 1$, so dass $c = \lambda_1 c_1 + \ldots + \lambda_n c_n$.

(Hinweis: Für $f(c) \neq 0$ ergibt sich diese Darstellung aus a)).

Lösung:

a) Beweis:

Nach dem Zerlegungssatz (1.5.2) gibt es ein $a_n \in \mathbb{C}^*$ mit $f(z) = a_n \cdot (z - c_1) \cdot \ldots \cdot (z - c_n)$.

Behauptung: Es ist $f'(z) = a_n \cdot \sum_{k=1}^{n} \prod_{i=1, i \neq k}^{n} (z - c_i)$.

Begründung durch vollständige Induktion nach n:

$n = 1$: klar.

$n-1 \to n$: $\dfrac{d}{dz}(a_n \cdot (z - c_1) \cdot \ldots \cdot (z - c_n)) =$ (Produktregel + I.V.)

$$= a_n \cdot \left\{ (z - c_n) \cdot \sum_{k=1}^{n-1} \prod_{i=1, i \neq k}^{n-1} (z - c_i) + \prod_{i=1}^{n-1} (z - c_i) \right\} =$$

$$= a_n \cdot \sum_{k=1}^{n} \prod_{i=1, i \neq k}^{n} (z - c_i).$$

Damit erhält man für alle $z \in \mathbb{C} \setminus \{c_1, \ldots, c_n\}$:

$$\dfrac{f'(z)}{f(z)} = \sum_{k=1}^{n} \dfrac{\prod_{i \neq k} (z - c_i)}{\prod_i (z - c_i)} = \sum_{k=1}^{n} \dfrac{1}{z - c_k}.$$

b) Sei c eine Nullstelle von f'.

1. Fall: c ist auch Nullstelle von f, dann ist die Behauptung klar.

2. Fall: c ist keine Nullstelle von f, so folgt aus a):

$$0 = \dfrac{f'(c)}{f(c)} = \sum \dfrac{1}{c - c_k} = \sum \dfrac{\overline{c} - \overline{c}_k}{|c - c_k|^2} = \sum \dfrac{1}{|c - c_k|^2} \overline{c} - \sum \dfrac{1}{|c - c_k|^2} \overline{c}_k$$

Diese Gleichung nach $\overline{c}$ aufgelöst ergibt:

$$\overline{c} = \sum_k \lambda_k \overline{c}_k$$

mit $\lambda_k = |c - c_k|^{-2} \cdot \left[\sum_i |c - c_i|^{-2} \right]^{-1}$ und $\sum_k \lambda_k = 1$.

Da die Konjugation $\overline{} : \mathbb{C} \to \mathbb{C}$ ein involutorischer Körperautomorphismus (Kap. I, 0.1.3 a)) ist und die Zahlen λ_k für $1 \leq k \leq n$ positiv und reell sind, erhalten wir schließlich:

$$c = \overline{\overline{c}} = \sum_k \lambda_k c_k.$$

Aufgabe III.1.4:

Sei das Gebiet $G := B_2(0)$ und die Funktion $f : G \to \mathbb{C}$ vorgegeben. Ferner bezeichne K eine kompakte Teilmenge von G und es sei $\|f\|_K := \sup\limits_{z \in K} |f(z)|$.

Untersuchen Sie für die folgenden vier Fälle, ob zu f stets eine Folge $(p_n)_{n \in \mathbb{N}}$ von Polynomen existiert mit $\lim\limits_{n \to \infty} \|f - p_n\|_K = 0$.

Die Funktion f sei auf G

　　　　　　(1)　reell differenzierbar ,　　　　(2)　komplex differenzierbar ,

wobei jeweils

　　　　　　(a)　$K := [-1 \,;\, 1]$,　　　　(b)　$K := \overline{\mathbb{E}}$　　　　*zu betrachten ist.*

Lösung:

Fall 1a :　　　　　　$f : G \to \mathbb{C}$ reell differenzierbar; $K := [-1\,;\,1]$.

Behauptung:　　　　Es gibt stets eine solche Folge von Polynomen.

Beweis:　　　　　　Seien f und K wie gefordert.

Die Einschränkung $f|_K : K \to \mathbb{C}$ ist stetig. Real- und Imaginärteil $u, v : K \to \mathbb{R}$ sind dann auch stetig. Nach dem Weierstraßschen Approximationssatz (1.4.2) gibt es nun zwei Folgen $(u_n(x))_n$, $(v_n(x))_n$ von reellen Polynomen einer Veränderlichen x, die auf K gleichmäßig gegen u bzw. v konvergieren.

Man betrachte nun die Folge $(p_n(x))_n$ mit $p_n(x) := u_n(x) + i \cdot v_n(x)$ für $n \in \mathbb{N}$. Sie ist eine Folge von Polynomen mit komplexen Koeffizienten in einer Veränderlichen x. Definieren wir nun diese Polynome auf ganz $\mathbb{C}$ (statt Variable x schreiben wir nun z), so erfüllt die Folge $(p_n(z))$ wegen

$$|f(z) - p_n(z)| \leq |u(z) - u_n(z)| + |i| \cdot |v(z) - v_n(z)|$$

für alle $z \in K \subset \mathbb{R}$ die geforderte Eigenschaft.

Fall 1b :　　　　　　$f : G \to \mathbb{C}$ reell differenzierbar; $K := \overline{\mathbb{E}}$.

Behauptung:　　　　Es existiert nicht immer eine solche Folge von Polynomen.

Beweis:　　　　　　Beispiel:　　Die Funktion $f : G \to \mathbb{C}$, $f(z) = \operatorname{Re} z$ ist reell differenzierbar.

Annahme:　　　　　Es gibt eine Folge $(p_n)_n$ von Polynomen, die auf $\overline{\mathbb{E}}$ und damit auf der offenen Menge $\mathbb{E}$ gleichmäßig konvergiert, so ist nach dem Weierstraßschen Konvergenzsatz (Kap. II, 2.2) die Funktion f holomorph in $\mathbb{E}$. Da aber f nicht konstant und $f(\mathbb{E}) \subset \mathbb{R}$ gilt, ist dies ein Widerspruch zum Offenheitssatz.

Fall 2a und 2b :　　$f : G \to \mathbb{C}$ komplex differenzierbar, also holomorph; $K := [-1\,;\,1]$ bzw. $K := \overline{\mathbb{E}}$.

Behauptung:　　　　Es gibt stets eine solche Folge von Polynomen.

Beweis:

1. Möglichkeit:　　　Der Rungesche Approximationssatz 1.4.1, Teil b) .

2. Möglichkeit:　　　Da f auf $G := B_2(0)$ holomorph ist, existiert nach dem Entwicklungssatz von Taylor (Kap. VI, 1.1) eine Potenzreihenentwicklung $f(z) = \sum_{k=0}^{\infty} a_k z^k$ für $z \in G$. Das bedeutet: Die Folge $(p_n)_{n \in \mathbb{N}}$ der Partialsummen $p_n(z) = \sum_{k=0}^{n} a_k z^k$ konvergiert auf jeder kompakten Teilmenge von G gleichmäßig gegen die Funktion f .

§2   Exponentialfunktion und Logarithmusfunktionen

2.1   Definition: Exponentialfunktion

Die Potenzreihe $\sum_{n=0}^{\infty} \frac{z^n}{n!}$ besitzt nach der Quotientenformel in Kap. II, 3.5.2 den Konvergenz-radius ∞. Sie ist also auf $\mathbb{C}$ kompakt konvergent.

Insbesondere besitzt sie nach dem Weierstraßschen Konvergenzsatz (Kap. II, 2.2) eine auf ganz $\mathbb{C}$ holomorphe Grenzfunktion, die als Exponentialfunktion bezeichnet wird:

$$\exp : \mathbb{C} \to \mathbb{C} \ , \ \exp(z) := \sum_{n=0}^{\infty} \frac{z^n}{n!} \ .$$

2.1.1   Erste Eigenschaften

i)   Die Exponentialfunktion ist $2\pi i$-periodisch, insbesondere also auf $\mathbb{C}$ nicht injektiv.
     Jeder „Streifen"
     $$G_n := \{ z \in \mathbb{C} : (2n - 1)\pi < \operatorname{Im} z < (2n + 1)\pi \} \quad (n \in \mathbb{Z})$$
     ist aber ein Injektivitätsgebiet.
ii)   Anstatt $\exp(z)$ schreibt man oft auch e^z. (Vgl. auch „Zusammenfassungen und Übersichten, Teil E".)
iii) Es ist $\exp(\mathbb{C}) = \mathbb{C}^*$ und $\exp^{-1}(1) = 2\pi i \cdot \mathbb{Z}$.

2.1.2   Rechenregeln für die Exponentialfunktion

Für alle $z, w \in \mathbb{C}$ und $x, y \in \mathbb{R}$ gilt:

i) $\overline{\exp(z)} = \exp(\bar{z})$ ii) $|\exp(z)| = \exp(\operatorname{Re}(z))$

iii) $\exp(-z) = (\exp(z))^{-1}$ iv) $\exp(z + w) = \exp(z) \cdot \exp(w)$

v) $\exp(iz) = \cos(z) + i \cdot \sin(z)$ vi) $\exp(x + iy) = e^x \cdot (\cos(y) + i \cdot \sin(y))$
      (Eulersche Formel)

2.2   Definition: Logarithmus

a)   Logarithmus einer Zahl:
     Sei $c \in \mathbb{C}^*$, so heißt jede komplexe Zahl λ mit $c = \exp(\lambda)$ ein Logarithmus von c
     (oder ein Wert des Logarithmus von c).

b)   Logarithmusfunktionen:
     Sei $G \subset \mathbb{C}^*$ ein Gebiet, so heißt $\ell \in \mathcal{O}(G)$ eine Logarithmusfunktion (oder ein Zweig des Logarithmus) in G, falls für alle $z \in G$ gilt: $\exp(\ell(z)) = z$.

2.2.1   Erste Eigenschaften

i)   Sei $c \in \mathbb{C}^*$ und λ ein Logarithmus von c, so ist durch $\lambda + 2\pi i \cdot \mathbb{Z}$ die Menge aller Logarithmen von c gegeben. Zwei Logarithmen von c unterscheiden sich demnach nur um ein ganzzahliges Vielfaches von $2\pi i$.

ii) Sei $G \subset \mathbb{C}^*$ ein Gebiet und $\ell \in \mathcal{O}(G)$ eine Logarithmusfunktion in G, so ist durch $\ell + 2\pi i \cdot \mathbb{Z}$ die Menge aller Logarithmusfunktionen in G gegeben. Zwei Logarithmusfunktionen in G unterscheiden sich demnach nur um ein ganzzahliges Vielfaches von $2\pi i$.

2.2.2 Definition: Hauptwert und Hauptzweig des Logarithmus

a) Für $c \in \mathbb{C}^*$ sei mit $\arg(c)$ das Argument von c bezeichnet.[3]

Ferner sei $\ln : \mathbb{R}^+ \to \mathbb{R}$ der natürliche Logarithmus.

Dann ist die komplexe Zahl

$$\ln|c| + i \cdot \arg(c)$$

ein Logarithmus von c.

Diese Zahl heißt der Hauptwert des Logarithmus von c.

b) Auf $\mathbb{C}^- := \mathbb{C} \setminus \{t \in \mathbb{R} : t \le 0\}$ ist durch

$$\log : \mathbb{C}^- \to \mathbb{C}, z \mapsto \ln|z| + i \cdot \arg(z)$$

eine Logarithmusfunktion in $\mathbb{C}^-$ erklärt, die als der Hauptzweig des Logarithmus bezeichnet wird.

Dieser Zweig besitzt die Integraldarstellung $\qquad \log(z) = \int\limits_{[1,z]} \dfrac{d\zeta}{\zeta}$,

wobei $[1,z]$ eine Parametrisierung der Strecke von 1 nach $z \in \mathbb{C}^-$ bezeichnet.[4]

2.2.3 Bemerkungen

i) Es muss stets klar sein, welcher Zweig des Logarithmus verwendet wird. Dazu reicht beispielsweise die Angabe des Definitionsbereichs und eines Wertepaares.

Beispiel: $\log : \mathbb{C}^- \to \mathbb{C}$ und $\log(1) = 0$ für den Hauptzweig.

ii) Weitere Eigenschaften der Exponentialfunktion und des Hauptzweiges des Logarithmus findet man in „Zusammenfassungen und Übersichten, Teil E".

iii) Nicht für jeden Zweig des Logarithmus $\ell \in \mathcal{O}(G)$ gilt auch die Umkehrung von 2.2b): Für ein $z \in \mathbb{C}$ mit $\exp(z) \in G$ gilt im Allgemeinen nicht: $\ell(\exp(z)) = z$

sondern nur: $\ell(\exp(z)) \in z + 2\pi i \cdot \mathbb{Z}$

Nicht alle Zweige sind somit Umkehrfunktionen von exp im gewöhnlichen Sinn![5]

iv) Auf $\mathbb{C}^*$ existiert kein Zweig des Logarithmus.

(Beweis in Aufgabe III.2.3)

---

[3]   Siehe Kap. I, 0.1.4 b).

[4]   Siehe hierzu Anhang B.

[5]   Siehe auch Kap. VI, 1.5.4 „Die Riemannsche Fläche des Logarithmus".

2.2.4 Satz: Umkehrfunktion von exp

Sei das Gebiet $G_0 := \{\, z \in \mathbb{C} : -\pi < \operatorname{Im} z < \pi \,\}$ vorgegeben. [6]

Dann ist die Einschränkung $\exp|_{G_0} : G_0 \to \mathbb{C}^-$ biholomorph und die Umkehrabbildung der Hauptzweig des Logarithmus $\log : \mathbb{C}^- \to G_0$.

(Siehe 2.2.2 b).)

2.2.5 Existenzsatz für Zweige des Logarithmus

Sei G ein Gebiet, das in einem einfach zusammenhängenden Gebiet liegt, das den Nullpunkt nicht enthält.

Dann existiert auf G ein Zweig des Logarithmus.

Das ist insbesondere dann der Fall, wenn G selbst ein einfach zusammenhängendes Gebiet ist mit $0 \notin G$.

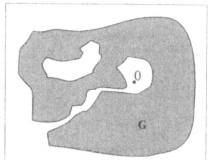

Beispiel für ein Gebiet G, das in einem einfach zusammenhängenden Gebiet liegt, welches den Nullpunkt nicht enthält.

Beispiele:

$G = \mathbb{C}^- := \mathbb{C} \setminus \,]-\infty\,;0\,]$,

$G = B_1(1)$.

2.3 Definition: Holomorpher Logarithmus einer Funktion

Sei $U \subset \mathbb{C}$ offen und $f \in \mathscr{O}(U)$.

Dann heißt eine Funktion $\ell_f \in \mathscr{O}(U)$ ein <u>holomorpher Logarithmus</u> (oder ein (holomorpher) <u>Zweig des Logarithmus</u>) <u>zu f</u>, falls für alle $z \in U$ gilt:

$$\exp(\ell_f(z)) = f(z) .$$

Die Funktion ℓ_f ist dann bis auf eine additive Konstante der Form $2\pi i n$ $(n \in \mathbb{Z})$ eindeutig bestimmt.

2.4 Existenzsatz für holomorphe Logarithmen

Sei G ein Gebiet in $\mathbb{C}$.

a) Sei G zusätzlich einfach zusammenhängend in $\mathbb{C}$.

Dann besitzt eine nullstellenfreie holomorphe Funktion $f \in \mathscr{O}(G)$ einen holomorphen Logarithmus $\ell_f \in \mathscr{O}(G)$.

Dieser ist bis auf eine additive Konstante der Form $2\pi i n$ $(n \in \mathbb{Z})$ durch

$$z \mapsto \ell_f(z) = \int_{\gamma_z} \frac{f'(\zeta)}{f(\zeta)}\, d\zeta + \lambda \qquad z \in G, \quad \text{gegeben.}$$

Dabei bezeichnet γ_z einen beliebigen Weg in G, der z mit einem fest vorgegebenen Punkt $c \in G$ verbindet, und λ einen beliebigen Wert des Logarithmus von $f(c)$.

---

[6]   Siehe 2.1.1 i).

b) Sei $f \in \mathscr{O}(G)$ eine holomorphe Funktion, so dass auf dem Bildgebiet $f(G)$ ein Zweig
     $\log : f(G) \to \mathbb{C}$ des Logarithmus existiert.

Dann besitzt f einen holomorphen Logarithmus $\ell_f \in \mathscr{O}(G)$.

Dieser ist bis auf eine additive Konstante der Form $2\pi i n$ $(n \in \mathbb{Z})$ durch

$$z \mapsto \ell_f(z) = \log(f(z)) \ , \qquad\qquad z \in G \ , \text{ gegeben.}$$

Hinreichend hierfür ist nach 2.2.5, dass das Gebiet $f(G)$ in einem einfach zusammenhängenden Gebiet liegt, das den Nullpunkt nicht enthält.

Das ist insbesondere dann der Fall, wenn $f(G)$ selbst ein einfach zusammenhängendes Gebiet
ist mit $0 \notin f(G)$.

Aufgaben zu Kapitel III , §2

Aufgabe III.2.1:

Man erläutere ausführlich, wie der komplexe Logarithmus auf drei Arten definiert werden kann:

*Nämlich als geeignete Umkehrabbildung, als Stammfunktion und als analytische Fortsetzung des
reellen Logarithmus.*

Man zeige, dass die resultierenden Funktionen identisch sind.

Lösung:

Der komplexe Logarithmus als Umkehrabbildung der Exponentialfunktion

Aus der Darstellung $\exp(x + iy) = e^x \cdot e^{iy}$ $(x, y \in \mathbb{R})$ erhalten wir die Bijektivität der Einschränkung
$\exp|_{G_0} : G_0 \to \mathbb{C}^-$ mit $G_0 = \{z \in \mathbb{C} : -\pi < \operatorname{Im} z < \pi \}$. (Vgl. 2.2.4.)

Die Umkehrabbildung $L_1 : \mathbb{C}^- \to G_0$ ist nach dem Biholomorphiekriterium (Kap. I, 4.2)
selbst holomorph.

Der komplexe Logarithmus als Stammfunktion der Inversion $z \mapsto z^{-1}$ (Vorgriff auf Kapitel VI)

Da $\mathbb{C}^-$ ein einfach zusammenhängendes Gebiet ist, besitzt die holomorphe Funktion
$\mathrm{inv} : \mathbb{C}^- \to \mathbb{C}$, $z \mapsto z^{-1}$ nach Kap. V, 2.4 eine bis auf eine additive Konstante eindeutig bestimmte
Stammfunktion auf $\mathbb{C}^-$.

Es sei $L_2 : \mathbb{C}^- \to \mathbb{C}$ diejenige Stammfunktion mit $L_2(1) = 0$.

Der komplexe Logarithmus als analytische Fortsetzung des reellen Logarithmus

Der natürliche reelle Logarithmus $\ln : \mathbb{R}^+ \to \mathbb{R}$ besitzt auf $]0 ; 2[$ die Potenzreihenentwicklung

$$\ln(x) = \sum_1^\infty \frac{(-1)^{n-1}}{n} \cdot (x - 1)^n \ =: p(x) \ .$$

Begründung: Der Konvergenzradius von $p(x)$ ist nach der Quotientenformel (Kap. II, 3.5.2)
                     gleich 1. Nach dem Satz über die Vertauschung von Limesbildung und reeller Diffe-

rentiation bei kompakter Konvergenz (Kap. II, 2.3 b)) erhalten wir für $x \in \,]0\,;2[$:

(*) $\frac{d}{dx}p(x) = \sum_1^\infty \frac{d}{dx}(\frac{(-1)^{n-1}}{n} \cdot (x-1)^n) = \sum_0^\infty (1-x)^n = (1-(1-x))^{-1} = x^{-1}$.

Auf $]0\,;2[$ ist $p(x)$ ebenso wie die ln-Funktion eine Stammfunktion von $x \mapsto x^{-1}$.

Da sich Stammfunktionen nur um additive Konstanten unterscheiden, folgt aus

$p(1) = 0 = \ln(1)$ schließlich die Behauptung.

Nach dem Satz über das Konvergenzverhalten von komplexen Potenzreihen (Kap. II, 3.3) besitzt

auch die komplexe Fortsetzung $p^\star(z) = \sum_1^\infty \frac{(-1)^{n-1}}{n} \cdot (z-1)^n$ von $p(x)$ den Konvergenzradius 1,

konvergiert somit auf $B_1(1)$ kompakt gegen eine holomorphe Funktion $L_3 : B_1(1) \to \mathbb{C}$.

Beweis der Identiät der drei Funktionen L_1, L_2 und L_3 :

$\underline{L_1 = L_2 \text{ auf } \mathbb{C}^-}$:   Für alle $z \in \mathbb{C}^-$ gilt:

$1 = \frac{d}{dz} z = \frac{d}{dz} \exp(L_1(z)) = L_1{}'(z) \cdot \exp(L_1(z)) = L_1{}'(z) \cdot z$, also $L_1{}'(z) = z^{-1}$.

Da zusätzlich $L_1(1) = (\exp|_{G_0})^{-1} (1) = 0 = L_2(1)$ gilt und Stammfunktionen

sich nur um eine additive Konstante unterscheiden, folgt die Behauptung.

$\underline{L_2 = L_3 \text{ auf } B_1(1)}$:   Mit den gleichen Argumenten wie im obigen reellen Fall (*) erhalten wir

für $z \in B_1(1)$: $L_3{}'(z) = \frac{d}{dz} p^\star(z) = z^{-1}$.

Auch hier ist $L_3(1) = 0 = L_2(1)$, so dass die Behauptung bewiesen ist.

(Insbesondere ist L_3 nach dem Identitätssatz (Kap. I, 3.2) auf ganz $\mathbb{C}^-$

holomorph fortsetzbar.)

Aufgabe III.2.2:

Zeigen Sie: Es gibt keine holomorphe Funktion $f : \mathbb{C}^* \to \mathbb{C}$ mit $\operatorname{Re} f(z) = \ln|z|$ für alle $z \in \mathbb{C}$.

Lösung:

Annahme: Es gibt eine holomorphe Funktion $f : \mathbb{C}^* \to \mathbb{C}$, $f = u + iv$ mit

$u(z) = \operatorname{Re} f(z) = \ln|z| = \ln(\sqrt{x^2 + y^2})$ und $v(z) = \operatorname{Im} f(z)$ $(z = x + iy \in \mathbb{C}^*; x, y \in \mathbb{R})$.

Dann berechnen sich die partiellen Ableitungen von u zu:

$u_x(x+iy) = \frac{x}{x^2+y^2}$, $u_y(x+iy) = \frac{y}{x^2+y^2}$, $(x + iy \in \mathbb{C}^*; x, y \in \mathbb{R})$.

Mit Hilfe der Cauchy-Riemannschen Differentialgleichungen (Kap. I, 1.5) erhält somit:

$v_y(x+iy) = \frac{x}{x^2+y^2}$, $v_x(x+iy) = -\frac{y}{x^2+y^2}$, $(x + iy \in \mathbb{C}^*; x, y \in \mathbb{R})$.

Daraus folgt:

$F : \mathbb{R}^2 \setminus \{(0,0)\} \to \mathbb{R}^2$, $F(x,y) = \frac{1}{x^2+y^2} \cdot \binom{-y}{x}$ ist ein Vektorfeld mit Stammfunktion

$v : \mathbb{R}^2 \setminus \{(0,0)\} \to \mathbb{R}$.[7]

Nach Kap. V, 2.5.1 ist somit F auf $\mathbb{R}^2 \setminus \{(0,0)\}$ wegunabhängig integrierbar. Für den

---

[7]   Vorgriff auf Kapitel V

geschlossenen Weg $\gamma : [0,2\pi] \to \mathbb{R}^2 \setminus \{(0,0)\}$, $\gamma(t) = (\cos t, \sin t)$ ergibt sich allerdings:

$$\int_\gamma \langle F, ds \rangle = \int_0^{2\pi} \langle F(\gamma(t)), \gamma'(t) \rangle dt = \int_0^{2\pi} (\sin^2 t + \cos^2 t) dt = 2\pi \neq 0$$

Widerspruch.

Aufgabe III.2.3:

Zeigen Sie: Es gibt keinen Zweig des Logarithmus auf $\mathbb{C}^*$.

Lösung:

Annahme: Es gibt eine holomorphe Funktion $f : \mathbb{C}^* \to \mathbb{C}$ mit $\exp(f(z)) = z$ für alle $z \in \mathbb{C}^*$.

Seien $u := \operatorname{Re} f : \mathbb{C}^* \to \mathbb{R}$ und $v := \operatorname{Im} f : \mathbb{C}^* \to \mathbb{R}$ der Real- bzw. Imaginärteil von f.

Dann gilt nach 2.1.2 ii): $|z| = |\exp(f(z))| = \exp(u(z))$, für alle $z \in \mathbb{C}^*$.

Da $u(z) \in \mathbb{R}$ für alle $z \in \mathbb{C}^*$ gilt, folgt somit: $u(z) = \ln|z|$ für alle $z \in \mathbb{C}^*$.

Widerspruch zur Aussage „Es gibt keine holomorphe Funktion $f : \mathbb{C}^* \to \mathbb{C}$ mit $\operatorname{Re} f(z) = \ln|z|$ für alle $z \in \mathbb{C}^*$ ", die in der vorherigen Aufgabe bewiesen wird.

Aufgabe III.2.4:

Es seien D_1 und D_2 Gebiete in $\mathbb{C}$, in deren Durchschnitt ein reelles Intervall J mit positiver Länge enthalten sei.

Die Funktionen $f_k : D_k \to \mathbb{C}$ $(k = 1; 2)$ seien holomorph und auf J identisch. Folgt hieraus, dass $f_1 = f_2$ auf $D_1 \cap D_2$ gilt?

Lösung:

Antwort: Nein, diese Folgerung ist nicht richtig.

Gegenbeispiel: Man betrachte die Gebiete $D_1 := \mathbb{C} \setminus i\mathbb{R}_0^-$ und $D_2 := \mathbb{C} \setminus \mathbb{R}_0^+$ sowie die

Funktionen $f_1 : D_1 \to \mathbb{C}$, $z = |z|e^{i\phi} \mapsto \ln|z| + i\phi$ $(\phi \in]-\frac{\pi}{2}, \frac{3}{2}\pi[ )$ und

$f_2 : D_2 \to \mathbb{C}$, $z = |z|e^{i\phi} \mapsto \ln|z| + i\phi$ $(\phi \in]-\frac{3}{2}\pi, \frac{\pi}{2}[ )$.

Die Funktionen f_1 und f_2 sind Zweige des Logarithmus, also holomorph.

Die Schnittmenge $D_1 \cap D_2$ enthält das reelle Intervall $J := \mathbb{R}^+$, auf dem die Funktionen übereinstimmen.

Aber für $z \in \mathbb{R}^- \subset D_1 \cup D_2$ ist $f_1(z) - f_2(z) = 2\pi i$ $(\neq 0)$.

Damit sind die Funktionen f_1 und f_2 auf $D_1 \cup D_2$ nicht identisch.

§3   Potenz- und Wurzelfunktionen

3.1   Definition und Anmerkungen: Potenzen

a)   Potenz einer Zahl

Sei $b \in \mathbb{C}^*$, log b ein Wert des Logarithmus von b und $a \in \mathbb{C}$.
Dann heißt die komplexe Zahl

$$\exp(a \cdot \log b)$$

ein <u>Wert der a-ten Potenz</u> von b.

i)   Ist a nicht rational, so gibt es genau die folgenden abzählbar unendlich vielen Werte der a-ten Potenz von b :

$$\exp(a \cdot (\log b + 2\pi ik)), \qquad k \in \mathbb{Z} .$$

ii)   Ist $a = \dfrac{p}{q}$ rational ($p \in \mathbb{Z}, q \in \mathbb{N}$ teilerfremd), so gibt es genau die folgenden q Werte der a-ten Potenz von b :

$$\exp(\frac{p}{q} \cdot (\log b + 2\pi ik)), \qquad k \in \{0; 1; \ldots ; q-1\}.$$

iii)   Ist $a = n^{-1}$ mit $n \in \mathbb{N}$, so gibt es genau die folgenden n Werte der a-ten Potenz von b:

$$\zeta_n{}^k \cdot \exp(n^{-1} \cdot \log b) , \qquad k \in \{0; 1; \ldots ; n-1\},$$

mit $\zeta_n := \exp(\dfrac{2\pi i}{n})$, einer n-ten Einheitswurzel (1.5.3).

iv)   Ist $a \in \mathbb{Z}$, so gibt es genau einen Wert der a-ten Potenz von b, nämlich die „gewöhnliche" Potenz :

$$b^a.$$

b)   Potenzfunktionen

Sei $a \in \mathbb{C}$ und G ein Gebiet in $\mathbb{C}$, auf dem ein Zweig $\log : G \to \mathbb{C}$ des Logarithmus existiert.
Dann ist durch

$$z \mapsto \exp(a \cdot \log z)$$

eine auf G holomorphe Funktion definiert, die als eine <u>(a-te)</u> Potenzfunktion oder als ein <u>Zweig der a-ten Potenz</u> bezeichnet wird.

i)   Ist a nicht rational, so gibt es genau die folgenden abzählbar unendlich vielen Zweige der a-ten Potenz :

$$z \mapsto \exp(a \cdot (\log z + 2\pi ik)) , \qquad k \in \mathbb{Z}.$$

ii)   Ist $a = \dfrac{p}{q}$ rational ($p \in \mathbb{Z}, q \in \mathbb{N}$ teilerfremd), so gibt es genau die folgenden q Zweige der a-ten Potenz :

$$z \mapsto \exp(\frac{p}{q} \cdot (\log z + 2\pi ik)) , \qquad k \in \{0; 1; \ldots ; q-1\}.$$

iii)   Ist $a = n^{-1}$ mit $n \in \mathbb{N}$, so gibt es genau die folgenden n Zweige der a-ten Potenz:

$$z \mapsto \zeta_n{}^k \cdot \exp(n^{-1} \cdot \log z) , \qquad k \in \{0; 1; \ldots ; n-1\}.$$

iv)   Ist $a \in \mathbb{Z}$, so gibt es genau einen Zweig der a-ten Potenz , nämlich die „gewöhnliche" Potenz :

$$z \mapsto z^a .$$

3.1.1 Definition: Hauptwert und Hauptzweig der Potenz

a) Sei $b \in \mathbb{C}^*$ und $a \in \mathbb{C}$. Es bezeichne $\log b$ den Hauptwert des Logarithmus von b.

Dann heißt die Zahl $\qquad \exp(a \cdot \log b)$

der Hauptwert der a-ten Potenz von b und schreibt für sie b^a .

b) Sei $a \in \mathbb{C}$ und $\log : \mathbb{C}^- \to \mathbb{C}$ der Hauptzweig des Logarithmus.

Dann heißt die Funktion $\qquad z \mapsto \exp(a \cdot \log z)$, $\qquad z \in \mathbb{C}^-$,

der Hauptzweig der a-ten Potenz und schreibt für sie $z \mapsto z^a$. [8]

3.1.2 Definition: Holomorphe Potenz einer Funktion, Hauptzweig

Sei $a \in \mathbb{C}$, G ein Gebiet in $\mathbb{C}$ und $f \in \mathscr{O}(G)$, so dass auf dem Gebiet $f(G)$ ein Zweig $\log : f(G) \to \mathbb{C}$ des Logarithmus existiert.

Dann ist durch $\qquad z \mapsto \exp(a \cdot \log(f(z)))$

eine auf G holomorphe Funktion definiert, die als (holomorphe) a-te Potenz (oder als ein (holomorpher) Zweig der a-ten Potenz) von f bezeichnet wird.

Die Aussagen i) bis iv) von 3.1 b) gelten entsprechend.

Sei zusätzlich $f(G) \subset \mathbb{C}^-$ und $\log : \mathbb{C}^- \to \mathbb{C}$ der Hauptzweig des Logarithmus.

Dann heißt die Funktion $\qquad z \mapsto f(z)^a := \exp(a \cdot \log(f(z)))$, $\qquad z \in G$,

der Hauptzweig der a-ten Potenz von f und man schreibt für sie $z \mapsto f(z)^a$.

3.1.3 Reihendarstellung von Potenzfunktionen: Binomische und geometrische Reihe

Für $\sigma \in \mathbb{C}$ und $n \in \mathbb{N}$ setze man $\binom{\sigma}{0} := 1$, $\binom{\sigma}{n} := \dfrac{\sigma \cdot (\sigma - 1) \cdot \ldots \cdot (\sigma - (n-1))}{n!}$.

Dann heißt die Potenzreihe $\qquad b_\sigma(z) := \sum_0^\infty \binom{\sigma}{n} z^n$

die binomische Reihe zu σ mit den Binomialkoeffizienten $\binom{\sigma}{n}$.

Es gilt: a) für $\sigma \in \mathbb{N}$: $\qquad b_\sigma(z) = (1 + z)^\sigma \qquad$ für $z \in \mathbb{C}$.

b) für $\sigma \in \mathbb{C} \backslash \mathbb{N}$: $\qquad b_\sigma(z) = (1 + z)^\sigma \qquad$ für $z \in \mathbb{E}$,

wobei der Term rechts den Hauptzweig der σ-ten Potenz der Funktion $z \mapsto 1 + z$, $z \in \mathbb{E}$, bezeichnet.

Wichtige Spezialfälle:

$\underline{\sigma = -1}$:   Wegen $\quad \binom{-1}{n} = (-1)^n \quad$ mit $n \in \mathbb{N}_0$ ergibt sich für $z \in \mathbb{E}$ die so genannte geometrische Reihe:

---

[8] Zuweilen werden die Bezeichnungen b^a und $z \mapsto z^a$ auch verwendet, wenn es sich nicht um den Hauptwert bzw. den Hauptzweig handelt. Dies muss dann aber deutlich vermerkt werden.

$$\frac{1}{1-z} = (1 + (-z))^{-1} = b_{-1}(-z) = \sum_{n=0}^{\infty} \binom{-1}{n} \cdot (-z)^n = \sum_{n=0}^{\infty} z^n.$$

$\underline{\sigma = -2}$:   Wegen $\binom{-2}{n} = (-1)^n \cdot (n+1)$ mit $n \in \mathbb{N}_0$ ergibt sich für $z \in \mathbb{E}$:

$$\frac{1}{(1-z)^2} = (1 + (-z))^{-2} = b_{-2}(-z) = \sum_{n=0}^{\infty} \binom{-2}{n} \cdot (-z)^n = \sum_{n=0}^{\infty} (n+1) \cdot z^n.$$

$\underline{\sigma = \frac{s}{t}}$ rational $(s, t \in \mathbb{Z} \backslash \{0\})$:

Wegen $\binom{s/t}{1} = \frac{s}{t}$ und $\binom{s/t}{n} = (-1)^{n-1} \cdot \dfrac{s(t-s)(2t-s) \cdot \ldots \cdot [(n-1)t-s]}{n! \cdot t^n}$, $n \geq 2$,

erhält man für $s = 1$, $t = 2$ und $z \in \mathbb{E}$ beispielsweise:

$$\sqrt{1+z} = (1+z)^{1/2} = b_{1/2}(z) =$$

$$= 1 + \frac{1}{2} \cdot z + \sum_{n=2}^{\infty} (-1)^{n-1} \cdot \frac{1 \cdot 3 \cdot \ldots \cdot (2n-3)}{n! \cdot 2^n} z^n.$$

(Hauptzweig der holomorphen Wurzel von $z \mapsto 1 + z$, siehe 3.2.1.)

3.2   Definition und Anmerkungen: Wurzeln

Sei im Folgenden n eine vorgegebene natürliche Zahl mit $n \neq 1$.

a) Wurzel einer Zahl

Seien $w, b \in \mathbb{C}$ mit $w^n = b$.

Dann heißt w eine <u>n-te Wurzel</u> (oder ein <u>Wert der n-ten Wurzel</u>) aus b.

Man schreibt, falls Verwechslungen ausgeschlossen sind:

$$w = \sqrt[n]{b}.$$

i)   Ist $b = 0$, so ist $w = 0$ die einzige n-te Wurzel aus b.

ii) Ist $b \in \mathbb{C}^*$, so gibt es genau folgende n-te Wurzeln aus b, nämlich die n Werte der $\frac{1}{n}$ - ten Potenz von b:

$$\zeta_n^k \cdot \exp(n^{-1} \cdot \log b), \qquad k \in \{0; 1; \ldots; n-1\}.$$

(Siehe 3.1 a)iii).)

Hierbei ist $\log b$ ein beliebiger Wert des Logarithmus.

iii) Als <u>Hauptwert der n-ten Wurzel</u> aus b bezeichnet man dann den Hauptwert der $\frac{1}{n}$ - ten Potenz von b.

b) Wurzelfunktionen

Sei G ein Gebiet in $\mathbb{C}$, auf dem ein Zweig $\log : G \to \mathbb{C}$ des Logarithmus existiert, so heißen die n Zweige der $\frac{1}{n}$ - ten Potenz

$$G \to \mathbb{C} \qquad z \mapsto \zeta_n^k \cdot \exp(n^{-1} \cdot \log z), \qquad k \in \{0; 1; \ldots; n-1\},$$

die <u>Wurzelfunktionen</u> oder die <u>Zweige der n-ten Wurzel</u>. (Siehe 3.1 b)iii).)

Man schreibt, falls Verwechslungen ausgeschlossen sind:

$$z \mapsto \sqrt[n]{z}.$$

3.2.1 Definition und Anmerkung: Holomorphe Wurzeln einer Funktion

Sei $U \subset \mathbb{C}$ offen und $w, f \in \mathcal{O}(U)$ zwei holomorphe Funktionen mit $w^n = f$.

Dann heißt w (holomorphe) n-te Wurzel (oder ein (holomorpher) Zweig der n-ten Wurzel) von f.

Man schreibt, falls Verwechslungen ausgeschlossen sind:

$$w = \sqrt[n]{f} \ .$$

i) Ist $f = 0$, so ist $w = 0$ die einzige holomorphe n-te Wurzel von f.

ii) Ist $U \subset \mathbb{C}$ ein Gebiet und $f \neq 0$, so gibt es genau die folgenden n holomorphen n-ten

   Wurzeln zu f: $\zeta_n^k \cdot w$, $k \in \{0; 1; \ldots ; n-1\}$.

3.3 Existenzsatz für holomorphe Wurzeln

Sei G ein Gebiet in $\mathbb{C}$ und $f : G \to \mathbb{C}$ eine holomorphe Funktion, die einen holomorphen Logarithmus $\ell_f \in \mathcal{O}(G)$ besitzt.

Dann existieren genau n holomorphe n-te Wurzeln von f, die durch

$$z \mapsto \zeta_n^k \cdot \exp(n^{-1} \cdot \ell_f(z)) \ , \qquad k \in \{0; 1; \ldots ; n-1\},$$

$z \in G$, gegeben sind.

Insbesondere besitzt $f \in \mathcal{O}(G)$ bereits dann eine holomorphe n-te Wurzel, falls

α) das Definitionsgebiet G einfach zusammenhängend und die Funktion f auf G nullstellenfrei ist

   oder

β) das Zielgebiet $f(G)$ in einem einfach zusammenhängenden Gebiet liegt, das den Nullpunkt nicht
enthält.

   Dies ist insbesondere dann der Fall, wenn $f(G)$
selbst ein einfach zusammenhängendes Gebiet
mit $0 \notin f(G)$ ist.

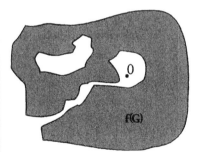

3.3.1 Bemerkung

Im Fall β) existiert auf dem Zielgebiet $f(G)$ ein
Zweig $\log : f(G) \to \mathbb{C}$ des Logarithmus.
Nach 2.4 b) besitzt f somit den holomorphen
Logarithmus $\ell_f(z) = \log(f(z))$, $z \in G$.

Beispiel für ein Gebiet G, das in einem einfach zusammenhängenden Gebiet liegt, welches den Nullpunkt nicht enthält.

Die n holomorphen n-ten Wurzeln von f sind dann
genau die n Zweige der holomorphen $\frac{1}{n}$-ten Potenz von f.

Als Hauptzweig der n-ten Wurzel von f bezeichnet man dann den Hauptzweig der $\frac{1}{n}$-ten Potenz von f.

3.3.2 Zusammenfassung und Beispiele

Sei G ein Gebiet in $\mathbb{C}$. Eine holomorphe Funktion $f \in \mathcal{O}(G)$ besitzt einen holomorphen Logarithmus und damit auch eine holomorphe n-te Wurzel ($n \geq 2$ beliebige natürliche Zahl) sicher dann, wenn

                  Aussage α) *oder* Aussage β) aus 3.3

erfüllt ist.

Beispiele:

Die vier holomorphen Funktionen

$$f_1 : \mathbb{C} \to \mathbb{C}, \qquad z \mapsto z^6,$$

$$f_2 : \mathbb{C}^- \to \mathbb{C}, \qquad z \mapsto z^3,$$

$$f_3 : \mathbb{C}\backslash[0;1] \to \mathbb{C}, z \mapsto \frac{z}{z-1} \qquad \text{und}$$

$$f_4 : G \to \mathbb{C}, \qquad z \mapsto 1 - z^2 \qquad \text{mit}$$

$$G := \mathbb{C} \backslash \{e^{it} : -\pi \leq t \leq 0\}$$

besitzen holomorphe Quadratwurzeln.

Begründungen:

zu f_1:   Nach Definition 3.2.1: $\sqrt{f_1} : \mathbb{C} \to \mathbb{C}, z \mapsto z^3$.

zu f_2:   Nach α):   Das Zielgebiet $f_2(\mathbb{C}^-) = \mathbb{C}^*$ liegt zwar nicht in einem einfach
zusammenhängenden, den Nullpunkt nicht enthaltenden Gebiet,
aber f ist auf dem einfach zusammenhängenden Definitionsgebiet $\mathbb{C}^-$ nullstellenfrei.

zu f_3:   Nach β):   Das Definitionsgebiet $\mathbb{C}\backslash[0;1]$ ist zwar nicht einfach zusammenhängend,
dafür ist das Zielgebiet $f_3(\mathbb{C}\backslash[0;1]) = \mathbb{C}^-$ [9] ein einfach zusammenhängendes Gebiet, das den Nullpunkt nicht enthält.

zu f_4:   Es ist weder das Definitionsgebiet G einfach zusammenhängend, noch liegt das
Zielgebiet $f_4(G) = \mathbb{C}^*$ in einem einfach zusammenhängenden Gebiet, das den
Nullpunkt nicht enthält.

Somit ist weder Kriterium α) noch Kriterium β) direkt anwendbar.

Für $z \in G$ lässt sich aber schreiben : $f_4(z) = (1+z)^2 \cdot \frac{1-z}{1+z}$.

Der erste Faktor $z \mapsto (1+z)^2$ besitzt in $z \mapsto 1 + z$ eine holomorphe Quadratwurzel auf G. Der zweite Faktor $z \mapsto \frac{1-z}{1+z}$ bildet G auf das Gebiet
$\mathbb{C} \backslash (\{ix : x \geq 0\} \cup \{-1\})$ ab [10], das in einem einfach zusammenhängenden
Gebiet liegt, das den Nullpunkt nicht enthält, nämlich $\mathbb{C} \backslash \{ix : x \geq 0\}$.

Somit besitzt auch der zweite Faktor eine holomorphe Quadratwurzel q auf G.
Schließlich ist $z \mapsto (1 + z) \cdot q(z)$ eine holomorphe Quadratwurzel von f_4 auf G.

3.4   Satz: Lokale Normalform holomorpher Funktionen

Sei G ein Gebiet, $c \in G$ und $f \in \mathcal{O}(G)$ nicht konstant.

Dann gibt es eine offene Kreisscheibe $B \subset G$ um c und eine schlichte Funktion $w \in \mathcal{O}(G)$ mit

$$f|_B = f(c) + w^n,$$

wobei n die kleinste natürliche Zahl ist mit $(f - f(c))^{(n)}(c) \neq 0$. [11]

Anmerkung:

Für den Fall $f(c) = 0$ ist dieser Satz besonders interessant, da er dann die Existenz einer
lokalen n-ten Wurzel liefert. (Siehe Aufgabe III.3.2 a).)

---

[9]   Zur Begründung der Abbildung siehe Kapitel IV, §2 (gebrochen lineare Transformation/Möbius-
transformation).

[10]   Zur Begründung der Abbildung siehe Aufgabe VI.4.5.

[11]   Diese Zahl ist die Ordnung (Vielfachheit) der Funktion im Punkt c und wird $\text{ord}_c (f - f(c))$
geschrieben. Siehe auch Kap. VI, 3.1.2.

Aufgaben zu Kapitel III , §3

Aufgabe III.3.1:

Gibt es eine holomorphe Funktion f auf dem Gebiet $G := \{ z \in \mathbb{C}: |z| > 2 \}$,

die $(f(z))^2 = z^2 + 4$ für alle $z \in G$ erfüllt ?

Lösung:

Behauptung: Es gibt eine solche Funktion.

Beweis:

Es ist eine holomorphe Wurzel von $z \mapsto z^2 + 4$ auf G gesucht.

Es gilt für alle $z \in G$:

$$z^2 + 4 = z^2 \cdot g(z) \quad \text{mit} \quad g(z) = 1 + 4 \cdot z^{-2}.$$

Das Problem reduziert sich somit auf die Suche nach einer holomorphen Wurzel von g auf G .
Es bieten sich die folgenden Möglichkeiten an:

1. Möglichkeit: Da $B := B_{1/2}(0)$ ein einfach zusammenhängendes Gebiet ist, besitzt die auf B
holomorphe und nullstellenfreie Funktion

$$z \mapsto g(z^{-1}) = 1 + 4 \cdot z^2$$

nach 3.3 α) eine holomorphe Wurzel $h \in \mathscr{O}(B)$.

Somit ist die Funktion $f : z \mapsto z \cdot h(z^{-1})$ auf G definiert und holomorph mit

$$(f(z))^2 = z^2 \cdot h^2(z^{-1}) = z^2 \cdot g((z^{-1})^{-1}) = z^2 + 4 \qquad \text{für } z \in G .$$

2. Möglichkeit: Man betrachte die Abbildungsfolge:

$$G = R_{2,\infty}(0) \overset{z^2}{\mapsto} R_{4,\infty}(0) \overset{z^{-1}}{\mapsto} R_{0,1/4}(0) \overset{4z}{\mapsto} R_{0;1}(0) \overset{1+z}{\mapsto} R_{0;1}(1) = B_1(1)\backslash\{1\} .$$

Hierbei bezeichne $R_{a,b}(c)$ wie gewöhnlich den offenen Kreisring um c mit
Innenradius $a \in [\, 0, \infty\, [$ und Außenradius $b \in \,]\, 0, \infty\,]$ $(a < b)$. [12]

Das Zielgebiet unter der Abbildung g ist demnach

$$g(G) = \{z \in \mathbb{C} : |z - 1| < 1 \}\backslash\{0;1\} = B_1(1) \backslash \{1\} ,$$

also die offene punktierte Kreisscheibe um Punkt 1 mit Radius 1 .

Das Zielgebiet g(G) liegt somit in einem einfach zusammenhängenden, den
Nullpunkt nicht enthaltenden Gebiet (z. B. $\mathbb{C}^-$). Damit besitzt g nach 2.4 einen
holomorphen Logarithmus ℓ_g auf G .

Die Funktion

$$f : G \to \mathbb{C}, \ z \mapsto z \cdot \exp \left(\tfrac{1}{2} \cdot \ell_g(z) \right)$$

ist somit eine Quadratwurzel von $z \mapsto z^2 + 4$ auf G .

---

[12]   Zu den Einzelabbildungen siehe die konformen Abbildungsbeispiele aus Kapitel IV, §3.

Aufgabe III.3.2:

Gibt es eine in einer Umgebung von 0 in $\mathbb{C}$ holomorphe Funktion

    a) $\sqrt{1 - \cos z}$,   b) $\sqrt{\sin z}$?

Das heißt: Gibt es eine bei 0 holomorphe Funktion f mit $(f(z))^2 = 1 - \cos z$ (bzw. $(f(z))^2 = \sin z$) ?

<u>Lösung:</u>

Wir setzen $g(z) = 1 - \cos z$ und $h(z) = \sin z$ $(z \in \mathbb{C})$.

a)   <u>Behauptung:</u>   Es gibt eine solche Funktion.

    1. Beweis:

    Wegen $g(0) = g'(0) = 0$ und $g''(0) = \cos 0 = 1$, also $\mathrm{ord}_0(g - g(0)) = 2$, gibt es nach dem Satz über die lokale Normalform (3.4) eine offene Kreisscheibe $B \subset \mathbb{C}$ um 0 und eine schlichte Funktion $w \in \mathcal{O}(B)$ mit $g|_B = g(0) + w^2 = w^2$.

    2. Beweis (ohne Verwendung von 3.4):

    Es gilt für alle $z \in \mathbb{C}$: $g(z) = z^2 \cdot k(z)$ mit $k(z) = \sum_0^\infty (-1)^n \cdot \dfrac{z^{2n-2}}{(2n)!}$.

    k ist somit eine ganze Funktion und wegen $k(0) = -\frac{1}{2} \neq 0$ ist sie auf einer genügend kleinen offenen Kreisscheibe $B \subset \mathbb{C}$ um 0 nullstellenfrei. Da das Gebiet B einfach zusammenhängend ist, folgt aus dem Existenzsatz für holomorphe Wurzeln (3.3 α)) die Existenz einer Funktion

$$w \in \mathcal{O}(B) \quad \text{mit} \quad w^2 = k|_B .$$

    Schließlich ist die Funktion $f : z \mapsto z \cdot w(z)$ auf B holomorph mit

$$(f(z))^2 = z^2 \cdot (w(z))^2 = z^2 \cdot k(z) = g(z) \qquad \text{für } z \in B .$$

b)   <u>Behauptung:</u>   Es gibt keine solche Funktion.

    Beweis:

    Wegen $h(0) = 0$, $h'(0) = 1$, ist die Nullstellenordnung von h in 0 gleich 1 [13], d. h.

$$\mathrm{ord}_0(h) = 1 \quad (*).$$

    Eine in der Umgebung des Nullpunktes definierte holomorphe Wurzel f von h müsste im Nullpunkt eine Nullstelle besitzen.

    Wegen der Additivität der Ordnungsfunktion [14] würde dann gelten:

$$\mathrm{ord}_0(h) = \mathrm{ord}_0(f^2) = \mathrm{ord}_0(f) + \mathrm{ord}_0(f) = 2 \cdot \mathrm{ord}_0(f) .$$

    Die Nullstellenordnung von h in 0 wäre also gerade, was nach (*) nicht möglich ist.

Aufgabe III.3.3:

Man bestimme die Laurententwicklung der (holomorphen) Wurzeln der Funktion $f : z \mapsto z^2 - 1$ im Kreisring $R := R_{1,\infty} = \{ z \in \mathbb{C} : 1 < |z| < \infty \}$.

---

[13]   Siehe Kapitel VI, 3.1.2.
[14]   Siehe Kapitel VI, 5.3.2.

Lösung:

Wegen $f(z) = z^2 \cdot (1 + (-z^{-2}))$ sind die Zweige der holomorphen Wurzel von $\hat{f} : z \mapsto 1 + (-z^{-2})$ gesucht.

Die binomische Reihe $g(z) = b_{1/2}(z) = \sum_0^\infty \binom{1/2}{n} z^n$ konvergiert nach 3.1.3 in $\mathbb{E}$ gegen den Hauptzweig der Wurzel $\sqrt{1 + z}$.

Da die Funktion $h : R \to \mathbb{E}$, $z \mapsto -z^{-2}$ holomorph ist, erhalten wir mit $g \circ h$ auf R einen Zweig der holomorphen Wurzel von $\hat{f}$.

Es gilt nämlich für $z \in R$: $(g(h(z)))^2 = 1 + h(z) = 1 + (-z^{-2}) = \hat{f}(z)$.

Die Laurentreihe eines Zweiges der Wurzel von f auf R lautet somit:

$$w_1(z) = z \cdot g(h(z)) = \sum_0^\infty \binom{1/2}{n} (-1)^n \cdot z^{-2n+1} , \quad (z \in R) .$$

Nach 3.2.1 ii) erhalten wir die Laurentreihe des zweiten Zweiges der holomorphen Wurzel von f durch

$$w_2(z) = \zeta_2 \cdot w_1(z) = \exp(\tfrac{1}{2} \cdot 2\pi i) \cdot w_1(z) = -w_1(z) = \sum_0^\infty \binom{1/2}{n} \cdot (-1)^{n+1} \cdot z^{-2n+1} , \quad (z \in R) .$$

Aufgabe III.3.4:

Sei G ein Gebiet in $\mathbb{C}$, sei f : G $\to$ $\mathbb{C}$ eine stetige Funktion, n $\in$ $\mathbb{N}$ und f^n : G $\to$ $\mathbb{C}$, z $\mapsto$ $(f(z))^n$ holomorph. Ist f notwendig holomorph ?

Lösung:

Behauptung: Die Funktion f ist holomorph.

Beweis:

1. Fall: $f^n = 0$.

Da der Ring $\mathcal{O}(G)$ nullteilerfrei ist (siehe Kap. I, 2.3, iii)), muss f konstant 0 und somit holomorph sein.

2. Fall: $f^n \neq 0$.

Sei $N \subset G$ die Nullstellenmenge von f^n , so besitzt N nach dem Identitätssatz (Kap.I, 3.2) keinen Häufungspunkt in G . Insbesondere ist $G' := G\backslash N$ offen in $\mathbb{C}$.

Sei nun $c \in G'$, so gibt es eine offene Kreisscheibe B um c mit $B \subset G'$.

Da B ein einfach zusammenhängendes Gebiet in $\mathbb{C}$ und f^n auf B nullstellenfrei ist, existiert nach 3.3 eine n-te Wurzel $g : B \to \mathbb{C}$ von $f^n|_B$, d. h. es ist $f^n = g^n$ auf B .

Somit ist für $z \in B$: $\left(\dfrac{f(z)}{g(z)}\right)^n = \dfrac{(f(z))^n}{(g(z))^n} = 1$

Nach 3.2 a) ii) und aufgrund ihrer Stetigkeit ist die Funktion $\dfrac{f}{g}$ auf B konstant und zwar $\dfrac{f}{g} = k$ mit $k \in \{1, \zeta_n^2, \zeta_n^3, \ldots, \zeta_n^{n-1}\}$ ($\zeta_n = \exp(\dfrac{2\pi i}{n})$ n-te Einheitswurzel).

Es ist also $f|_B = k \cdot g$ holomorph. Da $c \in G'$ beliebig gewählt wurde, folgt daraus die Holomorphie von f auf ganz G'.

Schließlich folgt aus der Stetigkeit von f : G $\to$ $\mathbb{C}$ nach dem Riemannschen Fortsetzungssatz (Kap. I, 3.3) auch die Holomorphie von f sogar auf ganz G.

§4 Erweiterung des Holomorphiebegriffs

4.1 Definition: Die Riemannsche Zahlensphäre $\mathbb{P}$

a) $\mathbb{P}$ als Menge

Die Menge $\mathbb{P}$ ist abstrakt definiert durch $\mathbb{P} = \mathbb{C} \cup \{u\}$, wobei u ein Element ist, das nicht in $\mathbb{C}$ liegt. [15]

Die Punkte aus $\mathbb{C}$ heißen <u>endliche Punkte</u> von $\mathbb{P}$, der Punkt u heißt <u>unendlich ferner Punkt</u> (<u>unendlicher Punkt</u>) von $\mathbb{P}$.

b) $\mathbb{P}$ als topologischer Raum

Eine Teilmenge $U \subset \mathbb{P}$ ist <u>offen</u>, falls eine der beiden folgenden Aussagen zutrifft:

i) $U \subset \mathbb{C}$ und U ist offen in $\mathbb{C}$.

ii) $U \not\subset \mathbb{C}$ und $\mathbb{P} \setminus U$ ist kompakte Teilmenge von $\mathbb{C}$.

Mit dieser Definition wird $\mathbb{P}$ zu einem <u>topologischen Raum</u>, der kompakt und zusammenhängend ist und $\mathbb{C}$ als topologischen Unterraum beinhaltet. (Siehe auch Anhang A und 4.2.)

In der Sprache der Topologie heißt $\mathbb{P}$ die <u>Alexandroff-Kompaktifizierung</u> von $\mathbb{C}$.

c) $\mathbb{P}$ als Sphäre im $\mathbb{R}^3$

Die Punktmenge

$$S := \{(x, y, z) \in \mathbb{R}^3 : x^2 + y^2 + (z - \tfrac{1}{2})^2 = (\tfrac{1}{2})^2\}$$

ist die Kugeloberfläche im $\mathbb{R}^3$ mit Mittelpunkt $(0; 0; \tfrac{1}{2})$ und Radius $\tfrac{1}{2}$, die der Zahlenebene $\mathbb{C} \cong \mathbb{R}^2$ mit dem „Südpol" S(0; 0; 0) im Ursprung aufliegt.

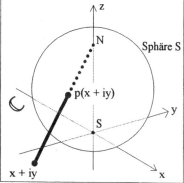

Die Projektion der Zahlenebene $\mathbb{C}$ vom „Nordpol" N(0; 0; 1) aus auf die Kugeloberfläche (Sphäre) S ist durch die Abbildung

$$p : \mathbb{C} \to S \setminus \{(0; 0; 1)\},$$

$$x + iy \mapsto (1 + x^2 + y^2)^{-1} \cdot (x, y, x^2 + y^2)$$

gegeben (<u>Stereographische Projektion</u>).

Definiert man noch $p(u) := (0; 0; 1)$, so erhält man einen Homöomorphismus von $\mathbb{P}$ auf S. [16]

Aus topologischer Sicht ist somit $\mathbb{P}$ mit S identisch. Man spricht von der Isomorphie der beiden topologischen Räumen $\mathbb{P}$ und S.

Aus diesem Grund nennt man $\mathbb{P}$ die <u>Riemannsche Zahlensphäre</u>.

Aus folgenden Gründen ist eine Identifizierung von $\mathbb{P}$ durch S vermöge der Projektion p von Vorteil:

i) Der Punkt u, der der Menge $\mathbb{C}$ abstrakt zugeführt wurde, erhält durch die Projektion die anschauliche Bedeutung eines unendlich fernen Punktes.

---

[15] Die Mengenlehre sichert die Existenz einer solchen abstrakten Mengenerweiterung.

[16] Als Abbildung zwischen topologischen Räumen. Siehe auch Anhang A.

Man setzt daher für u das Symbol ∞ und bezeichnet $\mathbb{P}$ auch als die abgeschlossene Zahlenebene.

ii) Der Raum S besitzt als Teilraum des wohlbekannten euklidischen Raumes $\mathbb{R}^3$ eine eher „greifbare" Topologie als der ursprüngliche Raum in b).
In dieser so genannten Relativtopologie des euklidischen $\mathbb{R}^3$ auf S ist eine Teilmenge $V \subset S$ nach Definition genau dann offen in S , falls eine im $\mathbb{R}^3$ offene Teilmenge $U \subset \mathbb{R}^3$ existiert mit $V = U \cap S$.

iii) Die Gebiete in $\mathbb{P}$, welche den Punkt ∞ beinhalten, können an der Sphäre veranschaulicht werden. Auch in der Theorie der konformen Abbildungen sind die Darstellungsmöglichkeiten an der Sphäre nützlich.

d) $\mathbb{P}$ als metrischer Raum

Der Raum S besitzt die vom $\mathbb{R}^3$ induzierte Metrik.

Das bedeutet: Die Einschränkung

$$d := d_e|_{S \times S} : \; S \times S \; \to \mathbb{R}, \; d(s,s') := |s - s'|$$

der euklidischen Metrik $d_e : \; \mathbb{R}^3 \times \mathbb{R}^3 \; \to \; \mathbb{R}$ von $\mathbb{R}^3$ ist eine Metrik auf S.

Der topologische Raum $\mathbb{P}$ wird somit durch die Identifizierung mit S zu einem metrischen Raum.

Die zugehörige Metrik

$$\chi : \; \mathbb{P} \times \mathbb{P} \; \to \; \mathbb{R}, \; \chi(z,z') := d(p^{-1}(z) , p^{-1}(z'))$$

auf $\mathbb{P}$ heißt die chordale Metrik auf $\mathbb{P}$. [17]

e) $\mathbb{P}$ als komplexe Mannigfaltigkeit

i) Eine komplexe Karte auf $\mathbb{P}$ ist ein Homöomorphismus $\phi : U \to V$ einer offenen Teilmenge U von $\mathbb{P}$ auf eine offene Teilmenge V von $\mathbb{C}$.

ii) Zwei komplexe Karten $\phi_1 : U_1 \to V_1$ und $\phi_2 : U_2 \to V_2$ auf $\mathbb{P}$ heißen biholomorph verträglich, falls

entweder $U_1 \cap U_2 = \emptyset$ gilt ,

oder $U_1 \cap U_2 \neq \emptyset$ ist und

die Abbildung

$$\phi_2 \circ \phi_1^{-1} : \phi_1(U_1 \cap U_2) \to \phi_2(U_1 \cap U_2)$$

biholomorph ist.

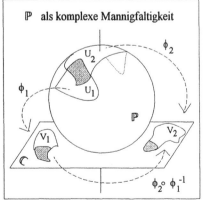

$\mathbb{P}$ als komplexe Mannigfaltigkeit

iii) Ein komplexer Atlas $\mathfrak{A}$ auf $\mathbb{P}$ ist eine Menge $\{ \phi_i : U_i \to V_i : i \in J \}$ paarweise biholomorph verträglicher Karten auf $\mathbb{P}$ mit

$$\underset{i \in J}{\cup} \; U_i = \mathbb{P}.$$

(Hierbei ist J eine beliebige Indexmenge.)

Ein Paar $(\mathbb{P}, \mathfrak{A})$ bestehend aus $\mathbb{P}$ und einem komplexen Atlas $\mathfrak{A}$ ist eine eindimensionale komplexe Mannigfaltigkeit.

---

[17]   Hierbei ist $p : \mathbb{P} \to S$ die stereographische Projektion.

iv) Der komplexe Atlas

$$\mathfrak{A} := \{(\mathrm{id}_{\mathbb{P}\backslash\{\infty\}} : \mathbb{P}\backslash\{\infty\} \to \mathbb{C}) , (\mathrm{inv}_{\mathbb{P}*} : \mathbb{P}^* \to \mathbb{C})\}$$

ist von besonderer Bedeutung (vgl. 4.3).

Hierbei ist $\quad \mathrm{id}_{\mathbb{P}} : \mathbb{P} \to \mathbb{P} , z \mapsto z$, die identische Abbildung,

$$\mathrm{inv} : \mathbb{P} \to \mathbb{P} , z \mapsto \begin{cases} z^{-1} , & z \in \mathbb{C}^* \\ \infty , & z = 0 \\ 0 , & z = \infty. \end{cases} \quad , \text{die Inversion}$$

und $\quad \mathrm{id}_M = \mathrm{id}|_M , \mathrm{inv}_M = \mathrm{inv}|_M \quad$ Einschränkungen dieser Abbildungen auf eine Teilmenge $M \subset \mathbb{P}$.

f) **Zur algebraischen Struktur von $\mathbb{P}$**

Obwohl man für $z \in \mathbb{C}$

$$z + \infty = \infty + z = \infty ,$$
$$\infty + \infty = \infty ,$$
$$\frac{z}{\infty} = 0 ,$$

und für $z' \in \mathbb{C}^*$

$$z' \cdot \infty = \infty \cdot z' = \infty$$

setzen kann, ohne auf Widersprüche zu stoßen, besitzt $\mathbb{P}$ keine algebraische Struktur.

So können z. B. die Terme $\infty - \infty$ und $0 \cdot \infty$ nicht sinnvoll definiert werden.

4.2 Zur Topologie der Riemannschen Zahlensphäre $\mathbb{P}$

a) Die wichtigsten Eigenschaften von $\mathbb{P}$ sind die topologischen. Im Folgenden werden diese nochmals aufgelistet und an Beispielen erläutert.

i) Die Topologie von $\mathbb{P}$, d. h. das System der offenen Teilmengen von $\mathbb{P}$, ist

$$\{U \subset \mathbb{P} : U \subset \mathbb{C} \text{ und } U \text{ offen in } \mathbb{C} \underline{\text{ oder }} \infty \in U \text{ und } \mathbb{P}\backslash U \text{ kompakt}\}.$$

ii) Der euklidische Raum $\mathbb{C}$ ist ein Teilraum von $\mathbb{P}$.

Insbesondere ist jede Teilmenge $U \subset \mathbb{C}$ genau dann offen (abgeschlossen) in $\mathbb{P}$, wenn U offen (abgeschlossen) in $\mathbb{C}$ ist.

iii) Der topologische Raum $\mathbb{P}$ ist kompakt.

Das bedeutet: Jede offene Überdeckung von $\mathbb{P}$ mit offenen Teilmengen von $\mathbb{P}$ (siehe i)) beinhaltet eine endliche Teilüberdeckung.

Die in $\mathbb{R}^n$ und $\mathbb{C}$ bestehende Heine-Borel-Kompaktheitscharakterisierung

„kompakt = beschränkt und abgeschlossen"

verliert in $\mathbb{P}$ ihre Gültigkeit!

iv) Der topologische Raum $\mathbb{P}$ ist zusammenhängend.

Das bedeutet: Für je zwei offene Teilmengen U und V von $\mathbb{P}$ (siehe i)) mit $U \cup V = \mathbb{P}$ und $U \cap V = \emptyset$ gilt: $U = \emptyset$ oder $V = \emptyset$.

v) Der topologische Raum $\mathbb{P}$ ist isomorph zur Sphäre S im $\mathbb{R}^3$.

Anwendungsbeispiele:

o Da S ein kompakter und zusammenhängender Teilraum des $\mathbb{R}^3$ ist, stellt auch $\mathbb{P}$ einen kompakten und zusammenhängenden topologischen Raum dar.

o Die Folge $(0; 1; 2; 3; \dots)$ konvergiert in $\mathbb{P}$ gegen ∞, da die entsprechende Folge

$(p(0); p(1); p(2); \ldots)$ in S gegen den „Nordpol" $N(0; 0; 1) = p(\infty)$ konvergiert.[18]

vi) Der topologische Raum $\mathbb{P}$ ist ein metrischer Raum

mit der chordalen Metrik $\chi : \mathbb{P} \times \mathbb{P} \to \mathbb{R}$.   (Siehe 4.1 d).)

b) Aufgrund der Kompaktheit und der Metrisierbarkeit von $\mathbb{P}$ lassen sich folgende allgemeingültige Sätze direkt auf $\mathbb{P}$ anwenden:

i) Eine Teilmenge eines kompakten metrischen Raumes ist genau dann kompakt, falls sie abgeschlossen ist.

Beispiel: Für alle $r > 0, c \in \mathbb{C}$ ist die Menge $\mathbb{P} \setminus B_r(c)$ abgeschlossen in $\mathbb{P}$, also kompakt.

ii) Sei K ein kompakter metrischer Raum und M ein metrischer Raum, so ist jede stetige Abbildung $f : K \to M$ abgeschlossen, d. h. Bilder abgeschlossener Mengen sind selbst abgeschlossen. (Beweis in Aufgabe III.4.1)

Beispiel: Jede stetige Abbildung $f : \mathbb{P} \to \mathbb{C}$ (oder $\mathbb{R}$ oder $\mathbb{P}$) ist abgeschlossen.

iii) Sei K ein kompakter Raum und $f : K \to \mathbb{R}$ stetig, so existieren

$$\min f(K) \qquad \text{und} \qquad \max f(K) .$$

Beispiel: Für jede stetige Abbildung $f : \mathbb{P} \to \mathbb{C}$ existieren

$$\min_{z \in \mathbb{P}} |f(z)| \qquad \text{und} \qquad \max_{z \in \mathbb{P}} |f(z)| .$$

iv) Sei K ein kompakter metrischer Raum, so besitzt jede Folge in K eine konvergente Teilfolge und damit eine Häufungswert (Satz von Bolzano-Weierstraß, Kap. II, 1.4.1).

Beispiel: Die Folge $(1; -1; 2; -2; 3; -3; \ldots)$ in $\mathbb{P}$ besitzt den Häufungswert ∞, dieser ist auch der Grenzwert der Folge in $\mathbb{P}$.

4.3   Definition: Holomorphie auf $\mathbb{P}$

Es bezeichne $\mathfrak{A}$ den komplexen Atlas aus 4.1 e)iv).

a) Sei $W \subset \mathbb{P}$ offen.

Eine Abbildung $f : W \to \mathbb{C}$ heißt holomorph, falls gilt:

i) f ist stetig (als Abbildung zwischen topologischen/metrischen Räumen).

ii) Zu jedem Punkt $z \in W$ gibt es eine Karte $\phi : U \to V$ aus $\mathfrak{A}$ mit $z \in U$ und eine offene Umgebung $U' \subset U \cap W$ von z, so dass die Abbildung

$$(f \circ \phi^{-1})|_{\phi(U')} \; : \; \phi(U') \to \mathbb{C}$$

(im bisherigen Sinne) holomorph ist.

b) Sei $W \subset \mathbb{P}$ offen.

Eine Abbildung $f : W \to \mathbb{P}$ heißt holomorph, falls gilt:

i) f ist stetig (als Abbildung zwischen topologischen/metrischen Räumen).

ii) Zu jedem Punkt $z \in W$ gibt es Karten $\phi_1 : U_1 \to V_1$ und $\phi_2 : U_2 \to V_2$ aus $\mathfrak{A}$ und eine offene Umgebung $U' \subset U_1 \cap W$ von z mit $f(U') \subset U_2$, so dass die Abbildung

---

[18]   Hierbei ist $p : \mathbb{P} \to S$ die stereographische Projektion (siehe 4.1 c)).

$$(\phi_2 \circ f \circ \phi_1^{-1})|_{\phi_1(U')} \; : \; \phi_1(U') \to \mathbb{C}$$

(im bisherigen Sinne) holomorph ist.

c) Sei $W \subset \mathbb{P}$ offen und $c \in W$.

Eine Abbildung $f : W \to \mathbb{C}$ (oder $\mathbb{P}$) heißt <u>holomorph</u> im Punkt c, falls gilt:

Es gibt eine offene Umgebung $U \subset W$ von c, so dass

$$f|_U : U \to \mathbb{C} \quad (\text{bzw. } \mathbb{P})$$

holomorph im Sinne von a) bzw. b) ist.

d) Sei $W \subset \mathbb{P}$ offen und W' eine offene Teilmenge von $\mathbb{C}$ oder $\mathbb{P}$.

Eine Abbildung $f : W \to W'$ heißt <u>holomorph</u>, falls die Abbildung

$$\hat{f} : W \to \mathbb{C} \quad (\text{bzw. } \mathbb{P}) \, , \quad z \mapsto \hat{f}(z) := f(z)$$

im Sinne von a) bzw. b) holomorph ist.

4.3.1 Bemerkungen

i) Für Abbildungen $f : W \to \mathbb{C}$ mit $W \subset \mathbb{P}$ offen und $\infty \notin W$ ist der Holomorphiebegriff im bisherigen Sinne und der im Sinne von 4.3 natürlich gleichbedeutend.

ii) Man beachte $\mathrm{id}_\mathbb{C}^{-1} = \mathrm{id}_\mathbb{C}$ und $\mathrm{inv}_{\mathbb{P}*}^{-1} = \mathrm{inv}_\mathbb{C}$.

iii) Diese scheinbar unnötig aufgeblähte Holomorphiedefinition erhält seine volle Berechtigung erst im erweiterten Theorierahmen der Riemannschen Flächen. Das Arbeiten mit dem verallgemeinerten Holomorphiebegriff wird aber durch den folgenden Satz erheblich vereinfacht.

4.3.2 Satz: Charakterisierung der Holomorphie

Sei $U, V \subset \mathbb{P}$ offen, $c \in U$ und $f : U \to V$ eine stetige Abbildung.

Die Abbildung f ist im Punkt c holomorph, wenn

a) im Falle $c \ne \infty \ne f(c)$ die Abbildung $z \mapsto f(z)$

                                   in einer offenen Umgebung $U \subset \mathbb{C}$ von c ...

b) im Falle $c = \infty \ne f(c)$ die Abbildung $z \mapsto f(\frac{1}{z})$

                                   in einer offenen Umgebung $U \subset \mathbb{C}$ von 0 ...

c) im Falle $c \ne \infty = f(c)$ die Abbildung $z \mapsto \dfrac{1}{f(z)}$

                                   in einer offenen Umgebung $U \subset \mathbb{C}$ von c ...

d) im Falle $c = \infty = f(c)$ die Abbildung $z \mapsto \dfrac{1}{f(\frac{1}{z})}$

                                   in einer offenen Umgebung $U \subset \mathbb{C}$ von 0 ...

                                        ... im bisherigen Sinne holomorph ist.

4.3.3 Bemerkungen und Definition

i) Genau genommen müsste $\mathrm{inv}(z)$ statt $\frac{1}{z}$ und $\mathrm{inv}(f(z))$ statt $\dfrac{1}{f(z)}$ usw.

geschrieben werden.

Man vereinbart daher die Schreibweisen $\frac{1}{\infty} = 0$, $\frac{1}{0} = \infty$.

ii) Im Allgemeinen wird folgende Sprachregelung eingehalten:

Seien W, W' $\subset$ $\mathbb{P}$ offen und f : W $\rightarrow$ W' eine holomorphe Abbildung.
Dann bezeichnet man f auch als holomorphe Funktion, falls W' $\subset$ $\mathbb{C}$ ist.

iii) Sei W $\subset$ $\mathbb{P}$ offen. Die Menge aller auf W holomorphen Funktionen f : W $\rightarrow$ $\mathbb{C}$ schreibt man $\mathcal{O}(W)$.

Versehen mit der punktweise definierten Multiplikation mit einem Skalar, Addition und Multiplikation von Funktionen ist die Menge $\mathcal{O}(W)$ eine $\mathbb{C}$-Algebra.
(Vgl. Kap. I, 2.3 i)).

v) Für eine im Punkt ∞ holomorphe Abbildung (Funktion) ist keine Ableitung in ∞ definiert.

vi) In Kapitel VI, §5 werden die meromorphen Funktionen definiert. Diese sind genau die holomorphen Abbildungen f : W $\rightarrow$ $\mathbb{P}$ (W $\subset$ $\mathbb{P}$ offen), die nirgends lokal konstant ∞ sind.

vii) Kompositionen holomorpher Abbildungen (im Sinne von 4.3) sind selbst holomorphe Abbildungen.

4.3.4 Beispiele holomorpher Abbildungen (Funktionen)

i) Sei p : $\mathbb{C}$ $\rightarrow$ $\mathbb{C}$ ein komplexes Polynom. Dann ist p, ergänzt durch p(∞) $:= \infty$, eine holomorphe Abbildung $\mathbb{P}$ $\rightarrow$ $\mathbb{P}$.

ii) Jede rationale Funktion r kann als holomorphe Abbildungen $\mathbb{P}$ $\rightarrow$ $\mathbb{P}$ angesehen werden. Ist dabei c $\in$ $\mathbb{C}$ eine Polstelle von r, so ist r(c) $:= \infty$ zu setzen.

Zusätzlich ist zu definieren: $r(\infty) := \lim_{z \to \infty} r(z)$. [19]

Hierzu gehören auch die gebrochen linearen Transformationen oder Möbiustransformationen. (Siehe Kap. IV, §2.)

iii) Auch die konstante Abbildung f : $\mathbb{P}$ $\rightarrow$ $\mathbb{P}$, z $\mapsto$ ∞ ist holomorph.

iv) Die Inversion inv : $\mathbb{C}^*$ $\rightarrow$ $\mathbb{C}$, z $\mapsto$ z^{-1} ist durch inv(0) $:= \infty$ und inv(∞) $:= 0$ zu einer holomorphen Abbildung $\mathbb{P}$ $\rightarrow$ $\mathbb{P}$ erweiterbar.

4.4 Definition: Biholomorphe Abbildung

Eine bijektive, in beide Richtungen holomorphe Abbildung zwischen zwei offenen Teilmengen von $\mathbb{P}$ heißt biholomorphe Abbildung.

Einige wichtige Sätze und Aussagen über im bisherigen Sinn holomorphe Abbildungen / Funktionen lassen sich direkt auf im erweiterten Sinn holomorphe Abbildungen / Funktionen übertragen:

---

[19]   Der Limes existiert sicher in $\mathbb{P}$.

4.5   Wichtige Sätze für holomorphe Abbildungen/Funktionen

Seien im Folgenden U, V offene Mengen und G ein Gebiet in $\mathbb{C}$ oder $\mathbb{P}$.[20]

a)   Identitätssatz

Seien f, g : G → $\mathbb{C}$ (oder $\mathbb{P}$) holomorphe Funktionen (Abbildungen).

Dann sind die folgenden Aussagen äquivalent:

i)   f = g.

ii) Die Menge {z ∈ G : f(z) = g(z)} besitzt einen Häufungspunkt in G.

Dieser Satz wird oft auf den Spezialfall g = 0 angewandt.

b)   Offenheitssatz und Satz von der Gebietstreue

i)   Jede nirgends lokal konstante holomorphe Funktion (Abbildung) f : U → $\mathbb{C}$ (bzw. $\mathbb{P}$) ist offen, d. h. Bilder offener Mengen sind selbst offen.

ii) Jede nirgends lokal konstante holomorphe Funktion (Abbildung) f : U → $\mathbb{C}$ (bzw. $\mathbb{P}$) ist gebietstreu, d. h. Bilder offener und zusammenhängender Mengen sind selbst offen und zusammenhängend. [21]

c)   Charakterisierung biholomorpher Abbildungen

Sei f : U → V eine Abbildung.

Dann sind die folgenden beiden Aussagen äquivalent:

i)   f ist bijektiv und holomorph.

ii) f ist biholomorph.

d)   Riemannscher Fortsetzungssatz (Hebbarkeitssatz)

Sei M eine Teilmenge von U ohne Häufungspunkt in U und f : U\M → $\mathbb{C}$ eine holomorphe Funktion.

Dann sind die folgenden Aussagen äquivalent:

i)   f ist zu einer holomorphen Funktion U → $\mathbb{C}$ fortsetzbar.

ii) f ist zu einer stetigen Funktion U → $\mathbb{C}$ fortsetzbar.

iii) Zu jedem c ∈ M gibt es eine offene Umgebung V ⊂ U von c, so dass f auf V\{c} beschränkt ist.

iv) Zu jedem c ∈ M gibt es ein w ∈ $\mathbb{C}$ mit $\lim\limits_{z \to c} f(z) = w$.

e)   Maximumprinzip und Minimumprinzip

i)   Maximumprinzip

Nimmt der Absolutbetrag der holomorphen Funktion f : G → $\mathbb{C}$ in G ein lokales Maximum an, dann ist f konstant.

ii) Minimumprinzip

Nimmt der Absolutbetrag der holomorphen Funktion f : G → $\mathbb{C}$ im Punkt c ∈ G ein lokales Minimum an, dann ist f(c) = 0 oder f konstant.

---

[20]   Ein Gebiet in $\mathbb{P}$ (in $\mathbb{C}$) ist eine offene und zugleich zusammenhängende Teilmenge von $\mathbb{P}$ (bzw. $\mathbb{C}$). Siehe Anhang B.

[21]   Man beachte, dass Aussage ii) direkt aus Aussage i) folgt, da der Zusammenhang eine stetige Invariante ist. Siehe Anhang A.

4.6   Zusammenfassung allgemeingültiger Aussagen über Funktionen/Abbildungen

Sei   U   eine offene Teilmenge von $\mathbb{C}$ oder $\mathbb{P}$,

       M   ein beliebiger metrischer Raum (z. B. $\mathbb{C}$, $\mathbb{P}$ oder $\mathbb{R}^n$ mit der zugehörigen Metrik) ,

       H   ein Gebiet in $\mathbb{C}$,

       G   ein einfach zusammenhängendes Gebiet in $\mathbb{C}$ mit $G \neq \mathbb{C}$,

       K   ein nicht einpunktiger Kreisbogen (zusammenhängende Teilmenge einer Kreislinie)
            oder eine nicht einpunktige Strecke in $\mathbb{C}$,

       c   ein Punkt aus $\mathbb{P}$.

Dann gilt:

a) $f : U \to \mathbb{C}$ (od. $\mathbb{P}$) holomorph u. nicht konstant $\Rightarrow$ f offen (Offenheitssatz, b))

b) $f : \mathbb{P} \to M$ stetig $\Rightarrow$ f abgeschlossen (4.2 b)ii))

c) $f : \mathbb{P} \to \mathbb{P}$ holomorph und nicht konstant $\Rightarrow$ f surjektiv

d) $f : \mathbb{P} \to \mathbb{C}$ holomorph $\Rightarrow$ f konstant („$\mathcal{O}(\mathbb{P}) = \mathbb{C}$")

e) $f : \mathbb{C} \to \mathbb{C}$ holomorph und beschränkt $\Rightarrow$ f konstant (Satz von Liouville)

f) $f : \mathbb{C} \to \mathbb{C}$ nicht konstantes Polynom $\Rightarrow$ f surjektiv (Fundamentalsatz d. Algebra)

g) $f : \mathbb{C} \to \mathbb{C}$ holomorph und injektiv $\Rightarrow$ f bijektiv und linear[22] (Kap. I, 4.5)

h) $f : \mathbb{C} \to \mathbb{C}$ holomorph mit $\lim_{z \to \infty} f(z) = \infty$ $\Rightarrow$ f Polynom

i) $f : \mathbb{P} \to \mathbb{P}$ holomorph und nicht konst. $= \infty$ $\Rightarrow$ f rational („$\mathcal{M}(\mathbb{P}) = \mathbb{C}(z)$")[23]

j) $f : H \to \mathbb{P}$ holomorph und nicht konst. $= \infty$ $\Rightarrow$ $f \in \mathrm{Quot}(\mathcal{O}(H))$[24] („$\mathcal{M}(H) = \mathrm{Quot}(\mathcal{O}(H))$")

k) $f : \mathbb{C} \to \mathbb{C}$ holomorph und $f(\mathbb{C}) \subset G$ $\Rightarrow$ f konstant

l) $f : \mathbb{C} \to \mathbb{C}$ holomorph und $f(\mathbb{C}) \subset \mathbb{C}\backslash K$ $\Rightarrow$ f konstant [25]

m) $f : \mathbb{C} \to \mathbb{C}$ holomorph und $|\mathbb{C} \backslash f(\mathbb{C})| \geq 2$ $\Rightarrow$ f konstant [26]

n) $f : \mathbb{P}\backslash\{c\} \to \mathbb{C}$ holomorph und $|\mathbb{C}\backslash f(\mathbb{P}\backslash\{c\})| \geq 2$ $\Rightarrow$ f konstant [27]

Die Beweise findet man in den folgenden Aufgaben:

b)-f)	Aufgabe III.4.1	g)	Aufgabe VI.4.3
h)	Aufgabe VI.4.1	i)	Aufgabe VI.6.1
j)	Aufgabe VI.6.3	k)	Aufgabe IV.1.3 und IV.1.4
l)	Aufgabe IV.2.5	m)	Aufgabe VI.4.6
n)	Aufgabe IV.4.7 .		

---

[22]   Das bedeutet: Es gibt $a, b \in \mathbb{C}$, $a \neq 0$ mit $f(z) = a \cdot z + b$ für alle $z \in \mathbb{C}$.

[23]   Für offenes $U \subset \mathbb{C}$ oder $\mathbb{P}$ bezeichnet $\mathcal{M}(U)$ die Menge aller auf U meromorphen Funktionen.
        Siehe Kap. VI, §5.

[24]   Das bedeutet: Die Abbildung f ist Quotient zweier auf H holomorpher Funktionen.

[25]   Das bedeutet: Fehlt im Bild einer ganzen Funktion auch nur ein noch so kleiner Kreisbogen
                         oder eine noch so kleine Strecke in $\mathbb{C}$, dann ist f schon konstant.

[26]   Das bedeutet: Lässt eine ganze Funktion mehr als eine komplexe Zahl als Funktionswert
                         aus, so ist sie konstant.

[27]   Eine Verallgemeinerung von m)

Aufgaben zu Kapitel III , §4

Aufgabe III.4.1:

Sei M ein beliebiger metrischer Raum.

Beweisen Sie mit Hilfe der Kenntnisse aus diesem Paragraphen der Reihe nach folgende Aussagen:

a) $f : \mathbb{P} \to M$ *stetig* $\Rightarrow$ *f abgeschlossen.*

b) $f : \mathbb{P} \to \mathbb{P}$ *holomorph und nicht konstant* $\Rightarrow$ *f surjektiv.*

c) $f : \mathbb{P} \to \mathbb{C}$ *holomorph* $\Rightarrow$ *f konstant („$\mathscr{O}(\mathbb{P}) = \mathbb{C}$").*

d) $f : \mathbb{C} \to \mathbb{C}$ *holomorph und beschränkt* $\Rightarrow$ *f konstant (Satz von Liouville).*

e) $f : \mathbb{C} \to \mathbb{C}$ *nicht konstantes Polynom* $\Rightarrow$ *f surjektiv (Fundamentalsatz der Algebra).*

Hinweis zu a): Jede kompakte Teilmenge eines metrischen Raumes ist abgeschlossen.

Lösung:

a) Sei A eine Teilmenge von $\mathbb{P}$, so gilt die Implikationskette:

A abgeschlossen in $\mathbb{P}$ $\underset{\mathbb{P} \text{ kompakt}}{\Rightarrow}$ A ist kompakt $\underset{f \text{ stetig}}{\Rightarrow}$ f(A) $\subset$ M ist kompakt $\underset{\text{Hinweis}}{\Rightarrow}$

$\Rightarrow$ f(A) $\subset$ M ist abgeschlossen.

b) Nach a) ist f abgeschlossen und nach dem Offenheitssatz (4.5, b)) auch offen.

Dann gilt:

$\mathbb{P}$ offen und abgeschlossen in $\mathbb{P}$ $\Rightarrow$ f($\mathbb{P}$) offen und abgeschlossen in $\mathbb{P}$ $\underset{\mathbb{P} \text{ zusammenhängend}}{\Rightarrow}$

$\Rightarrow$ f($\mathbb{P}$) ist $\emptyset$ oder $\mathbb{P}$ $\underset{f(\mathbb{P}) \neq \emptyset}{\Rightarrow}$ f surjektiv.

c) $f : \mathbb{P} \to \mathbb{C}$ kann auch als holomorphe Abbildung $\mathbb{P} \to \mathbb{P}$ angesehen werden. Da aber f($\mathbb{P}$) $\neq \mathbb{P}$ ist, muss f nach b) konstant sein.

d) Da $\mathbb{C} = \mathbb{P}\backslash\{\infty\}$ und f beschränkt ist, folgt nach dem Riemannschen Fortsetzungssatz (4.5 d)) die holomorphe Fortsetzbarkeit nach $\mathbb{P}$:

$$\tilde{f} : \mathbb{P} \to \mathbb{C} \text{ holomorph mit } \tilde{f}|_{\mathbb{C}} = f .$$

Nach c) ist $\tilde{f}$ und damit auch f konstant.

e) Sei $f(z) = a_n z^n + ... + a_1 z + a_0$ mit $n \geq 1$ und $a_0, ..., a_n \in \mathbb{C}$, $a_n \neq 0$.

Da wegen $a_n \neq 0$ die Abbildung

$$z \mapsto \frac{1}{f(\frac{1}{z})} = \frac{1}{a_n z^{-n} + ... + a_1 z^{-1} + a^0} = \frac{z^n}{a_n + ... + a_1 z^{n-1} + a_0 z^n}$$

in einer Umgebung des Nullpunktes holomorph ist, erhalten wir nach 4.3.2 d) durch

$$\tilde{f} : \mathbb{P} \to \mathbb{P} , \quad z \mapsto \begin{cases} f(z) , z \in \mathbb{C} \\ \infty , z = \infty \end{cases}$$

eine holomorphe Abbildung $\tilde{f}$ mit $\tilde{f}|_{\mathbb{C}} = f$. Nach b) ist nun $\tilde{f}$ surjektiv, also $\tilde{f}(\mathbb{P}) = \mathbb{P}$.

Schließlich folgt aus $\tilde{f}(\infty) = \infty$ die Behauptung f($\mathbb{C}$) = $\mathbb{C}$.

Aufgabe III.4.2:

Gibt es eine nicht konstante holomorphe Abbildung

$$a) \quad \mathbb{H} \to \mathbb{E} \, , \qquad\qquad c) \quad \mathbb{C} \to \mathbb{H} \, ,$$

$$b) \quad \mathbb{C} \to \mathbb{E} \, , \qquad\qquad d) \quad \mathbb{P} \to \mathbb{C} \quad ?$$

Im Falle der Existenz gebe man eine solche an!

Lösung:

a)   Ja:

   Man betrachte die holomorphe Abbildung $f : \mathbb{H} \to \mathbb{C}$, $f(z) := \dfrac{z - i}{z + i}$.

   Da für $z \in \mathbb{H}$ die Ungleichung

   $$|z - i| < |z - (-i)| \ = \ |z + i|$$

   besteht, erfüllt die Abbildung f die geforderte Eigenschaft $f(\mathbb{H}) \subset \mathbb{E}$.

   (Siehe auch Kap. IV, 3.5 (i), „Cayleyabbildung".)

b)   Nein:

   Eine holomorphe Abbildung $\mathbb{C} \to \mathbb{E}$ ist ganz und beschränkt, nach dem Satz von Liouville (Kap. I, 3.5) somit konstant.

c)   Nein:

   Jede holomorphe Abbildung $h : \mathbb{C} \to \mathbb{H}$ lässt sich mit der Abbildung f aus a) zu einer holomorphen Abbildung $g = f \circ h : \mathbb{C} \to \mathbb{E}$ verknüpfen. Diese ist als beschränkte ganze Funktion nach dem Satz von Liouville (Kap. I, 3.5) konstant.

   Da $f : \mathbb{H} \to \mathbb{E}$ als Möbiustransformation injektiv ist (vgl. Kap. IV, 2.1), muss damit h notwendig konstant sein.

d)   Nein:

   Siehe Aufgabe III.4.1 c) .

Aufgabe III.4.3:

Es sei $f : \mathbb{C}^* \to \mathbb{C}$, $z \mapsto \dfrac{z + 2}{z}$.

Geben Sie eine holomorphe Abbildung $\hat{f} : \mathbb{P} \to \mathbb{P}$ an, die in $\mathbb{C}^*$ mit f übereinstimmt.

Lösung:

Wir definieren $\hat{f} : \mathbb{P} \to \mathbb{P}$ durch $z \mapsto \begin{cases} \dfrac{z + 2}{z} & \text{, für } z \in \mathbb{C}^* \\ \infty & \text{, für } z = 0 \\ 1 & \text{, für } z = \infty \end{cases}$,

so ist offensichtlich: $\hat{f} \,|_{\mathbb{C}^*} = f$.

Zur Holomorphie von $\hat{f} : \mathbb{P} \to \mathbb{P}$

Nach der Definition 4.3 ist zu zeigen:

(i) Die Abbildung $f_1 : z \mapsto (\mathrm{id}_{\mathbb{C}} \circ \hat{f} \circ \mathrm{id}_{\mathbb{C}}^{-1})\,(z)$ ist in einer offenen Umgebung eines jeden Punktes von $\mathbb{C}^*$ holomorph (im gewöhnlichen Sinne).

(ii) Die Abbildung $f_2 : z \mapsto (\mathrm{inv}_{\mathbb{P}^*} \circ \hat{f} \circ \mathrm{id}_{\mathbb{C}}^{-1})\,(z)$ ist in einer offenen Umgebung des Nullpunktes holomorph (im gewöhnlichen Sinne).

(iii) Die Abbildung $f_3 : z \mapsto (\mathrm{id}_{\mathbb{C}} \circ \hat{f} \circ \mathrm{inv}_{\mathbb{P}^*}^{-1})\,(z)$ ist in einer offenen Umgebung des Nullpunktes holomorph (im gewöhnlichen Sinne).

Beweis:

Man beachte: $\mathrm{id}_{\mathbb{C}}^{-1} = \mathrm{id}_{\mathbb{C}}$ und $\mathrm{inv}_{\mathbb{P}^*}^{-1} = \mathrm{inv}_{\mathbb{C}}$.

(i)   Ist klar, denn es ist $f_1 = f \in \mathcal{O}\,(\mathbb{C}^*)$

(ii)   Für $z \in \mathbb{E}$ gilt:

$$f_2(z) = \mathrm{inv}(\hat{f}(z)) = \left\{ \begin{array}{ll} \dfrac{z}{z+2} & , z \in \mathbb{E}^* \\[2mm] 0 & , z = 0 \end{array} \right\} = \frac{z}{z+2} \ ,$$

also $f_2 \in \mathcal{O}\,(\mathbb{E})$.

(iii)   Für $z \in \mathbb{C}$ gilt:

$$f_3(z) = \hat{f}(\mathrm{inv}(z)) = \left\{ \begin{array}{ll} 1 + 2z & , z \in \mathbb{C}^* \\[2mm] 1 & , z = 0 \end{array} \right\} = 1 + 2z \ ,$$

also $f_3 \in \mathcal{O}\,(\mathbb{C})$.

(Kurzer Beweis auch mit 4.3.2 möglich.)

Aufgabe III.4.4:

Für $n \in \mathbb{N}$ sei $f_n : \mathbb{C} \setminus \{0\}$ definiert durch $f_n(z) = 1 + \dfrac{1}{z} + \dfrac{1}{2!\,z^2} + \ldots + \dfrac{1}{n!\,z^n}$.

Man zeige, dass es für jedes $\rho > 0$ ein $n_\rho \in \mathbb{N}$ gibt, so dass für jedes $n \geq n_\rho$ alle Nullstellen von f_n im Kreis $|z| < \rho$ liegen.

Lösung:

Beweis:

Da für jedes $n \in \mathbb{N}$ die Funktion

$$z \mapsto f_n\,(\mathrm{inv}(z)) = 1 + z + \frac{z^2}{2!} + \ldots + \frac{z^n}{n!}$$

um den Nullpunkt (im bisherigen Sinne) holomorph ist, kann jede der Funktionen

$$f_n : \ \mathbb{C} \setminus \{0\} \to \mathbb{C}$$

nach 4.3.2, b) zu einer auf $\mathbb{P} \setminus \{0\}$ holomorphen Funktion fortgesetzt werden.

Diese Fortsetzung sei wieder mit f_n bezeichnet:

$$f_n : \mathbb{P} \setminus \{0\} \to \mathbb{C} \quad \text{mit} \quad f_n(\infty) = 1 .$$

Die Funktionenfolge $(f_n \circ \text{inv})_{n \in \mathbb{N}}$ konvergiert auf $\mathbb{C}$ kompakt gegen $\exp : \mathbb{C} \to \mathbb{C}$.

Somit konvergiert - da $\text{inv} : \mathbb{C} \to \mathbb{P} \setminus \{0\}$ als Möbiustransformation biholomorph ist[28] - auch die

Funktionenfolge $(f_n)_{n \in \mathbb{N}}$ auf $\mathbb{P} \setminus \{0\}$ kompakt gegen die Funktion

$$f := \exp \circ \text{inv} : \mathbb{P} \setminus \{0\} \to \mathbb{C} .$$

Sei nun $\rho > 0$ vorgegeben.

Da die Menge $K := \mathbb{P} \setminus \{ z \in \mathbb{C} : |z| < \rho \}$ in $\mathbb{P}$ abgeschlossen und damit kompakt (4.2 b)i)) ist,

existiert das Minimum

$$m := \min_{z \in K} |f(z)|$$

und ist, da die Exponentialfunktion nullstellenfrei ist, positiv.

Da nun $(f_n)_{n \in \mathbb{N}}$ gleichmäßig auf K gegen f konvergiert, gibt es ein $n_\rho \in \mathbb{N}$, so dass für alle $n \geq n_\rho$

und $z \in K$ gilt:

$$|f(z) - f_n(z)| \leq \frac{m}{2} \quad \text{und somit} \quad |f(z)| - |f_n(z)| \leq \frac{m}{2} .$$

Daraus folgt: $|f_n(z)| \geq |f(z)| - \frac{m}{2} \geq \frac{m}{2} > 0 .$

Insbesondere besitzen für $n \geq n_\rho$ die Funktionen f_n keine Nullstellen in K.

---

[28]   Siehe Kap. IV, 2.1.

Kapitel IV
Konforme Abbildungen

Der Begriff der konformen Abbildung wird im ersten Paragraphen über die geometrische Eigenschaft der Winkel- und Orientierungstreue eingeführt. Die Tatsache, dass gerade die biholomorphen Abbildungen diese geometrische Eigenschaft besitzen, spricht erneut für die große Bedeutung der Holomorphie. Der Paragraph endet mit dem Hauptsatz der Theorie der konformen Abbildungen, dem Riemannschen Abbildungssatz. Dieser beantwortet die Frage, welche Gebiete konform auf den Einheitskreis abbildbar sind. Mit der elementarsten Klasse dieser Abbildungen, den gebrochen linearen Transformationen oder Möbiustransformationen, befasst sich der zweite Paragraph. Eine Auflistung der wichtigsten konformen Abbildungen mit zahlreichen Abbildungsbeispielen findet man im abschließenden dritten Paragraphen.

§1 Winkel- und Orientierungstreue. Der Riemannsche Abbildungssatz

1.1 Definition: Das Skalarprodukt in $\mathbb{C}$

Im $\mathbb{R}$-Vektorraum $\mathbb{C}$ wird durch die Abbildung

$$< \cdot\,,\,\cdot > \; : \; \mathbb{C} \times \mathbb{C} \to \mathbb{R}\,, \quad <z,w> := \mathrm{Re}\,(z \cdot \overline{w}) = \mathrm{Re}(z) \cdot \mathrm{Re}(w) + \mathrm{Im}(z) \cdot \mathrm{Im}(w)$$

ein Skalarprodukt definiert.

Dieses Skalarprodukt ist identisch mit dem euklidischen Skalarprodukt des $\mathbb{R}^2$ und heißt deshalb selbst euklidisch.

Der $\mathbb{R}$-Vektorraum $\mathbb{C}$ wird somit zu einem euklidischen Vektorraum.

1.2 Cauchy-Schwarzsche Ungleichung und Definition des Winkels

a) Wie in jedem euklidischen Vektorraum besteht auch in $\mathbb{C}$ die Cauchy-Schwarzsche Ungleichung:

Für alle $z, w \in \mathbb{C}$ gilt

$$|<z,w>| \leq |z| \cdot |w|\,.$$

(Beweis in Aufgabe IV.1.1)

Das Gleichheitszeichen trifft dabei genau dann zu, wenn z und w $\mathbb{R}$-linear abhängig sind.

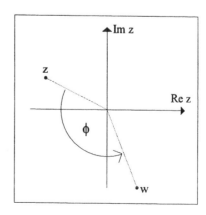

b) Nach a) gilt für alle $z, w \in \mathbb{C}^*$:

$$-1 \leq \frac{<z,w>}{|z| \cdot |w|} \leq 1$$

Es existiert somit genau eine reelle Zahl

$$\phi \in [0\,;\pi] \quad \text{mit} \quad \cos \phi = \frac{<z,w>}{|z| \cdot |w|}$$

Man nennt ϕ den Winkel zwischen z und w.
(Vgl. Aufgabe IV.1.2.)

1.3   Definition: Winkel- und Orientierungstreue

a) Winkel- und orientierungstreue $\mathbb{R}$-lineare bijektive Abbildungen

Sei $L : \mathbb{C} \to \mathbb{C}$ eine $\mathbb{R}$-lineare bijektive Abbildung. [1] Sie heißt

i) winkeltreu, falls für alle $z, z' \in \mathbb{C}$ gilt

$$|z| \cdot |z'| \cdot <L(z), L(z')> = |L(z)| \cdot |L(z')| \cdot <z, z'> .$$

ii) orientierungstreu, falls ihre Matrixdarstellung (z. B. bezüglich der $\mathbb{R}$-Basis $\{1, i\}$) eine positive Determinante besitzt.

b) Winkel- und orientierungstreue reell differenzierbare Abbildungen

Sei $U \subset \mathbb{C}$ offen, $c \in U$ und $f : U \to \mathbb{C}$ eine reell differenzierbare Funktion. [2]

Die Funktion f heißt winkel- bzw. orientierungstreu im Punkt c, falls ihr Differential $L_c : \mathbb{C} \to \mathbb{C}$ im Punkt c als $\mathbb{R}$-lineare Abbildung winkel- bzw. orientierungstreu ist.

Die so definierten Eigenschaften der Winkeltreue und der Orientierungstreue können natürlich geometrisch gedeutet werden. Die wird im Folgenden am Beispiel der Winkeltreue gezeigt werden.

1.4   Geometrische Interpretation der Winkeltreue

a) Sei $L : \mathbb{C} \to \mathbb{C}$ eine winkeltreue $\mathbb{R}$-lineare Abbildung und $z, z' \in \mathbb{C}^*$, so sind auch $L(z), L(z') \in \mathbb{C}^*$ und es gilt nach 1.3 a)i):

$$\frac{<z, z'>}{|z| \cdot |z'|} = \frac{<L(z), L(z')>}{|L(z)| \cdot |L(z')|} .$$

Der Kosinus des Winkels zwischen z und z' ist somit gleich dem Kosinus des Winkels zwischen $L(z)$ und $L(z')$. Da der Kosinus auf $[0; \pi]$ injektiv ist, sind somit die Winkel selbst gleich groß.

b) Sei $U \subset \mathbb{C}$ offen und $f : U \to \mathbb{C}$ winkeltreu in $c \in U$. Seien ferner $\alpha, \beta : [0;1] \to U$ zwei stetig differenzierbare Wege in U und $\tau, \hat{\tau} \in \,]0;1[$ zwei reelle Zahlen mit

$$\alpha(\tau) = c = \beta(\hat{\tau}) \quad \text{und} \quad \alpha'(\tau) \neq 0 \neq \beta'(\hat{\tau}) .$$

Dann besitzt der Weg α im Punkt c die Tangente

$$t \mapsto c + \alpha'(\tau) \cdot t \quad (t \in \mathbb{R})$$

und der Bildweg $f \circ \alpha$ im Punkt f(c) die Tangente

$$t \mapsto f(c) + L_c(\alpha'(\tau)) \cdot t \quad (t \in \mathbb{R}),$$

wobei $L_c : \mathbb{C} \to \mathbb{C}$ das Differential von f im Punkt c bezeichnet.

Die komplexen Zahlen $\alpha'(\tau)$ und $L_c(\alpha'(\tau))$ ($\cong$ Vektoren im $\mathbb{R}^2$) sind somit als Tangentenrichtungen der Wege α bzw. $f \circ \alpha$ in den Punkten c bzw. f(c) aufzufassen. Entsprechendes gilt auch für die Wege β und $f \circ \beta$.

Aus der Winkeltreue von f in c folgt nun :

---

[1]   Siehe Kap. I, 1.1 und 1.2.
[2]   Siehe Kap. I, 1.3.

$$\frac{<\alpha'(\tau)\,,\,\beta'(\hat{\tau})>}{|\alpha'(\tau)|\cdot|\beta'(\hat{\tau})|} = \frac{<L_c(\alpha'(\tau))\,,\,L_c(\beta'(\hat{\tau}))>}{|L_c(\alpha'(\tau))|\cdot|L_c(\beta'(\hat{\tau}))|} \quad.$$

Das bedeutet:

Der Kosinus des Winkels zwischen α und β im Punkt c ist gleich dem Kosinus des Winkels zwischen f ∘ α und f ∘ β im Punkt f(c).

Nach a) sind damit auch die Winkel selbst gleich groß.

(„Winkeltreue" im geometrischen Sinn)

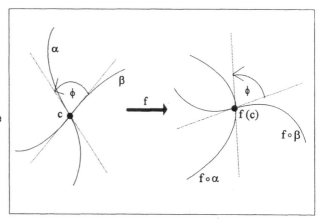

1.5 Satz: Winkel- und Orientierungstreue

a) Sei L : $\mathbb{C} \to \mathbb{C}$ eine $\mathbb{R}$-lineare, bijektive Abbildung, so gilt:

Die Abbildung L ist winkel- und orientierungstreu genau dann, wenn sie $\mathbb{C}$-linear ist, d. h. wenn es ein $a \in \mathbb{C}^*$ gibt, so dass $L(z) = a \cdot z$ für $z \in \mathbb{C}$ gilt.

b) Seien $U \subset \mathbb{C}$ offen, $c \in U$ und $f : U \to \mathbb{C}$ eine reell differenzierbare Funktion, so gilt:

Die Funktion f ist im Punkt c winkel- und orientierungstreu genau dann, wenn sie im Punkt c komplex differenzierbar ist und $f'(c) \neq 0$ gilt.

1.6 Definition: Konforme Abbildung

Sei U, V $\subset \mathbb{C}$ offen. Eine reell differenzierbare und in jedem Punkt von U winkel- und orientierungstreue bijektive Abbildung $f : U \to V$ heißt konform.

1.7 Satz: Konforme Abbildung

Die konformen Abbildungen sind genau die biholomorphen Abbildungen.

Für eine reell differenzierbare Abbildung $f : U \to V$ (U, V $\subset \mathbb{C}$ offen) gilt also:

> f bijektiv und überall winkel- und orientierungstreu ⇔ f konform ⇔ f biholomorph.

1.8 Bemerkung und Definition

i) Die Charakterisierung konformer Abbildungen im obigen Satz verwendet man gelegentlich, um auch die Konformität von Abbildungen zwischen offenen Teilmengen der Zahlensphäre $\mathbb{P}$ zu definieren:

Seien U, V $\subset \mathbb{P}$ offen, so heißt eine biholomorphe Abbildung $f : U \to V$ konform.

ii) Kompositionen konformer Abbildungen sind wieder konform.

iii) Die Umkehrabbildungen konformer Abbildungen sind wieder konform.

Es folgt nun der Hauptsatz der Theorie der konformen Abbildungen:

1.9 Der Riemannsche Abbildungssatz

Sei G ein einfach zusammenhängendes Gebiet in $\mathbb{C}$ mit $G \neq \mathbb{C}$.

Dann gibt es eine konforme Abbildung $f : G \to \mathbb{E}$.

Man sagt dann, dass G auf $\mathbb{E}$ konform (biholomorph) abbildbar ist.

Eindeutigkeitsaussage:

Sei zusätzlich ein Punkt $c \in G$ vorgegeben.

Dann gibt es genau eine konforme Abbildung $f : G \to \mathbb{E}$ mit $f(c) = 0$ und $f'(c) \in \mathbb{R}^+$.

1.9.1 Graphische Beispiele

Die folgenden Abbildungsbeispiele sollen veranschaulichen, wie unterschiedlich die Gebiete G sein können, welche auf die Einheitskreisscheibe konform abbildbar sind.

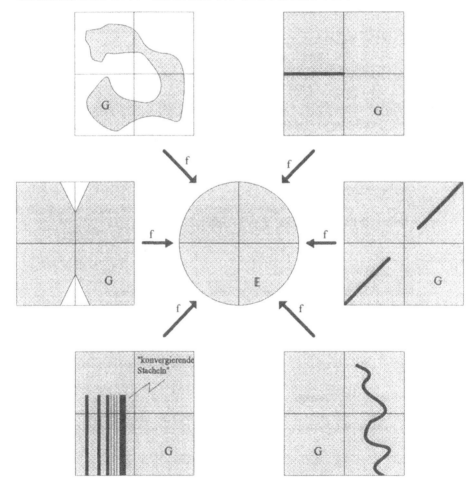

(Die Kästchen stellen wie immer die (unendliche) komplexe Zahlenebene dar.)

1.9.2 Bemerkungen zum Satz

i) Auf die Voraussetzung „$G \neq \mathbb{C}$" im Satz kann nicht verzichtet werden. Denn jede holomorphe Funktion $f : \mathbb{C} \to \mathbb{E}$ ist nach dem Satz von Liouville (Kap. I, 3.5) konstant und damit nicht konform.

ii) Da die Umkehrabbildung einer konformen Abbildung selbst konform ist, kann der Satz folgendermaßen verallgemeinert werden:

> Seien G und H zwei einfach zusammenhängende Gebiete in $\mathbb{C}$ mit $G \neq \mathbb{C} \neq H$.
> Dann gibt es eine konforme Abbildung $f : G \to H$.

iii) Da der Zusammenhang und der einfache Zusammenhang topologische Invarianten sind, ist auch die Umkehrung des Riemannschen Abbildungssatzes richtig:

> Sei U eine offene Teilmenge von $\mathbb{C}$. Dann gilt:
> Die Menge U ist <u>genau dann</u> konform auf $\mathbb{E}$ abbildbar, wenn U ein von $\mathbb{C}$ verschiedenes einfach zusammenhängendes Gebiet in $\mathbb{C}$ ist.

Aufgaben zu Kapitel IV , §1

Aufgabe IV.1.1:

Beweisen Sie die Cauchy-Schwarzsche Ungleichung:

$$|{<}z, w{>}| \leq |z| \cdot |w| \quad \text{für alle } z, w \in \mathbb{C}.$$

Lösung:

Seien $z = x + iy$ und $w = u + iv$ komplexe Zahlen mit $x, y, u, v \in \mathbb{R}$.

Dann gilt einerseits:

$$|{<}z, w{>}|^2 = (x \cdot u + y \cdot v)^2 = x^2 u^2 + y^2 v^2 + 2xyuv,$$

und andererseits:

$$|z|^2 \cdot |w|^2 = (x^2 + y^2) \cdot (u^2 + v^2) = x^2 u^2 + y^2 v^2 + x^2 v^2 + y^2 u^2.$$

Da aus der Ungleichung $(xv - yu)^2 \geq 0$ die Beziehung $x^2 v^2 + y^2 u^2 \geq 2xyuv$ folgt, erhält man schließlich

$$|{<}z, w{>}|^2 \leq |z|^2 \cdot |w|^2$$

und damit aufgrund der strengen Monotonie der Wurzelfunktion auf $\mathbb{R}_0^+$ die zu beweisende Ungleichung

$$|{<}z, w{>}| \leq |z| \cdot |w|.$$

Aufgabe IV.1.2:

Zeigen Sie, dass der in 1.2b) definierte Winkel zwischen z und w (z, w ∈ ℂ*) mit dem elementargeometrischen Winkel übereinstimmt.

(Hinweis: Kosinussatz)

Lösung:

Seien $z = x + iy$ und $w = u + iv \in \mathbb{C}^*$ mit x, y, u und v ∈ ℝ vorgegeben.

Für den (elementargeometrischen) Winkel $\sphericalangle(z,w) \in [0;\pi]$ zwischen z und w ist der Kosinussatz
(„erweiterter Pythagoras")

$$|z - w|^2 = |z|^2 + |w|^2 - 2 \cdot |z| \cdot |w| \cdot \cos\sphericalangle(z,w)$$

erfüllt.

Daraus folgt:

$$\cos\sphericalangle(z,w) = \frac{|z|^2 + |w|^2 - |z - w|^2}{2|z||w|} = \frac{x^2 + y^2 + u^2 + v^2 - (x - u)^2 - (y - v)^2}{2|z||w|} =$$

$$= \frac{2xu + 2yv}{2|z||w|} = \frac{<z,w>}{|z||w|} = \cos\phi$$

mit dem in 1.2b) definierten Winkel $\phi \in [0;\pi]$ zwischen z und w.

Da die Kosinusfunktion auf $[0;\pi]$ injektiv ist, folgt: $\sphericalangle(z,w) = \phi$.

Aufgabe IV.1.3:

Kann die Menge $U := \mathbb{C} \setminus \{ t \in \mathbb{R} : |t| \geq 1 \}$ das Bild einer ganzen Funktion $f : \mathbb{C} \to \mathbb{C}$ sein ?

Lösung:

Behauptung: Die Menge U kann nicht das Bild einer ganzen Funktion sein.

Beweis:

Annahme: Es gibt eine ganze Funktion $f \in \mathcal{O}(\mathbb{C})$ mit $f(\mathbb{C}) = U$.

Da $U \neq \mathbb{C}$ ein einfach zusammenhängendes Gebiet in ℂ ist, existiert nach dem
Riemannschen Abbildungssatz (1.9) eine biholomorphe (konforme) Abbildung $\phi : U \to \mathbb{E}$.

Die Komposition

$$\phi \circ f : \mathbb{C} \to \mathbb{E}$$

ist somit ganz und beschränkt, nach den Satz von Liouville (Kap. I, 3.5) also konstant.

Aus der Injektivität von ϕ folgt somit auch die Konstanz von f im Widerspruch zu

$$f(\mathbb{C}) = U .$$

Anmerkung: In der Originalangabe des Bayerischen Staatsexamens ist U durch $\mathbb{C} \setminus \{ t \in \mathbb{R} : |t| > 1 \}$ definiert. Es handelt sich hierbei vermutlich um einen Druckfehler in der Prüfungsangabe. Denn ansonsten wäre U nicht offen in $\mathbb{C}$ und damit die Antwort auf die Frage aufgrund des Offenheitssatzes (Kap. I, 3.6) trivial.

Aufgabe IV.1.4:

a) *Sei $\alpha \in \mathbb{R}$ und das Gebiet $H_\alpha := \{ z \in \mathbb{C} : Re\, z > \alpha \}$ vorgegeben.*

   Zeigen Sie, dass jede holomorphe Abbildung $f : \mathbb{C} \to H_\alpha$ konstant ist.

b) *Zeigen Sie, dass jede nicht konstante harmonische Funktion $u : \mathbb{C} \to \mathbb{R}$ surjektiv ist.*

Lösung:

a) Das Gebiet H_α ist ein einfach zusammenhängendes Gebiet in $\mathbb{C}$ mit $H_\alpha \neq \mathbb{C}$.

   Nach dem Riemannschen Abbildungssatz (1.9) gibt es daher eine konforme Abbildung

   $$\phi : H_\alpha \to \mathbb{E} \, .$$

   Somit ist Komposition

   $$\phi \circ f : \mathbb{C} \to \mathbb{E}$$

   eine ganze, beschränkte Funktion, nach dem Satz von Liouville (Kap. I, 3.5) also konstant.

   Da ϕ injektiv ist, folgt daraus auch die Konstanz von f. [3]

b) Aufgrund des einfachen Zusammenhangs von $\mathbb{C}$, gibt es nach dem Satz über die Existenz einer harmonisch Konjugierten (Kap. I, 5.3) eine holomorphe Funktion $g : \mathbb{C} \to \mathbb{C}$ mit $Re(g) = u$.

   Da der Zusammenhang eine stetige Invariante ist, ist mit $\mathbb{C}$ auch $u(\mathbb{C}) \subset \mathbb{R}$ zusammenhängend, also ein Intervall in $\mathbb{R}$. [4]

   Annahme: Funktion u ist nicht surjektiv, d. h. $u(\mathbb{C}) \neq \mathbb{R}$.

   Dann gibt es ein $\alpha \in \mathbb{R}$ mit

   $$u(\mathbb{C}) \subset \,]\alpha\,;\infty[\quad \text{oder} \quad u(\mathbb{C}) \subset \,]-\infty\,;\alpha[\,.$$

   Nach Teilaufgabe a) ist somit g und damit auch u konstant im Widerspruch zur Voraussetzung.

   Die harmonische Funktion $u : \mathbb{C} \to \mathbb{R}$ ist also surjektiv.

---

[3] Die Aussage behält natürlich ihre Gültigkeit, falls H_α durch $\{ z \in \mathbb{C} : Re\, z < \alpha \}$ $(\alpha \in \mathbb{R})$ definiert wird.

[4] Die zusammenhängenden Teilmengen in $\mathbb{R}$ sind genau die Intervalle in $\mathbb{R}$. Siehe auch Anhang A.

§2   Gebrochen lineare Transformationen (Möbiustransformationen)

2.1   Definition und Satz: Gebrochen lineare Transformationen

Seien a, b, c und d komplexe Zahlen mit $ad - bc \neq 0$.

So heißt die rationale Funktion

$$f : z \mapsto \frac{az + b}{cz + d}$$

gebrochen lineare Transformation oder Möbiustransformation. [5]

Fall A: f als konforme Abbildung in $\mathbb{C}$

Fall A1: $c = 0$:   Die Möbiustransformation

$$f : \mathbb{C} \to \mathbb{C} , z \mapsto \frac{a}{d} z + \frac{b}{d}$$

ist konform und besitzt die Umkehrabbildung

$$f^{-1} : \mathbb{C} \to \mathbb{C} , z \mapsto \frac{d}{a} z - \frac{b}{a} \ .$$

Fall A2: $c \neq 0$:   Die Möbiustransformation

$$f : \mathbb{C} \setminus \{ -\frac{d}{c} \} \ \to \ \mathbb{C} \setminus \{\frac{a}{c}\} , \quad z \mapsto \frac{az + b}{cz + d}$$

ist konform und besitzt die Umkehrabbildung

$$f^{-1} : \mathbb{C} \setminus \{\frac{a}{c}\} \ \to \ \mathbb{C} \setminus \{ -\frac{d}{c} \}, \quad z \mapsto \frac{dz - b}{-cz + a} \ .$$

Fall B: f als konforme Abbildung in $\mathbb{P}$

Die Abbildung f wird nun zu einer konformen Abbildung $\mathbb{P} \to \mathbb{P}$ erweitert, indem die „Ausnahmepunkte" ∞ und $-\frac{d}{c}$ in die Definitionsmenge aufgenommen werden.

Fall B1: $c = 0$:   Die Möbiustransformation

$$f : \mathbb{P} \to \mathbb{P} , z \mapsto \frac{a}{d} z + \frac{b}{d} \qquad \text{mit} \quad f(\infty) = \infty$$

ist konform und besitzt die Umkehrabbildung

$$f^{-1} : \mathbb{P} \to \mathbb{P} , z \mapsto \frac{d}{a} z - \frac{b}{a} \qquad \text{mit} \quad f^{-1}(\infty) = \infty \ .$$

Fall B2: $c \neq 0$:   Die Möbiustransformation

$$f : \mathbb{P} \to \mathbb{P} , z \mapsto \frac{az + b}{cz + d} \qquad \text{mit} \quad f(-\frac{d}{c}) = \infty \ ; \quad f(\infty) = \frac{a}{c}$$

ist konform mit Umkehrabbildung

$$f^{-1} : \mathbb{P} \to \mathbb{P} , z \mapsto \frac{dz - b}{-cz + a} \qquad \text{mit} \quad f^{-1}(\infty) = -\frac{d}{c} ; \ f^{-1}(\frac{a}{c}) = \infty . \ [6]$$

---

[5]   Die Voraussetzung $ad - bc \neq 0$ verhindert, dass die Ableitung von f identisch verschwindet und f selbst damit konstant ist.

[6]   Im Folgenden werden die „Ausnahmepunkte", wie hier $z = \infty$ und $z = a \cdot c^{-1}$ nicht mehr gesondert aufgeführt. Die Funktionswerte ergeben sich stets aus den „Rechenregeln" für den Punkt ∞ (Kap. III, 4.1, f)).

2.2 Bemerkungen

i) Kompositionen von Möbiustransformationen sind selbst Möbiustransformationen.

ii) Jede Möbiustransformation ist Komposition von

Translationen	$z \mapsto z + b$,	$(b \in \mathbb{C})$
Drehungen	$z \mapsto a \cdot z$,	$(a \in \partial \mathbb{E})$
Streckungen (Stauchungen)	$z \mapsto r \cdot z$,	$(r \in \mathbb{R}^+)$
Inversionen	$z \mapsto \dfrac{1}{z}$.	

iii) Jede von der identischen Abbildung $\text{id} : \mathbb{P} \to \mathbb{P}$ verschiedene Möbiustransformation besitzt mindestens einen und höchstens zwei Fixpunkte. [7]

2.3 Satz: Kreisverwandtschaft

Jede gebrochen lineare Transformation $f : \mathbb{P} \to \mathbb{P}$ führt Kreislinien in $\mathbb{P}$ wieder in Kreislinien in $\mathbb{P}$ über.

Man beachte, dass es zwei Arten von Kreislinien k in $\mathbb{P}$ gibt:

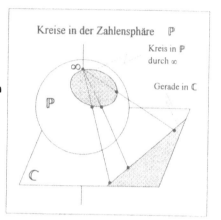

Kreise in der Zahlensphäre $\mathbb{P}$

Kreis in $\mathbb{P}$ durch ∞

Gerade in $\mathbb{C}$

1. Art: $\infty \notin k$

Dann handelt es sich um eine Kreislinie in $\mathbb{C}$.

2. Art: $\infty \in k$

Dann entspricht dieser Kreislinie k einer Geraden in $\mathbb{C}$ (= "Kreis" in $\mathbb{C}$ mit unendlichem Radius).

2.4 Existenz und Eindeutigkeit von Möbiustransformationen

2.4.1 Definition: Doppelverhältnis

Seien z_1, z_2 und z_3 paarweise verschiedene Punkte aus $\mathbb{P}$, so heißt die Abbildung

$$D(\, \cdot \, ; z_1, z_2, z_3) : \mathbb{P} \to \mathbb{P}$$
$$z \mapsto D(z ; z_1, z_2, z_3) := \frac{z - z_1}{z - z_2} : \frac{z_3 - z_1}{z_3 - z_2}$$

mit den Vereinbarungen

$$D(z; \infty, z_2, z_3) = \begin{cases} \dfrac{z_3 - z_2}{z - z_2} & \text{für } z \in \mathbb{C} \\ 0 & \text{für } z = \infty , \end{cases}$$

$$D(z; z_1, \infty, z_3) = \begin{cases} \dfrac{z - z_1}{z_3 - z_1} & \text{für } z \in \mathbb{C} \\ \infty & \text{für } z = \infty , \end{cases}$$

$$D(z; z_1, z_2, \infty) = \begin{cases} \dfrac{z - z_1}{z - z_2} & \text{für } z \in \mathbb{C} \\ 1 & \text{für } z = \infty \end{cases}$$

---

[7]   Der Punkt $c \in \mathbb{P}$ heißt Fixpunkt der Abbildung f, falls $f(c) = c$ gilt.

das Doppelverhältnis der vier Zahlen z, z_1, z_2, z_3.

Diese Abbildung $D(\,\cdot\,;z_1,z_2,z_3) : \mathbb{P} \to \mathbb{P}$ ist eine Möbiustransformation.

2.4.2 Satz: Existenz und Eindeutigkeit von Möbiustransformationen

Seien (z_1, z_2, z_3) und (w_1, w_2, w_3) zwei Tripel mit jeweils paarweise verschiedenen Punkten aus $\mathbb{P}$.

Dann gelten die folgenden beiden Aussagen:

a) Es gibt genau eine Möbiustransformation $T : \mathbb{P} \mapsto \mathbb{P}$ mit

$$T(z_1) = 0, \quad T(z_2) = \infty, \quad T(z_3) = 1,$$

nämlich die Abbildung

$$T := D(\,\cdot\,;z_1,z_2,z_3) .$$

Begründung:

Nach dem Satz über die Kreisverwandtschaft (2.3) führt diese Abbildung den Kreis in $\mathbb{P}$ durch die Punkte z_1, z_2 und z_3 über in den „Kreis" in $\mathbb{P}$ durch die Punkte 0, ∞, 1 (= Gerade in $\mathbb{C}$ durch die Punkte 0 und 1 = reelle Achse).

b) Es gibt genau eine Möbiustransformation $T : \mathbb{P} \to \mathbb{P}$ mit

$$T(z_1) = w_1, \quad T(z_2) = w_2, \quad T(z_3) = w_3 ,$$

nämlich die Abbildung

$$T := D(\,\cdot\,;w_1,w_2,w_3)^{-1} \circ D(\,\cdot\,;z_1,z_2,z_3) .$$

2.5   Übersicht über die wichtigsten Automorphismengruppen

Sei U eine offene Teilmenge von $\mathbb{C}$ oder $\mathbb{P}$, so ist die Menge $\mathrm{Aut}(U) := \{ f : U \to U : f \text{ konform} \}$ bezüglich der Komposition eine Gruppe, die so genannte Automorphismengruppe von U.

Die wichtigsten Automorphismengruppen sind im Folgenden aufgelistet. Man beachte, dass diese Gruppen ausschließlich aus Möbiustransformationen bestehen.

$$\mathrm{Aut}\,\mathbb{P} = \left\{ z \mapsto \frac{az+b}{cz+d} : a, b, c, d \in \mathbb{C}, ad - bc \neq 0 \right\},$$

$$\mathrm{Aut}\,\mathbb{C} = \left\{ z \mapsto az+b : a \in \mathbb{C}^*, b \in \mathbb{C} \right\},$$

$$\mathrm{Aut}\,\mathbb{H} = \left\{ z \mapsto \frac{az+b}{cz+d} : a, b, c, d \in \mathbb{R}, ad - bc = 1 \right\},$$

$$\mathrm{Aut}\,\mathbb{E} = \left\{ z \mapsto a\frac{z-w}{\overline{w}z-1} : a \in \partial\mathbb{E}, w \in \mathbb{E} \right\},$$

$$\mathrm{Aut}\,\mathbb{C}^* = \left\{ z \mapsto a \cdot z : a \in \mathbb{C}^* \right\} \cup \left\{ z \mapsto a \cdot z^{-1} : a \in \mathbb{C}^* \right\},$$

$$\mathrm{Aut}\,\mathbb{E}^* = \left\{ z \mapsto a \cdot z : a \in \partial\mathbb{E} \right\}.$$

2.6   Das Lemma von Schwarz

Sei $f : \mathbb{E} \to \mathbb{C}$ eine holomorphe Abbildung mit $f(\mathbb{E}) \subset \mathbb{E}$ und $f(0) = 0$.

Dann gelten die folgenden Aussagen:

a) Es gilt die Ungleichung $\qquad$ $|f'(0)| \leq 1$

und für alle $z \in \mathbb{E}$ die Beziehung $\quad |f(z)| \leq |z|$.

b) Gilt zusätzlich die Gleichung $\qquad$ $|f'(0)| = 1$

oder für ein $c \in \mathbb{E}^*$ die Gleichung $\quad |f(c)| = |c|$,

dann ist f eine konforme Selbstabbildung von $\mathbb{E}^*$, d. h. es gibt ein $a \in \partial\mathbb{E}$ mit

$$f(z) = a \cdot z \quad \text{für alle } z \in \mathbb{E}.$$

Einen Beweis dieses Lemmas findet man in Aufgabe IV.2.6.

Aufgaben zu Kapitel IV , §2

Aufgabe IV.2.1:

Sei $\mathbb{E}$ die offene Einheitskreisscheibe in $\mathbb{C}$, $\partial\mathbb{E}$ ihr Rand und $\overline{\mathbb{E}} := \mathbb{E} \cup \partial\mathbb{E}$.

Sei $a \in \mathbb{E}$. Man zeige, dass die Abbildung $h_a : \overline{\mathbb{E}} \to \overline{\mathbb{E}}$, $z \mapsto \dfrac{z - a}{\overline{a}z - 1}$ wohldefiniert und bijektiv

ist und dass $h_a(\partial\mathbb{E}) = \partial\mathbb{E}$ gilt.

Lösung:

Wegen $-1 - (-a) \cdot \overline{a} = |a|^2 - 1 \neq 0$ ist h_a eine Möbiustransformation und damit (als Fortsetzung nach $\mathbb{P}$) eine konforme Selbstabbildung von $\mathbb{P}$.

Für $\phi \in [0; 2\pi[$ ist nun

$$h_a(e^{i\phi}) = \frac{e^{i\phi} - a}{\overline{a}e^{i\phi} - 1} = -e^{-i\phi} \cdot \frac{a - e^{i\phi}}{\overline{a} - e^{-i\phi}} = -e^{-i\phi} \cdot \frac{a - e^{i\phi}}{\overline{a - e^{i\phi}}}$$

und damit $|h_a(e^{i\phi})| = 1$, also $h_a(\partial\mathbb{E}) \subset \partial\mathbb{E}$.

Aufgrund des Satzes über die Kreisverwandtschaft (2.3) gilt sogar $h_a(\partial\mathbb{E}) = \partial\mathbb{E}$.

$\mathbb{P} = \mathbb{E} \cup \partial\mathbb{E} \cup (\mathbb{P}\backslash\overline{\mathbb{E}})$ ist eine Zerlegung von $\mathbb{P}$ in disjunkte, zusammenhängende Teilmengen von $\mathbb{P}$.

Da $h_a : \mathbb{P} \to \mathbb{P}$ bijektiv und stetig ist mit $h_a(\partial\mathbb{E}) = \partial\mathbb{E}$, kommt nur

$$h_a(\mathbb{E}) = \mathbb{E} \qquad \text{oder} \qquad h_a(\mathbb{E}) = \mathbb{P}\backslash\overline{\mathbb{E}}$$

in Frage. Wegen $h_a(0) = a \in \mathbb{E}$ gilt also $h_a(\mathbb{E}) = \mathbb{E}$.

Somit ist die Abbildung

$$h_a : \overline{\mathbb{E}} \to \overline{\mathbb{E}} , \quad z \mapsto \frac{z - a}{\overline{a}z - 1}$$

wohldefiniert und bijektiv.

Aufgabe IV.2.2:

Sei $\hat{f} : \mathbb{P} \to \mathbb{P}$ durch $z \mapsto$ $\begin{cases} \dfrac{z+2}{z} & , \text{ für } z \in \mathbb{C}^* \\ \infty & , \text{ für } z = 0 \\ 1 & , \text{ für } z = \infty \end{cases}$ definiert.

a)   *Geben Sie die Umkehrabbildung von $\hat{f}$ an.*

b)   *Bestimmen Sie die Fixpunkte von $\hat{f}$.*

c)   *Zeigen Sie, dass durch $B := \{ z \in \mathbb{C} : |z + 1| < 1 \} \to H := \{ z \in \mathbb{C} : \text{Re } z < 0 \}$, $z \mapsto \dfrac{z+2}{z}$ eine biholomorphe Abbildung definiert wird.*

   (Hinweis: Bestimmen Sie zuerst $\hat{f}(z)$ für Punkte $z \in \mathbb{C}$ mit $|z + 1| = 1$).

Lösung:

a)   Die Umkehrabbildung von $\qquad \hat{f}(z) = (z + 2) \cdot z^{-1}$, $z \in \mathbb{P} \setminus \{0, \infty\}$,

$\qquad\qquad\qquad\qquad\qquad\qquad \hat{f}(0) = \infty$, $\hat{f}(\infty) = 1$,

   ist nach 2.1: $\qquad\qquad \hat{f}^{-1}(z) = -2 \cdot (-z + 1)^{-1} = 2 \cdot (z - 1)^{-1}$, $z \in \mathbb{P} \setminus \{1, \infty\}$

$\qquad\qquad\qquad\qquad\qquad\qquad \hat{f}^{-1}(\infty) = 0$, $\hat{f}^{-1}(1) = \infty$.

b)   Da 0 und ∞ offensichtlich keine Fixpunkte von $\hat{f}$ sind, müssen wir die Gleichung $\dfrac{z+2}{z} = z$

   in $\mathbb{C}^*$ lösen: $\qquad z^2 - z - 2 = 0$.

   Ergebnis: $\qquad\quad z_1 = -1$, $z_2 = 2$.

c)   Es gilt: $\hat{f} :$ $0 \mapsto \infty$, $-1 + i \mapsto -i$ und $-2 \mapsto 0$.

   Nach dem Satz über die Kreisverwandtschaft bei gebrochen linearen Transformationen (2.3) geht der Kreis durch die Punkte 0, $-1 + i$, -2 der Quellebene über in den „Kreis" durch die Punkte ∞, $-i$, 0 der Zielebene (= Gerade in $\mathbb{C}$ durch die Punkte $-i$ und 0 = imaginäre Achse).

   Aufgrund der Bijektivität $\mathbb{P} \to \mathbb{P}$ und der Gebietstreue von $\hat{f}$ kommen nur noch die Fälle

$\qquad \hat{f}(B) = H$ oder $\hat{f}(B) = \{ z \in \mathbb{C} : \text{Re } z > 0 \}$ in Frage.

   Wegen $\hat{f}(-1) = -1$ trifft der erste Fall zu.

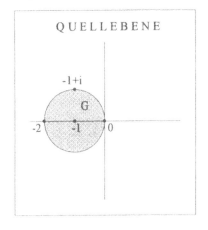

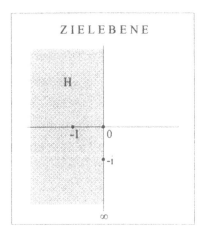

Aufgabe IV.2.3:

Seien a und b zwei verschiedene Punkte in $\mathbb{C}$.

i)   *Bestimmen Sie den Ort aller Punkte, in denen der Realteil von $f(z) := \log \dfrac{z-a}{z-b}$ einen festen Wert besitzt.*

ii) *Bestimmen Sie den Ort aller Punkte, in denen der Imaginärteil von $f(z) := \log \dfrac{z-a}{z-b}$ einen festen Wert besitzt.*

Hinweis: *Beachten Sie, dass $g(z) = \dfrac{z-a}{z-b}$ eine Möbiustransformation ist.*

Lösung:

Anmerkung zum Definitionsgebiet von f

Wir können die Funktion f auf $\mathbb{P} \setminus \{a,b\}$ definieren, denn die Möbiustransformation $g : \mathbb{P} \to \mathbb{P}$ bildet $\mathbb{P} \setminus \{a,b\}$ auf $\mathbb{C}^*$ ab ($g(\infty) = 1$) und auf $\mathbb{C}^*$ kann durch $\log(z) = \ln|z| + i \cdot \arg(z)$ mit $-\pi < \arg(z) \le \pi$ eine Logarithmusfunktion definiert werden.[8] Diese Logarithmusfunktion log stimmt auf $\mathbb{C}^-$ mit dem Hauptzweig des Logarithmus überein und wird deshalb oft auch selbst als Hauptzweig bezeichnet.

Zu beachten ist aber, dass log auf $\mathbb{C}^*$ nicht mehr holomorph, nicht einmal mehr stetig ist, da log beim Übergang über die negative reelle Achse um $\pm 2\pi i$ „springt" (vgl. Aufgabe III.2.3). Insbesondere ist auch f auf $\mathbb{P} \setminus \{a, b\}$ nicht stetig.

i)   Es gilt für $z \in \mathbb{P} \setminus \{a, b\}$:

$$g(z) = \exp(f(z)) = e^{\operatorname{Re} f(z)} \cdot e^{i \operatorname{Im} f(z)}.$$

Für $c \in \mathbb{R}$ ist somit die folgende Menge M_c gesucht:

$$M_c := \{\, z \in \mathbb{P} \setminus \{a,b\} : \operatorname{Re} f(z) = c \,\} =$$
$$= \{\, z \in \mathbb{P} \setminus \{a,b\} : |g(z)| = e^{\operatorname{Re} f(z)} = e^c \,\} = g^{-1}(\partial B_{e^c}(0)).$$

Die Umkehrabbildung von g ist

$$g^{-1} : \mathbb{C}^* \to \mathbb{P} \setminus \{a, b\} \quad , \quad z \mapsto \frac{-bz + a}{-z + 1} \quad (\text{mit } g^{-1}(1) = \infty).$$

Für alle $c \in \mathbb{R}$ liegt somit ganz $\partial B_{e^c}(0)$ in der Definitionsmenge von g^{-1}.

Nach dem Satz über die Kreisverwandtschaft (2.3) bildet die Möbiustransformation g^{-1} die Kreislinie $\partial B_{e^c}(0)$ auf die Kreislinie in $\mathbb{P}$ ab, die durch die drei (verschiedenen !) Punkte

$$g^{-1}(e^c), \quad g^{-1}(-e^c) \quad \text{und} \quad g^{-1}(ie^c)$$

festgelegt ist.

Im Fall $c = 0$ ist diese wegen $g^{-1}(e^c) = g^{-1}(1) = \infty$ eine Gerade in $\mathbb{C}$.

ii) Für $c \in \mathbb{R}$ ist nun die folgende Menge N_c gesucht:

$$N_c := \{\, z \in \mathbb{P} \setminus \{a,b\} : \operatorname{Im} f(z) = c \,\} =$$

---

[8]   Die Willkür der Wahl des Definitionsgebietes und des Logarithmuszweiges kann erst durch Einführung der auf der zugehörigen Riemannschen Fläche definierten „globalen" Logarithmusfunktion vermieden werden. Siehe Kap. VI 1.5.4.

$$= \{ z \in \mathbb{P} \backslash \{a,b\} : g(z) = e^{\text{Re } f(z)} \cdot e^{ic} \} = g^{-1}(\{ t \cdot e^{ic} : t > 0 \}).$$

Die Menge $h_c := \{ t \cdot e^{ic} : t > 0 \}$ ist eine Halbgerade mit Anfangspunkt 0 und Steigung e^{ic}.

Da 0 und ∞ nicht zu h_c gehören, liegt h_c im Definitionsgebiet $\mathbb{C}^*$ von g^{-1}. Die Menge h_c ist als Teilmenge von $\mathbb{P}$ ein Teil einer Kreislinie durch ∞ und geht aufgrund des Satzes über die Kreisverwandtschaft (2.3) in den Teil einer Kreislinie durch die Punkte

$$g^{-1}(0) = a , g^{-1}(e^{ic}) \text{ und } g^{-1}(\infty) = b$$

über, wobei die Endpunkte a und b nicht zur Menge $N_c = g^{-1}(h_c)$ gehören.

Im Fall $c = 0$ geht N_c wegen $g^{-1}(1) = \infty$ durch den Punkt ∞. N_c ist dann (als Teilmenge von $\mathbb{C}$ betrachtet) eine Gerade durch a und b ohne die Teilstrecke von a nach b (s. Skizzen).

Die Menge N_c als Teilmenge von $\mathbb{C}$ Die Menge N_c als Teilmenge von $\mathbb{P}$

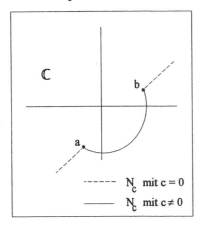   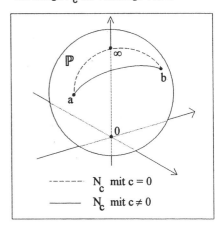

Aufgabe IV.2.4:

Es sei $G := \{ z \in \mathbb{C} : |z| > 1 \} \cup \{\infty\}$ und $\mathbb{E}$ der offene Einheitskreis. Ferner bezeichne

$$\varphi : z \mapsto \frac{az + b}{cz + d} , \quad a, b, c, d \in \mathbb{C} , \quad ad - bc \neq 0$$

eine Möbiustransformation, die in $\mathbb{E}$ einen Pol besitzt.

Beweisen Sie folgenden Mittelwertsatz:

Zu $z_1, \ldots, z_n \in G$ existiert stets ein $z^* \in G$ mit $\varphi(z^*) = \frac{1}{n} \cdot (\varphi(z_1) + \ldots + \varphi(z_n))$.

Lösung:

Die Möbiustransformation φ bildet $\mathbb{P}$ auf $\mathbb{P}$ konform (biholomorph) ab. Nach dem Satz über die Kreisverwandtschaft (2.3) geht die Kreislinie $\partial\mathbb{E}$ über in eine Kreislinie $\varphi(\partial\mathbb{E})$ in $\mathbb{P}$. Da der Pol von φ (eine Möbiustransformation besitzt genau einen Pol in $\mathbb{P}$) in $\mathbb{E}$ liegt, geht die Kreislinie nicht durch den Punkt ∞, ist also keine Gerade in $\mathbb{C}$.

Sei $B := B_\rho(m) \subset \mathbb{C}$ die von der Kreislinie $\varphi(\mathbb{E})$ berandete offene Kreisscheibe mit Mittelpunkt m. Da der Pol in $\mathbb{E}$ liegt, ist $\varphi(\mathbb{E}) = \mathbb{P} \backslash B$ und $\varphi(G) = \varphi(\mathbb{P} \backslash \mathbb{E}) = B$.

Seien nun $z_1, \ldots, z_n \in G$ und $d_1, \ldots, d_n$
durch $d_1 := \Psi(z_1) - m, \ldots, d_n := \Psi(z_n) - m$
definiert, so gilt: $|d_1| < \rho, \ldots, |d_n| < \rho$.

Somit gilt für den „Schwerpunkt":

$$s := \frac{1}{n} \cdot (\Psi(z_1) + \ldots + \Psi(z_n)) =$$

$$= \frac{1}{n} \cdot (d_1 + \ldots + d_n) + m \,, \text{ wobei}$$

$$\left|\frac{1}{n} \cdot (d_1 + \ldots + d_n)\right| \le \frac{1}{n} \cdot (|d_1| + \ldots + |d_n|) <$$

$$< \frac{1}{n} \cdot n \cdot \rho = \rho \quad \text{gilt.}$$

Damit liegt s selbst in B und da $\Psi|_G : G \to B$
bijektiv ist, gibt es ein $z^* \in \mathbb{C}$ mit $\Psi(z^*) = s$.

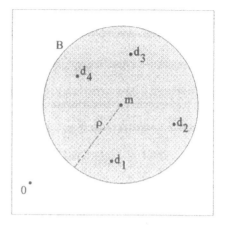

<u>Anmerkung:</u> In der Originalangabe des Bayerischen Staatsexamens ist G durch $G := \{z \in \mathbb{C} : |z| > 1\}$ definiert. Das Beispiel $\Psi : z \mapsto \frac{1}{z}$, $n = 2$, $z_1 = \frac{1}{2}$, $z_2 = -\frac{1}{2}$ zeigt aber, dass auch der Punkt ∞ in G liegen muss.

Aufgabe IV.2.5:

Sei $A \subset \mathbb{C}$ ein nicht einpunktiger Kreisbogen (zusammenhängende Teilmenge einer Kreislinie) oder eine nicht einpunktige Strecke. Weiter sei $f : \mathbb{C} \to \mathbb{C}$ eine ganze Funktion mit $f(\mathbb{C}) \subset \mathbb{C} \setminus A$.
Zeigen Sie: Die Funktion f ist konstant.

<u>Lösung:</u>

Sei $f : \mathbb{C} \to \mathbb{C}$ eine ganze Funktion mit der geforderten Eigenschaft.

Sei $A' \subset A$ ein kompakter Kreisbogen bzw. eine kompakte Strecke mit den Endpunkten a und b. Ferner sei c ein weiterer von a und b verschiedener Punkt aus A'.

Dann gibt es nach dem Existenzsatz 2.4.2 eine Möbiustransformation $T : \mathbb{P} \to \mathbb{P}$ mit $T(a) = 0$, $T(b) = \infty$ und $T(c) = -1$.

Nach dem Satz über die Kreisverwandtschaft (2.3) ist deshalb $T(\mathbb{C} \setminus A')$ gleich $\mathbb{C}^-$ und somit ein einfach zusammenhängendes Gebiet $\ne \mathbb{C}$. Damit existiert nach dem Riemannschen Abbildungssatz (1.9) eine biholomorphe Abbildung $\Psi : \mathbb{C}^- \to \mathbb{E}$.

Schließlich ist die Abbildung $\Psi \circ T \circ f : \mathbb{C} \to \mathbb{E}$ ganz und beschränkt, nach dem Satz von Liouville (Kap. I, 3.5) also konstant.

Aus der Bijektivität von $T : \mathbb{P} \to \mathbb{P}$ und $\Psi : \mathbb{C}^- \to \mathbb{E}$ folgt daraus die Konstanz von f.

Aufgabe IV.2.6:

Man beweise das Lemma von Schwarz (2.6).

Lösung:

Sei $f : \mathbb{E} \to \mathbb{C}$ eine holomorphe Funktion mit $f(\mathbb{E}) \subset \mathbb{E}$ und $f(0) = 0$.

i) Man betrachte die Abbildung $g : \mathbb{E} \to \mathbb{C}, z \mapsto \begin{cases} \frac{f(z)}{z} , z \in \mathbb{E}^* \\ f'(0) , z = 0 \end{cases}$.

Die komplexe Differenzierbarkeit von f impliziert die Stetigkeit von g in $\mathbb{E}$ und damit nach dem Riemannschen Hebbarkeitssatz (Kap. I, 3.3) auch deren Holomorphie.

ii) Nach dem Maximumprinzip (Kap. I, 3.7) gilt nun für alle $0 < r < 1$ und $z \in B_r(0)$:

$$(*) \quad |g(z)| \leq \max_{|\zeta|=r} |g(\zeta)| = \max_{|\zeta|=r} \frac{|f(\zeta)|}{r} \leq \frac{1}{r} , \quad \text{da } f(\mathbb{E}) \subset \mathbb{E}.$$

iii) Behauptung: Für alle $z \in \mathbb{E}$ gilt: $|g(z)| \leq 1$.

Beweis:

Annahme: Es gibt ein $c \in \mathbb{E}$ mit $\rho := |g(c)| > 1$.

Nun sei $r \in \,] \max\{|c| , \rho^{-1}\} ; 1\, [$, so ist $c \in B_r(0)$.

Damit gilt nach $(*)$: $|g(c)| \leq r^{-1} < \rho$.

Widerspruch.

iv) Damit erhalten wir $|f(z)| \leq |z|$ für $z \in \mathbb{E}^*$ und $|f'(0)| \leq 1$.

Da zusätzlich $|f(0)| = 0 = |0|$ gilt, ist der Teil a) des Schwarzschen Lemmas gezeigt.

v) Ist nun für ein $z \in \mathbb{E}^*$ $|f(z)| = |z|$, d. h. $|g(z)| = 1$

oder $|f'(0)| = 1$, d. h. $|g(0)| = 1$,

so nimmt g in $\mathbb{E}$ ein Maximum an.

Nach dem Maximumprinzip (Kap. I, 3.7) ist damit die Abbildung g konstant einem Wert a aus $\partial\mathbb{E}$. Somit ist $f(z) = az$ für alle $z \in \mathbb{E}^*$ und auch für $z = 0$.

Aufgabe IV.2.7:

Sei f holomorph in $\mathbb{E}$ mit $f(0) = 1$ und $\mathrm{Re}\, f(z) > 0$ für alle $z \in \mathbb{E}$.

Man zeige: $(*) \quad \dfrac{1 - |z|}{1 + |z|} \leq |f(z)| \leq \dfrac{1 + |z|}{1 - |z|}$, *für alle $z \in \mathbb{E}$.*

Hinweis: *Man betrachte die Hilfsfunktion $g(z) = \dfrac{f(z) - 1}{f(z) + 1}, \quad z \in \mathbb{E}$.*

Lösung:

Beweis: Aus der Vorausetzung $\mathrm{Re}\, f(z) > 0$ für alle $z \in \mathbb{E}$ folgt:

$$|f(z) - 1| = \left((\mathrm{Re}\, f(z) - 1)^2 + (\mathrm{Im}\, f(z))^2 \right)^{1/2} < \left((\mathrm{Re}\, f(z) + 1)^2 + (\mathrm{Im}\, f(z))^2 \right)^{1/2} = |f(z) + 1|,$$

also $|g(z)| < 1$ für alle $z \in \mathbb{E}$.

Daher stellt die Hilfsfunktion g eine holomorphe Abbildung auf $\mathbb{E}$ mit Ziel in $\mathbb{E}$ dar, die im Nullpunkt verschwindet. Die Hilfsfunktion g erfüllt also die Voraussetzungen des Lemmas von Schwarz (2.6).

Für $z \in \mathbb{E}$ gilt daher die Ungleichung: $|z| \geq |g(z)|$.

Hieraus ergeben sich jeweils die erste Ungleichung der folgenden beiden Ungleichungsketten
für $z \in \mathbb{E}$:

(1) $\quad |z| \cdot (|f(z)| + 1) \geq |1 - f(z)| \geq 1 - |f(z)|$ $\qquad$ und

(2) $\quad |z| \cdot (|f(z)| + 1) \geq |f(z) - 1| \geq |f(z)| - 1$.

Aus (1) ergibt sich die linke Seite, aus (2) die rechte Seite von (*) durch Auflösung nach $|f(z)|$.

Aufgabe IV.2.8:

Es sei $G \subset \mathbb{C}$ ein einfach zusammenhängendes Gebiet und $c \in G$.

Ist die Menge $M := \{ f'(c) \in \mathbb{C} : f : G \to G$ holomorph, $f(c) = c \}$ beschränkt ?

(Hinweis: Fallunterscheidung $G = \mathbb{C}$, $G \neq \mathbb{C}$)

Lösung:

1. Fall: $G = \mathbb{C}$: $\quad$ Für $a \in \mathbb{C}$ definiere man die Funktion

$$f_a : \mathbb{C} \to \mathbb{C} , \ z \mapsto (1 - a) \cdot c + a \cdot z ,$$

so ist $f_a(c) = c$ und $f_a'(c) = a$. Also ist $M = \mathbb{C}$ und damit unbeschränkt.

2. Fall: $G \neq \mathbb{C}$: $\quad$ Da G ein einfach zusammenhängendes Gebiet in $\mathbb{C}$ ist, gibt es nach dem Riemann-schen Abbildungssatz (1.9) eine biholomorphe Abbildung $\phi : G \to \mathbb{E}$ mit $\phi(c) = 0$.

Sei nun $f : G \to G$ holomorph mit $f(c) = c$.

Die Komposition

$$g := \phi \circ f \circ \phi^{-1} : \mathbb{E} \to \mathbb{E}$$

erfüllt somit die Voraussetzungen des Schwarzschen Lemmas (2.6).

Es gilt daher nach der Kettenregel für Ableitungen (Kap. I, 1.3.3 d)) und nach Satz 4.2 aus Kapitel I :

$$1 \geq |g'(0)| = |\phi'(f(\phi^{-1}(0))) \cdot f'(\phi^{-1}(0)) \cdot (\phi^{-1})'(0)| = |\phi'(c) \cdot f'(c) \cdot (\phi'(\phi^{-1}(0)))^{-1}| =$$
$$= |\phi'(c) \cdot f'(c) \cdot (\phi'(c))^{-1}| = |f'(c)| .$$

Somit gilt $M \subset \overline{\mathbb{E}}$, insbesondere ist M beschränkt.

Aufgabe IV.2.9:

Es sei f eine konforme Abbildung von $\mathbb{E}$ auf ein offenes Quadrat Q mit dem Mittelpunkt 0 und es gelte $f(0) = 0$.

Man beweise, dass dann $f(iz) = i \cdot f(z)$ für alle $z \in \mathbb{E}$ gilt.

Daraus zeige man, dass in der Potenzreihenentwicklung $f(z) = \sum_0^\infty a_n z^n$ von f um 0 alle Koeffizienten $a_n = 0$ sind, für die $n - 1$ kein Vielfaches von 4 ist.

Lösung:

Beweis:

Wir betrachten die konformen Abbildungen

$$g : Q \to Q \, , \, z \mapsto iz \quad (\text{„Drehung um } \tfrac{\pi}{2}\text{''}) \quad \text{und} \quad h := f^{-1} \circ g \circ f : \mathbb{E} \to \mathbb{E} \, .$$

Die Abbildung h ist also eine biholomorphe Selbstabbildung von $\mathbb{E}$ und wegen $h(0) = 0$ auch von $\mathbb{E}^*$.

Nach 2.5 gibt es daher ein $a \in \partial \mathbb{E}$ mit

$$h(z) = az \quad \text{für} \quad z \in \mathbb{E} \, .$$

Wegen der Biholomorphie von f berechnet sich der Wert a nach der Kettenregel für Ableitungen (Kap. I, 1.3.3 d)) und nach Satz 4.2 aus Kapitel I zu:

$$a = h'(z) = (f^{-1})'(g(f(z))) \cdot g'(f(z)) \cdot f'(z) = (f'(h(z)))^{-1} \cdot g'(f(z)) \cdot f'(z) \quad , \quad z \in \mathbb{E} \, .$$

Speziell für $z = 0$ erhalten wir: $\qquad a = g'(0) = i \, .$

Daraus folgt für $z \in \mathbb{E}$: $\qquad iz = h(z) = f^{-1}(i \cdot f(z))$

und somit: $\qquad\qquad\qquad\qquad f(iz) = i \cdot f(z) \, .$

Betrachtet man schließlich die Potenzreihenentwicklung (Taylorentwicklung) von $i \cdot f$ um 0 :

$$i \cdot \sum_0^\infty a_n z^n = i \cdot f(z) = f(iz) = \sum_0^\infty a_n (iz)^n \, ,$$

so folgt aus der Eindeutigkeit der Taylorentwicklung:

$$i \cdot a_n = i^n \cdot a_n = i^{n-1} \cdot i \cdot a_n \quad \text{für alle} \quad n \in \mathbb{N}_0.$$

Für alle $n \in \mathbb{N}_0$ mit $a_n \neq 0$ folgt daraus:

$$i^{n-1} = 1 \quad , \text{also} \quad 4 \mid (n-1) \, .$$

Aufgabe IV.2.10:

Sei $Q := \{z \in \mathbb{C} : -1 < Re\, z < 1 \, , \, -1 < Im\, z < 1\}$ und $f : \mathbb{E} \to Q$ die konforme Abbildung von $\mathbb{E}$ auf Q mit $f(0) = 0$ und $f'(0)$ reell und positiv.

Zeigen Sie :   a) $f(z) = -f(-z) = -i \cdot f(iz) = \overline{f(\overline{z})}$ *für alle $z \in \mathbb{E}$.*

                b) $|z| < |f(z)|$ *für alle $z \in \mathbb{E}^*$.*

Lösung:

TEILAUFGABE a) :

i)   Wir zeigen zunächst: $\qquad f(-iz) = -i \cdot f(z) \qquad$ für alle $z \in \mathbb{E}$.

     1. Möglichkeit:

     Man betrachte die konforme Abbildung

$$g : Q \to Q \, , \, z \mapsto -iz \quad (\text{„Drehung um } -\tfrac{\pi}{2}\text{''}).$$

     Die Komposition

$$h := f^{-1} \circ g \circ f \,:\, \mathbb{E} \to \mathbb{E}$$

ist somit eine biholomorphe Selbstabbildung von $\mathbb{E}$ und wegen $h(0) = 0$ auch eine von $\mathbb{E}^*$. Nach 2.5 gibt es deshalb ein $a \in \partial\mathbb{E}$ mit

$$h(z) = a \cdot z \quad \text{für alle } z \in \mathbb{E} \,.$$

Aufgrund der Biholomorphie von f gilt weiter nach der Kettenregel (Kap. I, 1.3.3 d)) und nach Satz 4.2 aus Kapitel I für alle $z \in \mathbb{E}$:

$$a = h'(z) = (f^{-1})'(g(f(z))) \cdot g'(f(z)) \cdot f'(z) = (f'(h(z)))^{-1} \cdot g'(f(z)) \cdot f'(z) \,,$$

und speziell für $z = 0$:

$$a = g'(0) = -i \,.$$

Daraus ergibt sich für $z \in \mathbb{E}$:

$$-iz = h(z) = f^{-1}(-i \cdot f(z)) \,, \quad \text{und somit} \quad f(-iz) = -i \cdot f(z)$$

2. Möglichkeit:

Sei die holomorphe Funktion $g : \mathbb{E} \to \mathbb{C}$ durch $g(z) = i \cdot f(-iz)$ definiert, so ist g als Komposition der konformen Abbildungen

$$\{\mathbb{E} \to \mathbb{E}, z \mapsto -iz\}, \quad f : \mathbb{E} \to Q \quad \text{und} \quad \{Q \to Q, z \mapsto iz\}$$

selbst eine konforme Abbildung von $\mathbb{E}$ auf Q .

Da zusätzlich $g(0) = 0$ gilt und die Ableitung

$$g'(0) = -i^2 \cdot f'(i \cdot 0) = f'(0)$$

reell und positiv ist, folgt aus der Eindeutigkeitsaussage des Riemannschen Abbildungssatzes (1.9) die zu beweisende Identität:

$$f(z) = g(z) \quad \text{für } z \in \mathbb{E} \,.$$

ii) Mit i) erhalten wir drei der vier zu beweisenden Identitäten auf $\mathbb{E}$:

$$\underline{f(z)} = f((-i) \cdot iz) = \underline{-i \cdot f(iz)} = -i \cdot f((-i) \cdot (-z)) = \underline{-f(-z)}$$

iii) Zum Beweis der vierten Identität benötigen wir noch die folgende Aussage:

<u>Behauptung</u>: $\hat{f} : \mathbb{E} \to Q$, $\hat{f}(z) := \overline{f(\overline{z})}$ ist ebenfalls eine biholomorphe (konforme) Abbildung mit positiver Ableitung im Ursprung.

<u>Begründung</u>:

> <u>wohldefiniert</u>: Wegen $|\hat{f}(z)| = |f(\overline{z})|$ ist $\hat{f}(z) \in Q$ für alle $z \in \mathbb{E}$.
>
> <u>holomorph</u>: Sei $\sum_0^\infty a_n z^n$ die Taylorentwicklung von f in $\mathbb{E}$. [9]
>
> Wegen $|a_n| = |\overline{a_n}|$ für alle $n \in \mathbb{N}_0$ besitzt auch die Reihe $\sum_0^\infty \overline{a_n} z^n$ einen Konvergenzradius ≥ 1 .
>
> Aus der Stetigkeit des Körperautomorphismus $\overline{} : \mathbb{C} \to \mathbb{C}$, $z \mapsto \overline{z}$ folgt für $z \in \mathbb{E}$:
>
> $$\sum_0^\infty \overline{a_n} z^n = \sum_0^\infty \overline{a_n \, \overline{z}^n} = \overline{\sum_0^\infty a_n \, \overline{z}^n} = \overline{f(\overline{z})} = \hat{f}(z) \,.$$

---

[9] Zur Existenz einer solchen Reihenentwicklung siehe Kapitel VI, 1.1.

Nach dem Satz über die Holomorphie von Potenzreihen (Kap. II, 3.4) ist nun f auf $\mathbb{E}$ holomorph.

<u>bijektiv:</u>   Da $\hat{f}$ Komposition der drei bijektiven Abbildungen

$$\{\ \mathbb{E} \to \mathbb{E}\ ,\ z \mapsto \overline{z}\ \}\ ,\quad f : \mathbb{E} \to Q\quad \text{und}\quad \{\ Q \to Q,\ z \mapsto \overline{z}\ \}$$

ist, stellt $\hat{f}$ selbst eine bijektive Abbildung dar.

<u>positive Ableitung im Ursprung:</u>

Da $f'(0) = \overline{a_1}$ reell ist, gilt dies auch für $a_1 = \hat{f}'(0)$.

Folglich sind f^{-1} und $\hat{f}^{-1}$ zwei konforme Abbildungen von Q auf $\mathbb{E}$ mit

$$f^{-1}(0) = 0 = \hat{f}^{-1}(0)\quad \text{und}\quad (f^{-1})'(0) = a_1^{-1} = (\hat{f}^{-1})'(0) > 0\ .$$

Nach der Eindeutigkeitsausage des Riemannschen Abbildungssatzes (1.9) ist $f^{-1} = \hat{f}^{-1}$ auf Q. Daher gilt:

$$f(z) = \hat{f}(z) = \overline{f(\overline{z})}\quad \text{für}\ z \in \mathbb{E}\ .$$

TEILAUFGABE b) :

Beweis:

Die Einschränkung $f^{-1}|_{\mathbb{E}} : \mathbb{E} \to \mathbb{E}$ erfüllt nach der Angabe die Voraussetzungen des Lemmas von Schwarz (2.6).

Es ist somit für $z \in \mathbb{E}$: $|f^{-1}(z)| \leq |z|$.

Das Gleichheitszeichen gilt dabei für kein $z \in \mathbb{E}^*$, denn ansonsten wäre

$$f^{-1}(\mathbb{E}) = \mathbb{E}$$

im Widerspruch zur Bijektivität von $f : \mathbb{E} \to Q$.

Für $z \in \mathbb{E}^*$ gilt somit: $|f^{-1}(z)| < |z|$ (*)

Sei nun $z \in \mathbb{E}^*$.

1. Fall: $f(z) \in \mathbb{E}^*$:   Dann ist nach (*) : $|z| = |f^{-1}(f(z))| < |f(z)|$.

2. Fall: $f(z) \in Q \setminus \mathbb{E}$:   Dann gilt: $|z| < 1 \leq |f(z)|$.

Aufgabe IV.2.11:

Betrachten Sie das offene regelmäßige Sechseck G
mit Mittelpunkt 0 in $\mathbb{C}$.
Beschreiben Sie die Gruppe Aut G der biholomorphen
Abbildungen $G \to G$ explizit bis auf Isomorphie.

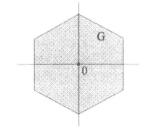

Lösung:

i) Aus dem Riemannschen Abbildungssatz (1.9) folgt die Existenz einer biholomorphen
Abbildung $G \to H$.

Denn es gibt nach dem Satz biholomorphe (konforme) Abbildungen $\psi_1 : G \to E$ und
$\psi_2 : H \to E$ und die Komposition $\psi = \psi_2^{-1} \circ \psi_1 : G \to H$ erfüllt dann die geforderten
Eigenschaften.

(Siehe auch Bemerkung 1.9.2 ii) zum Riemannschen Abbildungssatz.)

ii) <u>Behauptung</u>: Die Abbildung $\Phi : \text{Aut } H \to \text{Aut } G$, $g \mapsto \psi^{-1} \circ g \circ \psi$ ist ein
Gruppenisomorphismus.

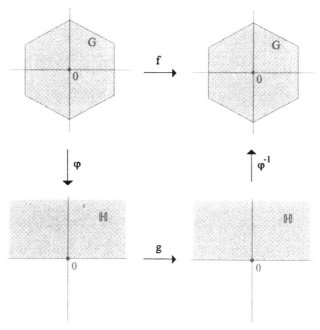

<u>Beweis</u>:   <u>Injektivität</u>:   Für $g, g' \in \text{Aut } H$ gilt:

$$\Phi(g) = \Phi(g') \Rightarrow \psi^{-1} \circ g \circ \psi = \psi^{-1} \circ g' \circ \psi .$$

Daraus folgt:

$$g = \psi \circ \psi^{-1} \circ g' \circ \psi \circ \psi^{-1} = g'$$

<u>Surjektivität</u>:   Für $f \in \text{Aut } G$ ist $g := \psi \circ f \circ \psi^{-1} : H \to H$ ein Element aus
Aut H mit $\Phi(g) = f$.

<u>Strukturverträglichkeit</u>:

Für $g, g' \in \text{Aut } H$ gilt:

$$\Phi(g \circ g') = \psi^{-1} \circ g \circ g' \circ \psi = \psi^{-1} \circ g \circ \psi \circ \psi^{-1} \circ g' \circ \psi =$$
$$= \Phi(g) \circ \Phi(g').$$

Also ist Aut G isomorph zu Aut H , wobei nach 2.5 Aut H folgendes Aussehen besitzt:

$$\text{Aut } \mathbb{H} \ = \ \{\, z \mapsto \frac{az+b}{cz+d} : a,b,c,d \in \mathbb{R}, \ ad-bc=1 \,\} \ =$$

$$= \ \{\, z \mapsto \frac{az+b}{cz+d} : a,b,c,d \in \mathbb{R}, \ \begin{pmatrix} a & b \\ c & d \end{pmatrix} \in SL(2;\mathbb{R}) \,\}$$

Hier ist $SL(2;\mathbb{R})$ die multiplikative Gruppe der reellen 2x2-Matrizen mit Determinante 1.

iii)   <u>Behauptung:</u> Die Abbildung $\psi : SL(2;\mathbb{R}) \to \text{Aut } \mathbb{H}$, $\begin{pmatrix} a & b \\ c & d \end{pmatrix} \mapsto [\, z \mapsto \frac{az+b}{cz+d} \,]$ ist ein surjektiver

Gruppenhomomorphismus mit Kern $\{E, -E\}$, der zweielementigen Untergruppe von

$SL(2;\mathbb{R})$ aus Einheitsmatrix $E = \begin{pmatrix} 1 & 0 \\ 0 & 1 \end{pmatrix}$ und $-E = \begin{pmatrix} -1 & 0 \\ 0 & -1 \end{pmatrix}$.

<u>Beweis:</u>   <u>Surjektivität:</u> Klar wegen obiger Darstellung von $\text{Aut } \mathbb{H}$.

<u>Strukturverträglichkeit:</u> Für $A := \begin{pmatrix} a & b \\ c & d \end{pmatrix}$, $A' := \begin{pmatrix} a' & b' \\ c' & d' \end{pmatrix} \in SL(2;\mathbb{R})$ ist

$$\psi(A \cdot A') \ = \ \psi(\,\begin{pmatrix} aa'+bc' & ab'+bd' \\ ca'+dc' & cb'+dd' \end{pmatrix}\,) \ =$$

$$= \ [\, z \mapsto \frac{(aa'+bc')z + (ab'+bd')}{(ca'+dc')z + (cb'+dd')} \,] \ =$$

$$= \ [\, z \mapsto \frac{az+b}{cz+d} \,] \circ [\, z \mapsto \frac{a'z+b'}{c'z+d'} \,] \ =$$

$$= \ \psi(A) \circ \psi(A').$$

<u>Kern ψ</u> $= \{E, -E\}$: Für $\begin{pmatrix} a & b \\ c & d \end{pmatrix} \in SL(2;\mathbb{R})$ ist:

$$\psi(\begin{pmatrix} a & b \\ c & d \end{pmatrix}) = [\, z \mapsto z \,] \ \Leftrightarrow \ \frac{az+b}{cz+d} = z \quad \text{für alle } z \in \mathbb{H}$$

$$\Leftrightarrow \ b = 0, \ c = 0, \ \frac{a}{d} = 1 \ \Leftrightarrow \ b = c = 0, \ a = d \ \Leftrightarrow$$

$$\Leftrightarrow \ \begin{pmatrix} a & b \\ c & d \end{pmatrix} \in \{E, -E\} \quad \text{da } ad-bc=1 \text{ gelten muss.}$$

Nach dem Homomorphiesatz für Gruppen [10] folgt daraus die Isomorphie von $\text{Aut } \mathbb{H}$ zur

Faktorgruppe $SL(2;\mathbb{R}) / \text{Ker } \psi \ = \ SL(2;\mathbb{R}) / \{E, -E\}$.

Somit ist die Gruppenstruktur von $\text{Aut } G$ festgelegt durch:

$$\text{Aut } G \ \cong \ SL(2;\mathbb{R}) / \{E, -E\}.$$

<u>Anmerkung:</u> In der Originalprüfungsangabe der Bayerischen Staatsprüfung wird noch die Beschreibung „der Struktur von $\text{Aut } G$ als Mannigfaltigkeit bis auf Diffeomorphie mit Hilfe bekannter Mannigfaltigkeiten (Sphären, Kreisscheiben)" verlangt.

Die Lösung ist die Untermannigfaltigkeit $\partial \mathbb{E} \times \mathbb{E}$ des $\mathbb{R}^4$. Dies kann durch die Darstellung

$$\text{Aut } G \ \cong \ \text{Aut } \mathbb{E} \ = \ \{\, z \mapsto a \cdot \frac{z-w}{\overline{w}z - 1} : a \in \partial \mathbb{E}, \ w \in \mathbb{E} \,\}$$

zwar motiviert, aber mit den Kenntnissen aus diesem Buch nicht vollständig begründet werden.

---

[10]   Siehe hierzu Lehrbücher der Algebra.

§3 Liste der wichtigsten konformen Abbildungen

In diesem Paragraphen sind die elementarsten konformen Abbildungen aufgeführt. Aus diesen lassen sich viele weitere durch Komposition erzeugen.

Allgemeines zu den Abbildungsskizzen

Gebiete in den Skizzen

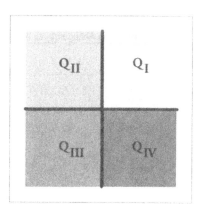

Q_I := $\{z \in \mathbb{C}\colon \operatorname{Re} z, \operatorname{Im} z > 0\}$ (I. Quadrant)

Q_{II} := $\{z \in \mathbb{C}\colon \operatorname{Re} z < 0, \operatorname{Im} z > 0\}$ (II. Quadrant)

Q_{III} := $\{z \in \mathbb{C}\colon \operatorname{Re} z, \operatorname{Im} z < 0\}$ (III. Quadrant)

Q_{IV} := $\{z \in \mathbb{C}\colon \operatorname{Re} z > 0, \operatorname{Im} z < 0\}$ (IV. Quadrant)

$\mathbb{C}^-$:= $\mathbb{C} \setminus {]-\infty; 0]}$ („Geschlitzte Ebene")

$\mathbb{H}$:= $\{z \in \mathbb{C}\colon \operatorname{Im} z > 0\}$ (Obere Halbebene)

$\mathbb{H}_u$:= $\{z \in \mathbb{C}\colon \operatorname{Im} z < 0\}$ (Untere Halbebene)

Die schraffierten Bereiche in den Skizzen sind stets offen. Die Begrenzungslinien werden somit nicht zu den Bereichen gezählt. (Ausnahmen werden besonders gekennzeichnet.)

Winkel in den Skizzen

Winkel werden stets ab der positiven reellen Achse gemessen.

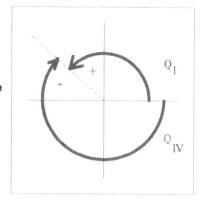

Winkel, die von der positiven reellen Achse aus in den ersten Quadranten ragen, heißen <u>positiv orientiert</u> und diejenigen, die in den vierten Quadranten ragen, <u>negativ orientiert</u>.

Für einen Winkel $\alpha \in \mathbb{R}$ sei mit $<\alpha>$ diejenige eindeutig bestimmte Zahl aus dem Intervall $[0; 2\pi[$ bezeichnet, für die gilt:

$$\alpha \in <\alpha> + 2\pi \cdot \mathbb{Z} \qquad (\text{,,}<\alpha> \equiv \alpha \bmod 2\pi\text{''}).$$

Beispiele: $<\frac{17}{2}\pi> = \frac{\pi}{2}$; $<-5{,}2\pi> = 0{,}8\pi$.

Funktionswerte an den Grenzen des Definitionsbereichs

Zur Vereinfachung werden folgende Notationen vereinbart:

$e^{-\infty} = 0$, $e^{\infty} = \infty$, $\ln 0 = -\infty$, $\ln \infty = \infty$, $\infty^m = \infty$ $(m \in \mathbb{R}^+)$, $\infty^{-1} = 0$, $0^{-1} = \infty$ und

$a \cdot (b + \infty) = \infty$ $(a \in \mathbb{C}^*,\ b \in \mathbb{C})$.

3.1   Lineare Transformationen $z \mapsto az + b$ $(a \in \mathbb{C}^*, b \in \mathbb{C})$

<u>Allgemeines zu den linearen Transformationen:</u>

Jede lineare Transformation $z \mapsto az + b$ ist Komposition einer Parallelverschiebung (ii),
einer Drehung (iii) und einer Streckung/Stauchung (iv).

Beispiele für lineare Transformationen sind die linearen Abbildungen $z \mapsto az$ $(a \in \mathbb{C}^*)$. Jede lineare Abbildung ist eine Komposition einer Drehung (iii) und einer Streckungen/Stauchungen (iv).

Aus diesem Grund identifiziert man häufig eine komplexe Zahl $a \in \mathbb{C}^*$ mit der zugehörigen Drehstreckung $z \mapsto az$.

<u>Sonderfälle von linearen Transformationen:</u>

(i)   Identische Abbildung $z \mapsto z$

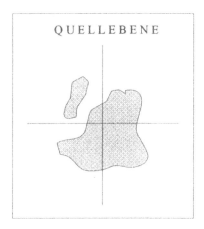

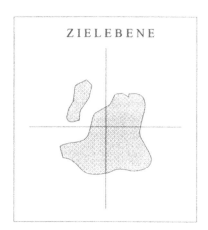

(ii) Parallelverschiebung (Translation) $z \mapsto z + b$
     (Verschiebungsvektor $b \in \mathbb{C}$)

(iii) Drehung $z \mapsto e^{i\alpha} \cdot z$ ($\alpha \in [0; 2\pi[$)

(Drehwinkel $\alpha \in [0; 2\pi[$)

QUELLEBENE

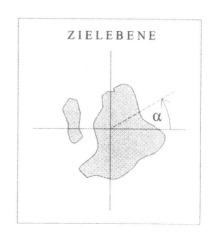

ZIELEBENE

Beispiele:

$\alpha = \frac{\pi}{2}$: $z \mapsto \exp\left(i\,\frac{\pi}{2}\right) \cdot z$ $= i \cdot z$ (Drehung um 90^0),

$\alpha = \pi$: $z \mapsto \exp\left(i\pi\right) \cdot z$ $= -z$ (Drehung um 180^0),

Punktspiegelung am Ursprung)

$\alpha = -\frac{\pi}{2}$: $z \mapsto \exp\left(-i\,\frac{\pi}{2}\right) \cdot z$ $= -i \cdot z$ (Drehung um -90^0) .

(iv) Streckung (Stauchung) $z \mapsto r \cdot z$ ($r \in \mathbb{R}^{+}$)

(Streckungsfaktor:

$r > 1$: Streckung ; $r < 1$: Stauchung ; $r = 1$: identische Abbildung (i))

Abbildungsbeispiel für $r > 1$:

QUELLEBENE

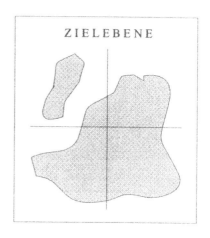

ZIELEBENE

3.2   Die Exponentialfunktion $z \mapsto \exp z$

Quellebene: **Rechteck**	Zielebene: **Kreisringsektor**
Bereich auf der reellen Achse: $]a , b[$ mit $-\infty \leq a < b \leq \infty$.	Winkelbereich: $]\alpha , \beta[$

Bereich auf der imaginären Achse: $]\alpha , \beta[$
  mit $-\infty \leq \alpha < \beta \leq \infty$,
  und $|\beta - \alpha| \leq 2\pi$.
	Radialbereich: $]e^a , e^b[$

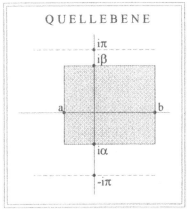

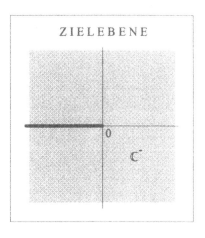

Beweisidee: $\exp z = e^{\operatorname{Re} z} \cdot e^{i \operatorname{Im} z}$.

Einige Abbildungsbeispiele:

(i) $a = -\infty$, $b = \infty$; $\alpha = -\pi$, $\beta = \pi$.

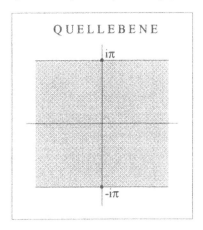

(ii) $a = -\infty$, $b = \infty$; $\alpha = 0$, $0 < \beta \le 2\pi$.

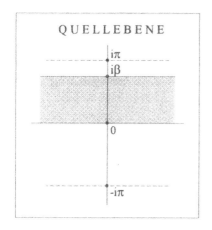

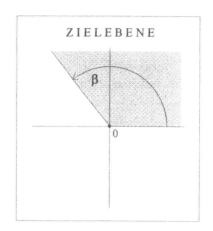

(iii) $a = -\infty$, $b = 0$; $\alpha = 0$, $\beta = \pi$.

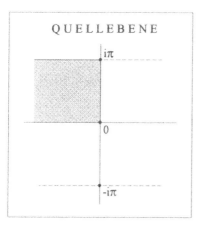

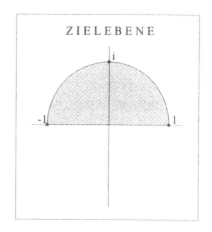

(iv) $a = 0$, $b = \infty$; $\alpha = 0$, $\beta = \pi$.

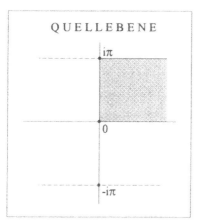

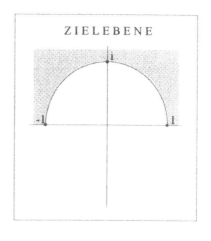

3.3   Logarithmusfunktion (Hauptzweig) $z \mapsto \log z$ $(z \in \mathbb{C}^{-})$

| Quellebene: **Kreisringsektor** | Zielebene: **Rechteck** |

Winkelbereich: $]\alpha, \beta[$ mit $-\pi \le \alpha < \beta \le \pi$ Bereich auf der reellen Achse: $]\ln a, \ln b[$
Radialbereich: $]a, b[$ mit $0 \le a < b \le \infty$ Bereich auf der imaginären Achse: $]\alpha, \beta[$

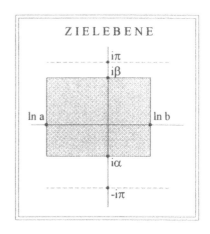

Beweisidee: $\log z = \ln |z| + i \cdot \arg z.$

Einige Abbildungsbeispiele:

(i) $\alpha = -\pi,\ \beta = \pi;\ a = 0,\ b = \infty.$

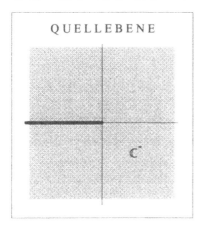
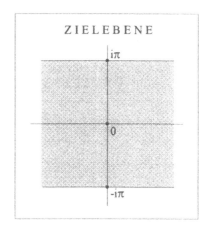

(ii) $\alpha = -\frac{\pi}{2}$, $\beta = \pi$; $a = 0$, $b = \infty$.

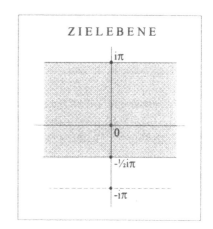

(iii) $\alpha = -\pi$, $\beta = \pi$; $a = 0$, $b = 1$.

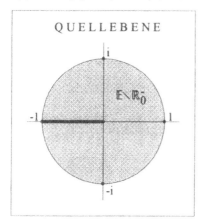

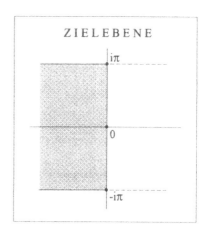

(iv) $\alpha = -\pi$, $\beta = \pi$; $a = 1$, $b = \infty$.

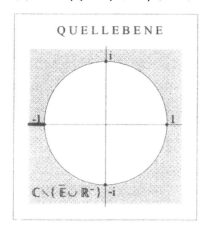

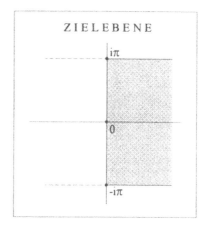

3.4   Potenzfunktion mit reellem Exponenten $z \mapsto z^m$ ($m \in \mathbb{R}^\star$)

3.4.1 Potenzfunktion (Hauptzweig) mit positivem nichtganzen Exponenten $z \mapsto z^m$
($z \in \mathbb{C}^-$, $m \in \mathbb{R}^+ \setminus \mathbb{N}$), speziell Wurzelfunktion

Quellebene: **Kreisringsektor**	Zielebene: **Kreisringsektor**
Winkelbereich: $]\alpha\,,\beta[$ mit $-\pi \le \alpha < \beta \le \pi,$ und $m \cdot |\beta - \alpha| \le 2\pi$	Winkelbereich: $]m\alpha\,, m\beta[$
Radialbereich: $]a\,,b[$ mit $0 \le a < b \le \infty$	Radialbereich: $]a^m\,, b^m[$

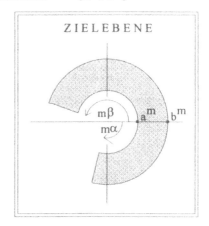

Beweisidee: $z^m = \exp(m \cdot \ln|z| + i \cdot m \cdot \arg z) = |z|^m \cdot e^{i \cdot m \cdot \arg z}$.

Einige Abbildungsbeispiele:

Alle folgenden Abbildungsbeispiele beziehen sich auf einen Exponenten m, der größer als 1 ist. Abbildungsbeispiele für $m < 1$ (z. B. für die Wurzelfunktionen) erhält man dadurch, dass Quell- und Zielebene vertauscht werden und der Exponent m durch m^{-1} ersetzt wird.

(i) $\alpha = 0$, $\beta = \dfrac{\pi}{m}$; $a = 0$, $b = \infty$.

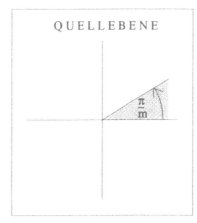
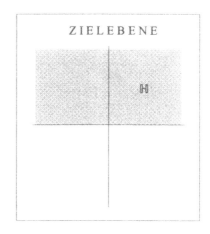

(ii) $\alpha = -\dfrac{\pi}{2m}$, $\beta = 0$; $a = 0$, $b = \infty$.

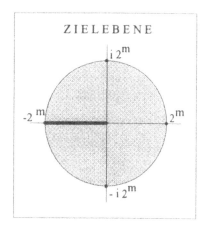

(iii) $\alpha = -\dfrac{\pi}{m}$, $\beta = \dfrac{\pi}{m}$; $a = 0$, $b = 2$.

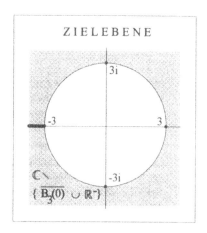

(iv) $\alpha = -\dfrac{\pi}{m}$, $\beta = \dfrac{\pi}{m}$; $a = 3^{1/m}$, $b = \infty$.

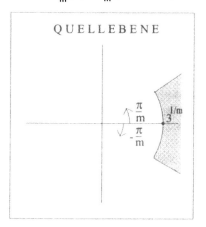

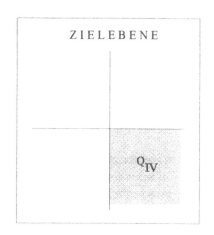

3.4.2 Potenzfunktionen mit natürlichen Exponenten $z \mapsto z^m$ $(m \in \mathbb{N})$

Prinzipiell liegen hier die gleichen Abbildungseigenschaften wie in 3.4.1 vor. Jetzt kann sich aber das Quellgebiet auch über die negative reelle Achse $\mathbb{R}^-$ erstrecken, da zur Definition von z^m $(m \in \mathbb{N})$ der Hauptzweig des Logarithmus (Kap. III, 2.2.2) nicht mehr benötigt wird.

Der Übersichtlichkeit wegen werden in 3.4.2 und 3.4.3 die Winkel α und β nur im positiven Sinn angetragen.

Quellebene: **Kreisringsektor**	Zielebene: **Kreisringsektor**
Winkelbereich:	Winkelbereich:
Die Spitze des Winkels $\alpha \in [0; 2\pi[$ zeigt in den schraffierten Winkelbereich hinein, die Spitze des Winkels $\beta \in [0; 2\pi[$ zeigt aus diesem heraus.	Die Spitze des Winkels $<m\alpha>$ zeigt in den schraffierten Winkelbereich hinein, die Spitze des Winkels $<m\beta>$ zeigt aus diesem heraus. (Siehe Einleitung zu §3 „Winkel in den Skizzen".)
Voraussetzungen: $\alpha \neq \beta$, $\quad m \cdot |\beta - \alpha| \leq 2\pi$, falls $\alpha < \beta$ und $\quad m \cdot |\beta + 2\pi - \alpha| \leq 2\pi$, falls $\beta < \alpha$.	
Radialbereich: $]a, b[$ mit $0 \leq a < b \leq \infty$.	Radialbereich: $]a^m, b^m[$.

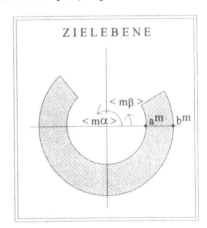

Erklärung zur Konstruktion des Zielgebietes

Man betrachte die linke Skizze: Die Spitze des Winkels α zeigt *in* den schraffierten Winkelbereich *hinein*, während die Spitze des Winkels β *aus* diesem *heraus* zeigt. Unter der zusätzlichen Einschränkung $\alpha, \beta \in [0; 2\pi[$ sind diese Winkel nun bei vorgegebenen abzubildenden Kreisringsektor eindeutig festgelegt.

Diese scheinbar unnötig komplizierte Festlegung ist nötig, da die Einschränkung des Quellgebiets auf $\mathbb{C}^-$ nun fallengelassen wird. Man beachte, dass neben $\alpha < \beta$ auch $\alpha > \beta$ möglich ist (vgl. (ii)). Mit den so ermittelten Werten für α und β ist es nun leicht, den Winkelbereich der Zielebene zu konstruieren:

Die Werte der Winkel $<m\alpha>$ und $<m\beta>$ lassen sich mit der Definition (Einleitung zu §3 „Winkel in den Skizzen") berechnen und liegen wieder im Intervall $[0\,;2\pi[$. Durch die Festlegung, dass die Spitze des Winkels $<m\alpha>$ *in* und die Spitze des Winkels $<m\beta>$ *aus* dem Winkelbereich des Zielgebiets zeigt, ist dieser Bereich eindeutig bestimmt.

Dieses Konstruktionsverfahren findet auch in den Nummern 3.4.3 und 3.4.4 Anwendung.

Beweisidee: Siehe 3.4.1.

Einige Abbildungsbeispiele:

(i) $m = 2$: $\alpha = \frac{\pi}{2}$, $\beta = \pi$; $a = 0$, $b = \infty$.

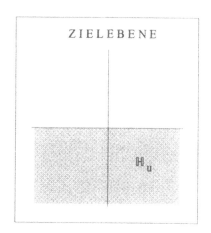

(ii) $m = 3$: $\alpha = \frac{7}{4}\pi$, $\beta = \frac{\pi}{4}$; $a = 0$, $b = 2$.

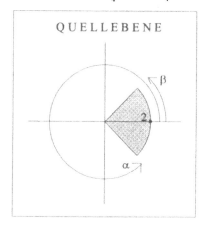
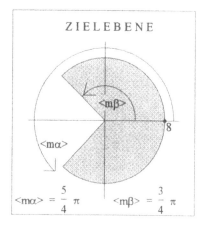

Weitere Abbildungsbeispiele: Siehe 3.4.1.

3.4.3 Die Stürzung (Inversion) $z \mapsto z^{-1}$ $(z \in \mathbb{C}^*)$

Quellebene: **Kreisringsektor**

Winkelbereich:

a) Vollkreis

b) Kein Vollkreis: Die Spitze des Winkels
    $\alpha \in [0 \,;\, 2\pi[$ zeigt in den schraffierten
    Winkelbereich hinein, die Spitze des
    Winkels $\beta \in [0 \,;\, 2\pi[$ zeigt aus diesem
    heraus. $\alpha \neq \beta$. (Vergleiche 3.4.2)

Radialbereich: $]a, b[$ mit $0 \le a < b \le \infty$.

Zielebene: **Kreisringsektor**

Winkelbereich:
Der Winkelbereich des Quellgebietes
an der reellen Achse gespiegelt.

Radialbereich: $]b^{-1}, a^{-1}[$.

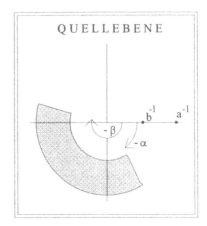

Beweisidee: $z^{-1} = (|z| \cdot e^{i \cdot \arg z})^{-1} = |z|^{-1} \cdot e^{-i \cdot \arg z}$.

Einige Abbildungsbeispiele:

(i) $\alpha = 0$, $\beta = \frac{\pi}{2}$; $a = 0$, $b = \infty$.

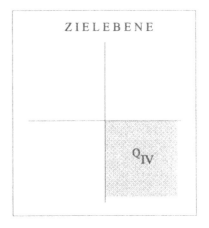

(ii) $\alpha = \dfrac{\pi}{4}$, $\beta = \dfrac{3}{4}\pi$; $a = 0$, $b = 2$.

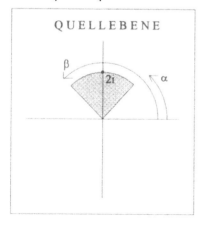

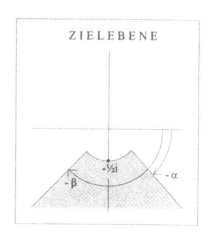

(iii) Vollkreis ; $a = 0$, $b = 1$.

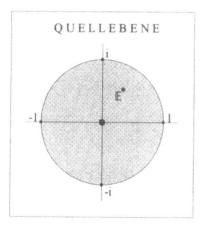

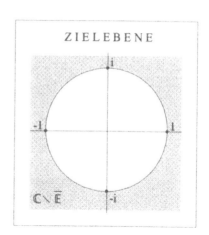

(iv) Vollkreis ; $a = 0$; $b = \infty$.

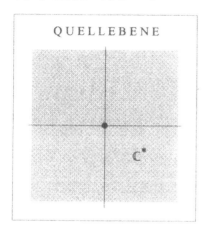

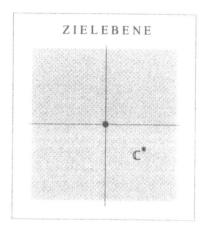

3.4.4 Potenzfunktion mit beliebigem negativen Exponenten $z \mapsto z^m$ $(m \in \mathbb{R}^-)$

Wegen $z^m = (z^{|m|})^{-1}$ ist diese Potenzfunktion eine Komposition der Abbildungen aus 3.4.1, 3.4.2 und 3.4.3. Im Falle $m \notin \mathbb{Z}$ ist auf den Definitionsbereich des zugrundeliegenden Logarithmuszweiges zu achten (i.a. $\mathbb{C}^-$ für den Hauptzweig).

3.5 Gebrochen lineare Transformation (Möbiustransformation) $z \mapsto \dfrac{az + b}{cz + d}$

$(a, b, c, d \in \mathbb{C}, c \neq 0, ad - bc \neq 0)$

Zwei Sonderfälle:

(i) Konforme Abbildung von $\mathbb{H}$ auf $\mathbb{E}$: $\quad z \mapsto e^{i\alpha} \cdot \dfrac{z - c}{z - \bar{c}}$ $\quad$ ($c \in \mathbb{H}, \alpha \in [0 \,; 2\pi[$)

Beispiel: $\qquad$ „Cayleyabbildung" $\qquad z \mapsto \dfrac{z - i}{z + i}$

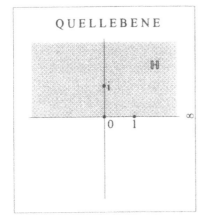

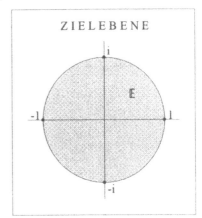

Beweisidee: $\qquad 0 \mapsto -1, 1 \mapsto -i, \infty \mapsto 1.$

$\qquad$ Kreisverwandtschaft: „Kreis" durch $0, 1, \infty$ geht über in den Kreis durch

$\qquad -1, -i, 1.$ Bijektivität $\mathbb{P} \to \mathbb{P}$, Gebietstreue und $\mathbb{H} \ni i \mapsto 0 \in \mathbb{E}$.

$\quad$ Oder: $\qquad D(\,\cdot\,; -1, 1, -i)^{-1}(z) = \dfrac{z - i}{z + i}$. (Siehe 2.4.)

(ii) Konforme Abbildung von $\mathbb{E} \cap \mathbb{H}$ auf Q_I : $\quad z \mapsto -\dfrac{z + 1}{z - 1}$

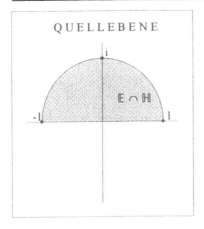

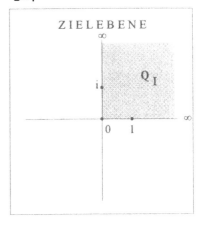

<u>Beweisidee:</u>   i) $-1 \mapsto 0,\ i \mapsto i,\ 1 \mapsto \infty$.

                     Kreisverwandtschaft: Kreis durch die Punkte -1, i, 1 geht über in den „Kreis" durch die Punkte 0, i, ∞.

              ii) $0 \mapsto 1$.

                     Kreisverwandtschaft: „Kreis" durch die Punkte -1, 0, 1 geht über in den „Kreis" durch die Punkte 0, 1, ∞.

              iii) Bijektivität $\mathbb{P} \to \mathbb{P}$, Gebietstreue

                  und $\mathbb{E} \cap \mathbb{H} \ni \dfrac{i}{2} \mapsto \dfrac{1}{5}(3+4i) \in Q_\mathsf{I}$.

3.6   <u>Die Joukowskische Abbildung $z \mapsto \frac{1}{2}(z + z^{-1})$</u>

Diese Abbildung stellt das „Gerüst" vieler weiterer Funktionen (z. B. cos, sin, cosh, sinh) dar.

<u>Beispiel:</u> $\cosh = \left(z \mapsto \tfrac{1}{2} \cdot (e^{z} + e^{-z}) \right) = \left(z \mapsto \tfrac{1}{2} \cdot (z + z^{-1}) \right) \circ \left(z \mapsto \exp z \right)$

(a) Der Zweig $\mathbb{C} \setminus \overline{\mathbb{E}} \to \mathbb{C}$

Quellebene: **Kreisringsektor**	Zielebene: **Ellipsenringsektor**
Winkelbereich: **90^0, 180^0, 270^0** oder **360^0- Winkelbereich** mit vollen Quadranten oder **Vollkreis**[11]	Winkelbereich: wie in der Quellebene Bereich auf der reellen Achse (gr. Halbachse): $\left] \tfrac{1}{2} \cdot (a + a^{-1})\ ;\ \tfrac{1}{2} \cdot (b + b^{-1}) \right[$ Bereich auf der imaginären Achse (kl. Halbachse):
Radialbereich: $]a\,;\,b[$ mit $1 \le a < b \le \infty$.	$\left] \tfrac{1}{2} \cdot (a - a^{-1})\ ;\ \tfrac{1}{2} \cdot (b - b^{-1}) \right[$

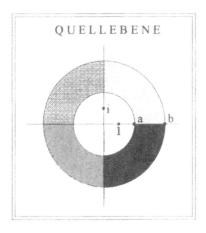 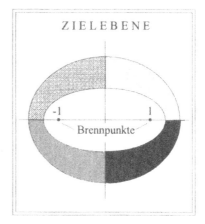

---

[11]   Zum Unterschied zwischen einem 360^0 - Winkelbereich und einem Vollkreis: Bei $\mathbb{C}^-$ liegt ein 360^0 - Winkelbereich, bei $\mathbb{C}^*$ hingegen ein Vollkreis vor.

(b) Der Zweig $\mathbb{E}^* \to \mathbb{C}$

Quellebene: **Kreisringsektor**	Zielebene: **Ellipsenringsektor**

Winkelbereich: wie bei a)

Radialbereich: $]a, b[$ mit $0 \le a < b \le 1$.

Zielebene:

Winkelbereich: Winkelbereich der Quellebene, an der reellen Achse gespiegelt.

Bereich auf der reellen Achse (gr. Halbachse):
$$]\tfrac{1}{2} \cdot (b^{-1} + b) ; \tfrac{1}{2} \cdot (a^{-1} + a) [$$

Bereich auf der imaginären Achse (kl. Halbachse):
$$]\tfrac{1}{2} \cdot (b^{-1} - b) ; \tfrac{1}{2} \cdot (a^{-1} - a) [$$

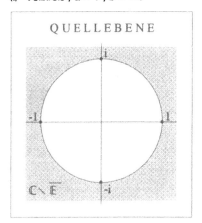

<u>Beweisidee:</u> $\tfrac{1}{2}(z + z^{-1}) = \tfrac{1}{2}(|z| \cdot e^{i \cdot \arg z} + |z|^{-1} \cdot e^{-i \cdot \arg z}) =$

$= \tfrac{1}{2} (|z| + |z|^{-1}) \cdot \cos (\arg z) + \tfrac{1}{2} (|z| - |z|^{-1}) \cdot \sin (\arg z).$

Die Kreislinie $|z| = r$ geht somit über in die Ellipse $x = \tfrac{1}{2} (r + r^{-1}) \cos \phi, \quad y = \tfrac{1}{2} (r - r^{-1}) \sin \phi.$

<u>Einige Abbildungsbeispiele:</u>

(i) Vollkreis ; $a = 1$, $b = \infty$.

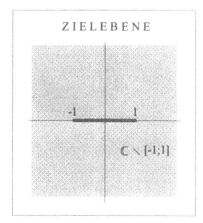

Man beachte, dass die Strecke $[-1 ; 1]$ als Ellipse mit den Brennpunkten -1 und 1 und numerischer Exzentrität $\varepsilon = 1$ aufgefasst werden kann.

(ii) obere Halbebene ; a = 0 , b = 1.

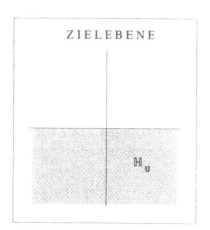

(iii) obere Halbebene ; $a_1 = 1$, $b_1 = \infty$ und $a_2 = 0$, $b_2 = 1$.

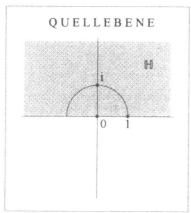

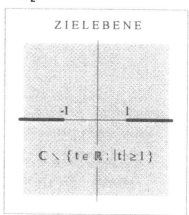

(Die Halbkreislinien $\partial\mathbb{E} \cap \mathbb{H}$ und $\partial\mathbb{E} \cap \mathbb{H}_u$ gehen über in die Strecke $]-1\,;1[$).

(iv) dritter Quadrant ; a = 0 , b = 1.

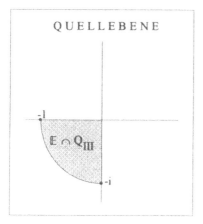

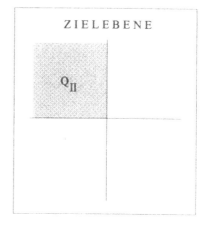

3.7   Einige zusammengesetzte Abbildungen

Als Anwendung der Joukowskischen Abbildung (3.7) werden im Folgenden einige Abbildungsbeispiele der Kosinus- und Sinusfunktion aufgeführt.

a) Kosinusfunktion $z \mapsto \cos z = \frac{1}{2} \cdot (e^{iz} + e^{-iz})$

Einige Abbildungsbeispiele:

(i) Quellebene: $\{ z \in \mathbb{C} : -\pi < \operatorname{Re} z < \pi \; ; \; \operatorname{Im} z > 0 \}$
     Zielebene: $\mathbb{C} \setminus \{ t \in \mathbb{R} : t \leq 1 \}$

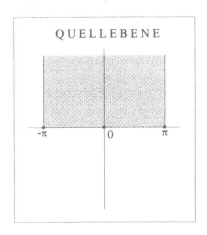
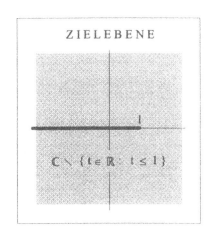

(ii) Quellebene: $\{ z \in \mathbb{C} : 0 < \operatorname{Re} z < \pi \}$
     Zielebene: $\mathbb{C} \setminus \{ t \in \mathbb{R} : |t| \geq 1 \}$

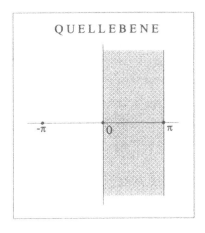
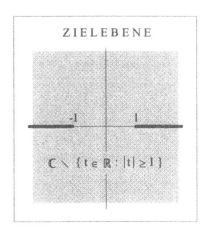

Beweisidee: $\cos = (z \mapsto \frac{1}{2} \cdot (z + z^{-1})) \circ (z \mapsto e^{z}) \circ (z \mapsto i \cdot z)$.

(Vgl. 3.6, 3.2, 3.1 (iii).)

b) Sinusfunktion $z \mapsto \sin z = \dfrac{1}{2i} \cdot (e^{iz} - e^{-iz})$

Einige Abbildungsbeispiele:

(i) Quellebene: $\{ z \in \mathbb{C} : -\dfrac{\pi}{2} < \mathrm{Re}\, z < \dfrac{\pi}{2} \, ; \, \mathrm{Im}\, z > 0 \}$
    Zielebene: $\mathbb{H}$

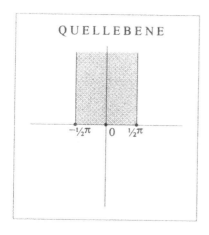
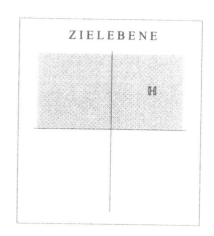

(ii) Quellebene: $\{ z \in \mathbb{C} : 0 < \mathrm{Re}\, z < \dfrac{\pi}{2} \, ; \, \mathrm{Im}\, z > 0 \}$
     Zielebene: Q_I

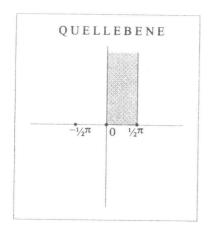
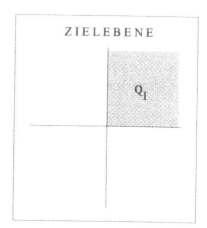

Beweisidee: $\sin = (z \mapsto \cos z) \circ (z \mapsto z - \dfrac{\pi}{2})$.

(Vgl. 3.7 a) und 3.1 (ii).)

Siehe auch „Zusammenfassungen und Übersichten, Teil E".

Aufgaben zu Kapitel IV , §3

Aufgabe IV.3.1:

Es sei $S := \{ z \in \mathbb{C} : |Im\, z| < \pi \}$. *Geben Sie eine biholomorphe Abbildung* f *von* S *auf* $\mathbb{E}$ *an.*

Lösung:

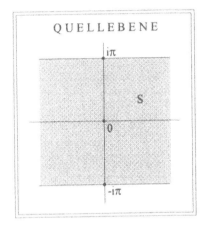

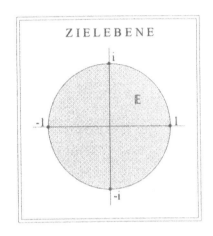

$f_1 : z \mapsto \exp z$

$f_4 : z \mapsto (z - i) \cdot (z + i)^{-1}$

(Cayleyabbildung)

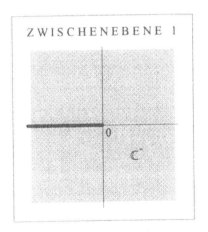

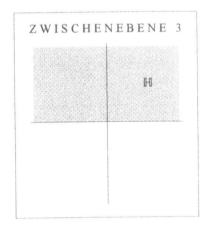

$f_2 : z \mapsto z^{1/2}$ (z. B. Hauptzweig)

$f_3 : z \mapsto i \cdot z$

$f_2 : z \mapsto z^{1/2}$ (z. B. Hauptzweig) $f_3 : z \mapsto i \cdot z$

ZWISCHENEBENE 2

$$\{ z \in \mathbb{C} : \operatorname{Re} z > 0 \}$$

Resultierende Abbildung:

$$f = f_4 \circ f_3 \circ f_2 \circ f_1 : \; z \mapsto \; (i \cdot e^{z/2} - i) \cdot (i \cdot e^{z/2} + i)^{-1} =$$
$$= \; \tanh (\tfrac{z}{4}) .$$

Begründungen zu den Teilabbildungen: 3.2 (i) ; 3.4.1 ; 3.1 (iii) ; 3.5(i) .

Aufgabe IV.3.2:

a)   *Man gebe eine gebrochen lineare Transformation $T : \mathbb{P} \to \mathbb{P}$ an, welche die untere Halb-*
      ebene $H := \{ z \in \mathbb{C} : \operatorname{Im} z \leq 0 \} \cup \{ \infty \}$ auf $\overline{\mathbb{E}}$ abbildet.

b)   *Man gebe eine Abbildung des I. Quadranten Q_I auf $\mathbb{P} \setminus \overline{\mathbb{E}}$ an.*

Anmerkung: In der Originalangabe der Bayerischen Staatsprüfung ist H durch $\operatorname{Im} z \leq 0$ definiert.
Die so definierte Menge H ist nicht abgeschlossen in $\mathbb{P}$, das Zielgebiet $\overline{\mathbb{E}}$ hingegen schon.

Es gibt somit keine stetige Abbildung $\mathbb{P} \to \mathbb{P}$ (insbesondere keine gebrochen
lineare Transformation), die diese Menge H auf $\overline{\mathbb{E}}$ abbildet.

Aus diesem Grund muss der Punkt ∞ zu H gehören!

Lösung:

a)

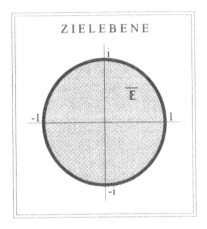

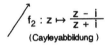

$f_1 : z \mapsto -z$

$f_2 : z \mapsto \dfrac{z - i}{z + i}$
(Cayleyabbildung)

Resultierende Abbildung: $T = f_2 \circ f_1 : z \mapsto (z + i) \cdot (z - i)^{-1}.$

Begründungen zu den Teilabbildungen: 3.1 (iii), 3.5 (i) .

b)

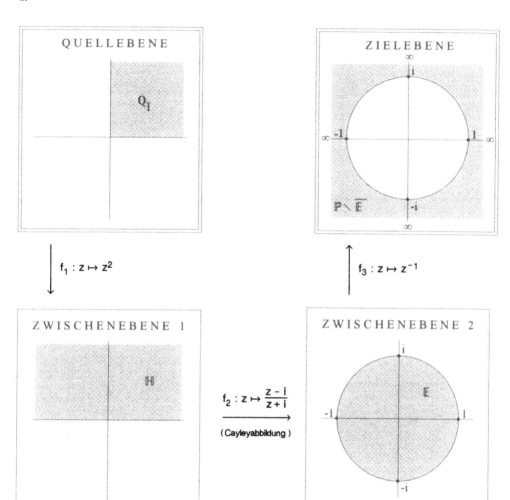

Resultierende Abbildung: $f = f_3 \circ f_2 \circ f_1 : z \mapsto (z^2 + i) \cdot (z^2 - i)^{-1}$.

Begründungen zu den Teilabbildungen: 3.4.2; 3.5(i); 3.4.3(iii).

Aufgabe IV.3.3:

Sei Q_I der offene I. Quadrant und $G := Q_I \setminus \{ t \cdot (1 + i) : 0 < t \leq 1\}$.

Konstruieren Sie eine biholomorphe Abbildung von G auf die obere Halbebene $\mathbb{H}$.

Hinweis: Betrachten Sie zunächst die Abbildung $z \mapsto z^4$.

Lösung:

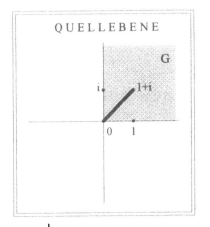

QUELLEBENE

G

i   1+i

0   1

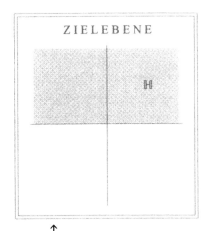

ZIELEBENE

H

$f_1 : z \mapsto z^4$

$f_5 : z \mapsto i \cdot z$

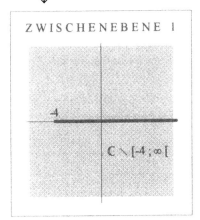

ZWISCHENEBENE 1

-4

$\mathbb{C} \setminus [-4; \infty[$

ZWISCHENEBENE 4

$\{ z \in \mathbb{C} : \\ \text{Re } z > 0 \}$

$f_2 : z \mapsto z + 4$

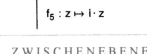

$f_4 : z \mapsto z^{1/2}$
(z. B. Hauptzweig)

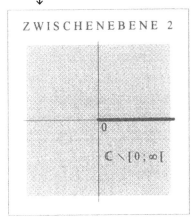

ZWISCHENEBENE 2

0

$\mathbb{C} \setminus [0; \infty[$

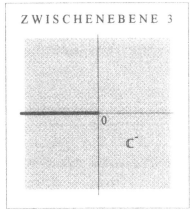

ZWISCHENEBENE 3

0

$\mathbb{C}^-$

Resultierende Abbildung: $f = f_5 \circ f_4 \circ f_3 \circ f_2 \circ f_1 : z \mapsto i \cdot (-z^4 - 4)^{1/2}$.

Begründungen zu den Teilabbildungen: 3.4.2 ; 3.1(ii) ; 3.1(iii) ; 3.4.1 ; 3.1(iii).

Aufgabe IV.3.4:

Sei $U := \{ z \in \mathbb{C} : \operatorname{Re} z > 0 , 0 < \operatorname{Im} z < \pi \}$ und $\mathbb{H}$ die obere Halbebene. Geben Sie eine konforme Abbildung ϕ an, die U auf $\mathbb{H}$ abbildet, so dass $\lim\limits_{\substack{z \to 0 \\ z \in U}} \phi(z) = 0$ und $\lim\limits_{\substack{z \to \infty \\ z \in U}} \phi(z) = \infty$.

Lösung:

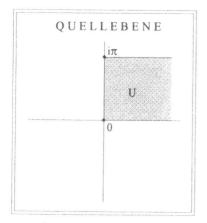

QUELLEBENE

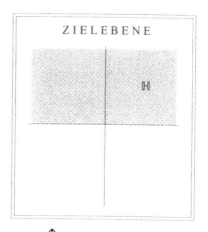

ZIELEBENE

$f_1 : z \mapsto i \cdot z$

$f_3 : z \mapsto z - 1$

ZWISCHENEBENE 1

ZWISCHENEBENE 2

Resultierende Abbildung: $\phi = f_3 \circ f_2 \circ f_1 : z \mapsto \cos(i \cdot z) - 1 = \cosh(z) - 1 = \tfrac{1}{2}(e^{-z} + e^z) - 1$

mit $\lim\limits_{\substack{z \to 0 \\ z \in U}} \phi(z) = 0$ und $\lim\limits_{\substack{z \to \infty \\ z \in U}} \phi(z) = \infty$.

<u>Begründungen zu den Teilabbildungen:</u>   3.1(iii) ; 3.7a) (i) ; 3.1 (ii).

Aufgabe IV.3.5:

Es bezeichne S den Streifen { z ∈ ℂ : |Im z| < $\frac{\pi}{2}$ } und T den Halbstreifen { z ∈ S : Re z > 0 }.
Konstruieren Sie explizit eine konforme Abbildung von T auf S.

<u>Lösung:</u>

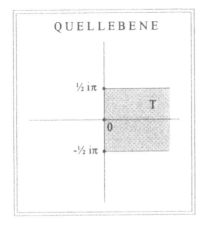

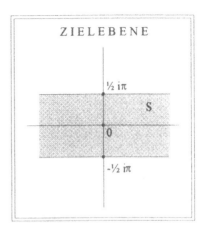

$f_1 : z \mapsto -z$

$f_7 : z \mapsto \log z$
(z. B. Hauptzweig)

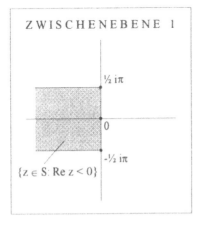

$f_2 : z \mapsto \exp z$

$f_6 : z \mapsto -i \cdot z$

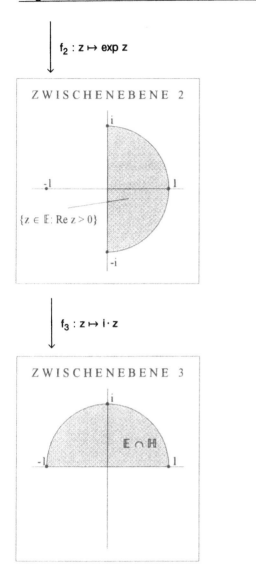

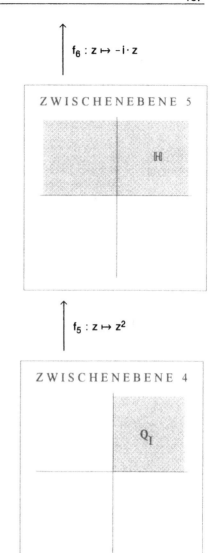

Resultierende Abbildung: $f = f_7 \circ f_6 \circ f_5 \circ f_4 \circ f_3 \circ f_2 \circ f_1 \; : \; z \mapsto \log(-i \cdot (\dfrac{e^{-z} - i}{e^{-z} + i})^2)$.

Begründungen zu den Teilabbildungen: 3.1(iii) ; 3.2 ; 3.1(iii) ; 3.5(ii) ; 3.4.2 ; 3.1(iii) ; 3.3 .

Alternativlösung unter der Verwendung der Sinusfunktion:

Quellebene $\overset{iz}{\mapsto}$ Quellebene b)(i) von 3.7 $\overset{\sin z}{\mapsto}$ Zwischenebene 5 $\overset{-iz}{\mapsto}$ Zwischenebene 6 $\overset{\log z}{\mapsto}$ Zielebene

Resultierende Abbildung: $g : z \mapsto \log(-i \cdot \sin(iz))$. (Abbildung nicht eindeutig festgelegt!)

Begründungen zu den Teilabbildungen: 3.1(iii) ; 3.7b(i) ; 3.1(iii) ; 3.3.

Aufgabe IV.3.6:

Auf welches der folgenden Gebiete lässt sich $G := \mathbb{C} \setminus \{ ix : x \geq 0 \}$ *bijektiv und holomorph abbilden?*

Man gebe, soweit sie existieren, eine solche Abbildung an.

a) $\mathbb{E}$;   *b)* $A := \{ z \in \mathbb{C} : |z| > 1 \}$;   *c)* $S := \{ z \in \mathbb{C} : |\mathrm{Re}\, z| < 1 \}$.

Lösung:

Vorbemerkung: Nach Kap. I, 4.2.2 a) ist die Eigenschaft „bijektiv und holomorph" identisch mit der Eigenschaft „biholomorph (konform)".

TEILAUFGABE a) und c):

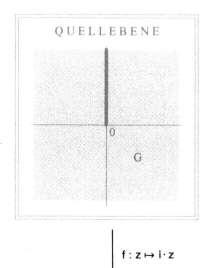

$$f : z \mapsto i \cdot z$$

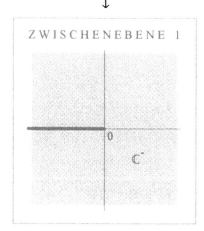

$g_1 : z \mapsto z^{1/2}$
(z. B. Hauptzweig)   a) $\mid$ c) $h_1 : z \mapsto \log z$
(z. B. Hauptzweig)

$g_1 : z \mapsto z^{1/2}$
(z. B. Hauptzweig)

a)

c)

$h_1 : z \mapsto \log z$
(z. B. Hauptzweig)

ZWISCHENEBENE 2

$\{ z \in \mathbb{C} : \operatorname{Re} z > 0 \}$

0

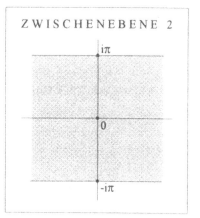

ZWISCHENEBENE 2

$i\pi$

0

$-i\pi$

$\downarrow g_2 : z \mapsto iz$

$\downarrow h_2 : z \mapsto iz$

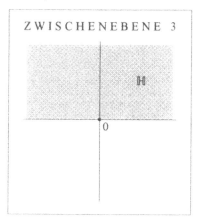

ZWISCHENEBENE 3

$\mathbb{H}$

0

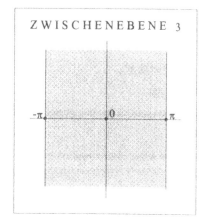

ZWISCHENEBENE 3

$-\pi$ 0 π

$\downarrow g_3 : z \mapsto (z - i) \cdot (z + i)^{-1}$ (Cayleyabbildung)

$\downarrow h_3 : z \mapsto \pi^{-1} \cdot z$

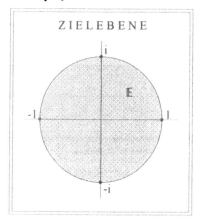

ZIELEBENE

i

$\mathbb{E}$

-1 1

-1

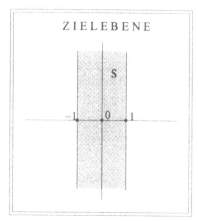

ZIELEBENE

S

-1 0 1

Resultierende Abbildungen:

a) $\quad \Phi = g_3 \circ g_2 \circ g_1 \circ f : G \to \mathbb{E}, \quad z \mapsto \dfrac{i \cdot (iz)^{1/2} - i}{i \cdot (iz)^{1/2} + i} = \dfrac{(iz)^{1/2} - 1}{(iz)^{1/2} + 1},$

wobei $(.)^{1/2}$ einen beliebigen Zweig der Quadratwurzel

auf $\mathbb{C}^-$ bezeichnet.

(Siehe Kap. III, 3.1 b).)

c) $\quad \Psi = h_3 \circ h_2 \circ h_1 \circ f : G \to S, \quad z \mapsto i \cdot \pi^{-1} \cdot \log(iz),$

wobei $\log(.)$ einen beliebigen Zweig der Logarithmus-

funktion auf $\mathbb{C}^-$ bezeichnet.

(Siehe Kap. III, 2.2.3 i).)

Begründungen zu den Teilabbildungen:

a)   3.1(iii) ; 3.4.1 ; 3.1(iii) ; 3.5(i).

b)   3.1(iii) ; 3.3 ; 3.1(iii) ; 3.1(iv).

TEILAUFGABE b):

Behauptung:

Es gibt keine biholomorphe Abbildung $G \to A$.

Beweis:

Da der einfache Zusammenhang eine topologische Invariante [12] ist und das Gebiet G , nicht aber das Gebiet A einfach zusammenhängend ist, kann es keine topologische (homöomorphe) Abbildung $G \to A$ geben.

Da nun jede biholomorphe Abbildung insbesondere topologisch (homöomorph) ist, folgt daraus die Behauptung.

Aufgabe IV.3.7:

Bestimmen Sie eine konforme Abbildung $f : \mathbb{H} \to \mathbb{E}$ mit

$\qquad f(2 + i) = 0 \qquad und \qquad f(2i) \in \mathbb{R}^+.$

Ist diese eindeutig bestimmt?

---

[12]   Zum Begriff „Topologische Invariante" siehe Anhang A.

Lösung:

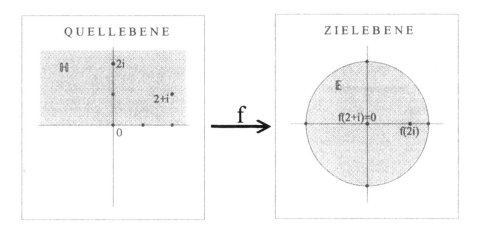

$f(z) = e^{i\alpha} \cdot \dfrac{z - c}{z - \bar{c}}$ mit geeigneten $\alpha \in [0; 2\pi[$ und $c \in \mathbb{H}$.

Zahl c lässt sich leicht bestimmen:

$$f(2 + i) = 0 \qquad \Longleftrightarrow$$

$$e^{i\alpha} \frac{2 + i - c}{2 + i - \bar{c}} = 0 \qquad \Longleftrightarrow$$

$$c = 2 + i.$$

Ferner gilt:

$$f(2i) = e^{i\alpha} \frac{2i - (2+i)}{2i - (2-i)} = e^{i\alpha} \frac{-2 + i}{-2 + 3i} =$$

$$e^{i\alpha} \frac{7 + 4i}{13} = e^{i\alpha} \cdot r \, e^{i\phi}.$$

mit den Polarkoordinaten

$$r = \left| \frac{7+4i}{13} \right| = \frac{\sqrt{65}}{13} \quad \text{und}$$

$$\phi \in [0; 2\pi[\text{ mit } \tan \phi = \frac{4}{7}.$$

Damit lässt sich der Radialanteil $e^{i\alpha}$ ermitteln:

$$f(2i) \in \mathbb{R}^+ \qquad \Longleftrightarrow$$

$$e^{i\alpha} \cdot e^{i\phi} = 1 \qquad \Longleftrightarrow$$

$$e^{i\alpha} = e^{-i\phi} = \overline{e^{i\phi}} = \overline{\frac{7+4i}{13} \cdot r^{-1}} = \frac{7 - 4i}{\sqrt{65}}.$$

Somit erfüllt die konforme Abbildung die geforderten Bedingungen.

$$f : \mathbb{H} \to \mathbb{E} , \quad z \mapsto \frac{7 + 4i}{\sqrt{65}} \frac{z - (2 + i)}{z - (2 - i)}$$

Zur Eindeutigkeit der Abbildung:

Sei $g : \mathbb{H} \to \mathbb{E}$ eine beliebige konforme Abbildung mit den geforderten Eigenschaften, so ist

$$h = f \circ g^{-1}$$

ein Automorphismus von $\mathbb{E}$ mit

$$h(0) = 0.$$

Nach 2.5 gibt es ein $a \in \partial \mathbb{E}$ mit

$$h(z) = a \cdot z \quad \text{für} \quad z \in \mathbb{E}.$$

Da $r := f(2i)$ und $s := g(2i)$ positive reelle Zahlen sind, folgt mit $a \cdot s = h(s) = r$, dass

$$a = \frac{r}{s}$$

ebenfalls eine positive reelle Zahl, also gleich 1 ist.

Die Funktion h ist also die Identität, was

$$f = g$$

zur Folge hat.

Kapitel V
Integration komplexer Funktionen.
Integralsätze

Der erste Paragraph befasst sich mit den verschiedenen Integralbegriffen in der Funktionentheorie. Der Definition des Integrals komplexwertiger Funktionen über reelle beschränkte Intervalle folgt die Besprechung von Eigenschaften und Auswertungsmöglichkeiten. Inhalt des zweiten Teils dieses Paragraphen ist dann die Integration über allgemeine Wege der komplexen Zahlenebene. Die Definition reeller Wegintegrale schließt den ersten Paragraphen ab. Zentrale Begriffe des zweiten Paragraphen sind Stammfunktion und Integrabilität holomorpher Funktionen. Es wird besonders auf die Beziehung zwischen Holomorphie und Integrabilität eingegangen. Diese steht auch im Zentrum des dritten Paragraphen. Mit Hilfe der Indexfunktion und des Begriffs des nullhomologen Wegs wird hier der Cauchysche Integralsatz und die Cauchysche Integralformel in großer Allgemeinheit formuliert. Den Abschluss dieses Paragraphen bilden einige wichtige Folgerungen und weitere Versionen der Integralsätze, die einen großen Anwendungsbereich besitzen. Im letzten Paragraphen werden die Parameterintegrale im Komplexen mit den bekannten reellen Parameterintegralen verglichen.

§1   Integralbegriffe in der Funktionentheorie

In diesem Paragraphen sei J ein beliebiges Intervall in $\mathbb{R}$.

1.1   Integration über reelle Intervalle

Seien $a, b \in J$ vorgegeben.

Für eine stetige Funktion $f : J \to \mathbb{C}$ definiert man das (komplexe) Integral von a nach b durch

$$\int_a^b f(t)\, dt := \int_a^b (\mathrm{Re}\, f)(t)\, dt + i \cdot \int_a^b (\mathrm{Im}\, f)(t)\, dt .$$

Hierbei sind die beiden Integrale auf der rechten Seite als „gewöhnliche" Riemann-Integrale aufzufassen.

Im Folgenden werden die wichtigsten Eigenschaften und Auswertungsmethoden dieser Integrale aufgezählt:

1.1.1   Transformationsregel und Regel der partiellen Integration

Diese beiden Regeln entsprechen vollständig den aus der reellen Analysis bekannten Regeln:

Transformationsregel (Substitutionsregel):

Sei J' ein beschränktes Intervall in $\mathbb{R}$ und $\phi : J' \to J$ eine stetig differenzierbare Abbildung Dann gilt für jede stetige Funktion $f : J \to \mathbb{C}$:

$$\int_s^r f(\phi(t)) \cdot \phi'(t)\, dt = \int_{\phi(s)}^{\phi(r)} f(t)\, dt , \quad \text{für alle } r, s \in J'.$$

Partielle Integration:

Für alle (reell) stetig differenzierbaren Funktionen $f, g : J \to \mathbb{C}$ gilt:

$$\int_a^b f(t) \cdot g'(t)\, dt = f(b) \cdot g(b) - f(a) \cdot g(a) - \int_a^b f'(t) \cdot g(t)\, dt , \quad \text{für alle } a, b \in J.$$

1.1.2 Der Fundamentalsatz der Differential- und Integralrechnung

Sei $f : J \to \mathbb{C}$ stetig. Dann gibt es eine (reell) differenzierbare Funktion $F : J \to \mathbb{C}$ mit

$$F' = f \quad \text{auf } J .$$

Sie wird Stammfunktion von f auf J genannt.

Ist a ein Punkt aus J, so ist die Stammfunktion durch $F : J \to \mathbb{C}$, $x \mapsto \int_a^x f(t)dt$ bis auf eine (komplexe) additive Konstante eindeutig bestimmt.

Mit ihrer Hilfe können wir Integrale leicht auswerten:

$$\int_a^b f(t) \, dt = F(b) - F(a) \qquad \text{für } a, b \in \mathbb{R} .$$

1.1.3 Standardabschätzung

Sei $f : J \to \mathbb{C}$ eine stetige Funktion, so erhalten wir für $a, b \in \mathbb{R}$, $a < b$, die folgende Abschätzung:

$$\left| \int_a^b f(t) \, dt \right| \le \int_a^b |f(t)| \, dt .$$

1.1.4 Weitere Eigenschaften

Folgende Eigenschaften der reellen Riemann-Integrale können direkt auf komplexe Integrale übertragen werden:

Seien die stetigen Funktionen $f, g : J \to \mathbb{C}$ und die komplexen Zahlen α und β vorgegeben. Dann gilt für beliebige a, b und $c \in J$:

o   Linearität: $\int_a^b (\alpha \cdot f(t) + \beta \cdot g(t))dt = \alpha \cdot \int_a^b f(t)dt + \beta \cdot \int_a^b g(t)dt .$

o   Intervall-Additivität: $\int_a^b f(t)dt + \int_b^c f(t)dt = \int_a^c f(t)dt .$

o   Vorzeichenwechsel bei Vertauschung der Integrationsgrenzen:

$$\int_a^b f(t)dt = - \int_b^a f(t)dt .$$

o   Integration über ein einpunktiges Intervall: $\int_a^a f(t)dt = 0 .$

1.2   Integration über Wege in $\mathbb{C}$

Seien $a, b \in \mathbb{R}$ mit $a < b$ und $\gamma : [a;b] \to \mathbb{C}$ ein stetig differenzierbarer Weg in $\mathbb{C}$. [1]
Für die stetige Funktion $f : |\gamma| \to \mathbb{C}$ definiert man das Wegintegral (Kurvenintegral) über γ durch

$$\int_\gamma f(z) \, dz := \int_a^b f(\gamma(t)) \cdot \gamma'(t) \, dt . \quad (*)$$

Hierbei ist das Integral auf der rechten Seite im Sinne von 1.1 zu verstehen.

Wir benötigen im Folgenden ausschließlich stückweise stetig differenzierbare Wege und bezeichnen diese als Integrationswege oder auch einfach nur als Wege.

Sei $\gamma = \gamma_1 + \gamma_2 + \ldots + \gamma_n : [a,b] \to \mathbb{C}$ ein solcher Weg mit stetig differenzierbaren Teilwegen γ_i und $f : |\gamma| \to \mathbb{C}$ eine stetige Funktion, so definiert man das Integral über γ durch

---

[1]   Zum Begriff des Weges siehe Anhang B.

$$\int_\gamma f(z)\, dz := \sum_i \int_{\gamma_i} f(z)\, dz \ . \quad (**)$$

Hierbei sind die Einzelintegrale auf der rechten Seite natürlich durch (*) erklärt.

Oftmals schreibt man $\int_\gamma f\, dz$ anstatt $\int_\gamma f(z)\, dz$.

Im Folgenden werden nun die wichtigsten Eigenschaften und Auswertungsmöglichkeiten komplexer Wegintegrale aufgelistet:

1.2.1 Transformationsregel für Wegintegrale

Seien U und V offene Teilmengen von $\mathbb{C}$, $\phi : V \to U$ eine holomorphe Abbildung und β ein Integrationsweg in V.

Dann ist $\alpha := \phi \circ \beta$ ein Integrationsweg in U und es gilt für jede stetige Funktion $f : |\alpha| \to \mathbb{C}$:

$$\int_\alpha f(z)\, dz = \int_\beta f(\phi(z)) \cdot \phi'(z)\, dz \ .$$

1.2.2 Parametrisierungsinvarianz bei Wegintegralen

Seien a, b, c und d reelle Zahlen mit $a < b$ und $c < d$, $\alpha : [a, b] \to \mathbb{C}$ ein Integrationsweg in $\mathbb{C}$ und $\psi : [c, d] \to [a, b]$ eine stetig differenzierbare Abbildung mit $\psi(c) = a$ und $\psi(d) = b$.

Dann ist auch $\beta := \alpha \circ \psi$ ein Integrationsweg in $\mathbb{C}$ und es gilt für jede stetige Funktion $f : |\alpha| \to \mathbb{C}$:

$$\int_\alpha f(z)\, dz = \int_\beta f(z)\, dz \ .$$

Man spricht von der Unabhängigkeit des Wegintegrals von der Parametrisierung des Weges.

Beispiel:

Sei der Integrationsweg $\alpha : [0;1] \to \mathbb{C}$, $\alpha(t) = e^{2\pi i t}$, die Standardparametrisierung der Einheitskreislinie $\partial \mathbb{E}$, und eine stetige Funktion $f : \partial \mathbb{E} \to \mathbb{C}$ vorgegeben:

Die Abbildung $\psi : [0; \frac{\pi}{2}] \to [0;1]$, $\psi(t) = \sin t$ ist stetig differenzierbar mit $\psi(0) = 0$ und $\psi(\frac{\pi}{2}) = 1$.

Dann ist auch $\beta := \alpha \circ \psi : [0; \frac{\pi}{2}] \to \mathbb{C}$, $\beta(t) = e^{2\pi i \sin t}$ ein Integrationsweg in $\mathbb{C}$ mit

$$\int_\alpha f(z)dz = \int_\beta f(z)dz \ .$$

1.2.3 Standardabschätzung für Wegintegrale

Zunächst benötigen wir den Begriff der euklidischen Länge eines Weges:

Seien $a, b \in \mathbb{R}$ mit $a < b$ und $\alpha : [a; b] \to \mathbb{C}$ ein stetig differenzierbarer Weg, so nennt man die positive reelle Zahl

$$L(\alpha) := \int_a^b |\alpha'(t)|\, dt$$

die (euklidische) Länge von α.

Bei einem stückweise stetig differenzierbaren Weg γ in $\mathbb{C}$ wird die (euklidische) Länge $L(\gamma)$ als Summe über die Längen der stetig differenzierbaren Teilwege definiert.

Für eine stetige Funktion $f : |\gamma| \to \mathbb{C}$ erhalten wir damit nach 1.2 und 1.1.3 die Abschätzung

$$\left| \int_\gamma f(z)\, dz \right| \leq \max_{t \in [a,b]} |f(\gamma(t))| \cdot L(\gamma) = \|f\|_{|\gamma|} \cdot L(\gamma).$$

1.2.4 Weitere Eigenschaften

Die Eigenschaften im Punkt 1.1.4 lassen sich leicht auf komplexe Wegintegrale übertragen: [2]

Sei γ ein Weg in $\mathbb{C}$, α und β komplexe Zahlen und f, g : $|\gamma| \to \mathbb{C}$ stetige Funktionen, so gilt:

o Linearität: $\int_{\gamma} (\alpha \cdot f(z) + \beta \cdot g(z))dz = \alpha \cdot \int_{\gamma} f(z)dz + \beta \cdot \int_{\gamma} g(z)dz$.

o Wege-Additivität: Sei γ die Summe der Teilwege γ_1 und γ_2, so ist:

$$\int_{\gamma_1} f(z)dz + \int_{\gamma_2} f(z)dz = \int_{\gamma} f(z)dz .$$

o Vorzeichenwechsel bei Wegumkehr: $\int_{\gamma} f(z)dz = - \int_{-\gamma} f(z)dz$.

o Integration über Nullweg: Sei γ ein Nullweg, so ist: $\int_{\gamma} f(z)dz = 0$.

1.3 Situation im Reellen: Wegintegral eines reellen Vektorfeldes

Seien a, b $\in \mathbb{R}$ mit a < b vorgegeben und

$$\gamma : [a, b] \to \mathbb{R}^2 , \quad t \mapsto \gamma(t) := (\gamma_1(t), \gamma_2(t))$$

ein stetig differenzierbarer Weg in $\mathbb{R}^2$. Ferner seien f, g : $|\gamma| \to \mathbb{R}$ stetige Funktionen.
Dann definiert man das reelle Wegintegral des Vektorfeldes F := (f, g) : $|\gamma| \to \mathbb{R}^2$
über γ wie folgt:

$$\int_{\gamma} \langle F, ds \rangle := \int_{\gamma} [fdx + gdy] := \int_a^b [f(\gamma(t)) \cdot \gamma'_1(t) + g(\gamma(t)) \cdot \gamma'_2(t)]dt .$$

Die Verallgemeinerung dieser Definition auf stückweise stetig differenzierbare Wege, also auf
allgemeine Integrationswege, erfolgt analog Punkt 1.2.

Aufgaben zu Kapitel V , §1

Aufgabe V.1.1:

Gegeben sei die geschlossene Kurve $\gamma : [0, 2\pi] \to \mathbb{R}^2$, $\gamma(t) = (\cos t, \sin t)$.
Für a, b $\in \mathbb{R}$ berechne man das Kurvenintegral $I = \int_{\gamma} (aydx + bxdy)$.

Lösung:

Nach Definition 1.3 berechnet sich das Integral zu:

$$I = \int_0^{2\pi} (a \cdot \sin t \cdot (-\sin t) + b \cdot \cos t \cdot \cos t)dt = -a \cdot \int_0^{2\pi} (\sin t)^2 dt + b \cdot \int_0^{2\pi} (\cos t)^2 dt =$$

$$= \pi \cdot (b - a)$$

---

[2]   Zu den Begriffen Summen-, Umkehr- und Nullweg siehe Anhang B.

Aufgabe V.1.2:

Seien $r, a, b > 0$ und $n \in \mathbb{N}$. Berechnen Sie jeweils das Kurvenintegral $\int_\gamma f(z)dz$.

a) $\gamma : [0,2\pi] \to \mathbb{C}$, $\gamma(t) = re^{it}$, $f(z) = \overline{z}$.

b) $\gamma : [0,2\pi] \to \mathbb{C}$, $\gamma(t) = re^{it}$, $f(z) = z^{-n}$.

c) $\gamma : [0,2\pi] \to \mathbb{C}$, $\gamma(t) = re^{int}$, $f(z) = z^{-1}$.

d) $\gamma : [0,2\pi] \to \mathbb{C}$, $\gamma(t) = a\cos t + ib\sin t$, $f(z) = Re(z)$.

Lösung:

Nach Definition 1.2 berechnen sich die Kurvenintegrale wie folgt:

a) $\int_\gamma f(z)dz = \int_0^{2\pi} f(\gamma(t)) \cdot \gamma'(t)\, dt = \int_0^{2\pi} \overline{re^{it}} \cdot rie^{it}\, dt = r^2 i \cdot \int_0^{2\pi} e^{-it} \cdot e^{it}\, dt = r^2\, 2\pi i$.

b) $\int_\gamma f(z)dz = \int_0^{2\pi} f(\gamma(t)) \cdot \gamma'(t)\, dt = \int_0^{2\pi} (re^{it})^{-n} \cdot rie^{it}\, dt = ir^{1-n} \cdot \int_0^{2\pi} e^{(1-n)it}\, dt =$

$\quad = ir^{1-n} \cdot \int_0^{2\pi} (\cos((1-n)t) + i\sin((1-n)t))\, dt = \begin{cases} 2\pi i \text{ , falls } n = 1 \\ 0 \text{ , falls } n \neq 1 \text{ .} \end{cases}$

c) $\int_\gamma f(z)dz = \int_0^{2\pi} f(\gamma(t)) \cdot \gamma'(t)\, dt = \int_0^{2\pi} (re^{int})^{-1} \cdot rnie^{int}\, dt = ni \cdot \int_0^{2\pi} dt = n2\pi i$.

d) $\int_\gamma f(z)dz = \int_0^{2\pi} f(\gamma(t)) \cdot \gamma'(t)\, dt = \int_0^{2\pi} Re(a\cos t + ib\sin t) \cdot (-a\sin t + ib\cos t)\, dt =$

$\quad = \int_0^{2\pi} (-a^2 \cos t \sin t + iab(\cos t)^2)\, dt =$

$\quad = -\frac{a^2}{2} \cdot [(\sin t)^2]_0^{2\pi} + iab \cdot \frac{1}{2} \cdot [\sin t \cos t + t]_0^{2\pi} = ab\pi i$.

Aufgabe V.1.3:

Integrieren Sie die Funktion $f : \mathbb{C} \to \mathbb{C}$, $z \mapsto |z|$ vom Punkt $-i$ zum Punkt $+i$

a)   direkt über die Strecke $[-i, i]$.

b)   über den rechten Halbkreisbogen b des Einheitskreises $\partial\mathbb{E}$.

Lösung:

a)   Unter Verwendung der Standardparametrisierung $\alpha : [0;1] \to \mathbb{C}$, $t \mapsto 2it - i$ der Strecke $[-i, i]$ berechnet sich das gesuchte Integral zu:

$\int_\alpha f(z)dz = \int_0^1 |2t - 1| \cdot 2i\, dt = 2i \cdot \{ \int_0^{0,5} (1 - 2t)\, dt + \int_{0,5}^1 (2t - 1)\, dt \} =$

$\quad = 2i \cdot (0,25 + 0,25) = i$

b)   Das Wegintegral $\beta : [-\frac{\pi}{2}; \frac{\pi}{2}] \to \mathbb{C}$, $t \mapsto e^{it}$ ist eine Parametrisierung des Halbkreisbogens b. Damit erhält man folgenden Integralwert:

$\int_\beta f(z)dz = \int_{-\pi/2}^{\pi/2} 1 \cdot ie^{it}\, dt = i \cdot \int_{-\pi/2}^{\pi/2} (\cos t + i \cdot \sin t)\, dt = i \cdot (2 + i \cdot 0) = 2i$.

§2   Holomorphie und Integrabilität

2.1   Definition: Stammfunktion und Integrabilität

Es sei $U \subset \mathbb{C}$ offen und $f : U \to \mathbb{C}$ eine stetige Funktion.

Eine Funktion $F : U \to \mathbb{C}$ heißt Stammfunktion von f auf U, wenn F holomorph und

$F' = f$ gilt. Man nennt f dann integrabel in U.

Anmerkung: Aufgrund der Holomorphie von F ist dann auch f holomorph.

2.2   Satz: Eigenschaften und Bestimmung der Stammfunktion

Sei $U \subset \mathbb{C}$ offen, so sind folgende Aussagen über eine stetige Funktion $f : U \to \mathbb{C}$ äquivalent:

i) f ist integrabel in U, besitzt also eine Stammfunktion in U.

ii) Es existiert eine holomorphe Funktion F auf U, so dass für jeden Weg $\gamma : [a,b] \to U$
($a, b \in \mathbb{R}, a < b$) gilt:

$$\int_{\gamma} f(z)dz = F(\gamma(b)) - F(\gamma(a))$$

iii) Für jeden geschlossenen Weg γ in U gilt: $\int_{\gamma} f(z)dz = 0$.

iv) Für je zwei Wege α, β in U mit gleichem Anfangs- und Endpunkt gilt:

$$\int_{\alpha} f(z)dz = \int_{\beta} f(z)dz$$

Ist eine dieser Aussagen erfüllt, so spricht man von der wegunabhängigen Integrierbarkeit von f in U. [3] Dann ist eine holomorphe Funktion $F : U \to \mathbb{C}$ genau dann Stammfunktion von f in U, wenn sie die Eigenschaft ii) besitzt.

Sei nun U ein Gebiet in $\mathbb{C}$, f integrabel (wegunabhängig integrierbar) in U und sei $c \in \mathbb{C}$ fixiert. So ist durch

$$F : z \mapsto \int_{\gamma_z} f(\zeta)d\zeta$$

die - bis auf eine (komplexe) additive Konstante eindeutig bestimmte - Stammfunktion von f in U gegeben. Hierbei ist γ_z ein beliebiger Weg in U mit Anfangspunkt c und Endpunkt z.

2.3   Definition: Lokale Integrabilität

Sei $U \subset \mathbb{C}$ offen. Eine in U stetige Funktion $f : U \to \mathbb{C}$ heißt lokal integrabel in U, wenn jeder Punkt $c \in U$ eine offene Umgebung $V \subset U$ besitzt, so dass $f|_V$ integrabel in V ist, also eine Stammfunktion in V besitzt.

Anmerkung:

Jede in U integrable Funktion ist natürlich lokal integrabel. Folgendes Beispiel zeigt aber, dass eine lokal integrable Funktion nicht notwendig integrabel ist:

Die Funktion $f : \mathbb{C}^* \to \mathbb{C}$, $f(z) = \dfrac{1}{z}$, ist nicht integrabel in $\mathbb{C}^*$, da gilt:

$$\int_{|z|=1} f(z)dz = \int_0^{2\pi} \frac{1}{e^{it}} \cdot i\, e^{it}\, dt = 2\pi i \neq 0 \qquad (\text{vgl. 2.2 iii)})\,.$$

---

[3]   Unter der wegunabhängigen Integrierbarkeit versteht man im engeren Sinn die Eigenschaft iv).

Sie ist aber lokal integrabel in $\mathbb{C}^*$. Denn sowohl auf $\mathbb{C}^- := \mathbb{C}^*\backslash\mathbb{R}^-$ als auch auf $\mathbb{C}^+ := \mathbb{C}^*\backslash\mathbb{R}^+$ existieren Logarithmuszweige, also Stammfunktionen von f.

2.4   Zusammenhang: Holomorphie - lokale Integrabilität - Integrabilität

Sei $U \subset \mathbb{C}$ offen und $f : U \to \mathbb{C}$ stetig.

Dann sind folgende Aussagen äquivalent:

a)   f ist holomorph in U.

b)   f ist lokal integrabel in U.

Sei zusätzlich U ein einfach zusammenhängendes Gebiet in $\mathbb{C}$, so gilt die Äquivalenz folgender zwei Aussagen:

a')   f ist holomorph in U.

b')   f ist integrabel in U.

Vorausschau:

Aus der Implikation „a') ⇒ b')" folgt in Kombination mit Satz 2.2, dass jede in einem einfach zusammenhängenden Gebiet holomorphe Funktion wegunabhängig integrierbar ist.

Dies ist die Kernaussage des Hauptsatzes der Cauchyschen Funktionentheorie, des Cauchyschen Integralsatzes, mit dem sich der nächste Paragraph ausführlich befasst.

2.5   Situation im Reellen: Stammfunktion und Integrabilität

Sei $U \subset \mathbb{R}^2$ offen und $f : U \to \mathbb{R}^2$ ein stetiges Vektorfeld.

Man nennt eine stetig differenzierbare Funktion $F : \mathbb{R}^2 \to \mathbb{R}$ eine Stammfunktion zu f in U, wenn auf U gilt:

$$\text{grad } F = f.$$

Die Funktion f heißt dann ein Gradientenfeld oder integrabel in U.

2.5.1   Satz: Eigenschaften und Bestimmung der Stammfunktion

Sei $U \subset \mathbb{R}^2$ offen und $f : U \to \mathbb{R}^2$, $(x, y) \mapsto (f_1(x, y), f_2(x, y))$ ein stetiges Vektorfeld.

So sind die folgenden Aussagen äquivalent:

i)   f ist integrabel in U, besitzt also eine Stammfunktion in U.

ii)   Es existiert eine stetig differenzierbare Funktion $F : U \to \mathbb{R}$, so dass für jeden beliebigen Weg $\gamma : [a, b] \to U$ $(a, b \in \mathbb{R}, a < b)$ gilt:

$$\int_\gamma \langle f, ds \rangle := \int_\gamma (f_1 dx + f_2 dy) = F(\gamma(b)) - F(\gamma(a)).$$

iii)   Für jeden geschlossenen Weg γ in U gilt: $\int_\gamma \langle f, ds \rangle = 0$.

iv)   Für je zwei Wege α und β in U mit gleichem Anfangs- und Endpunkt gilt:

$$\int_\alpha \langle f, ds \rangle = \int_\beta \langle f, ds \rangle.$$

Ist eine dieser Aussagen erfüllt, so spricht man von der wegunabhängigen Integrierbarkeit von f in U. [4] In diesem Fall ist eine holomorphe Funktion $F : U \to \mathbb{R}$ genau dann Stammfunktion von f in U, wenn sie die Eigenschaft ii) besitzt.

Falls nun U ein Gebiet in $\mathbb{C}$ und f auf U integrabel (wegunabhängig integrierbar) ist, findet man eine Stammfunktion F zu f in U, indem man ein $c \in U$ fixiert und dann entlang eines beliebigen Weges γ_z in U nach $z := (x, y)$ integriert:

$$F : U \to \mathbb{R}, \quad (x, y) \mapsto \int_{\gamma_z} \langle f, ds \rangle = \int_{\gamma_z} (f_1 dx + f_2 dy).$$

Die Stammfunktion ist bis auf eine (reelle) additive Konstante eindeutig bestimmt.

2.5.2 Integrabilitätskriterium

Sei nun $U \subset \mathbb{R}^2$ ein einfach zusammenhängendes Gebiet und $f : U \to \mathbb{R}^2$,
$(x, y) \mapsto (f_1(x, y), f_2(x, y))$ eine stetig differenzierbares Vektorfeld.

Genau dann besitzt f eine Stammfunktion in U, wenn f folgende Integrabilitätsbedingung auf U erfüllt:

$$\frac{\partial f_1}{\partial y} = \frac{\partial f_2}{\partial x}.$$

Eine Begründung dieses Kriteriums liefert der folgende, aus der reellen Analysis bekannte

2.5.3 Satz von Stokes

Sei $U \subset \mathbb{R}^2$ offen, $A \subset U$ ein beschränktes einfach zusammenhängendes Gebiet mit positiv orientierter Randkurve ∂A. [5] Das Vektorfeld $f : U \to \mathbb{R}^2$, $(x, y) \mapsto (f_1(x, y), f_2(x, y))$ sei stetig partiell differenzierbar.

Dann gilt:

$$\int_{\partial A} \langle f, ds \rangle = \int_{\partial A} (f_1 dx + f_2 dy)) = \int_A \left(\frac{\partial f_2}{\partial x} - \frac{\partial f_1}{\partial y} \right) dx dy.$$

Das letzte Integral ist hierbei als „gewöhnliches" Riemann-Integral auf dem $\mathbb{R}^2$ aufzufassen.

Aufgaben zu Kapitel V , §2

Aufgabe V.2.1:

Gegeben sei die geschlossene Kurve $\gamma : [0, 2\pi] \to \mathbb{R}^2$, $\gamma(t) = (\cos t, \sin t)$.
Für stetig differenzierbare Funktionen $f, g : \mathbb{R} \to \mathbb{R}$ berechne man das Kurvenintegral

$$I = \int_\gamma (f(x) dx + g(y) dy).$$

---

[4]   Unter der wegunabhängigen Integrierbarkeit versteht man im engeren Sinn die Eigenschaft iv).

[5]   Zur Definition der positiv orientierten Randkurve siehe Anhang B.

Lösung:

Die Integrabilitätsbedingung 2.5.2 ist für das Vektorfeld

$$F = (F_1, F_2) : \mathbb{R}^2 \to \mathbb{R}^2, \quad F(x, y) = (f(x), g(y)),$$

auf $\mathbb{R}^2$ erfüllt: $F_{1,y} = 0 = F_{2,x}$

Da γ ein geschlossener Weg in $\mathbb{R}^2$ ist, gilt: $I = 0$.

Aufgabe V.2.2:

Man ermittle auf einfache Weise den Wert des Kurvenintegrals

$$\int_\gamma (5x^4y + 3x^2y^3)\,dx + (x^5 + 3x^3y^2)\,dy.$$

Dabei sei $\gamma : [0;1] \to \mathbb{R}^2$, $t \mapsto (x(t), y(t))$ der Weg in $\mathbb{R}^2$ mit der Parameterdarstellung:

$$x(t) = t \cdot e^t, \quad y(t) = \sin \frac{\pi}{2} t.$$

Lösung:

Sei das Vektorfeld $f : \mathbb{R}^2 \to \mathbb{R}^2$, $(x, y) \mapsto (f_1(x, y), f_2(x, y))$ durch

$$f_1(x, y) := 5x^4y + 3x^2y^3 \quad \text{und} \quad f_2(x, y) := x^5 + 3x^3y^2$$

definiert.

Das Vektorfeld $f = (f_1, f_2)$ erfüllt auf ganz $\mathbb{R}^2$ die Integrabilitätsbedingung in 2.5.2:

$$f_{1,y}(x, y) = 5x^4 + 9x^2y^2 = f_{2,x}(x, y).$$

Das Vektorfeld ist damit nach 2.5.1 wegunabhängig integrierbar.

Der Weg γ beginnt in $(0,0)$ und endet in $(e,1)$. Aufgrund der wegunabhängigen Integrierbarkeit kann man das Vektorfeld f statt über γ auch über den einfacheren Weg:

$$\alpha : [0;1] \to \mathbb{R}^2, \, t \mapsto (et, t)$$

integrieren, ohne den Wert des Integrals zu verändern.

Damit berechnet sich das gesuchte Integral wie folgt:

$$\int_\gamma (f_1(x,y)dx + f_2(x,y)dy) = \int_\alpha (f_1(x,y)dx + f_2(x,y)dy) =$$

$$= \int_0^1 (5e^4t^4t + 3e^2t^2t^3) \cdot e\,dt + \int_0^1 (e^5t^5 + 3e^3t^3t^2)dt = e^5 + e^3.$$

Aufgabe V.2.3:

Sei die Funktion $g : \mathbb{C} \setminus \{0\} \to \mathbb{R}$, $z = x + iy \mapsto \ln(x^2 + y^2)$ vorgegeben.

(x und y sind Realteil und Imaginärteil von z).

Gibt es Funktionen $u, v : \mathbb{C} \setminus \{0\} \to \mathbb{R}$, so dass $g = u + v$ gilt, und $u + i \cdot v$ holomorph auf $\mathbb{C} \setminus \{0\}$ ist? (Begründung)

<u>Lösung:</u>

<u>Behauptung:</u> Es gibt keine solche Funktionen.

<u>Annahme:</u> Es gibt solche Funktionen $u, v : \mathbb{C}\backslash\{0\} \to \mathbb{R}$. Diese sind dann harmonisch und somit unendlich oft (reell) differenzierbar.

Aus den Cauchy-Riemannschen Differentialgleichungen (Kap. I, 1.5) $u_x = v_y$, $u_y = -v_x$ und den Gleichungen $g_x = u_x + v_x$, $g_y = u_y + v_y$ berechnet man:

$$u_x = \frac{1}{2}(u_x + u_x) = \frac{1}{2}(u_x + v_y + u_y + v_x) = \frac{1}{2}(g_x + g_y) = \frac{1}{2}(\frac{2x}{x^2+y^2} + \frac{2y}{x^2+y^2}) = \frac{x+y}{x^2+y^2} \;,$$

$$u_y = \frac{1}{2}(u_y + u_y) = \frac{1}{2}(u_y - v_x - u_x + v_y) = \frac{1}{2}(g_y - g_x) = \frac{1}{2}(\frac{2y}{x^2+y^2} - \frac{2x}{x^2+y^2}) = \frac{y-x}{x^2+y^2}$$

Das Vektorfeld

$$F : \mathbb{R}^2\backslash\{0\} \to \mathbb{R}^2 \,, \; F(x, y) = \frac{1}{x^2+y^2} \cdot (x+y, \, y-x)$$

besitzt also auf $\mathbb{R}^2\backslash\{0\}$ eine Stammfunktion, nämlich u , ist also ein Gradientenfeld.

Integrieren wir aber F längs des geschlossenen Weges

$$\gamma : [0; 2\pi] \to \mathbb{R}^2\backslash\{(0; 0)\} \,, \;\; \phi \mapsto (\cos\phi, \sin\phi) \,,$$

so erhält man:

$$\int_\gamma \langle F, ds \rangle = \int_0^{2\pi} (-(\cos\phi + \sin\phi)\sin\phi + (\sin\phi - \cos\phi)\cos\phi)d\phi =$$
$$= -\int_0^{2\pi} d\phi = -2\pi \neq 0 \;.$$

Widerspruch zur wegunabhängigen Integrierbarkeit eines Gradientenfeldes (2.5.1).

Aufgabe V.2.4:

Es sei $f_n(z) = \exp(z^n) - 1$ *(z* $\in$ *C, n* $\in$ *N). Bestimmen Sie das Gebiet, in dem* $\sum_1^\infty f_n(z)$ *(*) konvergiert und eine holomorphe Funktion darstellt.*

<u>Lösung:</u>

<u>Behauptung:</u> Das maximale Konvergenz- und Holomorphiegebiet G der Funktionenreihe ist $\mathbb{E}$.

<u>Beweis:</u>   <u>Vorbemerkung:</u> Sei $a > 0$, so gibt es unendlich viele $n \in \mathbb{N}$ mit

$$n \cdot a \in \bigcup_{k \in \mathbb{Z}} [-\frac{4\pi}{9} + 2\pi k; \frac{4\pi}{9} + 2\pi k] \,.$$

Das bedeutet: Es gibt unendlich viele $n \in \mathbb{N}$ mit

$$\cos(na) \geq \cos\frac{4\pi}{9} =: \rho > 0 \,.$$

<u>Begründung:</u>   Es reicht, die Existenz einer einzigen natürlichen Zahl n mit obiger Eigenschaft zu zeigen.

Sei $\phi \in \,]-\pi; \pi]$ und $k \in \mathbb{N}_0$ mit $a = \phi + 2\pi k$.

1. Fall: $|\phi| \in [0; \frac{4\pi}{9}]$, so wähle man $n = 1$.

2. Fall: $|\phi| \in \,]\frac{4\pi}{9} ; \frac{5\pi}{9}]$, so wähle man n = 4.

3. Fall: $|\phi| \in \,]\frac{5\pi}{9} ; \frac{7\pi}{9}]$, so wähle man n = 3.

4. Fall: $|\phi| \in \,]\frac{7\pi}{9} ; \pi]$, so wähle man n = 2.

<u>Sei $z \in \mathbb{C} \backslash \mathbb{E}$</u>

Dann gibt es nach der Vorbemerkung unendlich viele $n \in \mathbb{N}$ mit

$$\cos(n \cdot \arg z) \geq \rho > 0$$

und damit

$$|f_n(z)| \geq |\exp(z^n)| - 1 = \exp(\mathrm{Re}(z^n)) - 1 = \exp(|z|^n \cdot \cos(n \cdot \arg z)) - 1 \geq \exp(1 \cdot \rho) - 1 > 0$$

Die Folge $(f_n(z))_n$ ist somit keine Nullfolge, die Reihe (*) divergiert folglich auf $\mathbb{C} \backslash \mathbb{E}$.

<u>Sei $0 < \rho < 1$ und $z \in \overline{B_\rho(0)}$</u>

Dann erhalten wir für alle $n \in \mathbb{N}$ nach dem Satz über Stammfunktionen (2.2) und mit Hilfe der Standardabschätzung für Wegintegrale (1.2.3):

$$|f_n(z)| = |\int_{[0;z]} f'_n(\zeta) d\zeta| \leq \|f'_n\|_{[0;z]} \cdot L([0;z]) \leq \|n \cdot \exp(\zeta^n) \cdot \zeta^{n-1}\|_{[0;z]} \cdot |z| \leq n \cdot e \cdot \rho^n$$

Da der Limes $\sum_1^\infty n \cdot e \cdot \rho^n$ existiert (z. B. nach dem Quotientenkriterium, Kap. II, 1.3.2),

konvergiert die Reihe (*) gleichmäßig auf $\overline{B_\rho(0)}$, also kompakt auf $\mathbb{E}$.

Nach dem Weierstraßschen Konvergenzsatz (Kap. II, 2.2) folgt nun die Behauptung.

Aufgabe V.2.5:

Gegeben sei die Differentialgleichung (D) $w' = w \cdot h$ mit $h : \mathbb{C}^* \to \mathbb{C}$ holomorph. Die Teilmenge $G \subset \mathbb{C}^*$ sei ein Gebiet und $\mathcal{O}(G)$ die Menge der holomorphen Funktionen auf G.

a)   *Sei $f \in \mathcal{O}(G)$ eine Lösung von (D).*
         Zeigen Sie : Hat f eine Nullstelle, so verschwindet f identisch.

b)   *Sei nun G einfach zusammenhängend und $z_0 \in G$.*
         Zeigen Sie: Es gibt genau eine Lösung $f \in \mathcal{O}(G)$ von (D) mit $f(z_0) = 1$.

<u>Lösung:</u>

a)   Sei $f \in \mathcal{O}(G)$ eine Lösung von (D) und z_0 eine Nullstelle von f.

     <u>Behauptung:</u> $f^{(n)}(z_0) = 0$ für alle $n \in \mathbb{N}_0$.

     <u>Beweis:</u>   Durch Induktion nach n:

                  $n = 0$:   klar!

                  $n \to n+1$: $f^{(n+1)}(z_0) = \dfrac{d^n}{dz^n} \, f'(z_0) = \dfrac{d^n}{dz^n} \, \{f(z_0) \cdot h(z_0)\} =$

$$= \sum_{k=0}^n \binom{n}{k} \cdot f^{(k)}(z_0) \cdot h^{(n-k)}(z_0) = 0 \, ,$$

         nach Anwendung der Leibnizschen Produktregel für höhere Ableitungen

(Kap. I, 1.3.3 e)) und unter Berücksichtigung der Induktionsvoraussetzung.

Aus dem Identitätssatz (Kap. I, 3.2) folgt nun $f = 0$.

Eine zweite Lösungsmöglichkeit findet man in Aufgabe VI.5.4 .

b)   Zur Existenz:

Idee: Ist $H : G \to \mathbb{C}$ eine Stammfunktion von h auf G, so erfüllt die Funktion
$f := \exp \circ H$ die Differentialgleichung (D) .

Da G einfach zusammenhängend und h auf G holomorph ist, besitzt h nach 2.2 in der Funktion

$$H(z) = \int_{\gamma_z} h(\zeta) d\zeta$$

eine Stammfunktion auf G, wobei γ_z ein beliebiger Weg in G ist, mit Anfangspunkt z_0 und Endpunkt z.

Insbesondere gilt $H(z_0) = 0$.

Die holomorphe Funktion

$$f = \exp \circ H : G \to \mathbb{C}$$

erfüllt damit die Differentialgleichung (D) und es gilt

$$f(z_0) = \exp(0) = 1 .$$

Zur Eindeutigkeit:

Sei $g : G \to \mathbb{C}$ eine beliebige Lösung von (D) mit $g(z_0) = 1$, so ist auch die Differenz $f - g$ Lösung von (D) mit Nullstelle z_0 .

Nach a) ist dann $f = g$.

Aufgabe V.2.6:

Es sei W ein Gebiet in $\mathbb{C}$ und $(f_n)_n$ eine Folge stetiger Funktionen $W \to \mathbb{C}$, die auf W kompakt konvergiert. Jedes f_n habe eine Stammfunktion auf W.

Man zeige: Die Limesfunktion f der Folge $(f_n)_n$ hat eine Stammfunktion auf W.

Lösung:

Eine auf W stetige komplexwertige Funktion besitzt dort eine Stammfunktion genau dann, falls das Integral dieser Funktion über jeden geschlossenen Weg in W verschwindet (2.2).

Sei nun γ ein geschlossener Weg in W.
Da wir bei kompakter Konvergenz Limesbildung und Integration vertauschen dürfen (Kap. II, 2.4), können wir das Integral von f über γ nun leicht berechnen:

$$\int_\gamma f(z) \, dz = \int_\gamma \lim_n f_n(z) \, dz = \lim_n \int_\gamma f_n(z) \, dz = \lim_n 0 = 0 .$$

Die Limesfunktion f besitzt also nach 2.2 eine Stammfunktion auf W .

§3   Der Hauptsatz der Cauchyschen Funktionentheorie

Um die folgenden Integralsätze in genügender Allgemeinheit formulieren zu können, benötigen wir zunächst die Begriffe der Indexfunktion und des nullhomologen Weges. In diesem Zusammenhang sei auch auf Anhang B verwiesen.

3.1   Die Indexfunktion

3.1.1 Definitionen

i)   Sei γ ein geschlossener Weg in $\mathbb{C}$. Die Funktion

$$\mathrm{ind}_\gamma : \mathbb{C}\backslash|\gamma| \to \mathbb{C}, \quad \mathrm{ind}_\gamma(z) := \frac{1}{2\pi i} \int_\gamma \frac{1}{\zeta - z}\, d\zeta$$

heißt Indexfunktion.

Für $z \in \mathbb{C}\backslash|\gamma|$ nennt man $\mathrm{ind}_\gamma(z)$ auch die Umlaufzahl (Index) von γ um z.

ii) Sei γ ein geschlossener Weg in $\mathbb{C}$, so definiert man:

$$\mathrm{Int}\,(\gamma) := \{z \in \mathbb{C}\backslash|\gamma| : \mathrm{ind}_\gamma(z) \ne 0\} \quad \text{das Innere von } \gamma.$$
$$\mathrm{Ext}\,(\gamma) := \{z \in \mathbb{C}\backslash|\gamma| : \mathrm{ind}_\gamma(z) = 0\} \quad \text{das Äußere von } \gamma.$$

iii) Sei $\gamma \subset \mathbb{C}$ ein einfach geschlossener Weg in $\mathbb{C}$.

Man nennt γ einen positiv (bzw. negativ) orientierten Weg, falls gilt:

Für alle $z \in \mathrm{Int}\,(\gamma)$ ist $\mathrm{ind}_\gamma(z) > 0 \quad$ (bzw. $\mathrm{ind}_\gamma(z) < 0$).

Zum Beispiel werden unter ∂B oder $\partial\mathbb{E}$ immer positiv (d.h entgegen dem Uhrzeigersinn) durchlaufene Kreislinien verstanden.

iv) Sei $U \subset \mathbb{C}$ offen und γ ein geschlossener Weg in U.

γ heißt nullhomologer Weg in U, falls gilt: $\mathrm{Int}\,(\gamma) \subset U$.

v)   Sei G ein Gebiet in $\mathbb{C}$.

G heißt (homologisch) einfach zusammenhängend, falls jeder geschlossene Weg in G nullhomolog in $\mathbb{C}$ ist.

vi) Sei $U \subset \mathbb{C}$ offen. Zwei geschlossene Wege α und β in U heißen homolog in U, falls $\mathrm{ind}_\alpha(z) = \mathrm{ind}_\beta(z)$ für alle $z \in \mathbb{C} \backslash U$ gilt.

3.1.2 Eigenschaften der Indexfunktion

Sei γ ein geschlossener Weg in $\mathbb{C}$.

i)   Für alle $z \in \mathbb{C}\backslash|\gamma|$ ist $\mathrm{ind}_\gamma(z) \in \mathbb{Z}$.

ii) Die Indexfunktion $\mathrm{ind}_\gamma(z) : \mathbb{C}\backslash|\gamma| \to \mathbb{C}$ ist stetig und somit nach i) auf jeder Zusammenhangskomponente von $\mathbb{C}\backslash|\gamma|$ konstant.

iii) Für den Umkehrweg $-\gamma$ gilt: $\mathrm{ind}_{-\gamma}(z) = -\,\mathrm{ind}_\gamma(z)$.

iv) Mit Hilfe der Begriffe des Inneren und des Äußeren von γ lässt sich die komplexe Zahlenebene disjunkt zerlegen: $\mathbb{C} = \mathrm{Int}\,(\gamma) \;\dot\cup\; |\gamma| \;\dot\cup\; \mathrm{Ext}\,(\gamma)$.

3.1.3 Bestimmung der Umlaufzahl aus dem Kurvenbild

Sei γ ein geschlossener Weg in $\mathbb{C}$ und $z \in \mathbb{C}\backslash|\gamma|$.

Die ganze Zahl $\text{ind}_\gamma(z)$ gibt an, wie oft der Weg γ den Punkt z umläuft. Wie bereits oben erwähnt, zeigt dabei ein negativer Wert an, dass der Punkt z im mathematisch negativen Sinn (d. h. im Uhrzeigersinn) umlaufen wird.

Zur Bestimmung der Umlaufzahl $\text{ind}_\gamma(z)$ aus dem Kurvenbild (Fig. 1) kann folgendes Gedankenexperiment dienen:

Eine auf Mitternacht eingestellte Uhr wird auf den Punkt z gesetzt (Fig. 2).

Trifft der nach oben verlängerte Minutenzeiger den Weg γ nicht, so liegt ein äußerer Punkt vor: $\text{ind}_\gamma(z) = 0$. Ansonsten definiert der erste Schnittpunkt des verlängerten Minutenzeigers mit $|\gamma|$ den Punkt P.

Dieser „dehnbare" Minutenzeiger fährt nun den Weg γ gemäß dessen Umlaufsinn nach und erreicht nach einer gewissen Anzahl voller Umdrehungen wieder den Punkt P (Fig. 3 und 4).

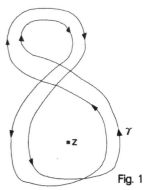

Fig. 1

Der Stundenzeiger zeigt nun die Anzahl der Umdrehungen des Minutenzeigers und damit die zu bestimmende Umlaufzahl $\text{ind}_\gamma(z)$ an.

Ein Verstellen der Uhr in die Zukunft (Vergangenheit) bedeutet dabei ein negatives (positives) Vorzeichen von $\text{ind}_\gamma(z)$. Steht der Stundenzeiger wieder auf 12 Uhr, so handelt es sich bei z um einen äußeren Punkt von γ, auch wenn dies mit dem „bloßen Auge" nicht ersichtlich ist. (Vergleiche dazu Aufgabe V.3.1, „Punkt g".)

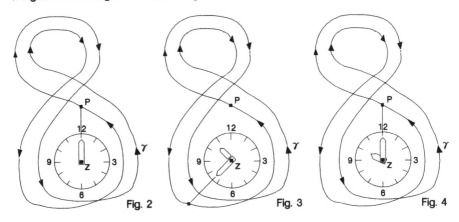

Fig. 2   Fig. 3   Fig. 4

3.2   Die Sätze von Goursat und Morera

Seien $U \subset \mathbb{C}$ offen und $f : U \to \mathbb{C}$ eine stetige Funktion.

Dann sind folgende Aussagen äquivalent:

i) f ist holomorph in U.

ii) Für den Randweg $\partial\blacktriangle$ [6] einer jeden kompakten Dreiecksfläche $\blacktriangle \subset U$ [7] gilt:

$$\int_{\partial\blacktriangle} f(z)\,dz = 0$$

---

[6]   Zur Definition des Randweges $\partial\blacktriangle$ eines Dreiecks siehe Anhang B.

[7]   Man beachte, dass die gesamte Fläche des Dreiecks und nicht nur dessen Rand in U liegen muss!

Anmerkungen:

a) Die Implikation „ i) ⇒ ii) " heißt <u>Satz von Goursat</u> und die Implikation „ ii) ⇒ i) "
    <u>Satz von Morera</u>.

b) Der Satz von Morera ist ein wichtiges Holomorphiekriterium (siehe Aufgaben).

Die oben genannten historisch und beweistechnisch wichtigen Sätze von Goursat und Morera
lassen sich mit dem Begriff des nullhomologen Weges stark verallgemeinern. Dies führt zum

3.3 Der Hauptsatz der Cauchyschen Funktionentheorie: Der Cauchysche Integralsatz

Sei $U \subset \mathbb{C}$ offen und $f : U \to \mathbb{C}$ eine stetige Funktion.

Dann sind folgende Aussagen äquivalent:

i) f ist holomorph in U.

ii)   Für jeden in U nullhomologen Weg γ gilt: $\int_\gamma f(z)dz = 0$.

iii) Für je zwei in U homologe geschlossene Wege α und β gilt: $\int_\alpha f(z)dz = \int_\beta f(z)dz$.

iv) f ist lokal integrabel in U.

Anmerkung:

Unter dem Cauchyschen Integralsatz im engeren Sinn versteht man die Implikation „ i) ⇒ ii) ".
Die entgegengesetzte Richtung „ ii) ⇒ i) " wird auch manchmal Satz von Morera genannt.

3.4 Cauchysche Integralformel

Diese Integralformel liefert die Erkenntnis, dass ein Wert $f(z)$ einer holomorphen Funktion f im
Punkt z allein durch die Funktionswerte der Punkte ζ auf einem den Punkt z umlaufenden
Weg γ bestimmt ist:

Sei $U \subset \mathbb{C}$ offen und $f : U \to \mathbb{C}$ eine stetige Funktion.

Dann sind die folgenden Aussagen äquivalent:

i) f ist holomorph in U.

ii)   Für jeden in U nullhomologen Weg γ gilt:

$$\mathrm{ind}_\gamma(z) \cdot f(z) \;=\; \frac{1}{2\pi i} \int_\gamma \frac{f(\zeta)}{\zeta - z}\, d\zeta\,, \quad z \in U \setminus |\gamma|\,.$$

iii) Für jeden in U nullhomologen Weg γ und jedes $k \in \mathbb{N}$ gilt:

$$\mathrm{ind}_\gamma(z) \cdot f^{(k)}(z) \;=\; \frac{k!}{2\pi i} \int_\gamma \frac{f(\zeta)}{(\zeta - z)^{k+1}}\, d\zeta\,, \; z \in U \setminus |\gamma|\,.$$

Anmerkung:

Aus $z \notin \overline{\mathrm{Int}(\gamma)}$ folgt $\mathrm{ind}_\gamma(z) = 0$. Die Integrale auf der rechten Seite verschwinden deshalb
für $z \in U \setminus \overline{\mathrm{Int}(\gamma)}$.

3.5 Folgerungen und weitere Versionen der Integralsätze

Die folgenden Versionen der vorangegangenen beiden Sätze finden bei vielen Übungsaufgaben
direkte Anwendung.

3.5.1 Cauchyscher Integralsatz und Cauchysche Integralformel für Kreisscheiben und Kreisringe

Cauchyscher Integralsatz und Cauchysche Integralformel für Kreisscheiben:

Sei $U \subset \mathbb{C}$ offen und $f : U \to \mathbb{C}$ holomorph. Ferner sei $c \in U$ und $B := B_r(c)$ eine Kreisscheibe um c mit Radius $r > 0$, für die $\overline{B} \subset U$ gilt.

Dann folgt:

i) $\displaystyle \int_{\partial B} f(z)dz = 0$.

ii) $\displaystyle f(z) = \frac{1}{2\pi i} \int_{\partial B} \frac{f(\zeta)}{\zeta - z} d\zeta$ für alle $z \in B$

(und entsprechend: $f^{(k)}(z) = \ldots$, siehe 3.4 iii)).

Sonderfall:

Für $z = c$ erhält man aus ii) unter Verwendung der Standardparametrisierung
$\partial B : [0; 2\pi] \to \mathbb{C}$, $\varphi \mapsto c + re^{i\varphi}$ die Mittelwertgleichung für holomorphe Funktionen (Kap. I.3.8):

$$f(c) = \frac{1}{2\pi} \int_0^{2\pi} f(c + re^{i\varphi})d\varphi.$$

Cauchyscher Integralsatz und Cauchysche Integralformel für Kreisringe:

Sei $U \subset \mathbb{C}$ offen und $f : U \to \mathbb{C}$ holomorph. Ferner sei $c \in \mathbb{C}$ und $R := R_{r,s}(c)$ ein Kreisring mit Zentrum c und den Radien $0 < r < s < \infty$, für den $\overline{R} \subset U$ gilt.

Dann folgt:

i) $\displaystyle \int_{\partial B_\sigma(c)} f(z)dz = \int_{\partial B_\rho(c)} f(z)dz$ für alle $r \leq \rho$; $\sigma \leq s$.

ii) $\displaystyle f(z) = \frac{1}{2\pi i} \int_{\partial B_s(c)} \frac{f(\zeta)}{\zeta - z} d\zeta - \frac{1}{2\pi i} \int_{\partial B_r(c)} \frac{f(\zeta)}{\zeta - z} d\zeta$, für alle $z \in R$

(und entsprechend: $f^{(k)}(z) = \ldots$, siehe 3.4 iii)).

3.5.2 „Stetigkeit-am-Rand"-Version der Integralsätze

Die Aussagen des Cauchyschen Integralsatzes (3.3) und des Satzes über die Cauchysche Integralformel (3.4) gelten bereits dann, wenn γ ein einfach geschlossener Weg in $\mathbb{C}$ und $f : \overline{\mathrm{Int}(\gamma)} \to \mathbb{C}$ eine stetige Funktion ist, die auf dem Gebiet $\mathrm{Int}(\gamma)$ holomorph ist. Bereits unter dieser schwächeren Voraussetzung erhalten wir somit die Gleichungen

i) $\displaystyle \int_\gamma f(z)dz = 0$ und

ii) $\displaystyle \mathrm{ind}_\gamma(z) \cdot f^{(k)}(z) = \frac{k!}{2\pi i} \int_\gamma \frac{f(\zeta)}{(\zeta - z)^{k+1}} d\zeta$, $z \in U \setminus |\gamma|$, $k \in \mathbb{N}$.

3.5.3 Der Cauchysche Integralsatz für einfach zusammenhängende Gebiete

Sei G ein einfach zusammenhängendes Gebiet in $\mathbb{C}$ und $f : G \to \mathbb{C}$ eine stetige Funktion. Dann sind nach 3.3 die folgenden Aussagen äquivalent:

i) f ist holomorph in G.

ii) f ist wegunabhängig integrierbar in G.

iii) f ist integrabel in G, besitzt also eine Stammfunktion in G.

Aufgaben zu Kapitel V , §3

Aufgaben V.3.1:

Geben Sie die Umlaufzahl $\mathrm{ind}_\gamma(z)$ in den Punkten der Skizze an:

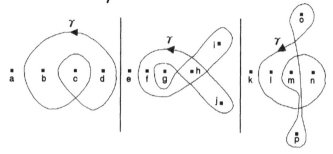

Lösung:

Unter Verwendung des „Uhrenmodells" (3.1.3) ermitteln wir:

z	a	b	c	d	e	f	g	h	i	j	k	l	m	n	o	p
$\mathrm{ind}_\gamma(z)$	0	1	2	1	0	1	0	2	1	1	0	1	2	1	-1	1

Aufgabe V.3.2:

Für die Kurve $\alpha : [0\,;1] \to \mathbb{C}$, $t \mapsto t \cdot e^{2\pi i \cdot t}$ berechne man das Kurvenintegral $\int_\alpha z\,dz$.

Lösung:

Sei der Integrationsweg

$$\gamma : [0\,;1] \to \mathbb{C}\,,\ t \mapsto 1 - t$$

vorgegeben.

Dann ist der Summenweg $\alpha + \gamma$ ein geschlossener Weg in $\mathbb{C}$.

Nach dem Cauchyschen Integralsatz (3.3) gilt somit:

$$0 = \int_{\alpha+\gamma} z\,dz = \int_\alpha z\,dz + \int_0^1 (1-t) \cdot (-1)\,dt \ .$$

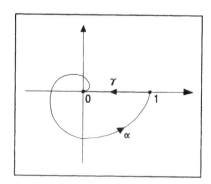

Damit berechnet sich das gesuchte Integral zu:

$$\int_\alpha z\,dz = \int_0^1 (1-t)\,dt = [\,t - \frac{1}{2}t^2\,]_0^1 =$$

$$= 1 - \tfrac{1}{2} = \tfrac{1}{2} \ .$$

Aufgabe V.3.3:

Man beweise, dass es keine analytische Funktion f : ℂ → ℂ geben kann mit

$$|f'(0)| > \max_{|z|=1} |f(z)| .$$

<u>Lösung:</u>

Sei f : ℂ → ℂ eine beliebige ganze Funktion.

Aus der Cauchyschen Integralformel (3.4) für die Ableitungen erhalten wir mit γ als positiv durchlaufene Einheitskreislinie:

$$f'(0) = \frac{1}{2\pi i} \cdot \int_{|\zeta|=1} \frac{f(\zeta)}{\zeta^2} \, d\zeta .$$

Daraus folgt aus der Standardabschätzung für Wegintegrale (1.2.3):

$$|f'(0)| \le \left|\frac{1}{2\pi i}\right| \cdot L(\partial \mathbb{E}) \cdot \left\| \frac{f(\zeta)}{\zeta^2} \right\|_{|\zeta|=1} = \frac{2\pi}{2\pi} \cdot \| f \|_{|\zeta|=1} = \max_{|z|=1} |f(z)| .$$

Aufgabe V.3.4:

Es sei f : ℂ → ℂ holomorph und |f(z)| ≤ 1 für |z| ≤ 1.

Zeigen Sie: $|f'(z)| \le 4$ *für* $|z| \le \dfrac{1}{2}$.

<u>Lösung:</u>

Sei γ die positiv durchlaufene Einheitskreislinie und z ∈ ℂ mit $|z| \le \frac{1}{2}$.

Dann gilt nach der Cauchyschen Integralformel (3.4) und nach der Standardabschätzung für Wegintegrale (1.2.3) für die erste Ableitung der Funktion f folgende Abschätzung:

$$|f'(z)| = \left| \frac{1}{2\pi i} \cdot \int_\gamma \frac{f(\zeta)}{(\zeta - z)^2} \, d\zeta \right| \le \frac{1}{2\pi} \cdot L(\gamma) \cdot \left\| \frac{f(\zeta)}{(\zeta - z)^2} \right\|_{|\gamma|} \le \frac{1}{2\pi} \cdot 2\pi \cdot \frac{1}{(\frac{1}{2})^2} = 4 .$$

Aufgabe V.3.5:

Man beweise den Satz von Liouville:

Jede beschränkte ganze Funktion ist konstant.

<u>Lösung:</u>

Sei M > 0 mit |f(z)| ≤ M für alle z ∈ ℂ.

Nach der Cauchyschen Integralformel (3.4) und der Standardabschätzung für Wegintegrale (1.2.3) gilt für alle z ∈ ℂ und r > 0 :

$$|f'(z)| = \left| \frac{1}{2\pi i} \cdot \int_{\partial B_r(z)} \frac{f(\zeta)}{(\zeta - z)^2} \, d\zeta \right| \le \frac{1}{2\pi} \cdot L(\partial B_r(z)) \cdot \left\| \frac{f(\zeta)}{(\zeta - z)^2} \right\|_{|\partial B_r(z)|} \le$$

$$\leq \ \frac{1}{2\pi} \cdot 2\pi r \cdot \frac{M}{r^2} \ = \ \frac{M}{r} \ \longrightarrow \ 0 \quad \text{für} \quad r \longrightarrow \ \infty \ .$$

Somit ist $f'(z) = 0$ für alle $z \in \mathbb{C}$.

Da nun $\mathbb{C}$ ein Gebiet ist, folgt aus dem Satz über konstante Funktionen (Kap. I, 3.4) die Konstanz von f.

Aufgabe V.3.6:

Man zeige $\int_{-\infty}^{+\infty} e^{-(x+iy)^2} dx = \sqrt{\pi}$ *für jedes* $y \in \mathbb{R}$. *Dabei darf* $\int_{-\infty}^{+\infty} e^{-x^2} dx = \sqrt{\pi}$ *voraus-gesetzt werden.*

Lösung:

Sei y eine reelle Zahl und die Funktion

$$g : \mathbb{R} \to \mathbb{C}, \ x \mapsto e^{-(x+iy)^2}$$

vorgegeben.

Das Integral $\int_{-\infty}^{\infty} g(x) dx$ existiert. Dies folgt aus dem Kriterium II aus Kapitel VII, 2.2.2, denn es existiert das uneigentliche Integral

$$\int_{-\infty}^{\infty} |g(x)| \, dx \ = \ \int_{-\infty}^{\infty} |e^{-x^2 + y^2 - i2xy}| \, dx \ = \ e^{y^2} \cdot \int_{-\infty}^{\infty} e^{-x^2} dx = e^{y^2} \cdot \sqrt{\pi} \ < \ \infty$$

Somit können wir das zu berechnende Integral durch $\lim\limits_{R \to \infty} \int_{-R}^{R} g(x) dx$ auswerten.

Der Ausdruck $\int_{-\infty}^{\infty} e^{-(x+iy)^2} dx$ bedeutet Integration der Funktion $f : \mathbb{C} \to \mathbb{C}, z \mapsto e^{-z^2}$, entlang der Parallelen zur x-Achse durch Punkt iy.

Da f auf dem einfach zusammenhängenden Gebiet $\mathbb{C}$ holomorph und damit nach dem Cauchyschen Integralsatz (Version 3.5.3) wegunabhängig integrierbar ist, gilt für alle $R > 0$:

$$\int_{\gamma_R} f(z) dz \ = \ \int_{\alpha_R} f(z) dz \ + \ \int_{\delta_R} f(z) dz \ + \ \int_{\beta_R} f(z) dz \quad (*)$$

mit den folgenden Wegen:

$$\gamma_R = [-R+iy; R+iy] \ ; \ \alpha_R = [-R+iy; -R] \ ; \ \delta_R = [-R; R] \ ; \ \beta_R = [R; R+iy] . \ ^8$$

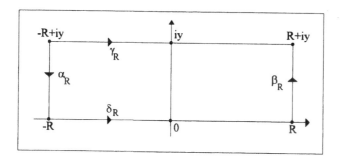

Behauptung: $\int_{\alpha_R} f(z)dz + \int_{\beta_R} f(z)dz = -\int_{-\alpha_R} f(z)dz + \int_{\beta_R} f(z)dz \to 0$ für $R \to \infty$.

Begründung: Für die Integrationswege gilt:

$$-\alpha_R : [0;1] \to \mathbb{C}, \quad t \mapsto (1-t) \cdot (-R) + t \cdot (-R+iy) = -R + t \cdot iy \;\Rightarrow\; (-\alpha_R)'(t) = iy.$$

$$\beta_R : [0;1] \to \mathbb{C}, \quad t \mapsto (1-t) \cdot R + t \cdot (R+iy) = R + t \cdot iy \qquad\quad \Rightarrow\; \beta_R'(t) = iy.$$

Damit erhält man nach 1.2 :

$$\int_{\beta_R} f(z)dz - \int_{-\alpha_R} f(z)dz = \int_0^1 e^{-(R+tiy)^2} \cdot iy\, dt - \int_0^1 e^{-(-R+tiy)^2} \cdot iy\, dt =$$

$$= iy \cdot e^{-R^2} \cdot \int_0^1 e^{t^2 y^2} \cdot (e^{-i2tRy} - e^{i2tRy})dt \,.$$

Daraus folgt:

$$\left| \int_{\beta_R} f(z)dz - \int_{-\alpha_R} f(z)dz \right| = |iy| \cdot |e^{-R^2}| \cdot \left| \int_0^1 e^{t^2 y^2} \cdot (e^{-i2tRy} - e^{i2tRy})dt \right| \leq$$

$$\leq y \cdot e^{-R^2} \cdot \int_0^1 e^{t^2 y^2} \cdot |e^{-i2tRy} - e^{i2tRy}|dt = y \cdot e^{-R^2} \cdot \int_0^1 e^{t^2 y^2} \cdot |2i| \cdot |\sin 2tRy|dt \leq$$

$$\leq y \cdot 2 \cdot e^{-R^2} \cdot e^{y^2} \cdot (1-0) \;\xrightarrow{\hspace{1cm}}\; 0 \quad \text{für} \quad R \;\xrightarrow{\hspace{1cm}}\; \infty \,.$$

Schließlich erhält man aus der Gleichung (*) unter Verwendung obiger Behauptung und der Voraussetzung:

$$\int_{-\infty}^{+\infty} e^{-(x+iy)^2}\, dx = \lim_{R \to \infty} \int_{\gamma_R} f(z)dz = \lim_{R \to \infty} \int_{\delta_R} f(z)dz = \lim_{R \to \infty} \int_{-R}^{R} e^{-x^2}\, dx = \sqrt{\pi} \,.$$

Aufgabe V.3.7:

Sei k eine natürliche Zahl. Zeigen Sie, dass es keine auf $\bar{\mathbb{E}}$ stetige, auf $\mathbb{E}$ holomorphe Funktion $f : \bar{\mathbb{E}} \to \mathbb{C}$ gibt mit $f(z) = z^{-k}$ für $z \in \partial\mathbb{E}$.

Lösung:

Annahme: Es gibt eine solche Funktion $f : \mathbb{E} \to \mathbb{C}$.

Dann ist auch die Funktion

$$g : \bar{\mathbb{E}} \to \mathbb{C}, \quad z \mapsto z^{k-1} \cdot f(z)$$

stetig und auf $\mathbb{E}$ holomorph und es ist

$$g(z) = z^{-1} \quad \text{für alle} \quad z \in \partial\mathbb{E} \,.$$

Einerseits erhält man nach 3.5.2 i):

$$\int_{\partial\mathbb{E}} g(z)dz = 0 \,.$$

Andererseits aber durch direktes Ausrechnen:

$$\int_{\partial\mathbb{E}} g(z)dz = \int_0^{2\pi} \frac{ie^{it}}{e^{it}}dt = 2\pi i \neq 0 \,.$$

Widerspruch.

Aufgabe V.3.8:

Sei $D \subset \mathbb{C}$ offen und die Funktion $f : D \to \mathbb{C}$ stetig, so dass $f|_{D \setminus \mathbb{R}}$ holomorph ist.
Man zeige, dass dann f holomorph auf ganz D ist. (Hinweis: Satz von Morera)

Lösung:

Nach dem Satz von Morera (3.2) ist zu zeigen, dass für jede kompakte Dreiecksfläche $\blacktriangle \subset D$ gilt:

$$\int_{\partial \blacktriangle} f(z)dz = 0 .$$

Sei nun $\blacktriangle \subset D$ vorgegeben.

1. Fall: $\partial \blacktriangle \cap \mathbb{R} = \emptyset$, so folgt $\int_{\partial \blacktriangle} f(z)dz = 0$ nach dem Cauchyschen Integralsatz 3.3 .

2. Fall: Eine Ecke oder eine Kante des Dreiecks liegt auf $\mathbb{R}$, so ist $\int_{\partial \blacktriangle} f(z)dz = 0$, da f im Innern von $\blacktriangle$ holomorph und auf $\blacktriangle \cup \partial \blacktriangle$ stetig ist (3.5.2) .

3. Fall: Es gibt genau zwei Schnittpunkte x und y von $\partial \blacktriangle$ mit $\mathbb{R}$.

Sei $\alpha := [a,b] + [b,y] + [y,x] + [x,a]$
und $\beta := [c,x] + [x,y] + [y,c]$ definiert,
so gilt:

$$\int_{\partial \blacktriangle} f(z)dz = \int_{\alpha} f(z)dz + \int_{\beta} f(z)dz ,$$

da über die Strecke $[x,y]$ in entgegengesetzte
Richtungen integriert wird.
Mit der gleichen Begründung wie im 2. Fall ist
nach 3.5.2:

$$\int_{\alpha} f(z)dz = 0 = \int_{\beta} f(z)dz$$

Was schließlich $\int_{\partial \blacktriangle} f(z)dz = 0$ zur Folge hat.

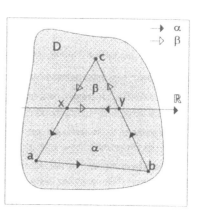

Aufgabe V.3.9:

Gibt es eine holomorphe Funktion $0 \neq f : \mathbb{E} \to \mathbb{C}$, so dass zu jedem $n \in \mathbb{N}$ ein $\varepsilon > 0$ mit der Eigenschaft existiert, dass $|f(z)| > n$ für alle $z \in \mathbb{E}$ mit $1 - |z| < \varepsilon$ (*) ?

Lösung:

Behauptung: Es gibt keine solche Funktion.

Beweis:

Annahme: Es gibt eine holomorphe Funktion $f : \mathbb{E} \to \mathbb{C}$ mit der geforderten Eigenschaft (*) .

Wegen dieser Eigenschaft ist klar, dass die Funktion f auf einem Kreisring $R := R_{r,1}(0)$ mit $0 < r < 1$ nullstellenfrei ist.

Die Funktion

$$g := \frac{1}{f} : z \mapsto \frac{1}{f(z)}$$

ist somit auf R holomorph.

Weiter gilt für g aufgrund der Eigenschaft (*):

Für alle $n \in \mathbb{N}$ gibt es ein $\varepsilon > 0$, so dass $|g(z)| < \frac{1}{n}$ für alle $z \in R$ mit $1 - |z| < \varepsilon$ ist.

Die Funktion g kann somit auf dem Kreisring $H := R_{r,\infty}(0)$ durch

$$h : H \to \mathbb{C} \, , \ h(z) := \begin{cases} g(z) & \text{für } z \in H \cap \mathbb{E} = R \\ 0 & \text{für } z \in H \backslash \mathbb{E} \end{cases}$$

stetig fortgesetzt werden.

Diese Funktion h ist auf den Teilgebieten $H \cap \mathbb{E}$ und $H \backslash \overline{\mathbb{E}}$ holomorph. Wie unten gezeigt wird, ist h sogar auf ganz H holomorph.

Nach dem Identitätssatz (Kap. I, 3.2) ist h somit konstant $= 0$ auf H. Widerspruch zu $h = \frac{1}{f}$ auf $R \subset H$.

Bleibt noch zu zeigen:

$h : H \to \mathbb{C}$ ist nicht nur stetig, sondern sogar holomorph.

Dies beweist man entsprechend der Aufgabe V.3.8 mittels dem Satz von Morera (3.2).

Danach reicht es zu zeigen, dass das Integral von h über die Randkurve $\partial \blacktriangle$ einer jeden kompakten Dreiecksfläche $\blacktriangle$ in H verschwindet.

Wie in Aufgabe V.3.8 sind auch hier mehrere (aber endlich viele) Fälle zu den verschiedenen möglichen Lagen der Dreiecksfläche $\blacktriangle$ in H zu betrachten.

Stellvertretend sei hier nur der skizzierte Fall behandelt: $\partial \blacktriangle = [a,b] + [b,c] + [c,a]$. Die restlichen Fälle enthalten keine neuen Aspekte und werden deshalb nicht extra ausgeführt.

Die beiden skizzierten Wege α (Pfeile →) und β (Pfeile ▷) erfüllen folgende Eigenschaften:

i) $\int_{\partial \blacktriangle} h(z)dz = \int_\alpha h(z)dz + \int_\beta h(z)dz$,

da über den gemeinsamen Kreisbogen $\partial \mathbb{E} \cap \blacktriangle$ in entgegengesetzte Richtungen integriert wird.

ii)   Da α ein Weg in $H \backslash \mathbb{E}$ und β ein Weg in $H \cap \overline{\mathbb{E}}$ ist, folgen aus der „Stetigkeit-am-Rand-Version" des Cauchyschen Integralsatzes (3.5.2) die Gleichungen:

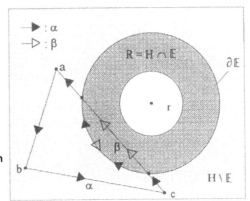

$$\int_\alpha h(z)dz = 0 \quad \text{und} \quad \int_\beta h(z)dz = 0 \ .$$

Zusammenfassend erhält man das zu beweisende Ergebnis:

$$\int_{\partial \blacktriangle} h(z)dz = 0 \ .$$

§4   Parameterintegrale

Parameterintegrale können sowohl mit reellwertigen, als auch mit komplexwertigen Funktionen gebildet werden. Die wichtigsten Eigenschaften sind nachfolgend aufgezählt.

4.1   Parameterintegrale im Komplexen

Sei γ ein Weg in $\mathbb{C}$ und U eine beliebige Teilmenge von $\mathbb{C}$, $\mathbb{P}$ oder $\mathbb{R}$.
Weiter sei

$$f : |\gamma| \times U \to \mathbb{C} , (\zeta,z) \mapsto f(\zeta,z)$$

eine stetige Funktion.

So ist die Abbildung

$$F : U \to \mathbb{C} , F(z) := \int_\gamma f(\zeta,z)d\zeta$$

wohldefiniert und heißt (komplexes) Parameterintegral .

Es gelten die fogenden Aussagen:

i)   Die Abbildung F ist stetig.

ii) Ist $U \subset \mathbb{C}$ offen und $f(\zeta,\cdot) : U \to \mathbb{C} , z \mapsto f(\zeta,z)$, für alle $\zeta \in |\gamma|$ holomorph in U ,
     f also nach z komplex differenzierbar, so ist auch $F : U \to \mathbb{C}$ holomorph in U.
     Dann gilt:

$$\frac{d}{dz}F(z) = \int_\gamma \frac{\partial}{\partial z} f(\zeta,z)d\zeta \quad \text{für } z \in U .$$

(Man spricht von Differentiation unter dem Integralzeichen)

iii) Ist $U \subset \mathbb{C}$ und α ein Weg in U , so existiert das Integral

$$\int_\alpha F(z)dz = \int_\alpha (\int_\gamma f(\zeta,z)d\zeta)dz$$

und ist gleich

$$\int_\gamma (\int_\alpha f(\zeta,z)dz)d\zeta .$$

(Man spricht von Integration unter dem Integralzeichen)

4.2   Parameterintegrale im Reellen

Sei $a,b \in \mathbb{R}$ mit $a < b$ und D eine beliebige Teilmenge von $\mathbb{C}$, $\mathbb{P}$ oder $\mathbb{R}^n$.
Weiter sei

$$f : [a;b] \times D \to \mathbb{R} , (t,x) \mapsto f(t,x)$$

eine stetige Funktion.

So ist die Abbildung

$$F : D \to \mathbb{R}, F(x) := \int_a^b f(t,x)dt$$

wohldefiniert und heißt (reelles) Parameterintegral .

Es gelten folgende Aussagen:

i)   Die Abbildung F ist stetig.

ii) Ist $D \subset \mathbb{R}$ offen und $f(t,\cdot) : D \to \mathbb{R} , x \mapsto f(t,x)$, für alle $t \in [a;b]$ (stetig) nach x differenzierbar, so ist auch $F : D \to \mathbb{R}$ (stetig) differenzierbar und es gilt:

$$\frac{d}{dx}F(x) = \int_a^b \frac{\partial}{\partial x} f(t,x)dt \qquad \text{für } x \in D .$$

(Differentiation unter dem Integralzeichen)

iii) Ist $D \subset \mathbb{R}$ und $[c;d] \subset D$ ein kompaktes Intervall, so existiert das Integral

$$\int_c^d F(x)dx = \int_c^d \left(\int_a^b f(t,x)dt \right) dx$$

und ist gleich

$$\int_a^b \left(\int_c^d f(t,x)dx \right) dt .$$

(Integration unter dem Integralzeichen)

Aufgaben zu Kapitel V , §4

Aufgabe V.4.1:

Auf welchem Gebiet in $\mathbb{C}$ wird durch $f(z) = \int_0^1 \frac{dt}{1+zt}$ *eine holomorphe Funktion* f *definiert?*

Berechnen Sie f *durch bekannte elementare Funktionen.*

Lösung:

Wir setzen $g(z, t) := \frac{1}{1+zt}$.

So ist die Funktion

$$z \mapsto f(z) = \int_0^1 g(z,t)dt$$

nach dem Satz über die Differentiation unter dem Integralzeichen (4.1) auf dem Gebiet $G := \mathbb{C} \setminus \,]{-\infty}; -1]$ holomorph, denn dort ist die Funktion

$$g(\cdot, t) : z \mapsto g(z, t)$$

für jeden beliebigen festen Parameter $t \in [0;1]$ definiert und holomorph.

Es stehen nun zwei Möglichkeiten zur Berechnung der Funktion f zur Verfügung:

1. Möglichkeit:

Für festes $z \in \mathbb{E}$ besitzt die komplexe Potenzreihe $\sum_0^\infty (-z)^n \zeta^n$ in ζ nach der Formel von Cauchy-Hadamard (Kap. II, 3.5.1) den Konvergenzradius

$$r = (\limsup_{n \to \infty} \sqrt[n]{|-z^n|})^{-1} = |z|^{-1} > 1 .$$

Die Potenzreihe $\sum_0^\infty (-zt)^n = \frac{1}{1+zt}$ in t konvergiert also gleichmäßig auf dem Kompaktum $[0;1]$.

Nach dem Satz über gliedweise Integration bei kompakt konvergenten Reihen (Kap. II, 2.5) erhalten wir für $z \in \mathbb{E}^*$:

$$f(z) = \int_0^1 \sum_0^\infty (-zt)^n dt = \sum_0^\infty (-z)^n \cdot \int_0^1 t^n dt = \sum_0^\infty \frac{(-z)^n}{n+1} = \frac{1}{z} \cdot \sum_1^\infty \frac{(-1)^{n-1}}{n} \cdot z^n = \frac{1}{z} \cdot \log(1+z),$$

wobei $\log : \mathbb{C}^- \to \mathbb{C}$ den Hauptzweig des Logarithmus bezeichnet (Kap. III, 2.2.2).

Nach dem Identitätssatz (Kap. I, 3.2) ist nun $f(z) = \frac{1}{z} \cdot \log(1+z)$ auf ganz G*.

Nach der Regel von L'Hospital (Kap. I, 1.6) gilt:

$$\lim_{z \to 0} \frac{1}{z} \cdot \log(1+z) = \lim_{z \to 0} \frac{1}{1+z} = 1$$

Daher lässt sich die holomorphe Funktion $f : G \to \mathbb{C}$ schreiben als:

$$f(z) = \begin{cases} \frac{1}{z} \cdot \log(1+z) \, , & \text{für } z \in G* \\ 1 \, , & \text{für } z = 0 \, . \end{cases}$$

2. Möglichkeit:

Sei $z \in G*$ und $\gamma_z : [0;1] \to \mathbb{C}^-, t \mapsto 1+zt$.

So ist $f(z) = \frac{1}{z} \int_{\gamma_z} \frac{d\zeta}{\zeta} = \frac{1}{z} \cdot [\log(\zeta)]_1^{1+z} = \frac{1}{z} \cdot \{\log(1+z) - \log(1)\} = \frac{1}{z} \cdot \log(1+z)$,

wobei auch hier $\log : \mathbb{C}^- \to \mathbb{C}$ den Hauptzweig des Logarithmus (Kap. III, 2.2.2) darstellt.
Weiter nun wie bei der ersten Möglichkeit.

Aufgabe V.4.2:

a)   *Man zeige:*

Ist R eine rationale Funktion auf $\mathbb{C}$ und Γ ein geschlossener Weg in $\mathbb{C}$, auf dem keine Pole von R liegen, dann wird durch

$$f(z) = \int_\Gamma e^{z\zeta} R(\zeta) d\zeta$$

eine ganze Funktion gegeben.

Welche Form haben f' und f''?

b)   *Es sei $R(\zeta) := \frac{1}{(\zeta-1)(\zeta-2)}$.*

Man zeige, dass f die Differentialgleichung

$$f''(z) - 3 \cdot f'(z) + 2 \cdot f(z) = 0$$

auf $\mathbb{C}$ erfüllt.

Lösung:

a)   Die Abbildung

$$g : \mathbb{C} \times |\Gamma| \to \mathbb{C} , \quad (z, \zeta) \mapsto e^{z\zeta} \cdot R(\zeta)$$

ist stetig und für beliebiges $\zeta \in |\Gamma|$ ist die Funktion

$$g(\cdot, \zeta) : \mathbb{C} \to \mathbb{C} , z \mapsto g(z, \zeta)$$

holomorph.

Nach dem Satz über die Differentiation unter dem Integralzeichen (4.1, ii)) ist f ganz mit

$$f'(z) = \int_\Gamma \frac{\partial}{\partial z} g(z, \zeta) d\zeta = \int_\Gamma \zeta \cdot g(z, \zeta) d\zeta \qquad \text{und}$$

$$f''(z) = \int_\Gamma \frac{\partial}{\partial z} (\zeta \cdot g(z, \zeta)) d\zeta = \int_\Gamma \zeta^2 \cdot g(z, \zeta) d\zeta \qquad \text{für } z \in \mathbb{C}.$$

b)   Damit erhalten wir auf $\mathbb{C}$ mit a) und der Linearität des Integrals (4.1, ii):

$$f''(z) - 3 \cdot f'(z) + 2 \cdot f(z) = \int_\Gamma g(z,\zeta) \cdot (\zeta^2 - 3 \cdot \zeta + 2) d\zeta = \int_\Gamma e^{z\zeta} d\zeta = 0$$

nach dem Cauchyschen Integralsatz (3.3).

Die Funktion f ist somit Lösung der vorgegeben Differentialgleichung.

Aufgabe V.4.3:

Seien a und b reelle Zahlen mit a < b .

Man berechne den Wert des Integrals $J := \int_a^b t\, e^{-t}\, dt$.

Hinweis: Man berechne das Parameterintegral

$$g : \mathbb{R}^+ \to \mathbb{R}, \quad x \mapsto \int_a^b t\, e^{-xt}\, dt$$

durch Anwendung von Satz 4.2 ii).

Lösung:

Zunächst gilt für alle $x \in \mathbb{R}^+$: $g(x) = -\int_a^b \frac{\partial}{\partial x} e^{-xt}\, dt$

Daraus folgt nach Satz 4.2 ii) für alle $x \in \mathbb{R}^+$:

$$g(x) = -\frac{d}{dx} F(x)$$

mit dem Parameterintegral

$$F : \mathbb{R}^+ \to \mathbb{R}, \quad F(x) := \int_a^b e^{-xt}\, dt = [-x^{-1} e^{-xt}]_a^b = -x^{-1}(e^{-bx} - e^{-ax}) .$$

Damit erhalten wir für alle $x \in \mathbb{R}^+$:

$$g(x) = -\frac{d}{dx} F(x) = x^{-2}((ax + 1) e^{-ax} - (bx + 1) e^{-bx})$$

und insbesondere ergibt sich für x = 1 der gesuchte Wert des Integrals:

$$J = g(1) = (a + 1)e^{-a} - (b + 1)e^{-b} .$$

Kapitel VI

Reihen- und Produktentwicklungen holomorpher und meromorpher Funktionen

Die Frage nach der Holomorphie der Grenzfunktionen von Potenz- und Laurentreihen wurde in den Paragraphen drei und vier des zweiten Kapitels positiv beantwortet. Mit der umgekehrten Fragestellung, nämlich der Entwickelbarkeit holomorpher Funktionen durch diese beiden Reihentypen, beschäftigen sich nun die ersten beiden Paragraphen dieses sechsten Kapitels. Auf jeder Kreisscheibe, die im Holomorphiebereich liegt, kann eine holomorphe Funktion in eine Taylorreihe entwickelt werden (§1), während die Darstellung durch eine Laurentreihe auf jedem Kreisring, auf dem die Funktion holomorph ist, möglich ist (§2). In den Paragraphen drei und vier werden die Nullstellen und die isolierten Singularitäten von holomorphen Funktionen analysiert. Der dritte Paragraph beschränkt sich hierbei auf Punkte der Zahlenebene $\mathbb{C}$. Diese Ergebnisse werden dann im vierten Paragraphen auf den unendlich fernen Punkt übertragen. Im anschließenden Paragraphen wird mit den meromorphen Funktionen eine weitere wichtige Klasse von Funktionen eingeführt. Deren Bedeutung liegt darin, dass die Menge der auf einem Gebiet meromorphen Funktionen einen Körper darstellt, also mit nichtverschwindenden Funktionen dividiert werden kann. Der letzte Paragraph beschließt das Kapitel mit zwei wichtigen Sätzen der Funktionentheorie, dem Satz von Mittag-Leffler und dem Weierstraßschen Produktsatz. Diese Sätze liefern die Existenz von meromorphen bzw. holomorphen Funktionen zu vorgegebenen Polstellen und Hauptteilen bzw. Nullstellen und Nullstellenordnungen. Im Anschluss an diese beiden Sätze werden jeweils prinzipielle Verfahren zur Konstruktion der gesuchten meromorphen bzw. holomorphen Funktionen vorgestellt.

§1 Entwicklung holomorpher Funktionen auf Kreisscheiben nach Taylor

1.1 Der Entwicklungssatz von Taylor

Sei $U \subset \mathbb{C}$ offen, $f : U \to \mathbb{C}$ holomorph und c ein Punkt aus U.

Weiter sei B eine offene Kreisscheibe um c mit $B \subset U$.

Dann gelten die folgenden Aussagen:

a) Es existiert eine Potenzreihe $\sum_0^\infty a_n(z-c)^n$ mit $a_n \in \mathbb{C}$ ($n \in \mathbb{N}_0$), die auf B kompakt gegen die Funktion f konvergiert.

b) Diese Potenzreihe konvergiert sogar auf der größten offenen Kreisscheibe $B_r(c) = \{ z \in \mathbb{C} : |z-c| < r \}$, $0 < r \leq \infty$, mit $B \subset B_r(c) \subset U$ kompakt gegen die Funktion f. [1]

Der Konvergenzradius dieser Potenzreihe ist somit größer oder gleich dem Randabstand $\operatorname{dist}(\partial U, c) := \inf_{z \in \partial U} |z - c|$. (Falls $\partial U = \emptyset$, also $U = \mathbb{C}$, setzt man $\operatorname{dist}(\partial U, c) = \infty$).

c) Die Potenzreihe $\sum_0^\infty a_n(z-c)^n$ ist eindeutig bestimmt, denn die Koeffizienten a_n, $n \in \mathbb{N}_0$,

---

[1] Die Potenzreihe konvergiert sogar normal auf $B_r(c)$ gegen f. Dies wird im Folgenden nicht weiter verwendet.

sind durch

$$a_n = \frac{f^{(n)}(c)}{n!} = \frac{1}{2\pi i} \cdot \int_{|z-c|=\rho} \frac{f(z)}{(z-c)^{n+1}} \, dz \qquad (*) ,$$

mit $0 < \rho < r$ beliebig, festgelegt („Taylorkoeffizienten").

Man spricht deswegen von der Taylorreihe (Taylorentwicklung) von f auf der Kreisscheibe B, bzw. $B_r(c)$ oder von der Taylorreihe (Taylorentwicklung) von f um den Entwicklungspunkt c.

1.1.1 Cauchysche Ungleichung für die Taylorkoeffizienten

Es mögen die gleichen Voraussetzungen wie in obigem Satz gelten.

Ferner sei $M(\rho) := \max\limits_{|z-c|=\rho} |f(z)|$ für $0 < \rho < r$ definiert. Dann gelten für beliebiges $n \in \mathbb{N}_0$ folgende Ungleichungen:

i) $\qquad |a_n| \leq \dfrac{M(\rho)}{\rho^n}$ und $\qquad |f^{(n)}(c)| \leq \dfrac{n!}{\rho^n} \cdot M(\rho) \qquad$ für alle $0 < \rho < r$.

Anmerkung:

Diese Ungleichungen folgen direkt aus der Koeffizientenformel (*) nach Anwendung der Standardabschätzung für Wegintegrale (Kap. V, 1.2.3)

ii) Für alle $0 < \rho < r$ und $z \in B_\rho(c)$ ist

$$|f^{(n)}(z)| \leq n! \cdot \frac{\rho}{d_z^{\,n+1}} \cdot M(\rho) \quad \text{mit} \quad d_z := \min_{|\zeta-c|=\rho} |\zeta-z| = \rho - |z-c| .$$

Anmerkung:

Diese Ungleichung ergibt sich aus der Cauchyschen Integralformel für Kreisscheiben (Kap. V, 3.5.1) nach Anwendung der Standardabschätzung für Wegintegrale (Kap. V, 1.2.3).

1.1.2 Definition: Analytische Funktion

Sei U eine offene Teilmenge von $\mathbb{C}$ und $f : U \to \mathbb{C}$ vorgegeben.

Die Funktion f heißt (komplex-) analytisch in U, falls für jeden Punkt $c \in U$ eine (komplexe) Potenzreihe $\sum_0^\infty a_n(z-c)^n$ existiert, die in einer Umgebung von c gegen f konvergiert.

Man spricht dann von der Darstellbarkeit von f durch Potenzreihen um jeden Punkt des Definitionsbereiches U.

Aus dem Entwicklungssatz von Taylor (1.1) und dem Satz über die Holomorphie von Potenzreihen (Kap. II, 3.4) folgt der bedeutende

1.2 Satz: Holomorphie und Analytizität

Sei $U \subset \mathbb{C}$ offen und $f : U \to \mathbb{C}$ vorgegeben.

Dann sind die folgenden Aussagen äquivalent:

i) f ist holomorph in U.

ii) f ist analytisch in U.

Zukünftig wird deshalb nicht mehr zwischen holomorphen und (komplex-) analytischen Funktionen unterschieden.

1.3 Holomorphe Fortsetzung

Seien G, H Gebiete in $\mathbb{C}$ mit $G \subsetneq H$ und $f : G \to \mathbb{C}$ eine holomorphe Funktion.
Eine weitere holomorphe Funktion $F : H \to \mathbb{C}$ mit $F|_G = f$ heißt <u>holomorphe Fortsetzung</u> von f nach H. Die Funktion f heißt dann nach H <u>holomorph fortsetzbar</u>.

<u>Anmerkungen:</u>

Seien G und H Gebiete in $\mathbb{C}$ mit $G \subsetneq H$ und $f \in \mathcal{O}(G)$.

i) Nach dem Identitätssatz (Kap. I, 3.2) ist eine holomorphe Fortsetzung von f nach H , falls sie existiert, eindeutig bestimmt.

ii) Wenn ein Gebiet G_0 in $\mathbb{C}$ und eine Funktion $f_0 \in \mathcal{O}(G_0)$ mit $G \cup G_0 = H$ und $f_0(z) = f(z)$ für alle $z \in G \cap G_0$ existieren, so gibt es eine holomorphe Fortsetzung F von f nach H , die durch

$$F : H \to \mathbb{C} , z \mapsto \left\{ \begin{array}{ll} f(z) & , z \in G \\ f_0(z) & , z \in H \backslash G \end{array} \right\} \text{ definiert ist.}$$

iii) Zu jedem Gebiet in $\mathbb{C}$ existiert eine holomorphe Funktion, die über dieses Gebiet hinaus nicht holomorph fortsetzbar ist. [2]

Der Riemannsche Fortsetzungssatz (Kap. I, 3.3) und der Satz von Morera (Kap. V, 3.2) lieferten bereits Möglichkeiten der holomorphen Fortsetzung.

Weit effektivere Methoden der holomorphen Fortsetzung bieten die beiden folgenden Verfahren:

1.4 Das Schwarzsche Spiegelungsprinzip

Sei G ein zur reellen Achse symmetrisch liegendes Gebiet in $\mathbb{C}$.
Wie gewöhnlich seien mit $\mathbb{H}$ die obere und mit $\mathbb{H}_u$ die untere offene Halbebene in $\mathbb{C}$ bezeichnet.
Sei nun $f : G \cap (\mathbb{H} \cup \mathbb{R}) \to \mathbb{C}$ eine stetige Funktion mit $f|_{G \cap \mathbb{H}} \in \mathcal{O}(G \cap \mathbb{H})$ und $f(G \cap \mathbb{R}) \subset \mathbb{R}$. Dann ist f nach G holomorph fortsetzbar durch die Funktion

$$F : G \to \mathbb{C} , z \mapsto \left\{ \begin{array}{ll} f(z) & \text{für } z \in G \cap (\mathbb{H} \cup \mathbb{R}) \\ \overline{f(\overline{z})} & \text{für } z \in G \cap \mathbb{H}_u \end{array} \right. .$$

Die Aufgaben I.2.3 und V.3.8 liefern zusammen den Beweis dieses Satzes.

1.5 Analytische Fortsetzung

Ein mächtiges Verfahren der holomorphen Fortsetzung einer Funktion liefern deren Taylorentwicklungen, wenn die Konvergenzkreise aus dem ursprünglichen Holomorphiebereich herausragen.

---

[2] Einen Beweis für den Spezialfall $G = \mathbb{E}$ findet man in Aufgabe VI.6.8.

1.5.1 Definition: Analytische Fortsetzung

Sei G ein Gebiet in $\mathbb{C}$ und $f \in \mathcal{O}(G)$.

Man betrachte die Taylorentwicklung $\sum_0^\infty a_n (z - c)^n$ von f um einen festen Punkt c aus G .
Nach dem Satz von Taylor (1.1) ist der Konvergenzradius r dieser Reihe größer oder gleich
dem Randabstand $\text{dist}(\partial G, c)$ $(= \infty$, falls $\partial G = \emptyset$, also $G = \mathbb{C}$ ist). Ist der Konvergenzradius
größer als der Randabstand, so ist der Konvergenzkreis $B_r(c)$ nicht vollständig in G enthalten.
Man sagt dann, die Grenzfunktion $f_0 : B_r(c) \to \mathbb{C}$ der Potenzreihe entstehe aus f durch
<u>analytische Fortsetzung</u>.

1.5.2 Überlegungen und Beispiele

Erzeugt f_0 nun eine holomorphe Fortsetzung F von f nach $H := G \cup B_r(c)$?
Existiert also eine holomorphe Funktion $F : H \to \mathbb{C}$ mit

$$F|_G = f \quad \text{und} \quad F|_{H \setminus G} = f_0|_{H \setminus G} \ ?$$

Zur Beantwortung der Frage betrachte man die folgenden beiden Beispiele von analytischen
Fortsetzungen:

<u>Beispiel A:</u>

$G = \mathbb{E}$ und $f : \mathbb{E} \to \mathbb{C}$, $f(z) = \dfrac{1}{1-z}$ sowie $c \in \mathbb{E}$ mit $\text{Re}(c) < 0$

Die holomorphe Funktion f besitzt auf $\mathbb{E}$ die Taylorentwicklung $\sum_0^\infty z^n$ (geometrische
Reihe, Kap. III, 3.1.3).
Es gilt für alle $z \in \mathbb{C}$ mit $\dfrac{z-c}{1-c} \in \mathbb{E}$, also $z \in B_{|1-c|}(c)$:

$$\sum_0^\infty \left(\frac{z-c}{1-c}\right)^n = \left(1 - \frac{z-c}{1-c}\right)^{-1} = \frac{1-c}{1-z} = (1-c) \cdot \frac{1}{1-z}$$

und nach Division durch $1-c$:

$$\sum_0^\infty \frac{1}{(1-c)^{n+1}} \cdot (z-c)^n = \frac{1}{1-z} .$$

Somit ist $\sum_0^\infty \dfrac{1}{(1-c)^{n+1}} \cdot (z-c)^n$ die Taylor-

reihe von f um c. Nach der Quotientenformel
(Kap. II, 3.5.2) ist deren Konvergenzradius
gleich $|1-c|$.
Im Falle $\text{Re}(c) < 0$ (siehe Skizze) ist der
Konvergenzkreis $B := B_{|1-c|}(c)$ keine
Teilmenge von $\mathbb{E}$. Die Grenzfunktion f_0 der
Potenzreihe entsteht somit aus f durch
analytische Fortsetzung.

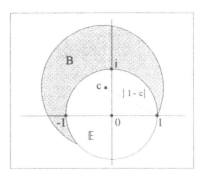

<u>Beispiel B:</u>

$G = \mathbb{C}^-$ und $g = \log : \mathbb{C}^- \to \mathbb{C}$, der Hauptzweig des Logarithmus (Kap. III, 2.2.2) sowie
$c \in \mathbb{C}^-$ mit $\text{Re}(c) < 0$.

Auf $B_1(1)$ besitzt log die Taylorentwicklung $\sum_1^\infty \frac{(-1)^{n-1}}{n} \cdot (z-1)^n$.

Dann gilt für alle $z \in \mathbb{C}$ mit $\frac{z}{c} \in B_1(1)$:

$$\log \frac{z}{c} = \sum_1^\infty \frac{(-1)^{n-1}}{n} \cdot (\frac{z}{c} - 1)^n =$$

$$= \sum_1^\infty \frac{(-1)^{n-1}}{n} \cdot \frac{1}{c^n} \cdot (z-c)^n$$

Damit ist $\log c + \sum_1^\infty \frac{(-1)^{n-1}}{n} \cdot \frac{1}{c^n} \cdot (z-c)^n$

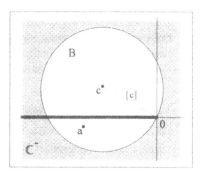

die Taylorentwicklung von g um c .

Der Konvergenzradius dieser Reihe ist nach der
Quotientenformel (Kap. II, 3.5.2) gleich $|c|$.
Da $\text{Re}(c) < 0$ (siehe Skizze), ist der Konvergenz-
kreis $B := B_{|c|}(c)$ keine Teilmenge von $\mathbb{C}^-$.

Die Grenzfunktion g_0 der Potenzreihe entsteht somit aus g durch analytische Fortsetzung.

In Beispiel B gibt es aber durch g_0 keine holomorphe Fortsetzung F von g nach
$H := G \cup B_r(c)$!

Denn die Zuordnung $\quad z \mapsto \begin{cases} g(z) & \text{für } z \in G \\ g_0(z) & \text{für } z \in H \backslash G \end{cases}$ ist nich eindeutig!

Zur Verdeutlichung betrachet man ein $a \in B$ mit $\text{Im}(a) < 0$ (siehe Skizze).
Da der Hauptzweig des Logarithmus beim Übergang über die negative reelle Achse um $\pm 2\pi i$
„springt", die Funktion g_0 in $B_r(c)$ aber stetig ist, werden der Zahl a zwei Werte zugeordnet:

$$\log(a) \text{ und } \log(a) + 2\pi i \qquad (\log(a) : \text{Hauptwert des Logarithmus von a})$$

Die Zuordnung ist also mehrdeutig, stellt also keine holomorphe Fortsetzung von g nach H dar.

In Beispiel A dagegen liefert f_0 eine holomorphe Fortsetzung F von f nach $H := G \cup B_r(c)$
gemäß 1.3 ii).

Der Grund für die unterschiedlichen Ergebnisse der beiden Beispiele liegt darin, dass H in
Beispiel A ein einfach zusammenhängendes Gebiet ist, nicht dagegen in Beispiel B.
(Beachte $0 \notin H$!)

Eine Zusammenfassung der gewonnen Erkenntnisse zur analytischen Fortsetzung liefert der

1.5.3 Satz: Analytische Fortsetzung

Sei G ein Gebiet in $\mathbb{C}$, $c \in G$ und $r \in \mathbb{R}^+$ mit $B_r(c) \not\subset G$.
Ferner seien $f : G \to \mathbb{C}$ und $f_0 : B_r(c) \to \mathbb{C}$ holomorph und f_0 entstehe aus f durch
analytische Fortsetzung.
Ist das Gebiet $H := G \cup B_r(c)$ einfach zusammenhängend, so erzeugt f_0 eine holomorphe
Fortsetzung F von f nach H, die durch die (eindeutige) Zuordnung

$$z \mapsto \begin{cases} f(z) & \text{für } z \in G \\ f_0(z) & \text{für } z \in H \backslash G \end{cases} \qquad \text{gegeben ist.}$$

Anmerkung:

Dies ist eine einfache Version des so genannten Monodromiesatzes. Siehe hierzu [12].

1.5.4 Die Riemannsche Fläche des Logarithmus

Eine unbegrenzte sukzessive Anwendung der Methode der analytischen Fortsetzung [3] auf den Hauptzweig $\log : \mathbb{C}^- \to \mathbb{C}$ des Logarithmus führt zur „globalen" Logarithmusfunktion. Diese nimmt in jedem Punkt $a \in \mathbb{C}^*$ folgende abzählbar unendlich viele Werte an:

$$\lambda + \mathbb{Z} \cdot 2\pi i$$

wobei λ ein beliebiger Funktionswert ist. [4]

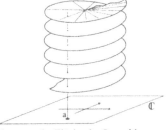

Um wieder zu einer eindeutigen Funktion zu gelangen, ersetzt man den „klassischen" Definitionsbereich durch eine über der komplexen Ebene gelegene mehrblättrige Fläche, die über jedem Grundpunkt $a \in \mathbb{C}^*$ so viele Blätter besitzt, wie die analytisch fortgesetzte Funktion verschiedene Funktionswerte aufweist, also im Fall des Logarithmus abzählbar unendlich viele.

Riemannsche Fläche des Logarithmus

Auf dieser „Überlagerungsfläche" ist die analytisch fortgesetzte Funktion eindeutig. Sie heißt die <u>Riemannsche Fläche</u> des Logarithmus. [5]

1.6 Satz über reell-analytische Funktionen

Sei D eine offene Teilmenge von $\mathbb{R}$ und $f : D \to \mathbb{R}$ vorgegeben. So sind folgende Aussagen äquivalent:

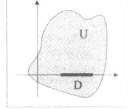

i)   f ist auf D <u>reell-analytisch</u>, d. h. f lässt sich um jeden Punkt von D als (reelle) Taylorreihe darstellen.

ii)   Es gibt ein $U \subset \mathbb{C}$ offen mit $D \subset U$ und eine holomorphe Funktion $F : U \to \mathbb{C}$ mit $F|_D = f$.

Anmerkungen:

i)   Zur Implikation „ii) $\Rightarrow$ i)" vergleiche man die Aufgaben VI.1.7 und VI.1.8.

ii)   Die Aussage von „i) $\Rightarrow$ ii)" verliert ihre Gültigkeit, wenn statt „reell-analytisch" nur „beliebig oft (reell) differenzierbar" vorausgesetzt wird.

Einen Beweis für den Fall $D = \mathbb{R}$ liefert Aufgabe VI.1.9 .

---

[3]   Man spricht dann von einem Kreiskettenverfahren. Siehe [12].

[4]   Dies ist eine Folge der $2\pi i$-Periodizität der Exponentialfunktion.

[5]   Riemannsche Flächen werden in diesem Repetitorium nicht weiter behandelt.

Aufgaben zu Kapitel VI , §1

Aufgabe VI.1.1:

Die Funktion $f : \mathbb{C} \to \mathbb{C}$ sei holomorph und für $n = 0, 1, 2, \ldots$ sei $f^{(n)}(0) = \dfrac{1}{n + 1}$.
Geben Sie $f(1)$ an.

Lösung:

Nach dem Entwicklungssatz 1.1, c) lautet die Taylorreihe von f um den Entwicklungspunkt 0 :

$$f(z) = \sum_0^\infty \frac{1}{(n+1)\,n!}\, z^n \ , \quad z \in \mathbb{C} .$$

Da f auf $\mathbb{C}$ holomorph ist, besitzt die Reihe nach 1.1, b) den Konvergenzradius ∞ .
Insbesondere gilt:

$$f(1) = \sum_0^\infty \frac{1}{(n+1)\,n!} = \sum_0^\infty \frac{1}{(n+1)!} = \sum_0^\infty \frac{1}{n!} - 1 = e - 1 .$$

Aufgabe VI.1.2:

Gegeben sei ein Gebiet $G \subset \mathbb{C}$ mit $\overline{\mathbb{E}} \subset G$. Es sei $f : G \to \mathbb{C}$ eine Funktion mit $|f(z)| \le 1$ für $z \in \partial \mathbb{E}$.

a)   Man zeige, dass $|f(0)| \le 1$ gilt, falls f in G holomorph ist.

b)   Warum kann f mit $|f''(0)| \ge 5$ nicht holomorph in G sein?

Lösung:

a)   Folgt direkt aus dem Maximumprinzip für beschränkte Gebiete (Kap I, 3.7).

b)   Annahme: Es gibt ein $f \in \mathcal{O}(G)$ mit

$$|f(z)| \le 1 \quad \text{für } z \in \partial \mathbb{E} \quad \text{und} \quad |f''(0)| \ge 5 .$$

Sei $f(z) = \sum_0^\infty a_n z^n$ die Taylorentwicklung von f um den Nullpunkt.

Dann folgt aus der Koeffizientenformel in 1.1 c):

$$|a_2| = \left| \frac{f''(0)}{2!} \right| \ge \frac{5}{2} .$$

Da G eine offene Umgebung von $\overline{\mathbb{E}}$ ist, gibt es ein $r > 1$ mit $B_r(0) \subset G$. Der Konvergenzradius der Reihe ist also nach 1.1, b) größer als 1 .

Somit erhalten wir nach der Cauchyschen Ungleichung für Taylorkoeffizienten (1.1.1, i)):

$$\frac{5}{2} \le |a_2| \le \frac{\max\limits_{|z|=1} |f(z)|}{1^2} \le 1$$

Widerspruch.

Aufgabe VI.1.3:

Sei $f : \mathbb{C} \to \mathbb{C}$ eine ganze Funktion mit der Eigenschaft, dass $f(z \cdot e^{2\pi i/n}) = f(z)$ für alle $z \in \mathbb{C}$ ist ($n \in \mathbb{N}$ fest).
Man zeige, dass $f(z) = g(z^n)$ für eine geeignete ganze Funktion g ist.

Lösung:

Sei $f(z) = \sum_{k=0}^{\infty} a_k z^k$ die Taylorentwicklung von f um den Nullpunkt. Da f ganz ist, konvergiert die Reihe nach 1.1, b) auf ganz $\mathbb{C}$.

Dann gilt für alle $z \in \mathbb{C}$:

$$f(z \cdot e^{2\pi i/n}) = \sum_{k=0}^{\infty} a_k \, z^k \, e^{2\pi i \, k/n}$$

Wegen $f(z) = f(z \cdot e^{2\pi i/n})$ für $z \in \mathbb{C}$ und der Eindeutigkeit der Reihenentwicklung (1.1, c)) ist damit

$$a_k = a_k \cdot e^{2\pi i \, k/n} \quad \text{für alle } k \in \mathbb{N}_0 .$$

Für alle $k \in \mathbb{N}_0$ mit $a_k \neq 0$ gilt somit $1 = e^{2\pi i \, k/n}$, also $k = m \cdot n$ mit $m \in \mathbb{N}_0$ geeignet.

Somit können wir auch schreiben:

$$f(z) = \sum_{m=0}^{\infty} a_{m \cdot n} \cdot (z^n)^m = g(z^n)$$

$$\text{mit} \qquad g(z) = \sum_{m=0}^{\infty} a_{m \cdot n} \cdot z^m$$

Da nach Voraussetzung

$$\left(\limsup_m \sqrt[m]{|a_{m \cdot n}|} \right)^{-1} \geq \left(\limsup_k \sqrt[k]{|a_k|} \right)^{-1} = \infty$$

gilt, ist der Konvergenzradius somit ∞ (vgl. Kap. II, 3.5.1) und g eine ganze Funktion.

Aufgabe VI.1.4:

Es seien $K \subset \mathbb{C}$ eine kompakte Menge und $f : K \to \mathbb{C}$ eine Funktion mit folgender Eigenschaft:
(*) Zu jedem $\varepsilon > 0$ existiert eine ganze Funktion g mit $\sup_{z \in K} |g(z) - f(z)| < \varepsilon$.
Beweisen Sie:

Zu (*) äquivalent ist: Es gibt eine Folge von Polynomen, die auf K gleichmäßig gegen f
                        konvergiert.

Lösung:

Es ist also folgende Äquivalenz zu zeigen:

Es gibt eine Folge $(P_n)_n$ von Polynomen, die auf K gleichmäßig gegen f konvergiert. $\Leftrightarrow$ Es gibt eine Folge $(g_n)_n$ ganzer Funktionen, die auf K gleichmäßig gegen f konvergiert.

Beweis: „$\Rightarrow$": klar, da jedes Polynom eine ganze Funktion ist.

„$\Leftarrow$": Zu $n \in \mathbb{N}$ und $k \in \mathbb{N}_0$ sei $s_k^{(n)}(z) := \sum_{j=0}^{k} a_j^{(n)} z^j$ die k-te Partialsumme der

Taylorentwicklung der ganzen Funktion $g_n : \mathbb{C} \to \mathbb{C}$ um den Nullpunkt. So konvergiert nach dem Satz von Taylor (1.1) die Folge $(s_k^{(n)})_k$ von Polynomen auf $\mathbb{C}$ kompakt gegen $g_n|_K$.

Zu vorgegebenen $\varepsilon > 0$ gibt es ein $N \in \mathbb{N}$ und zu jedem $n \in \mathbb{N}$ eine natürliche Zahl $k_n \in \mathbb{N}$ mit

$$\| s_k^{(n)} - g_n \|_K < \frac{\varepsilon}{2} \quad \text{für } k \geq k_n \quad \text{und} \quad \| g_n - f \|_K < \frac{\varepsilon}{2} \quad \text{für } n \geq N .$$

Für $N \in \mathbb{N}$ setzen wir $P_N := s_{k_N}^{(N)}$ und erhalten somit für alle $N \in \mathbb{N}$:

$$\| P_N - f \|_K \leq \| P_N - g_N \|_K + \| g_N - f \|_K < \frac{\varepsilon}{2} + \frac{\varepsilon}{2} = \varepsilon .$$

Die Folge $(P_N)_N$ konvergiert also gleichmäßig auf K gegen f .

Aufgabe VI.1.5:

Sei $U \subset \mathbb{C}$ eine offene Nullumgebung und $f : U \to \mathbb{C}$ holomorph. Darüber hinaus konvergiere die

Reihe $\sum_0^\infty f^{(n)}(0)$. (*)

Man beweise, dass die Reihe $\sum_0^\infty f^{(n)}(z)$ (**) gleichmäßig auf jeder Kreisscheibe um 0 konvergiert, die in U enthalten ist.

Hinweis: Man denke an das Cauchy-Kriterium.

Lösung:

Sei $B := B_r(0)$ $(r > 0)$ die größte Kreisscheibe um 0, die in U enthalten ist. Sei weiter $f(z) = \sum_0^\infty a_k z^k$ die Taylorentwicklung von f um den Nullpunkt, so besitzt diese Reihe nach 1.1, b) einen Konvergenzradius $\geq r$.

Nach dem Satz über die Holomorphie von Potenzreihen (Kap. II, 3.4) gilt für alle $n \in \mathbb{N}$ und $z \in B$:

$$f^{(n)}(z) = \sum_{k=n}^\infty n! \cdot \binom{k}{n} \cdot a_k \cdot z^{k-n} = \sum_{k=0}^\infty \frac{(k+n)!}{k!} \cdot a_{k+n} \cdot z^k .$$

Insbesondere gilt gemäß der Taylorschen Koeffizientenformel (1.1 c)):

$$f^{(n)}(0) = n! \cdot a_n .$$

Sei nun $\varepsilon > 0$ vorgegeben:

Da die Reihe (*) konvergiert, gibt es nach dem Cauchy-Kriterium (Kap. II, 1.3.4) ein $N \in \mathbb{N}$, so dass für alle $N \leq i \leq j$ gilt:

$$\left| \sum_{n=i}^j f^{(n)}(0) \right| < \frac{\varepsilon}{e^r} .$$

Somit erhält man schließlich für alle $z \in B$ und $i, j \in \mathbb{N}$ mit $N \leq i \leq j$:

$$\left| \sum_{n=i}^j f^{(n)}(z) \right| = \left| \sum_{n=i}^j \sum_{k=0}^\infty (k+n)! \cdot a_{k+n} \cdot \frac{z^k}{k!} \right| = \left| \sum_{k=0}^\infty \left(\sum_{n=i}^j (k+n)! \cdot a_{k+n} \right) \cdot \frac{z^k}{k!} \right| \leq$$

$$\leq \sum_{k=0}^\infty \left| \sum_{n=k+i}^{k+j} f^{(n)}(0) \right| \cdot \left| \frac{z^k}{k!} \right| < \sum_{k=0}^\infty \frac{\varepsilon}{e^r} \cdot \frac{|z|^k}{k!} = \frac{\varepsilon}{e^r} \cdot e^{|z|} < \varepsilon .$$

Nach dem Cauchy-Kriterium für Funktionenreihen (Kap. II, 1.3.4) ist also die Reihe (**) auf B gleichmäßig konvergent.

Aufgabe VI.1.6:

Die in einer Umgebung von 0 in $\mathbb{C}$ holomorphe Funktion $f(z) = \sum_0^\infty a_n z^n$ besitze den

Konvergenzradius r mit $0 < r < \infty$. Für alle $a \in B_r(0)$ sei $R(a)$ der Konvergenzradius der

Potenzreihenentwicklung von f um a.

Man zeige, dass $R : B_r(0) \to]0; \infty[, \; a \mapsto R(a)$ eine stetige Funktion ist.

Lösung:

Seien $x \in B_r(0)$ und ein $\varepsilon > 0$ vorgegeben. Wähle $\delta := \min \{\varepsilon, \frac{1}{2} R(x)\}$.

Dann gilt: $\delta \le r$.

Weiter sei $y \in B_r(0)$ mit $|y - x| < \delta$.

y liegt also im Konvergenzkreis der Taylorentwicklung von
f um x. Somit umfasst der Konvergenzkreis $B_{R(y)}(y)$ der
Taylorentwicklung von f um y jeden Kreis um y, der
ganz in $B_{R(x)}(x)$ liegt (siehe Skizze).

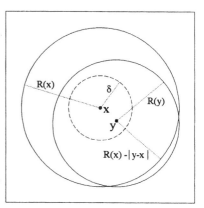

Es gilt daher:

$R(y) \ge R(x) - |x - y|$ (*)

Daraus folgt nun:

$R(y) \ge 2 \cdot \delta - |x - y| > 2 \cdot |x - y| - |x - y| = |x - y|$,

insbesondere liegt x im Konvergenzkreis der Taylorentwicklung von f um y.

Aus Symmetriegründen erhalten wir demnach ebenfalls:

$R(x) \ge R(y) - |y - x|$ (**)

Aus (*) und (**) folgt nun die zu beweisende Ungleichung:

$|R(x) - R(y)| \le |x - y| < \delta \le \varepsilon$.

Aufgabe VI.1.7:

Sei f eine lokal um 0 in $\mathbb{C}$ definierte holomorphe Funktion, $N \subset \mathbb{R}$ eine Menge mit
Häufungspunkt 0, und $f(N) \subset \mathbb{R}$.

Hat die Potenzreihenentwicklung von f am Ursprung notwendig reelle Koeffizienten?

Lösung:

Behauptung: Die Potenzreihenentwicklung $\sum_{n=0}^\infty a_n z^n$ von f um 0 hat reelle Koeffizienten.

Beweis: Sei $\rho \in]0;\infty]$ der Konvergenzradius der Potenzreihe. Wegen $|a_n| = |\overline{a_n}|$ konvergiert auch die Potenzreihe $\sum_{n=0}^{\infty} \overline{a_n} z^n$ auf $B := B_\rho(0)$ gegen eine holomorphe Funktion $g \in \mathcal{O}(B)$.

Wegen der Stetigkeit des Körperautomorphismus $\bar{\ } : \mathbb{C} \to \mathbb{C}$ gilt nun für $z \in B$:

$$g(z) = \sum_{n=0}^{\infty} \overline{a_n} z^n = \sum_{n=0}^{\infty} \overline{a_n \overline{z}^n} = \overline{\sum_{n=0}^{\infty} a_n \overline{z}^n} = \overline{f(\overline{z})}.$$

Somit stimmen f und g auf der Menge $M := N \cap B$, die im Ursprung und damit in der Definitionsmenge von f einen Häufungspunkt besitzt, überein.

Nach dem Identitätssatz (Kap. I, 3.2) ist damit $f = g$ auf B und wegen der Eindeutigkeit der Taylorentwicklung (1.1 c)) folgt daraus $a_n = \overline{a_n}$, also $a_n \in \mathbb{R}$, für $n \in \mathbb{N}_0$.

Aufgabe VI.1.8:

Die Summe der Potenzreihe $\sum_0^{\infty} a_n z^n$ sei reell für alle z aus einem Intervall $]-\varepsilon, \varepsilon[$ $(\varepsilon > 0)$ der reellen Achse.

Man zeige, dass dann alle a_n reell sind.

Lösung:

Da die Grenzfunktion f der Potenzreihe eine um 0 definierte holomorphe Funktion darstellt und $N :=]-\varepsilon, \varepsilon[$ eine Teilmenge von $\mathbb{R}$ mit Häufungspunkt 0 und $f(N) \subset \mathbb{R}$ ist, folgt die Behauptung aus Aufgabe VI.1.7.

Aufgbe VI.1.9:

Kann eine C^∞- Funktion auf $\mathbb{R}$ stets zu einer holomorphen Funktion auf einer Umgebung von $\mathbb{R}$ in $\mathbb{C}$ erweitert werden?

Lösung:

Behauptung: Dies ist im Allgemeinen nicht möglich.

Beweis: Sei $U \subset \mathbb{C}$ eine offene Umgebung von $\mathbb{R}$ in $\mathbb{C}$ und $f : \mathbb{R} \to \mathbb{R}$ eine Funktion, die zu einer holomorphen Funktion auf U erweitert werden kann. Diese Erweiterung sei mit $\tilde{f} : U \to \mathbb{C}$ bezeichnet.

Nach Aufgabe VI.1.8 besitzen die komplexen Taylorentwicklungen von $\tilde{f}$ um jeden Punkt der reellen Achse reelle Koeffizienten, sind also reelle Taylorentwicklungen.

Damit ist $f = \tilde{f}|_{\mathbb{R}} : \mathbb{R} \to \mathbb{R}$ reell-analytisch.

Da aber nicht jede C^∞- Funktion auf $\mathbb{R}$ reell-analytisch ist, wie man am bekannten

Beispiel $g : \mathbb{R} \to \mathbb{R}$, $z \mapsto \left\{ \begin{array}{ll} e^{-x^{-2}}, & x \neq 0 \\ 0, & x = 0 \end{array} \right\}$ sehen kann, ist die Behauptung

bewiesen.

Aufgabe VI.1.10:

Auf dem $\mathbb{C}$-Vektorraum $\mathcal{O}(\mathbb{C})$ der ganzen Funktionen sind durch

$$\|f\|_1 := \sum_{n=0}^{\infty} \frac{|f^{(n)}(0)|}{n!} \quad \text{und} \quad \|f\|_2 := \max_{z \in \partial B} |f(z)| \quad \text{mit } B := B_2(0)$$

zwei Normen definiert. (Muss nicht bewiesen werden.)

Zeigen Sie:

a) $\|f\|_1 \leq 2\|f\|_2$ *für alle* $f \in \mathcal{O}(\mathbb{C})$,

b)   *Es existiert kein* $c > 0$ *mit* $\|f\|_1 \geq c\|f\|_2$ *für alle* $f \in \mathcal{O}(\mathbb{C})$.

Lösung:

a)   Nach dem Entwicklungssatz von Taylor (1.1) und der Cauchyschen Ungleichung für die
     Taylorkoeffizienten (1.1.1) gilt für alle $f \in \mathcal{O}(\mathbb{C})$:

$$\|f\|_2 = \sum_{n=0}^{\infty} \left| \frac{f^{(n)}(0)}{n!} \right| \underset{\underset{1.1}{\uparrow}}{=} \sum_{n=0}^{\infty} |a_n| \underset{\underset{1.1.1}{\uparrow}}{\leq} \sum_{n=0}^{\infty} \frac{\max\{|f(z)| : z \in \partial B\}}{2^n} = \sum_{n=0}^{\infty} \left(\tfrac{1}{2}\right)^n \|f\|_2 \underset{\uparrow}{=} 2\|f\|_2$$

geom. Reihe (Kap. III, 3.1.3)

b)   <u>Annahme:</u> Es gibt ein $c > 0$ mit $\|f\|_1 \geq c\|f\|_2$ für alle $f \in \mathcal{O}(\mathbb{C})$.

Sei $m \in \mathbb{N}$ so groß, dass $2^m > c^{-1}$ ist. (*)

Für die ganze Funktion $f : \mathbb{C} \to \mathbb{C}$, $z \mapsto z^m$ gilt dann

$$\|f\|_1 \geq c\|f\|_2$$
$$1 \geq c \cdot 2^m$$
$$c^{-1} \geq 2^m, \quad \text{im Widerspruch zu (*)}.$$

§2   Entwicklung holomorpher Funktionen auf Kreisringen nach Laurent

2.1   Der Entwicklungssatz von Laurent

Sei $U \subset \mathbb{C}$ offen, $f : U \to \mathbb{C}$ holomorph und c ein nicht notwendig in U liegender Punkt aus $\mathbb{C}$. Weiter sei R ein offener Kreisring mit Zentrum c und $R \subset U$.

Dann gelten die folgenden Aussagen:

a) Es existiert eine Laurentreihe $\sum_{-\infty}^{\infty} a_n (z-c)^n$ mit $a_n \in \mathbb{C}$ $(n \in \mathbb{Z})$, die auf R kompakt gegen die Funktion f konvergiert.

b) Diese Laurentreihe konvergiert sogar auf dem größten offenen Kreisring

$R_{r,s}(c) = \{z \in \mathbb{C} : r < |z-c| < s\}$, $0 \leq r < s \leq \infty$, mit $R \subset R_{r,s}(c) \subset U$ kompakt

gegen die Funktion f. [6]

Daher ist der innere Konvergenzradius

der Laurentreihe kleiner oder gleich

$r := \sup \{0 < \rho' < \rho : \partial B_{\rho'}(c) \not\subset U\}$ und

der äußere Konvergenzradius größer oder

gleich $s := \inf \{\rho' > \rho : \partial B_{\rho'}(c) \not\subset U\}$.

(Falls kein $0 < \rho' < \rho$ mit $\partial B_{\rho'}(c) \not\subset U$

bzw. kein $\rho' > \rho$ mit $\partial B_{\rho'}(c) \not\subset U$ existiert,

setzt man $\sup \{\dots\} = 0$, bzw. $\inf \{\dots\} = \infty$).

c) Die Laurentreihe ist eindeutig bestimmt, denn die Koeffizienten a_n, $n \in \mathbb{Z}$, sind durch

$$a_n = \frac{1}{2\pi i} \cdot \int_{\partial B_\rho(c)} \frac{f(z)}{(z-c)^{n+1}} \, dz \qquad (*)$$

mit $r < \rho < s$ beliebig, festgelegt („Laurentkoeffizienten").

Man spricht deshalb von der Laurentreihe (Laurententwicklung) von f auf dem Kreisring R bzw. $R_{r,s}(c)$ mit Zentrum c.

Zur Erinnerung:

Bereits in Kap. II, §4 wurde definiert:

Die Reihe $\sum_{-\infty}^{-1} a_n (z-c)^n = \sum_1^{\infty} a_{-n}(z-c)^{-n}$ heißt der Hauptteil,

die Reihe $\sum_0^{\infty} a_n(z-c)^n$ heißt der Nebenteil

der Laurentreihe $\sum_{-\infty}^{\infty} a_n (z-c)^n$.

2.2   Cauchysche Ungleichung für Laurentkoeffizienten

Es mögen die gleichen Voraussetzungen und Bezeichnungen wie im Satz gelten.

Aus der Koeffizientenformel (*) erhalten wir nach Anwendung der Standardabschätzung für Wegintegrale (Kap. V, 1.2.3) folgende Ungleichung für die Laurentkoeffizienten.

---

[6]   Die Laurentreihe konvergiert sogar normal auf $R_{r,s}(c)$ gegen f. Dies wird im Folgenden nicht weiter verwendet.

Für $r < \rho < s$ sei $M(\rho) := \max\limits_{|z-c|=\rho} |f(z)|$ definiert.

Dann gilt für beliebiges $n \in \mathbb{Z}$ folgende Ungleichung:

$$|a_n| \leq \frac{M(\rho)}{\rho^n} \qquad \text{für alle } r < \rho < s .$$

2.3   Bemerkungen zum Entwicklungssatz

i) Die Funktion f ist c im Allgemeinen nicht komplex differenzierbar, ja nicht einmal definiert.
    Ist f jedoch im Punkt c komplex differenzierbar und gilt $r = 0$, so verschwindet der Haupt-
    teil der Laurentreihe.
    Damit wird die Laurentreihe zur Potenzreihe $\sum_0^\infty a_n (z-c)^n$ mit den Koeffizienten

$$a_n = \frac{f^{(n)}(c)}{n!} , n \in \mathbb{N}_0 \ \ (\text{vgl 1.1}).$$

ii) Es ist zu beachten, dass eine holomorphe Funktion um einen Punkt des Holomorphie-
    bereichs genau eine Taylorentwicklung (Taylorreihe) besitzt, während sie um einen Punkt
    der Zahlenebene $\mathbb{C}$ mehrere Laurententwicklungen besitzen kann, die auf verschiedenen
    Kreisringen konvergent sind.

    Zur eindeutigen Festlegung einer Taylorentwicklung einer holomorphen Funktion genügt
    somit die Angabe des Entwicklungspunktes, während eine Laurententwicklung erst durch die
    Angabe des Konvergenzringes eindeutig bestimmt ist.

    Beispiele:

    α) Der Hauptzweig des Logarithmus $\log : \mathbb{C}^- \to \mathbb{C}$ besitzt um den Punkt $c = 1$ die
        eindeutige Taylorentwicklung:

$$\log (z) = \sum_1^\infty (-1)^{n-1} \frac{1}{n} (z-1)^n \qquad \text{für } z \in B_1(1) .$$

    β) Die holomorphe Funktion $f : \mathbb{C} \backslash \{0 ; 1\} \to \mathbb{C}$, $f(z) = (z(z-1))^{-1}$, besitzt auf

        $R_{0,1}(0)$ die Laurententwicklung $-\sum_{-1}^\infty z^n$ und auf

        $R_{1,\infty}(0)$ die Laurententwicklung $\sum_{-\infty}^{-2} z^n$. (Vergleiche Aufgabe II.4.1.)

iii) Die Laurentreihe einer holomorphen Funktion f , die auf einer punktierten Kreisscheibe, also
    auf einem Kreisring der Form

        $R_{0,s}(c) := \{z \in \mathbb{C} : 0 < |z-c| < s\}$, $0 < s \leq \infty$, gegen die

    Funktion f konvergiert, ist für die Klassifizierung isolierter Singularitäten (§3) und für die
    Residuentheorie (Kap. VII) von besonderer Bedeutung.

    Diese Laurentreihe heißt die Laurentreihe (Laurententwicklung) von f um c , während man
    bei beliebigen Konvergenzringen allgemein von einer Laurentreihe (Laurententwicklung) von
    f mit Zentrum c spricht .

iv) Im Fall eines verschwindenden Hauptteils der Laurentreihe von f um c , ist der Punkt c
    aus dem Holomorphiebereich von f oder eine hebbare Singularität von f. (Siehe §3.)

    Im Falle eines nicht verschwindenden Hauptteils handelt es sich bei c um eine nicht hebbare
    Singularität von f. (Siehe §3.)

2.4   Ein Integrabilitätskriterium für holomorphe Funktionen auf Kreisringen

Sei $c \in \mathbb{C}$ und R ein Kreisring mit Zentrum c. Weiter sei $f : R \to \mathbb{C}$ eine holomorphe Funktion und $\sum_{-\infty}^{\infty} a_n (z - c)^n$ die Laurententwicklung von f auf dem Kreisring R.

Dann gilt folgendes recht einfache Integrabilitätskriterium für die Funktion f:

$$a_{-1} = 0 \iff f \text{ ist integrabel auf } R.$$

Oder anders formuliert:

$$a_{-1} \neq 0 \iff f \text{ ist nicht integrabel auf } R.$$

Anmerkungen:

i)   Im ersten Fall ist die Funktion $F(z) = \sum_{\substack{-\infty \\ n \neq -1}}^{\infty} \dfrac{a_n}{n+1} \cdot (z - c)^{n+1}$ eine Stammfunktion von f auf R.

ii) Auch im Fall $a_{-1} \neq 0$ ist f nach dem Cauchyschen Integralsatz (Kap. V, 3.3) lokal integrabel.

iii) Einen Beweis dieses Integrabilitätskriteriums für den Spezialfall $r = 0$ findet man in Aufgabe VII.1.12 .

Aufgaben zu Kapitel VI , §2

Aufgabe VI.2.1:

Gegeben sei die rationale Funktion $f(z) := \dfrac{1}{z^3 - z^5}$.

a)   *Man gebe die Laurentreihe von* $f|_{\{z \,\in\, \mathbb{C} \,:\, 0 \,<\, |z| \,<\, 1\}}$ *um den Entwicklungspunkt* $z_0 = 0$ *an.*

b)   *Man gebe die Laurentreihe von* $f|_{\{z \,\in\, \mathbb{C} \,:\, |z| \,>\, 1\}}$ *um* $z_0 = 0$ *an.*

c)   *Besitzt* $f|_{\{z \,\in\, \mathbb{C} \,:\, |z| \,>\, 1\}}$ *eine Stammfunktion?*

Lösung:

a)   Für $z \in \mathbb{C}$ mit $0 < |z| < 1$ gilt:

$$f(z) = \frac{1}{z^3 - z^5} = \frac{1}{z^3} \cdot \frac{1}{1 - z^2} = \frac{1}{z^3} \cdot \sum_{0}^{\infty} (z^2)^n = \sum_{0}^{\infty} z^{2n-3} = z^{-3} + z^{-1} + \sum_{0}^{\infty} z^{2n+1},$$

da $|z^2| < 1$ (geometrische Reihe, Kap. III, 3.1.3).

b)   Für $z \in \mathbb{C}$ mit $|z| > 1$ gilt:

$$f(z) = \frac{1}{z^3 - z^5} = \frac{-1}{z^5} \cdot \frac{1}{1 - \frac{1}{z^2}} = \frac{-1}{z^5} \cdot \sum_{0}^{\infty} \left(\frac{1}{z^2}\right)^n = \sum_{0}^{\infty} (-1) \cdot z^{-2n-5} = \sum_{-\infty}^{0} (-1) \cdot z^{2n-5},$$

da $\left|\frac{1}{z^2}\right| < 1$ (geometrische Reihe, Kap. III, 3.1.3).

c)   Nach 2.4 besitzt $f|_{\{z \in \mathbb{C} \, : \, |z| > 1\}}$ eine Stammfunktion genau dann, wenn in der Laurententwicklung von f auf dem Kreisring $R_{1,\infty}(0)$ der Koeffizient zum Glied z^{-1} verschwindet.

An der in b) berechneten Laurentreihe erkennt man, dass diese notwendige und hinreichende Bedingung für die Existenz einer Stammfunktion von f auf $R_{1,\infty}(0)$ erfüllt ist.

Aufgabe VI.2.2:

Sei die Funktion f durch $f(z) = \frac{1}{1+z^2}$ definiert. Ferner seien $K := \mathbb{E}$ und $R := \mathbb{C} \backslash \bar{\mathbb{E}}$

vorgegeben.

a)   *Geben Sie die Potenz- bzw. Laurentreihe von f in K bzw. R an.*

b)   *Zeigen Sie, dass das Integral $\int_\gamma f(z)dz$ für Wege $\gamma : [0;1] \to R$ nur von den Endpunkten $\gamma(0)$, $\gamma(1)$ von γ abhängt.*

Lösung:

a)   Die Potenzreihe von f in K (d. h. Taylorreihe von f um den Entwicklungspunkt 0) lautet:

$$f(z) \; = \; \frac{1}{1+z^2} \; = \; \frac{1}{1-(-z^2)} \; = \; \sum_0^\infty (-z^2)^k \; = \; \sum_0^\infty (-1)^k z^{2k} \, ,$$

da $|-z^2| < 1$ (geometrische Reihe, Kap. III, 3.1.3).

Die Laurentreihe von f in R (mit Zentrum 0) berechnet sich zu:

$$f(z) \; = \; \frac{1}{1+z^2} \; = \; \frac{1}{z^2} \cdot \frac{1}{1-(-z^{-2})} \; = \; \frac{1}{z^2} \cdot \sum_0^\infty (-z^{-2})^k \; = \; \sum_1^\infty (-1)^{k-1} z^{-2k} \; = \; \sum_{-\infty}^{-1} (-1)^{k-1} z^{2k} \, ,$$

da $|-\frac{1}{z^2}| < 1$ (geometrische Reihe, Kap. III, 3.1.3).

b)   Nach dem Satz über Stammfunktionen (Kap. V, 2.2) ist somit die Integrabilität von f in R, also die Existenz einer Stammfunktion von f auf R, zu zeigen.

1. Möglichkeit:

Die Laurentreihe

$$\sum_{-\infty}^{-1} (-1)^{k-1} z^{2k} \; = \; \sum_{-\infty}^\infty c_k z^k$$

mit $c_k = (-1)^{\frac{k}{2}+1}$, falls k gerade und negativ, sonst $c_k = 0$,

konvergiert in R kompakt gegen f .

Da nun $c_{-1} = 0$ ist, konvergiert nach 2.4 die formal gliedweise integrierte Laurentreihe

$$\sum_{\substack{-\infty \\ k \neq -1}}^\infty \frac{c_k}{k+1} z^{k+1}$$

auf R kompakt gegen eine Stammfunktion von f in R.

Nach Kapitel V, 2.2 folgt daraus die Integrabilität von f in R.

2. Möglichkeit:

Siehe Aufgabe VII.3.3.

Aufgabe VI.2.3:

a)   *Sei $\bar{\mathbb{E}}$ die abgeschlossene Einheitskreisscheibe in $\mathbb{C}$ und sei $U \subset \mathbb{C}$ offen mit $\bar{\mathbb{E}} \subset U$.*

   Man zeige: Es existiert ein $r > 1$ derart, dass die Menge $B_r(0)$ in U enthalten ist.

b)   *Sei $S^1 := \partial\mathbb{E}$ die Einheitskreislinie. Sei f eine stetig differenzierbare Funktion auf S^1 und*

   seien $c_n := \frac{1}{2\pi} \cdot \int_0^{2\pi} f(e^{it}) \cdot e^{-int} dt$, $n \in \mathbb{N}$, die Fourier-Koeffizienten von f. [7]

   Man zeige: f kann genau dann zu einer holomorphen Funktion auf einer Umgebung von $\bar{\mathbb{E}}$

   fortgesetzt werden, wenn $c_n = 0$ gilt für alle $n < 0$ und wenn

   ein $c > 0$ und ein $r > 1$ existiert mit $|c_n| \leq \frac{c}{r^n}$ für alle $n \geq 0$.

Lösung:

a)   <u>Annahme:</u> Es gibt kein solches $r > 1$. Dann gibt es zu jedem $n \in \mathbb{N}$ ein $z_n \in \mathbb{C}$ mit

   $$|z_n| < 1 + \frac{1}{n} \quad (*) \quad \text{und} \quad z_n \notin U.$$

   Da die Folge $(z_n)_n$ beschränkt ist, besitzt sie nach dem Satz von Bolzano-Weierstraß
   (Kap. II, 1.4.1) eine konvergente Teilfolge, die wegen (*) gegen einen Randpunkt
   von $\mathbb{E}$, also nicht in $\mathbb{C}\backslash U$, konvergiert.

   Widerspruch zur Abgeschlossenheit von $\mathbb{C}\backslash U$.

b)   <u>Beweis:</u>

   „ $\Rightarrow$ ": Wir bezeichnen die holomorphe Fortsetzung von f auf $U \supset \bar{\mathbb{E}}$ offen wieder mit f.
   Nach Teil a) gibt es ein $R > 1$, so dass gilt: $\overline{B_R(0)} \subset U$.

   Wegen

   $$c_n = \frac{1}{2\pi i} \cdot \int_0^{2\pi} \frac{f(e^{it})}{e^{i(n+1)t}} \cdot i e^{it} dt = \frac{1}{2\pi i} \cdot \int_{\partial\mathbb{E}} \frac{f(z)}{z^{n+1}} dz$$

   sind die Fourierkoeffizienten c_n, $n \in \mathbb{Z}$, nach 2.1 c) auch die Koeffizienten der
   Laurententwicklung von f in $B_R(0) \backslash \{0\}$.

   So folgt einerseits aus der Holomorphie von $f|_{B_R(0)}$:

   $$c_n = 0 \quad \text{für} \quad n < 0,$$

   und andererseits aus der Konvergenz der Taylorreihe $\sum_0^\infty c_n z^n$ auf $B_R(0)$ die
   Beschränktheit der Folge $(c_n r^n)_{n \in \mathbb{N}}$ für eine beliebige reelle Zahl $r \in \,]1;R[$, also

---

[7]   Fourierreihen werden in diesem Repetitorium nicht behandelt. Siehe [21].

$$|c_n| \cdot r^n \leq c \quad \text{für alle } n \in \mathbb{N} \quad \text{mit einer geeigneten Konstanten } c > 0 \,.$$

„ $\Leftarrow$ ": Durch $g : B_r(0) \to \mathbb{C}$, $z \mapsto \sum_0^\infty c_n z^n$, ist wegen

$$\sum_0^\infty |c_n z^n| = \sum_0^\infty |c_n| r^n \cdot \frac{|z|^n}{r^n} \leq c \cdot \sum_0^\infty (\frac{|z|}{r})^n < \infty \qquad \text{(geometrische}$$

Reihe, Kap. II, 3.1.3) eine in einer Umgebung von $\overline{\mathbb{E}}$ holomorphe Funktion definiert.

<u>Behauptung:</u> $g|_{S^1} = f$

<u>Begründung:</u>   Es gilt für alle $t \in [0; 2\pi[$ (Fourierreihe!):

$$f(e^{it}) = \sum_{-\infty}^\infty (\frac{1}{2\pi} \cdot \int_0^{2\pi} f(e^{is}) \cdot e^{-ins} ds) \cdot e^{int} = \sum_0^\infty c_n (e^{it})^n = g(e^{it}) \,.$$

Aufgabe VI.2.4:

Es sei $R > 1$. Die Funktion f sei auf der Kreisscheibe $|z| < R$ holomorph bis auf eine Polstelle

im Punkt 1 mit dem Hauptteil $\dfrac{1}{z-1}$.

Auf $\mathbb{E}$ besitze f die Taylorentwicklung $f(z) = \sum_{n=0}^\infty a_n z^n$.

Wie lautet die Laurententwicklung von f im Kreisring $1 < |z| < R$?

<u>Lösung:</u>

Man betrachte die auf $B_R(0) \setminus \{1\}$ holomorphe Funktion

$$g : z \mapsto f(z) - \frac{1}{z-1}$$

Da die Laurentreihe von g um c einen verschwindenden Hauptteil hat, ist g sogar auf $B_R(0)$

holomorph. Für $z \in \mathbb{E}$ gilt gemäß Kap. III, 3.1.3 (geometrische Reihe):

$$g(z) = \sum_{n=0}^\infty a_n z^n - (- \sum_{n=0}^\infty z^n) = \sum_{n=0}^\infty (a_n + 1) z^n \,.$$

Nach dem Entwicklungssatz von Taylor (1.1) ist dies die Taylorreihe von g auf $B_R(0)$.

Daraus folgt für $z \in R_{1;R}(0)$:

$$\begin{aligned}
f(z) &= g(z) + \frac{1}{z-1} = \sum_{n=0}^\infty (a_n + 1) z^n + \frac{1}{z} \cdot \frac{1}{1 - \frac{1}{z}} = \\
&= \sum_{n=0}^\infty (a_n + 1) z^n + \frac{1}{z} \cdot \sum_{n=0}^\infty (\frac{1}{z})^n = \\
&= \sum_{n=0}^\infty (a_n + 1) z^n + \sum_{n=0}^\infty (\frac{1}{z})^{n+1} = \\
&= \sum_{n=0}^\infty (a_n + 1) z^n + \sum_{n=-1}^{-\infty} z^n \,.
\end{aligned}$$

Somit lautet die Laurentreihe von f auf dem Kreisring $R_{1;R}(0)$:

$$f(z) = \sum_{n=-\infty}^\infty b_n z^n$$

$$\text{mit} \quad b_n = \begin{cases} a_n + 1 & \text{für } n \geq 0 \\ 1 & \text{für } n < 0 \end{cases} \,.$$

§3   Nullstellen und isolierte Singularitäten

3.1   Nullstellen

3.1.1   Allgemeines zu den a-Stellen einer holomorphen Funktion

Sei $U \subset \mathbb{C}$ offen, $a \in \mathbb{C}$ und $f : U \to \mathbb{C}$ holomorph und nirgends lokal konstant gleich a .
Dann besitzt die Menge $f^{-1}(a) := \{z \in U : f(z) = a\}$ der so genannten a-Stellen von f nach
dem Identitätssatz (Kap. I, 3.2) keinen Häufungspunkt in U .[8]

Folgerungen und Beispiele:

i)   Die Funktion f besitzt nur isolierte a-Stellen in U .

ii) Für jedes Kompaktum $K \subset U$ ist die Menge $f^{-1}(a) \cap K$ nach dem Satz von Bolzano-
     Weierstraß (Kap. II, 1.4.1) endlich.

iii) Die Funktion f besitzt nach ii) höchstens abzählbar viele a-Stellen in U, da jede offene
     Menge in $\mathbb{C}$ (und $\mathbb{P}$) als Vereinigung von abzählbar vielen kompakten Teilmengen dargestellt
     werden kann.

iv) Den obigen Satz auf den Spezialfall a = 0 angewandt, ergibt:

     Jede nirgends lokal verschwindende holomorphe Funktion $f : U \to \mathbb{C}$ ist entweder
     nullstellenfrei oder ihre Nullstellenmenge N(f) besitzt keinen Häufungspunkt in U .

     Gegenbeispiel im Reellen:

     Die Funktion $f : \mathbb{R} \to \mathbb{R}$ sei durch $f(x) := e^{-x^{-2}} \cdot \sin \frac{1}{x}$ für $x \in \mathbb{R} \backslash \{0\}$ und $f(0) := 0$
     definiert. Sie ist beliebig oft differenzierbar und verschwindet nirgends lokal, denn die
     Nullstellenmenge $\{\frac{1}{\pi n}, n \in \mathbb{Z} \backslash \{0\}\}$ ist diskret.
     Die Nullstellen häufen sich aber in $\mathbb{R}$, nämlich im Punkt 0 .

v)   Die Nullstellenmenge (bzw. die a-Stellenmenge) von f besitzt zwar keinen Häufungspunkt
     in U , kann aber Häufungspunkte auf dem Rand von U besitzen.

     Beispiel:

     Die holomorphe Funktion $f : \mathbb{C} \backslash \{-1\} \to \mathbb{C}$, $f(z) = \sin \frac{z-1}{z+1}$ besitzt die Nullstellenmenge
     $\{\frac{1 + n\pi}{1 - n\pi} : n \in \mathbb{Z}\}$, welche in –1 , also im Rand von $\mathbb{C} \backslash \{-1\}$, einen Häufungspunkt besitzt.

3.1.2   Nullstellenordnung

Sei $U \subset \mathbb{C}$ offen, $c \in U$, $f : U \to \mathbb{C}$ holomorph, $f(c) = 0$ und f verschwinde nicht lokal um c .
Sei $P(z) = \sum_0^\infty a_n (z-c)^n$ die Taylorreihe von f um c und k eine natürliche Zahl.

Dann sind folgende Aussagen äquivalent:

i)   Es ist $a_n = 0$ für $n \le k-1$ und $a_k \ne 0$, d. h. $P(z) = \sum_k^\infty a_n (z-c)^n$ mit $a_k \ne 0$.

ii) Es existiert eine holomorphe Funktion $g \in \mathcal{O}(U)$ mit $g(c) \ne 0$ und

$$f(z) = g(z) \cdot (z-c)^k \qquad \text{für } z \in U \backslash \{c\} .$$

iii) Es ist $f(c) = f'(c) = ... = f^{(k-1)}(c) = 0$ und $f^{(k)}(c) \ne 0$.

Ist eine dieser Aussagen erfüllt, so heißt die natürliche Zahl k die Nullstellenordnung
(= Vielfachheit der Nullstelle) der Funktion f im Punkt c und man schreibt $\text{ord}_c(f) = k$.

---

[8]   Dies schließt natürlich eine leere a-Stellenmenge mit ein.

Ist f in einer Umgebung von c konstant $= 0$, so setzt man ∞ als Nullstellenordnung.

Anmerkung:

Nimmt die Funktion f im Punkt c den Wert $a \in \mathbb{C}$ an, so definiert man die a-Stellenordnung von f im Punkt c als die Nullstellenordnung der Funktion f – a im Punkt c und schreibt $\text{ord}_c(f - a)$.

3.1.3 Der Satz von Rouché

Sei $U \subset \mathbb{C}$ offen und γ ein einfach geschlossener, nullhomologer Weg in U .
Seien f, g : U $\to \mathbb{C}$ holomorphe Funktionen mit

$$|g(z)| < |f(z)| \quad \text{für alle } z \in |\gamma|.$$

(Insbesondere hat f dann keine Nullstellen auf $|\gamma|$).

Dann haben die Funktionen f und f+g gleich viele Nullstellen (mit Vielfachheiten gezählt) im Innern von γ. [9]

Anmerkungen:

a) Der Weg γ ist meist eine Randparametrisierung ∂B einer Kreisscheibe B mit $\overline{B} \subset U$.

b) Einen Beweis dieses Satzes findet man in Aufgabe VI.5.6 .

3.2   Isolierte Singularitäten

3.2.1 Definition und Klassifikation

Sei $U \subset \mathbb{C}$ offen und sei S eine diskrete Teilmenge von U , also eine Menge, die nur aus isolierten Punkten besteht. Weiter sei f : U\S $\to \mathbb{C}$ holomorph.
Dann heißt jeder Punkt von S eine isolierte Singularität von f .

Sei $c \in S$, so lässt sich f um c eindeutig in eine Laurentreihe $\sum_{-\infty}^{\infty} a_n (z-c)^n$ entwickeln, die in einem Kreisring $R = R_{0,r}(c)$ (d. h. in einer punktierten Kreisscheibe um c) mit $R \subset U\backslash S$ kompakt gegen f konvergiert (vgl §2).

Eine isolierte Singularität $c \in S$ von f lässt sich in drei Klassen einteilen:

i) c heißt hebbare Singularität, wenn f holomorph nach c fortsetzbar ist.

ii) c heißt eine Polstelle von f , wenn gilt: $\lim_{z \to c} |f(z)| = \infty$.

iii) c heißt wesentliche Singularität, wenn c weder eine hebbare Singularität noch eine Polstelle von f ist.

Zum Sprachgebrauch:

a) Ist c eine isolierte (hebbare, wesentliche) Singularität von f , so sagt man auch, dass f in c eine isolierte (hebbare, wesentliche) Singularität besitzt.

---

[9] In der Literatur findet man den Satz von Rouché auch in folgender Version:
Seien f, g und γ wie oben definiert, so dass gilt:

$$|f(z) - g(z)| < |g(z)| \quad \text{für alle } z \in |\gamma| .$$

Dann haben die Funktionen f und g gleich viele Nullstellen (mit Vielfachheiten gezählt) im Innern von γ .

b) Ist c eine Polstelle von f , so sagt man auch, dass f in c einen <u>Pol</u> besitzt.

c) Statt „isolierte Singularität" spricht man auch von „singulärer Stelle" oder von „singulärem Punkt".

d) Man betrachte folgende Aussagen:

„ L ist Laurentreihe von f $\in$ $\mathcal{O}(U\setminus\{c\})$ mit <u>Zentrum</u> c. "

„ L ist Laurentreihe von f $\in$ $\mathcal{O}(U\setminus\{c\})$ <u>um</u> c. "

Im ersten Fall konvergiert die Laurentreihe L auf einem Kreisring $R_{r,s}(c)$ mit Zentrum c , dessen Innenradius r nicht notwendig verschwindet.

Auch im zweiten Fall konvergiert die Laurentreihe L auf einem Kreisring $R_{r,s}(c)$ mit Zentrum c , dessen Innenradius r aber verschwindet: r = 0 .

Während die holomorphe Funktion f $\in$ $\mathcal{O}(U\setminus\{c\})$ mehrere Laurentreihen mit <u>Zentrum</u> c besitzen kann (jede natürlich auf einem anderen Kreisring konvergent), gibt es genau eine Laurentreihe <u>um</u> c (vgl. auch 2.3 ii), iii)).

Nur diese eindeutig bestimmte Laurentreihe ist geeignet, die isolierte Singularität c zu klassifizieren.

Für den Rest dieses Paragraphen sei also U $\subset$ $\mathbb{C}$ offen, c $\in$ U , f $\in$ $\mathcal{O}(U\setminus\{c\})$ und $L(z) := \sum_{-\infty}^{\infty} a_n(z-c)^n$ die Laurentreihe von f <u>um</u> c .

3.2.2 Hebbare Singularität

Folgende Aussagen sind äquivalent:

i)   Der Punkt c ist eine hebbare Singularität von f .

ii) f ist zu einer holomorphen Funktion U $\to$ $\mathbb{C}$ fortsetzbar.

iii) f ist zu einer stetigen Funktion U $\to$ $\mathbb{C}$ fortsetzbar.

iv) Es gibt ein w $\in$ $\mathbb{C}$ mit $\lim_{z \to c} f(z) = w$.

v)   Es existiert eine Umgebung V $\subset$ U von c , so dass f auf V\{c} beschränkt ist.

vi) In der Laurententwicklung L(z) von f um c ist $a_n = 0$ für alle n < 0 .

Der Hauptteil von L(z) verschwindet also: $L(z) = \sum_{0}^{\infty} a_n(z-c)^n$

<u>Anmerkung</u>:

Die Äquivalenz i) $\Leftrightarrow$ ii) $\Leftrightarrow$ iii) $\Leftrightarrow$ v) heißt <u>Riemannscher Hebbarkeitssatz</u> (Fortsetzungssatz).

3.2.3 Pol der Ordnung m

Sei m $\in$ $\mathbb{N}$ vorgegeben, so sind folgende Aussagen äquivalent:

i)   Es gibt eine holomorphe Funktion g $\in$ $\mathcal{O}(U)$ mit g(c) $\neq$ 0 , so dass gilt:

$$f(z) = \frac{g(z)}{(z-c)^m} \qquad \text{für } z \in U\setminus\{c\} .$$

ii) Es gibt eine offene Umgebung V $\subset$ U von c und eine in V\{c} nullstellenfreie Funktion h $\in$ $\mathcal{O}(V)$ mit einer Nullstelle m-ter Ordnung in c , so dass gilt:

$$f(z) = \frac{1}{h(z)} \qquad \text{in } V\setminus\{c\} .$$

iii) Es gibt eine Umgebung $V \subset U$ von c , so dass $\lim\limits_{z \to c} |f(z) \cdot (z-c)^k| = \infty$ für

$k \in \{0, 1, 2, \ldots, m-1\}$ gilt und $z \mapsto f(z) \cdot (z-c)^m$ auf $V \setminus \{c\}$ beschränkt ist.

iv) In der Laurententwicklung $L(z)$ von f um c ist $a_n = 0$ für alle $n < -m$ und $a_{-m} \neq 0$.

Die Laurententwicklung $L(z)$ besitzt somit einen endlichen Hauptteil:

$$L(z) = \sum\nolimits_{-m}^{\infty} a_n (z-c)^n \quad \text{mit } a_{-m} \neq 0 .$$

Ist eine dieser Aussagen erfüllt, so besitzt f in c einen Pol und die natürliche Zahl m heißt dann die Polstellenordnung von f in c.

Anmerkungen:

a) Pole entstehen aus isolierten Nullstellen durch Reziprokbildung (vgl. ii)).

b) Eine Polstelle c von $f \in \mathscr{O}(U \setminus \{c\})$ ist definiert durch $\lim\limits_{z \to c} |f(z)| = \infty$.

Die Polstelle c erfüllt aber noch mehr:

Zu jeder offenen Umgebung $V \subset U$ von c gibt es ein $r > 0$ mit $R_{r, \infty}(0) \subset f(V \setminus \{c\})$.

3.2.4 Wesentliche Singularität

Folgende Aussagen sind äquivalent:

i) f hat in c eine wesentliche Singularität.

ii) Für jede Umgebung $V \subset U$ von c liegt das Bild $f(V \setminus \{c\})$ dicht in $\mathbb{C}$.

Für jeden Punkt $\zeta \in \mathbb{C}$ und jede offene Kreisscheibe $B(\zeta)$ um ζ gilt also:

$$B(\zeta) \cap f(V \setminus \{c\}) \neq \emptyset$$

iii) Es existiert eine Folge $(z_n)_n$ in $U \setminus \{c\}$ mit $\lim\limits_{n \to \infty} z_n = c$, so dass die Folge $(f(z_n))_n$ keinen Limes in $\mathbb{C} \cup \{\infty\} = \mathbb{P}$ besitzt.

iv) In der Laurentreihe $L(z)$ von f um c ist $a_n \neq 0$ für unendlich viele $n < 0$.

Der Hauptteil von $L(z)$ ist somit unendlich.

Anmerkungen:

a) Die Äquivalenz i) $\Leftrightarrow$ ii) (bzw. i) $\Leftrightarrow$ iii)) nennt man den Satz von Casorati-Weierstraß. Oft findet man diesen auch in folgender Formulierung:

Eine isolierte Singularität c von f ist genau dann wesentlich, wenn es zu jedem $w \in \mathbb{C}$ eine Folge $(z_n)_n$ in $U \setminus \{c\}$ gibt mit $\lim\limits_{n \to \infty} z_n = c$ und $\lim\limits_{n \to \infty} f(z_n) = w$.

b) Eine weitere interessante Charakterisierung der wesentlichen Singularität liefert der bedeutende

große Satz von Picard:

Der Punkt c ist eine wesentliche Singularität von f genau dann, wenn f in jeder punktierten Umgebung $V \setminus \{c\} \subset U$ von c jede komplexe Zahl, mit höchstens einer Ausnahme, als Wert annimmt.

Beispiel:

Der Nullpunkt ist wesentliche Singularität der holomorphen Funktionen

$$f : \mathbb{C}^* \to \mathbb{C} \,,\, f(z) = \sin(z^{-1}) \qquad \text{und} \qquad g : \mathbb{C}^* \to \mathbb{C} \,,\, g(z) = \exp(z^{-1}) \,.$$

Sei nun V eine beliebige Nullumgebung, so ist $f(V \setminus \{0\}) = \mathbb{C}$ und $g(V \setminus \{0\}) = \mathbb{C}^*$.

Aufgaben zu Kapitel VI , §3

Aufgabe VI.3.1:

Bestimmen Sie die Anzahl der Nullstellen, mit Vielfachheiten gezählt, von
$$z \mapsto 3z^4 - 7z + 2 \qquad \text{für} \quad 1 < |z| < \frac{3}{2} \,.$$

Lösung:

Es gilt für alle $z \in \mathbb{C}$ mit $|z| = \frac{3}{2}$ (vgl. Kap I, 0.3.3) :

$$|-7z + 2| \;\leq\; 7|z| + 2 \;=\; \frac{21}{2} + 2 \;=\; \frac{25}{2} \;<\; 3 \cdot (\frac{3}{2})^4 \;=\; |3z^4| \,.$$

Somit besitzen die Funktionen $z \mapsto (3z^4) + (-7z + 2)$ und $z \mapsto 3z^4$ nach dem Satz von Rouché (3.1.3) in $B_{3/2}(0)$ gleich viele Nullstellen (mit Vielfachheiten gezählt), also vier.

Weiter gilt für alle $z \in \mathbb{C}$ mit $|z| = 1$:

$$|3z^4 + 2| \;\leq\; 3|z|^4 + 2 \;=\; 3 + 2 \;<\; 7 \;=\; |-7z| \,. \qquad (*)$$

Die Funktionen $z \mapsto (3z^4 + 2) + (-7z)$ und $z \mapsto -7z$ besitzen demnach gleich viele Nullstellen (mit Vielfachheiten gezählt) in $\mathbb{E}$, nämlich genau eine.

Die Ungleichung (*) zeigt aber auch, dass $z \mapsto 3z^4 + 2 - 7z$ keine Nullstelle auf $\partial\mathbb{E}$ besitzt.

Somit liegen in $1 < |z| < \frac{3}{2}$ genau $4 - 1 = 3$ Nullstellen von $z \mapsto 3z^4 - 7z + 2$.

Aufgabe VI.3.2:

Man finde den kleinsten Kreis mit ganzzahligem Radius und Mittelpunkt 0 , in dem alle Nullstellen des Polynoms $P(z) = z^7 - 5z^3 + 7$ liegen.

Lösung:

Da für $|z| \geq 2$ die Ungleichungskette

$$|P(z)| \;=\; |z^3 (z^4 - 5) + 7| \;\geq\; |z|^3 \cdot |z^4 - 5| - 7 \;\geq\; |z|^3 \cdot (|z|^4 - 5) - 7 \;\geq\; 8 \cdot (16 - 5) - 7 \;=\; 81 > 0.$$

erfüllt ist (vgl. Kap. I, 0.3.3), liegen alle Nullstellen von $P(z)$ in $B_2(0)$.

Für $z \in \partial\mathbb{E}$, also $|z| = 1$, und $g(z) := z^7$, $f(z) := -5z^3 + 7$ gilt:

$$|g(z)| = |z^7| = 1 < 7 - 5 = 7 - 5|z|^3 \le |7 - 5z^3| = |-5z^3 + 7| = |f(z)|.$$

Deshalb besitzt $P(z) = g(z) + f(z)$ nach dem Satz von Rouché (3.1.3) gleich viele Nullstellen (mit Vielfachheiten gezählt) in $\mathbb{E}$ wie $f(z) = 7 - 5z^3$, also höchstens drei.

Der gesuchte Radius ist somit $R = 2$.

Aufgabe VI.3.3:

Beweisen oder widerlegen Sie folgende Aussage:

Es gibt ein Polynom p der Form $p(z) = z^n + q_{n-1}(z)$, wobei q_{n-1} ein Polynom vom Grade $n - 1$ ist, so dass $|p(z)| < 1$ für alle $z \in \mathbb{C}$ mit $|z| = 1$ ($n \in \mathbb{N}$).

Lösung:

Behauptung: Die Aussage ist falsch.

Beweis: Annahme: Es gibt ein solches Polynom $p(z)$.

Wir wenden den Satz von Rouché in der Version der Fußnote zu 3.1.3 auf $f(z) = -q_{n-1}(z)$ und $g(z) = z^n$ an. Denn es gilt für $z \in \partial\mathbb{E}$:

$$|f(z) - g(z)| = |p(z)| < 1 = |g(z)|$$

und somit besitzen f und g gleich viele Nullstellen in $\mathbb{E}$, also genau n.

Wegen $\deg(f) = \deg(-q_{n-1}) = n - 1$ führt dies aufgrund des Zerlegungssatzes (Kap. III, 1.5.2) zum Widerspruch.

Aufgabe VI.3.4:

Es sei $\lambda \in \mathbb{R}$ mit $\lambda > 1$. Man zeige, dass es im offenen Einheitskreis $\mathbb{E} := \{z \in \mathbb{C} : |z| < 1\}$ genau einen Punkt z mit

$$z \cdot e^{\lambda - z} = 1$$

gibt, und dass dieser Punkt im reellen Intervall $\{x \in \mathbb{R} : 0 < x < 1\}$ liegt.

Lösung:

Existenz: Die Existenz einer reellen Lösung $x \in {]0;1[}$ der Gleichung $ze^{\lambda - z} = 1$ folgt aus der Anwendung des aus der reellen Analysis bekannten Zwischenwertsatzes auf die stetige Funktion

$$f : [0;1] \to \mathbb{R}, \quad x \mapsto x e^{\lambda - x} - 1,$$

da $f(0) = -1 < 0$ und $f(1) > 0$ (wegen $\lambda - 1 > 0$).

Eindeutigkeit:

Die Eindeutigkeit ergibt sich aus dem Satz von Rouché (3.1.3):

Sei $g(z) := -1$ und $f(z) := z e^{\lambda - z}$ für $z \in \mathbb{C}$ definiert.

Dann ist für $z \in \mathbb{C}$ mit $|z| = 1$

$$|g(z)| = |-1| = 1 < e^{\lambda - \text{Re}\, z} = |e^{\lambda - z}| = |z e^{\lambda - z}| = |f(z)| \;, \text{ da } \lambda - \text{Re}\, z > 0 \,.$$

Die Funktion $f + g : z \mapsto z\, e^{\lambda - z} - 1$ besitzt damit gleich viele Nullstellen (mit Vielfachheiten gezählt) im Innern des Einheitskreises wie die Funktion $f : z \mapsto z\, e^{\lambda - z}$.

Da $\exp(\mathbb{C}) = \mathbb{C}^*$ und $f'(z) = e^{\lambda - z}(1 - z) \neq 0$ für $z \in \mathbb{E}$ gilt, ist das genau eine.

Aufgabe VI.3.5:

Zeigen Sie : Die Abbildung $f : z \mapsto 1 + \frac{1}{2} \sin z$ hat genau einen Fixpunkt in S, d. h. es gibt

genau ein $z_0 \in S$ mit $z_0 = f(z_0)$.

Lösung:

Zu zeigen ist: Die Abbildung $\tilde{f} : z \mapsto 1 - z + \frac{1}{2} \sin z$ hat genau eine Nullstelle in S.

Wir wenden den Satz von Rouché (3.1.3) auf die Funktionen $g(z) := \frac{1}{2} \sin z$ und $h(z) := 1 - z$ an.

Seien für $n \geq 2$ die Rechtecke

$$R_n := \{z \in \mathbb{C} : |\text{Re}(z)| < n \,,\, |\text{Im}(z)| < 1\}$$

mit den Kantenlängen $2n$ und 2 definiert.

Nach Teilaufgabe 1 gilt für alle $n \in \mathbb{N}$, $n \geq 2$, und $z \in \partial R_n$:

$$|g(z)| = \tfrac{1}{2}\, |\sin z| < \tfrac{1}{2}\, \sqrt{3} < 1 \leq |h(z)| \;. \quad (*)$$

Im Innern von allen Rechtecken besitzen daher h und $h + g = \tilde{f}$ gleich viele Nullstellen, also genau eine. Wegen $(*)$ ist $\tilde{f}$ aber auf jedem Rand ∂R_n ($n \geq 2$) nullstellenfrei.

In $\bigcup\limits_{n \geq 2} \overline{R}_n = S$ besitzt $\tilde{f}$ also genau eine Nullstelle und f somit genau einen Fixpunkt.

Aufgabe VI.3.6:

---

a) *Man bestimme die Ordnung der Nullstelle bei $z = 0$ der holomorphen Funktion*

$$f : z \mapsto z^2 \cdot (\exp(z^2) - 1) \,.$$

b) *Man bestimme die isolierten Singularitäten und ihre Art von der Funktion*

$$g : z \mapsto \frac{\exp((z - 1)^{-1})}{(\exp z) - 1} \,.$$

<u>Lösung:</u>

a)   Es gilt für $z \in \mathbb{C}$:

$$f(z) = z^2 \cdot \sum_1^\infty \frac{z^{2n}}{n!} = \sum_1^\infty \frac{z^{2n+2}}{n!} \quad ,$$

Nach 3.1.2 i) ist $z = 0$ Nullstelle der Ordnung 4.

b)   Die singulären Punkte von g sind 1 und $k \cdot 2\pi i$, $k \in \mathbb{Z}$.

   α)   Für $z \in \mathbb{C}\backslash\{1\}$ erhält man:

$$\exp((z-1)^{-1}) = \sum_0^\infty \frac{1}{n!}((z-1)^{-1})^n = \sum_{-\infty}^0 \frac{1}{(-n)!} (z-1)^n \ .$$

Die Laurententwicklung von $\exp((z-1)^{-1})$ um 1 besitzt also einen unendlichen Hauptteil. Der Zähler von g ist somit holomorph in $\mathbb{C}\backslash\{1\}$ und besitzt in 1 eine wesentliche Singularität. Es gibt somit nach Satz 3.2.4 eine Folge $(z_n)_n$ in $\mathbb{C}\backslash\{1\}$ mit Limes 1 , so dass die Folge $(\exp((z_n-1)^{-1}))_n$ in $\mathbb{C} \cup \{\infty\}$ keinen Grenzwert besitzt. Da der Nenner von g holomorph und damit stetig in 1 ist, besitzt auch die Folge $(g(z_n))_n$ keinen Grenzwert in $\mathbb{C} \cup \{\infty\}$.

Der Punkt 1 ist somit eine wesentliche Singularität von g .

   β)   Der Nenner von g besitzt wegen $(\exp z - 1)' = \exp z$ und $\exp(\mathbb{C}) = \mathbb{C}^*$ in den Punkten der Menge $2\pi i \mathbb{Z}$ Nullstellen erster Ordnung.

Da der Zähler aber um jeden dieser Punkte holomorph ist, sind diese Punkte Polstellen erster Ordnung. [10]

Aufgabe VI.3.7:

Beweisen Sie durch Rückgriff auf bekannte Sätze oder widerlegen Sie durch ein Beispiel:

Es sei f eine in $\mathbb{C}$ bis auf endlich viele isolierte Singularitäten holomorphe Funktion. Es sei $0 < r < R$ $(r, R \in \mathbb{R})$, und es bestehe die auf dem Kreisring $R_{r,R}(0) := \{z \in \mathbb{C} : r < |z| < R\}$ konvergente Reihenentwicklung $\sum_{-\infty}^\infty a_n z^n$ mit $a_{-n} \neq 0$ für alle $n \in \mathbb{N}$.

Dann besitzt f eine wesentliche Singularität.

<u>Lösung:</u>

<u>Behauptung:</u> Die Aussage ist falsch.

<u>Beweis:</u>   Die Funktion $f : \mathbb{C}\backslash\{1\} \to \mathbb{C}$, $z \mapsto \frac{1}{z-1}$ besitzt in 1 ihre einzige isolierte Singularität und zwar einen Pol erster Ordnung.

Auf $R_{1,R}(0)$, mit $R > 1$ beliebig, besitzt sie aber nach Kap. III, 3.1.3 (geometrische Reihe)

---

[10]   Vergleiche hierzu auch die Rechenregeln für die Ordnungsfunktion (Kap. VI, 5.3.2).

die Laurententwicklung:

$$f(z) = \frac{1}{z} \cdot \frac{1}{1 - z^{-1}} = \frac{1}{z} \cdot \sum_0^\infty (z^{-1})^n = \sum_{-\infty}^{-1} a_n z^n \quad \text{mit } a_n = 1 \quad \text{für alle } n \le -1 .$$

Es ist also $a_{-n} \neq 0$ für alle $n \le -1$.

Aufgabe VI.3.8:

Die Funktion $f : \mathbb{C}^* \to \mathbb{C}$ sei holomorph. Für $n \in \mathbb{N}$ gelte

$$f(\tfrac{1}{n}) = 1 \quad und \quad f(\tfrac{i}{n}) = -1 .$$

Welche Art von Singularität besitzt f im Nullpunkt?

Lösung:

Behauptung: f besitzt im Nullpunkt eine wesentliche Singularität.

Beweis: ○ Wegen $\lim\limits_{n \to \infty} f(\tfrac{1}{n}) = 1$ und $\lim\limits_{n \to \infty} f(\tfrac{i}{n}) = -1$ ist f nicht stetig auf $\mathbb{C}$ fortsetzbar. Nach 3.2.2 ist 0 keine hebbare Singularität von f.

○ Wegen $\lim\limits_{n \to \infty} |f(\tfrac{1}{n})| = 1 \neq \infty$ ist 0 nach 3.2.3 b) auch keine Polstelle von f.

Daher ist 0 eine wesentliche Singularität von f.

Aufgabe VI.3.9:

Bestimmen Sie die Art der Singularität von $f(z) = \sin\left(\dfrac{\pi}{z^2 + 1}\right)$ in $z_0 = i$.

Lösung:

Wir betrachten die Folge $(z_n)_{n \in \mathbb{N}} := \left(i \cdot \sqrt{1 - \dfrac{2}{2n+1}}\right)_{n \in \mathbb{N}}$ in $\mathbb{C} \setminus \{-i\,;\,i\}$.

Es gilt:

$$z_n \to i \quad \text{für } n \to \infty \quad \text{und}$$

$$(f(z_n))_n = \left(\sin\left(\frac{\pi}{-(1 - \frac{2}{2n+1}) + 1}\right)\right)_n = \left(\sin\left(\frac{2n+1}{2} \cdot \pi\right)\right)_n = (-1, 1, -1, 1, -1, \ldots) .$$

Die Folge $(f(z_n))_n$ konvergiert also weder gegen einen Wert aus $\mathbb{C}$ noch gegen ∞. Nach 3.2.4 handelt es sich deshalb bei $z_0 = i$ um eine wesentliche Singularität.

Aufgabe VI.3.10:

Sei f eine holomorphe Funktion auf $\overline{\mathbb{E}}$ bis auf einen einfachen Pol in $p \in \partial \mathbb{E}$.

Sei $f(z) = \sum_0^\infty a_n z^n$ *die Taylorentwicklung um 0.*

Zeigen Sie: $\lim\limits_{n \to \infty} \dfrac{a_n}{a_{n+1}} = p$.

Lösung:

Anmerkung: „Einfacher Pol" ist ein Synonym zu „Pol erster Ordnung".

Sei $\overline{\mathbb{E}} \subset U \subset \mathbb{C}$ offen mit $f \in \mathcal{O}(U \setminus \{p\})$.

Nach 3.2.3 besitzt die Laurentreihe von f um p einen Hauptteil der Form $\dfrac{c}{z-p}$ mit $c \neq 0$.

Man betrachte nun die holomorphe Funktion

$$g : U \setminus \{p\} \to \mathbb{C}, \quad z \mapsto f(z) - \frac{c}{z-p} .$$

Da der Hauptteil der Laurententwicklung von g um p verschwindet, ist g auf U holomorph fortsetzbar.

Die Fortsetzung sei wieder mit g bezeichnet: $g \in \mathcal{O}(U)$.

Die Taylorentwicklung von g um 0 in $\mathbb{E}$ berechnet sich nach Kap. III, 3.1.3 (geometrische Reihe) zu:

$$g(z) = f(z) - \frac{c/p}{z/p - 1} = \sum_0^\infty a_n z^n + \frac{c}{p} \cdot \sum_0^\infty \left(\frac{z}{p}\right)^n = \sum_0^\infty \left(a_n + \frac{c}{p^{n+1}}\right) \cdot z^n .$$

Da $\overline{\mathbb{E}} \subset U$ ist, besitzt sie nach Aufgabe VI.2.3 einen Konvergenzradius, der größer als 1 ist. Insbesondere konvergiert die Reihe für $z = 1$, damit ist $\left(a_n + \dfrac{c}{p^{n+1}}\right)_n$ eine Nullfolge.

Da die Folge $(p^{n+1})_n$ beschränkt ist, stellt auch $\left(p^{n+1} \cdot \left(a_n + \dfrac{c}{p^{n+1}}\right)\right)_n = \left(p^{n+1} \cdot a_n + c\right)_n$

eine Nullfolge dar. Damit erhält man wegen $c \neq 0$:

$$\lim_{n \to \infty} \frac{a_n}{a_{n+1}} = p \cdot \lim_{n \to \infty} \frac{p^{n+1} \cdot a_n}{p^{n+2} \cdot a_{n+1}} = p \cdot \frac{-c}{-c} = p .$$

Aufgabe VI.3.11:

Sei $D \subset \mathbb{C}$ offen, $A \subset D$ diskret und abgeschlossen in D. Sei $f : D \setminus A \to \mathbb{C}$ holomorph und injektiv. Man zeige, dass kein $a \in A$ eine wesentliche Singularität von f ist.

Lösung:

Anmerkung: Die Aussage „A ist diskret und abgeschlossen in D" ist gleichbedeutend mit der

Aussage „A besitzt keinen Häufungspunkt in D".[11]

Beweis:

Annahme: Ein Punkt a aus A ist wesentliche Singularität von f. Seien U, V $\subset$ D offen und

---

[11]   Eine Teilmenge A von D heißt abgeschlossen in D , falls eine in $\mathbb{C}$ abgeschlossene Menge B existiert, so dass $A = B \cap D$ gilt.
(Man betrachtet hier die Menge D als eigenständigen topologischen Raum, versehen mit der von $\mathbb{C}$ induzierten Relativtopologie. Siehe Anhang A und C).

nicht leer mit $a \in U$ und $U \cap V = \emptyset$.

1. Möglichkeit:

Da f nicht konstant und $U \backslash A$ offen ist, folgt die Offenheit der Menge $f(U \backslash A)$ in $\mathbb{C}$ aus dem Offenheitssatz (Kap. I, 3.6).

Nach dem Satz von Casorati-Weierstraß (3.2.4) ist die Menge $f(V \backslash A)$ dicht in $\mathbb{C}$.

Das bedeutet: Für jede offene Teilmenge $W \subset \mathbb{C}$ gilt:

$$W \cap f(V \backslash A) \neq \emptyset$$

Insbesondere ist $f(U \backslash A) \cap f(V \backslash A) \neq \emptyset$ im Widerspruch zur Injektivität von f .

2. Möglichkeit:

Nach dem großen Satz von Picard (3.2.4) nimmt f in jeder punktierten Umgebung von a jede komplexe Zahl - mit höchstens einer Ausnahme - unendlich oft als Wert an.

Da $f(U \backslash A) \subset \mathbb{C}$ sicher nicht einpunktig ist, folgt daraus

$$f(V \backslash A) \cap f(U \backslash A) \neq \emptyset ,$$

im Widerspruch zur Injektivität von f .

Aufgabe VI.3.12:

Sei U offen in $\mathbb{C}$, $p \in U$ und $f : U \backslash \{p\} \to G := \mathbb{C} \backslash \{t \in \mathbb{R} : |t| \geq 1\}$ holomorph.
Ist die Singularität von f in p notwendig hebbar?

Lösung:

Behauptung: Die Singularität in p ist hebbar.

Beweis: Da G ein einfach zusammenhängendes Gebiet $\neq \mathbb{C}$ ist, existiert nach dem Riemannschen Abbildungssatz (Kap. IV, 1.9) eine biholomorphe Abbildung $\phi : G \to \mathbb{E}$.

Somit ist die holomorphe Abbildung

$$\phi \circ f : U \backslash \{p\} \to \mathbb{E}$$

beschränkt und besitzt daher nach dem Hebbarkeitssatz von Riemann (3.2.2) in p eine hebbare Singularität.

Die holomorphe Fortsetzung von $\phi \circ f$ sei mit $g : U \to \overline{\mathbb{E}}$ bezeichnet.

Wegen des Offenheitssatzes (Kap. I, 3.6) ist $g(U)$ offen in $\mathbb{C}$, also $g(U) \subset \mathbb{E}$.

Da die holomorphe Abbildung

$$\phi^{-1} \circ g : U \to G$$

auf $U \backslash \{p\}$ mit f übereinstimmt, stellt sie eine holomorphe Fortsetzung von f auf U dar.

Der Punkt p ist somit eine hebbare Singularität von f .

Aufgabe VI.3.13:

Sei G ein Gebiet in $\mathbb{C}$ *und* $(f_n)_n$ *eine Funktionenfolge mit holomorphen Folgegliedern*

$f_n : G \to \mathbb{C}$ *, die in G kompakt gegen die Grenzfunktion* $f : G \to \mathbb{C}$ *konvergiert.*

Beweisen Sie mit Hilfe des Satzes von Rouché:

Sind alle Folgenglieder f_n *nullstellenfrei, so ist f entweder ebenfalls nullstellenfrei oder konstant Null. (*)*

Lösung:

Wir beweisen die Kontraposition von Aussage (*): [12]

> Ist f nicht konstant Null mit mindestens einer Nullstelle, dann ist mindestens ein Folgenglied f_n nicht nullstellenfrei.

Sei also $(f_n)_n$ eine kompakt konvergente Folge von auf G holomorphen Funktionen, deren Grenz-

funktion $f : G \to \mathbb{C}$ nicht konstant Null ist und in $c \in G$ eine Nullstelle besitzt.

Da sich nach dem Identitätssatz (Kap. I, 2.3) die Nullstellen von f in G nicht häufen können, gibt es einen kompakten Kreis $K := B_\rho (c)$ in G, auf dessen Rand ∂K keine Nullstellen von f liegen.

Da auch der Rand ∂K kompakt ist, existiert $m := \min \{f(z) : z \in \partial K\}$.

Auf Grund der kompakten Konvergenz gibt es ein $n_K \in \mathbb{N}$, so dass für alle $n \geq n_K$ und für alle $z \in \partial K$ gilt:

$$|f_n(z) - f(z)| \ < \ m \ \leq \ f(z) \ .$$

Nach dem Satz von Rouche (3.1.3 „Fußnotenversion") besitzen f und f_n $(n \geq n_K)$ gleich viele Nullstellen (mit Vielfachheiten gezählt) im Innern von K, also mindestens eine.

---

[12]   Kontraposition: Die Aussage „A $\Rightarrow$ B" ist gleichbedeutend mit der Aussage „Nicht-B $\Rightarrow$ Nicht-A".

§4   Nullstellen und isolierte Singularitäten im Punkt ∞

4.1   Taylor- und Laurentreihe um den Punkt ∞

Sei $U \subset \mathbb{P}$ offen, $\infty \in U$, $f : U \backslash \{\infty\} \rightarrow \mathbb{C}$ eine holomorphe Funktion und r die kleinste nichtnegative reelle Zahl mit $R := R_{r,\infty}(0) \subset U \backslash \{\infty\}$.[13]

Die holomorphe Funktion f besitzt damit auf R eine eindeutig bestimmte Laurententwicklung

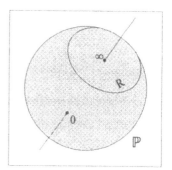

$$\sum_{-\infty}^{\infty} a_n z^n \quad \text{mit} \quad \underline{\text{Hauptteil}} \quad \sum_{-\infty}^{-1} a_n z^n$$

$$\text{und} \quad \underline{\text{Nebenteil}} \quad \sum_{0}^{\infty} a_n z^n \quad (*) \; .$$

Veranschaulicht man den Kreisring R an der Riemannschen Zahlensphäre $\mathbb{P}$, so kann die Menge R auch als punktierte Kreisscheibe um den Punkt ∞ aufgefasst werden.

Dies legt die folgende Definition nahe:

4.1.1   Definition: Taylor- und Laurentreihe um den Punkt ∞

Sei $U \subset \mathbb{P}$ offen, $\infty \in U$, $f : U \backslash \{\infty\} \rightarrow \mathbb{C}$ eine holomorphe Funktion und r die kleinste nicht negative reelle Zahl mit $R := R_{r,\infty}(0) \subset U \backslash \{\infty\}$.

Ferner sei $L(z) := \sum_{-\infty}^{\infty} a_n z^n$ die Laurentreihe von f auf R mit $\underline{\text{Zentrum}}$ 0.

Dann wird $L(z)$ auch als die Laurentreihe von f $\underline{\text{um}}$ ∞

$$\text{mit} \quad \underline{\text{Hauptteil}} \quad \sum_{1}^{\infty} a_n z^n$$

$$\text{und} \quad \underline{\text{Nebenteil}} \quad \sum_{-\infty}^{0} a_n z^n$$

definiert.

Man beachte, dass gegenüber der Definition (*) die Begriffe von Haupt- und Nebenteil im wesentlichen vertauscht wurden.

Im Falle eines verschwindenden Hauptteils der Laurentreihe $L(z)$ spricht man von $\underline{\text{der}}$ $\underline{\text{Taylorreihe}}$ (Taylorentwicklung) von f $\underline{\text{um}}$ ∞ .

Dies ist genau dann der Fall, wenn f zu einer holomorphen Funktion $U \rightarrow \mathbb{C}$ fortsetzbar ist (im Sinne von Kap. III, §4).

4.1.2   Bemerkungen zur Definition

i) $\underline{\text{Zur Wahl des Entwicklungszentrums}}$

Anstelle des Nullpunktes hätte jeder beliebige endliche Punkt $c \in \mathbb{C}$ als Entwicklungs-zentrum der Laurentreihe dienen können. Insofern liegt eine gewisse Willkür in der Definition

---

[13]   Zur Handhabung der Riemannschen Zahlensphäre $\mathbb{P}$ und des Punktes ∞ sei an Kapitel III, §4 erinnert.

der Laurentreihe um ∞ .

Da aber für $c \neq 0$ der Kreisring $R_{r,\infty}(c)$ in $\mathbb{P}$ nicht symmetrisch um ∞ liegt, also nicht als punktierte Kreisscheibe veranschaulicht werden kann, wird die Wahl des Nullpunktes als Entwicklungszentrum verständlich.

ii)   Eine „Erklärung" der Definition

Sei f eine auf dem Kreisring $R_{r,\infty}(0)$ holomorphe Funktion und $f^* : R_{0,1/r}(0) \to \mathbb{C}$ durch $\zeta \mapsto f(\frac{1}{\zeta})$ definiert.

Ferner sei $\sum_{-\infty}^{\infty} a_n^* \zeta^n$ die Laurentreihe von f^* <u>um</u> 0 mit Hauptteil $\sum_{-\infty}^{-1} a_n^* \zeta^n$ und Nebenteil $\sum_0^{\infty} a_n^* \zeta^n$.

Durch die „Rücktransformation" $z = \frac{1}{\zeta}$ ergibt sich mit $a_n := a_{-n}^*$ $(n \in \mathbb{Z})$ auf $R_{1,\infty}(0)$ die obige Laurententwicklung $f(z) = \sum_{-\infty}^{\infty} a_n z^n$ mit Hauptteil $\sum_1^{\infty} a_n z^n$ und Nebenteil $\sum_{-\infty}^0 a_n z^n$.

Aus diesem Grund klassifiziert man auch die Nullstellen und isolierten Singularitäten von f im Punkt ∞ wie die entsprechenden Nullstellen und isolierten Singularitäten von f^* im Nullpunkt (vgl. 4.2.2 und 4.3).

4.2   Nullstellen im Punkt ∞

4.2.1   Allgemeines zu den a-Stellen

Sei $U \subset \mathbb{P}$ offen, $a \in \mathbb{C}$ und $f : U \to \mathbb{C}$ holomorph (im Sinne von Kapitel III, §4) und f nirgends lokal konstant gleich a .

Dann besitzt die Menge $f^{-1}(a) := \{z \in U : f(z) = a\}$ der so genannten a-Stellen nach dem Identitätssatz (Kap. I, 3.2) keinen Häufungspunkt in U .[14]

Die Folgerungen i) bis iv) aus Punkt 3.1.1 im vorangegangenen Paragraphen können nun auf den Fall $U \subset \mathbb{P}$ wortwörtlich übertragen werden.

4.2.2   Nullstellenordnung im Punkt ∞

Sei $U \subset \mathbb{P}$ offen, $\infty \in U$, $f : U \to \mathbb{C}$ holomorph, $f(\infty) = 0$ und f verschwinde nicht lokal um ∞ .

Sei $P(z) := \sum_{-\infty}^0 a_n z^n$ die Taylorreihe von f um ∞ und k eine natürliche Zahl.

Dann sind folgende Aussagen äquivalent:

i)   Es ist $a_n = 0$ für $n \geq -(k-1)$ und $a_{-k} \neq 0$, d. h.

$$P(z) = \sum_{-\infty}^{-k} a_n z^n \quad \text{mit} \quad a_{-k} \neq 0 .$$

ii)   Es existiert eine holomorphe Funktion $g \in \mathcal{O}(U)$ mit $g(\infty) \neq 0$ und

---

[14]   Das schließt natürlich eine leere a-Stellenmenge mit ein.

$$z^k \cdot f(z) = g(z) \qquad \text{für } z \in U \setminus \{\infty\} \,.$$

Ist eine dieser Aussagen erfüllt, so heißt die natürliche Zahl k die Nullstellenordnung (= Vielfachheit der Nullstelle) der Funktion f im Punkt ∞ und man schreibt $\text{ord}_\infty(f) = k$.

Ist f in einer Umgebung von ∞ konstant = 0 , so setzt man ∞ als Nullstellenordnung.

Anmerkung:

Nimmt die Funktion f im Punkt ∞ den Wert a ∈ ℂ an. So definiert man die a-Stellen-ordnung von f im Punkt ∞ als die Nullstellenordnung der Funktion f – a im Punkt ∞ und schreibt $\text{ord}_\infty(f-a)$.

4.3 Isolierte Singularitäten im Punkt ∞

4.3.1 Definition - Klassifikation

Sei U ⊂ ℙ offen, ∞ ∈ U und f : U\{∞} → ℂ eine holomorphe Funktion.
Dann heißt der Punkt ∞ eine isolierte Singularität von f .

Die Klassifizierung der isolierten Singularität ∞ erfolgt nun völlig entsprechend der Klassifizierung endlicher Singularitäten (3.2.1):

i)   ∞ heißt hebbare Singularität, wenn f zu einer holomorphen Funktion U → ℂ
     fortsetzbar ist (im Sinne von Kap. III, §4).

ii) ∞ heißt Polstelle von f , wenn gilt: $\lim\limits_{z \to \infty} |f(z)| = \infty$

iii) ∞ heißt wesentliche Singularität, wenn ∞ weder eine hebbare Singularität noch eine
     Polstelle von f ist.

Zum Sprachgebrauch:

Die Sprachregelungen a) bis b) in Punkt 3.2.1 des letzten Paragraphen finden auch für den Punkt ∞ Anwendung.

Für den Rest dieses Paragraphen sei nun U ⊂ ℙ offen, f ∈ 𝒪(U\{∞}) und $L(z) = \sum_{-\infty}^{\infty} a_n z^n$ die Laurentreihe von f um ∞ .

4.3.2 Hebbare Singularität im Punkt ∞

Folgende Aussagen sind äquivalent:

i)   Der Punkt ∞ ist eine hebbare Singularität von f .

ii) f ist zu einer holomorphen Funktion U → ℂ fortsetzbar.

iii) f ist zu einer stetigen Funktion U → ℂ fortsetzbar.

iv) Es gibt ein w ∈ ℂ mit $\lim\limits_{z \to \infty} f(z) = w$.

v)   Es existiert eine Umgebung V ⊂ U von ∞ , so dass f auf V\{∞} beschränkt ist.

vi) In der Laurententwicklung L(z) von f um ∞ ist $a_n = 0$ für alle n > 0 .
     Der Hauptteil von L(z) verschwindet also:

$$L(z) = \sum_{-\infty}^{0} a_n z^n$$

Anmerkung:

Die Äquivalenz i) ⇔ ii) ⇔ iii) ⇔ v) heißt <u>Riemannscher Hebbarkeitssatz</u> (Fortsetzungssatz).

4.3.3 Pol der Ordnung m im Punkt ∞

Sei $m \in \mathbb{N}$ vorgegeben, so sind folgende Aussagen äquivalent:

i) Es gibt eine holomorphe Funktion $g \in \mathcal{O}(U)$ mit $g(\infty) \neq 0$, so dass gilt:

$$f(z) = g(z) \cdot z^m \qquad \text{für } z \in U \setminus \{\infty\} \, .$$

ii) Es gibt eine offene Umgebung $V \subset U$ von ∞ und eine in $V \setminus \{\infty\}$ nullstellenfreie Funktion $h \in \mathcal{O}(V)$ mit einer Nullstelle m-ter Ordnung in ∞ , so dass gilt:

$$f(z) = \frac{1}{h(z)} \qquad \text{für } z \in V \setminus \{\infty\} \, .$$

iii) Es gibt eine Umgebung $V \subset U$ von ∞ , so dass

$$\lim_{z \to \infty} |f(z) \cdot z^{-k}| = \infty \qquad \text{für } k \in \{0, 1, 2, \ldots, m-1\} \text{ gilt}$$

und $z \mapsto f(z) \cdot z^{-m}$ auf $V \setminus \{\infty\}$ beschränkt ist.

iv) In der Laurententwicklung $L(z)$ von f um ∞ ist $a_n = 0$ für alle $n > m$ und $a_n \neq 0$. Die Laurententwicklung besitzt somit einen endlichen Hauptteil:

$$L(z) = \sum_{-\infty}^{m} a_n z^n \qquad \text{mit } a_m \neq 0$$

Ist eine dieser Aussagen erfüllt, so besitzt f in ∞ einen Pol und die natürliche Zahl m heißt dann die <u>Polstellenordnung von f im Punkt ∞</u> .

Anmerkung:

a) Pole entstehen aus isolierten Nullstellen durch Reziprokbildung (vgl. ii)).

b) Eine Polstelle ∞ von $f \in \mathcal{O}(U \setminus \{\infty\})$ ist definiert durch $\lim\limits_{z \to \infty} |f(z)| = \infty$. Die Polstelle ∞ erfüllt aber noch mehr:

Zu jeder offenen Umgebung $V \subset U$ von ∞ gibt es ein $r > 0$ mit

$$R_{r,\infty}(0) \subset f(V \setminus \{\infty\}) \, .$$

c) Besitzt f in c eine Polstelle, so ist f - verstanden als Abbildung $U \to \mathbb{P}$ - auf U im erweiterten Sinn holomorph. (Siehe Kap. III.4.3.)

4.3.4 Wesentliche Singularität im Punkt ∞

Folgende Aussagen sind äquivalent:

i) f hat in ∞ eine wesentliche Singularität.

ii) Für jede Umgebung $V \subset U$ von ∞ liegt das Bild $f(V \setminus \{\infty\})$ dicht in $\mathbb{C}$. Für jeden Punkt $\zeta \in \mathbb{C}$ und jede offene Kreisscheibe $B(\zeta)$ um ζ gilt also:

$$B(\zeta) \cap f(V \setminus \{\infty\}) \neq \emptyset$$

iii) Es existiert eine Folge $(z_n)_n$ in $U \setminus \{\infty\}$ mit $\lim\limits_{n \to \infty} z_n = \infty$, so dass die Folge $(f(z_n))_n$ keinen Limes in $\mathbb{C} \cup \{\infty\} = \mathbb{P}$ besitzt.

iv) In der Laurentreihe $L(z)$ von f um ∞ ist $a_n \neq 0$ für unendlich viele $n > 0$. Der Hauptteil von $L(z)$ ist somit unendlich.

Anmerkungen:

a) Wiederum heißt die Äquivalenz ii) $\Leftrightarrow$ i) (bzw. iii) $\Leftrightarrow$ i)) <u>Satz von Casorati-Weierstraß</u>.

b) Die in 3.2.4 formulierte äquivalente Version dieses Satzes und auch der <u>große Satz von Picard</u> können direkt übertragen werden. Es ist nur „c" durch „∞" zu ersetzen.

Aufgaben zu Kapitel VI , §4

Aufgabe VI.4.1:

Sei $f : \mathbb{C} \to \mathbb{C}$ *holomorph.*

Beweisen Sie: Ist $\lim\limits_{z \to \infty} f(z) = \infty$ *, so ist* f *ein Polynom.*

Lösung:

Es sei $f(z) = \sum_0^\infty a_n z^n$ die Taylorreihe von f um 0. Sie konvergiert nach dem Satz von Taylor (1.1) in $\mathbb{C}$.

Nun kann der Punkt ∞ als isolierte Singularität von f im Sinne von 4.3 betrachtet werden.

Somit stellt die Reihe $\sum_0^\infty a_n z^n$ auch die Laurententwicklung von f um ∞ dar, mit Hauptteil $\sum_1^\infty a_n z^n$ und Nebenteil a_0 .

Wegen $\lim\limits_{z \to \infty} f(z) = \infty$ ist der Punkt ∞ nach 4.3.1, ii) eine Polstelle von f, die Laurentreihe besitzt also einen endlichen, nicht verschwindenden Hauptteil.

Es gibt also ein $k \in \mathbb{N}$ mit $f(z) = \sum_0^k a_n z^n$ für $z \in \mathbb{C}$ und $a_k \neq 0$.

Aufgabe VI.4.2:

Die holomorphe Funktion $f : \mathbb{C}^* \to \mathbb{C}$ *habe Pole bei* 0 *und* ∞ *.*

Man zeige, dass f *von der Gestalt* $f(z) = \sum_{-k}^r a_n z^n$ *für geeignete* $k, r > 0$ *sei muss.*

Lösung:

Sei $\sum_{-\infty}^\infty a_n z^n$ die Laurentreihe von f auf dem Kreisring $R_{0,\infty}(0) = \mathbb{C}^*$ um 0. Sie ist nach 4.1.1 auch die Laurentreihe von f auf $\mathbb{C}^*$ um ∞ .

Nach dem Satz über Polstellen in $\mathbb{C}$ (3.2.3) ist der Hauptteil $\sum_{-\infty}^{-1} a_n z^n$ der Laurentreihe um 0 endlich, d. h. es gibt ein $k > 0$ mit

$$f(z) = \sum_{-k}^{\infty} a_n z^n \quad \text{für} \quad z \in \mathbb{C}^* .$$

Nach dem Satz über Polstellen im Punkt ∞ (4.3.3) ist der Hauptteil $\sum_1^{\infty} a_n z^n$ der Laurentreihe um ∞ endlich, d. h. es gibt ein $r > 0$ mit

$$f(z) = \sum_{-k}^{r} a_n z^n \quad \text{für} \quad z \in \mathbb{C}^* .$$

Aufgabe VI.4.3:

Man beweise: Jede injektive ganze Funktion $f : \mathbb{C} \to \mathbb{C}$ ist linear, d.h. von der Form $f(z) = az + b$ mit $a, b \in \mathbb{C}$, $a \neq 0$.

Lösung:

Sei $\sum_0^{\infty} a_n z^n$ die Taylorreihe von f um 0 . Sie ist nach 4.1.1 zugleich die Laurentreihe von f um den Punkt ∞ mit Hauptteil $\sum_1^{\infty} a_n z^n$ und Nebenteil a_0 .

Wie in Aufgabe VI.3.11 gezeigt wird, folgt aus der Injektivität von f, dass der Punkt ∞ keine wesentliche Singularität von f ist.

Der Punkt ∞ ist auch keine hebbare Singularität, sonst wäre $f \in \mathcal{O}(\mathbb{P})$, nach Kap. III, 4.6, d) also konstant.

Folglich ist der Punkt ∞ eine Polstelle, f hat also die Darstellung $\sum_0^k a_n z^n$, ist also ein Polynom vom Grad $k \in \mathbb{N}$.

Annahme: $k > 1$. Dann ist f' ein Polynom vom Grad $k - 1 > 0$, also nicht konstant. Nach dem Fundamentalsatz der Algebra (Kap. III, 1.5.1) besitzt dann f' eine Nullstelle in $\mathbb{C}$. Nach dem Biholomorphiekriterium (Kap. I, 4.2) ist dies ein Widerspruch zur Injektivität von f.

Anmerkung: Es folgt direkt, dass eine injektive ganze Funktion auch surjektiv und damit bijektiv ist.

Aufgabe VI.4.4:

Die Funktion f habe an der Stelle $p \in \mathbb{C}$ einen Pol und g sei eine ganze Funktion und kein Polynom.

Kann man schließen, welchen Typ die Singularität von $g \circ f$ an der Stelle p hat ?

Lösung:

Behauptung: Die Funktion $g \circ f$ besitzt im Punkt p eine wesentliche Singularität.

Beweis:

Sei $U \subset \mathbb{C}$ eine offene Umgebung von p , auf der f meromorph (5.1) ist mit p als einzige Polstelle. Nach Kap. III, 4.3.3 vi) ist dann $f : U \to \mathbb{P}$ eine biholomorphe Abbildung (im erweiterten Sinn) mit $f(p) = \infty$.

Wir untersuchen zunächst, welchen Typ von isolierter Singularität die Funktion $g : \mathbb{C} \to \mathbb{C}$ im Punkt ∞ hat ($\mathbb{C}$ ist hier aufzufassen als $\mathbb{P} \setminus \{\infty\}$).

Sei $g(z) = \sum_{0}^{\infty} a_n z^n$ die Taylorreihe von g um den Nullpunkt. Sie ist zugleich die Laurentreihe von g um den Punkt ∞ mit Hauptteil $\sum_{1}^{\infty} a_n z^n$ und Nebenteil a_0 .

Der Punkt ∞ ist keine Stelle einer hebbaren Singularität, sonst müsste der Hauptteil verschwinden, g wäre somit konstant a_0 , also ein Polynom vom Grad Null.

Der Punkt ∞ ist auch keine Polstelle, sonst wäre der Hauptteil endlich, g somit ein Polynom positiven Grades.

Damit ist der Punkt ∞ Stelle einer wesentlichen Singularität von g .

Sei nun $V \subset U$ eine beliebige Umgebung von p . Wir können von einer offenen Menge V ausgehen, denn der offene Kern $\mathring{V}$ leistet das gleiche. Nach dem Offenheitssatz (Kap. III, 4.5, b)) ist dann auch $f(V)$ eine offene Umgebung von ∞ in $\mathbb{P}$.

Da g eine wesentliche Singularität in ∞ besitzt, ist nach dem Satz von Casorati-Weierstraß (4.3.4) die Menge $g(f(V) \setminus \{\infty\})$ dicht in $\mathbb{C}$.

Somit ist die Menge

$$(g \circ f)(V \setminus \{p\}) = g(f(V \setminus \{p\})) = g(f(V) \setminus \{\infty\})$$

dicht in $\mathbb{C}$.

Dabei ging beim letzten Gleichheitszeichen ein, dass p die einzige Polstelle von f in U ist (s.o.).

Wiederum nach dem Satz von Casorati-Weierstraß (3.2.4) besitzt damit $g \circ f$ in p eine wesentliche Singularität.

Aufgabe VI.4.5:

Es sei $G = \mathbb{C} \setminus \{e^{it} : -\pi \le t \le 0 , t \in \mathbb{R}\}$ *vorgegeben.*

a) *Zeigen Sie, dass es eine holomorphe Funktion* g *auf* G *gibt mit* $g(0) = 1$ *und* $g^2(z) = 1 - z^2$ *für alle* $z \in G$.

b) *Welche Singularität hat* g *im Unendlichen?*

c) *Geben Sie den Nebenteil sowie die ersten drei Glieder des Hauptteils der Laurententwicklung von* g *im Kreisring* $R = \{z \in \mathbb{C} : |z| > 1\}$ *an.*

d) *Es bezeichne* γ_r *den mathematisch positiv orientierten Rand des Kreises um 0 vom Radius r. Berechnen Sie* $\int_{\gamma_2} g(z)\, dz$ *und* $\int_{\gamma_{1/2}} g(z) dz$.

Lösung:

a) Es gilt für alle $z \in G$: $1 - z^2 = (1+z) \cdot (1-z) = (1+z)^2 \cdot \dfrac{1-z}{1+z}$;

Es ist also nur noch zu zeigen, dass $h : z \mapsto \dfrac{1-z}{1+z}$ auf G eine holomorphe Wurzel besitzt.

Dazu ist hinreichend nach dem Existenzsatz für holomorphe Wurzeln (Kap. III, 3.3), dass entweder h auf G nullstellenfrei und G einfach zusammenhängend ist, oder dass auf $h(G)$ ein

Zweig des Logarithmus existiert.

Ersteres ist nicht erfüllt, dagegen gilt aber $h(G) = \mathbb{C} \setminus (\{ix : x \geq 0\} \cup \{-1\}) =: G'$ (siehe unten).
G' liegt in einem einfach zusammenhängendes Gebiet, das den Nullpunkt nicht enthält, nämlich
$\mathbb{C} \setminus \{ix : x \geq 0\}$. Daher gibt es nach Kap. III, 2.2.5 einen Zweig des Logarithmus auf G'.

Sei mit $\log : G' \to G$ derjenige Zweig des Logarithmus bezeichnet, für den $\log(1) = 0$ gilt.

Dann ist durch

$$w : G' \to G , z \mapsto \exp(\tfrac{1}{2} \log z)$$

ein Zweig der Quadratwurzel auf G' definiert mit $w(1) = 1$.

Definiert man die Funktion

$$g : G \to \mathbb{C} , g(z) = (1+z) \cdot w(h(z)) = (1+z) \cdot w(\tfrac{1-z}{1+z}) ,$$

so erhält man die gewünschten Ergebnisse:

$$g^2(z) = (1+z)^2 \cdot \frac{1-z}{1+z} = 1-z^2 \quad \text{und} \quad g(0) = 1$$

für alle $z \in G$.

Beweis für $h(G) = \mathbb{C} \setminus (\{ix : x \geq 0\} \cup \{-1\})$:

Die Abbildung h bildet als Möbius-Transformation nach Kap. IV, 2.1 die Riemannsche Zahlen-

sphäre $\mathbb{P}$ auf sich selber biholomorph (konform) ab.

Es ist nun zu untersuchen, auf welche Menge h den Halbkreis $H := \{e^{it} : -\pi \leq t \leq 0 , t \in \mathbb{R}\}$
abbildet.

Es gilt: $-1 \overset{h}{\mapsto} \infty$

$$-i \mapsto \frac{1+i}{1-i} = \frac{(1+i) \cdot (1+i)}{|1-i|^2} = i$$

und $1 \mapsto 0$.

Da eine Möbiustransformation nach Kap. IV, 2.3 Geraden und Kreise in Geraden oder Kreise
überführt, wird somit der Kreis durch $-1, -i, 1$ abgebildet auf die Gerade durch $\infty, i, 0$ (Kreis
in $\mathbb{P}$ durch ∞). Wegen der Bijektivität und Stetigkeit von $h : \mathbb{P} \to \mathbb{P}$ geht also der Halbkreis H
in die Halbgerade $\{ix : x \geq 0\}$ über.

Außerdem bildet h den Punkt ∞ auf den Punkt -1 ab, der wegen der Bijektivität von h nicht
im Bild von G liegt. Also ist $h(G) = \mathbb{C} \setminus (\{ix : x \geq 0\} \cup \{-1\})$.

b)   Wir schreiben nun die oben definierte Funktion g durch $g(z) = \sqrt{1-z^2}$ $(z \in G)$.
Auf einer kleinen punktierten Nullumgebung gilt nun:

$$g(\tfrac{1}{z}) = \sqrt{1 - \tfrac{1}{z^2}} = \sigma \cdot \tfrac{1}{z} \cdot \sqrt{z^2 - 1} \quad \text{mit} \quad \sigma \in \{-1; 1\} \quad \text{geeignet.}$$

Da die Wurzel auf der rechten Seite um den Nullpunkt holomorph ist, besitzt $g(\tfrac{1}{z})$ in 0 , und
damit $g(z)$ in ∞ , einen Pol erster Ordnung.

c)   Wegen $g(0) = 1$, also $\sqrt{1} = 1$, stimmt die Wurzel auf $\mathbb{R}_o^+$ mit der reellen Wurzel $\sqrt{x} > 0$
überein. Damit ist g auf $i\mathbb{R}_o^+$ positiv.

Nach Kap. III, 3.1.3 (binomische Reihe) berechnet sich die Laurentreihe von f auf R zu:

$$g(z) = \sqrt{1-z^2} = \pm iz \cdot \sqrt{1 - \tfrac{1}{z^2}} = \pm iz \cdot (1 - \frac{1}{2z^2} - \frac{1}{8z^4} - \frac{3}{48z^6} - \dots) =$$

$$= \pm \left(iz - \frac{i}{2} z^{-1} - \frac{i}{8} z^{-3} - \frac{3i}{48} z^{-5} - \dots \right). \quad \text{[15]}$$

Da $g(it) > 0$ auch für sehr große $t > 0$ gilt, ist das Minuszeichen vor der Klammer richtig:

Somit ist der Nebenteil: $- iz$

und die ersten drei Glieder des Hauptteils lauten: $+ \frac{i}{2} z^{-1} + \frac{i}{8} z^{-3} + \frac{3i}{48} z^{-5}$

d) Die Integrale ergeben sich nach dem Residuensatz für den Punkt ∞ [16], bzw. dem Cauchyschen Integralsatz (Kap.V, 3.3) zu:

$$\int_{\gamma_2} g(z)dz = - 2\pi i \cdot \operatorname{ind}_{\gamma_2}(0) \cdot \operatorname{Res}_\infty(f) = - 2\pi i \cdot 1 \cdot \left(- \frac{i}{2}\right) = -\pi$$

$$\int_{\gamma_{\frac{1}{2}}} g(z)dz = 0 .$$

Aufgabe VI.4.6:

Zeigen Sie: Eine nicht konstante ganze Funktion kann höchstens eine komplexe Zahl als Wert auslassen.

Lösung:

Beweis: Sei $f : \mathbb{C} \to \mathbb{C}$ eine ganze Funktion.

Da $\mathbb{C} = \mathbb{P} \setminus \{\infty\}$ gilt, kann der Punkt „∞" als Singularität von f aufgefasst werden. Folgende Fälle sind dann möglich:

Fall 1:   „∞" ist hebbare Singularität von f $\underset{4.3.2}{\Rightarrow}$

            f ist – aufgefasst als Abbildung $\mathbb{P} \to \mathbb{C}$ – holomorph $\underset{\text{Kap. III, 4.6 d)}}{\Rightarrow}$

            f ist konstant.

Fall 2:   „∞" ist Polstelle von f $\underset{4.3.3 \, c)}{\Rightarrow}$

            f ist – aufgefasst als Abbbildung $\mathbb{P} \to \mathbb{P}$ – holomorph $\overset{\text{nicht konstant}}{\underset{\text{Kap. III, 4.6 c)}}{\Rightarrow}}$

            f ist surjektiv, insbesondere gilt $f(\mathbb{C}) = \mathbb{C}$.

Fall 3:   „∞" ist wesentliche Singularität von f $\overset{\text{gr. Satz von Piccard}}{\underset{4.3.4 \, b)}{\Rightarrow}}$

            $f(\mathbb{C})$ besteht aus allen komplexen Zahlen mit höchstens einer Ausnahme.

Damit ist ist die Behauptung gezeigt.

---

[15] Da diese Reihe auch die Laurentreihe von g um ∞ ist, erkennt man direkt, dass g in ∞ einen Pol erster Ordnung besitzt.

[16] Vorgriff auf Kap. VII, 3.3

Aufgabe VI.4.7:

Sei $c \in \mathbb{P}$ *und die holomorphe Funktion* $f : \mathbb{P} \setminus \{c\} \to \mathbb{C}$ *gegeben.*

Zeigen Sie: Die Wertemenge $f(\mathbb{P} \setminus \{c\})$ *besteht entweder aus genau einer komplexen Zahl, aus allen komplexen Zahlen oder aus allen komplexen Zahlen mit einer Ausnahme.*

Lösung:

Mit Hilfe der (biholomorphen) Möbiustransformation

$$\phi : \mathbb{P} \setminus \{c\} \to \mathbb{C} , \quad z \mapsto \frac{1}{z - c} \quad (\infty \mapsto 0, \text{ falls } c \neq \infty)$$

konstruiert man ganze Funktionen

$$g := f \circ \phi^{-1} : \mathbb{C} \to \mathbb{C} \text{ mit der Wertemenge } g(\mathbb{C}) = f(\mathbb{P} \setminus \{c\}).$$

Da $\mathbb{C} = \mathbb{P} \setminus \{\infty\}$ gilt, kann der Punkt „∞" als Singularität von f aufgefasst werden.

Folgende Fälle sind dann möglich:

Fall 1:   „∞" ist hebbare Singularität von g $\underset{4.3.2}{\Rightarrow}$

   g ist - aufgefasst als Abbildung $\mathbb{P} \to \mathbb{C}$ - holomorph $\underset{\text{Kap. III, 4.6 d)}}{\Rightarrow}$

   g ist konstant $\underset{\phi \text{ bijektiv}}{\Rightarrow}$ f ist konstant.

Fall 2:   „∞" ist Polstelle von g $\underset{4.3.3 \text{ c)}}{\Rightarrow}$

   g ist - aufgefasst als Abbbildung $\mathbb{P} \to \mathbb{P}$ - holomorph $\underset{\text{Kap. III, 4.6 c)}}{\overset{\text{nicht konstant}}{\Rightarrow}}$

   g ist surjektiv $\Rightarrow$ $f(\mathbb{P} \setminus \{c\}) = \mathbb{C}$.

Fall 3:   „∞" ist wesentliche Singularität von g $\underset{4.3.4 \text{ b)}}{\overset{\text{gr. Satz von Piccard}}{\Rightarrow}}$

   $g(\mathbb{C})$ besteht aus allen komplexen Zahlen mit höchstens einer Ausnahme. $\Rightarrow$

   $f(\mathbb{P} \setminus \{c\})$ besteht aus allen komplexen Zahlen mit höchstens einer Ausnahme.

   Dass dies auch wirklich eintreten kann, zeigt das Beispiel

$$\exp \circ \phi : \mathbb{P} \setminus \{c\} \to \mathbb{C}^*.$$

Damit ist die Behauptung gezeigt.

§5   Meromorphe Funktionen

5.1   Definition: Meromorphe Funktion

Sei $U \subset \mathbb{C}$ oder $U \subset \mathbb{P}$ offen.

Unter einer <u>meromorphen</u> Funktion auf U versteht man eine auf einer offenen Teilmenge $V \subset U$ definierte Funktion $f : V \to \mathbb{C}$ mit folgenden Eigenschaften:

a) Die Funktion $f : V \to \mathbb{C}$ ist holomorph.

b) Die Menge $U \backslash V$ ist diskret in U, besteht also nur aus isolierten Punkten.

c) Die Funktion f besitzt in jedem Punkt aus $U \backslash V$ einen Pol.

Man bezeichnet die Menge aller auf U meromorphen Funktionen mit $\mathcal{M}(U)$.

Die Menge $P(f) := \{c \in U : f$ hat einen Pol in $c\}$ heißt die <u>Polstellenmenge</u> von f in U.
Nach Definition gilt also: $P(f) = U \backslash V$.

5.1.1   Meromorphe Funktion als holomorphe Abbildung

Sei $U \subset \mathbb{C}$ oder $U \subset \mathbb{P}$ offen und P eine diskrete Teilmenge von U.

i) Die meromorphen Funktionen $f \in \mathcal{M}(U)$ sind genau die holomorphen Abbildungen
$f : U \to \mathbb{P}$, welche nirgends lokal konstant ∞ sind.

   Dabei wird eine meromorphe Funktion $f \in \mathcal{M}(U)$ durch $f(p) = \infty$ für $p \in P(f)$ auf ganz U definiert.

ii) Man beachte folgende Sprachvereinbarung:

   Sei $f : U \to \mathbb{P}$ holomorph (im Sinne von Kap. III, §4).

   α) f heißt holomorphe Abbildung.
      Äquivalente Formulierung:
         $\circ$ „ f ist holomorphe Abbildung auf U. "

   β) f heißt meromorphe Funktion, falls f nirgends lokal konstant ∞ ist.
      Äquivalente Formulierungen:
         $\circ$ „ $f \in \mathcal{M}(U)$. "
         $\circ$ „ $f : U \backslash P \to \mathbb{C}$ ist meromorph in U. "
         $\circ$ „ f ist meromorph in U "

   γ) f heißt holomorphe Funktion, falls $f(U) \subset \mathbb{C}$.
      Äquivalente Formulierungen:
         $\circ$ „ $f \in \mathcal{O}(U)$. "
         $\circ$ „ $f : U \to \mathbb{C}$ ist holomorph. "

   δ) f heißt holomorphe Funktion (im gewöhnlichen Sinn), falls $U \subset \mathbb{C}$ und $f(U) \subset \mathbb{C}$.
      Äquivalente Formulierungen:
         $\circ$ „ $f \in \mathcal{O}(U)$. "
         $\circ$ „ $f : U \to \mathbb{C}$ ist holomorph. "

   Zu vermeiden sind folgende Schreibweisen:
      „ $f : U \to \mathbb{C}$ ist meromorph. "   ($P(f) = \emptyset$?) und
      „ f ist holomorph auf U. "   ($f(U) \subset \mathbb{C}$?)

iii) Da nach i) jede meromorphe Funktion $f \in \mathcal{M}(U)$ auch eine holomorphe Abbildung
$f : U \to \mathbb{P}$ ist, können der Identitätssatz und der Offenheitssatz (Satz von der Gebietstreue)
aus Kap. III, 4.5 auf meromorphe Funktionen übertragen werden:

   α) Identitätssatz:
      Sei G ein Gebiet in $\mathbb{C}$ oder $\mathbb{P}$ und $f, g : G \to \mathbb{P}$ meromorphe Funktionen, so sind die
      folgenden Aussagen äquivalent:

a) $f = g$.

b) Die Menge $\{z \in G : f(z) = g(z)\}$ besitzt einen Häufungspunkt in G .

$\beta)$ Offenheitssatz:

Sei $U \subset \mathbb{C}$ oder $U \subset \mathbb{P}$ offen, $f : U \to \mathbb{P}$ meromorph und nirgends lokal konstant, so ist f eine offene Abbildung, d. h. Bilder offener Teilmengen von U sind offen in $\mathbb{P}$.

iv) Aus dem Identitätssatz folgt:

Sei $a \in \mathbb{C}$ und $f \in \mathcal{M}(U)$ nirgends lokal konstant gleich a , so besitzt die a-Stellenmenge $f^{-1}(a) := \{z \in U : f(z) = a\}$ keinen Häufungspunkt in U .

Für den Spezialfall $a = 0$ gilt demnach :

Für jede nirgends lokal verschwindende meromorphe Funktion $f \in \mathcal{M}(U)$ besitzt die Nullstellenmenge $N(f)$ keinen Häufungspunkt in U .

5.1.2 Erste Eigenschaften

Sei $U \subset \mathbb{C}$ oder $U \subset \mathbb{P}$ offen und $f \in \mathcal{M}(U)$.

i) Die Polstellenmenge $P(f)$ ist entweder leer, endlich oder abzählbar unendlich und besitzt keinen Häufungspunkt in U .

ii) Im Fall $P(f) = \emptyset$ ist $f \in \mathcal{O}(U)$.

iii) Mit f ist auch die Ableitungsfunktion $f' : U \backslash P(f) \to \mathbb{C}$ meromorph in U und kein Punkt aus $P(f)$ ist eine hebbare Singularität. Es ist also $P(f) = P(f')$.

iv) Zwei auf U meromorphe Funktionen f und g mit denselben Polstellen und denselben Hauptteilen der Laurentreihen <u>um</u> diese Polstellen unterscheiden sich durch eine auf U holomorphe Funktion: $f - g \in \mathcal{O}(U)$.

(Siehe auch den Satz von Mittag-Leffler in §6.)

v) Beispiele für meromorphe Funktionen auf $\mathbb{C}$: tan und cot .
Beispiele für meromorphe Funktionen auf $\mathbb{P}$: Alle Polynome und rationale Funktionen.

vi) Kompositionen auf U meromorpher Funktionen sind selbst auf U meromorph.

5.2   Die algebraische Struktur von $\mathcal{M}(U)$

i) Sei $U \subset \mathbb{C}$ oder $U \subset \mathbb{P}$ offen und $f, g \in \mathcal{M}(U)$.

Die Summe $f + g$ und das Produkt $f \cdot g$ wird auf $U \backslash (P(f) \cup P(g))$ wie gewöhnlich punktweise definiert.

Die Menge $P(f) \cup P(g)$ der isolierten Singularitäten von $f + g$, bzw. $f \cdot g$ ist diskret in U und kann nur hebbare Singularitäten und Pole beinhalten.
Die Abbildungen $f + g$ und $f \cdot g$ liegen also wieder in $\mathcal{M}(U)$ und es gilt
$P(f + g) \subset P(f) \cup P(g)$.

Durch diese Verknüpfungen wird $\mathcal{M}(U)$ zu einer $\mathbb{C}$-Algebra.

Die $\mathbb{C}$-Algebra $\mathcal{O}(U)$ ist eine echte $\mathbb{C}$-Unteralgebra von $\mathcal{M}(U)$: $\mathcal{O}(U) \subsetneq \mathcal{M}(U)$.

ii) Sei $U \subset \mathbb{C}$ oder $U \subset \mathbb{P}$ offen und $f \in \mathcal{M}(U)$ verschwinde nirgends lokal konstant.

So wird auch $\frac{1}{f}$ wieder punktweise definiert. Man beachte, dass nach 5.1.1 iv) die

Nullstellenmenge $N(f)$ diskret in U liegt und die Nullstellen von f Polstellen von $\frac{1}{f}$

sind bzw. die Polstellen von f Nullstellen von $\frac{1}{f}$ sind. Damit ist auch $\frac{1}{f} \in \mathcal{M}(U)$.

iii) Sei G ein Gebiet in $\mathbb{C}$ oder $\mathbb{P}$.

Dann wird die $\mathbb{C}$-Algebra $\mathcal{M}(G)$ durch die Inversenbildung $f^{-1} := \frac{1}{f}$ für $f \in \mathcal{M}(G) \setminus \{0\}$ sogar zu einem Körper.

Es gilt zudem noch:

für $G \neq \mathbb{P}$: $\mathcal{M}(G)$ ist der Quotientenkörper des Integritätsringes $\mathcal{O}(G)$.

Das bedeutet: Jede meromorphe Funktion $f \in \mathcal{M}(G)$ ist Quotient $\frac{g}{h}$ zweier holomorpher Funktionen g, $h \in \mathcal{O}(G)$ mit $h \neq 0$. (Siehe Aufgabe VI.6.3.)

für $G = \mathbb{P}$: $\mathcal{M}(\mathbb{P})$ ist der Körper $\mathbb{C}(z)$ der komplexen rationalen Funktionen.

5.3   Die Ordnungsfunktion $\mathrm{ord}_c(f)$

5.3.1 Definition

Sei $U \subset \mathbb{C}$ oder $U \subset \mathbb{P}$ offen, $c \in U$ und $f \in \mathcal{M}(U)$.

__Fall $c \in \mathbb{C}$:__

Sei $L(z) = \sum_{-\infty}^{\infty} a_n (z-c)^n$ die Laurentreihe von f __um__ c , so definiert man die __Ordnung von f in c__ durch:

$$\mathrm{ord}_c(f) := \begin{cases} m & \text{, falls } a_m \neq 0 \text{ und } L(z) = \sum_m^{\infty} a_n (z-c)^n \\ \infty & \text{, falls } L(z) = 0 \text{, also } a_n = 0 \text{ für alle } n \in \mathbb{Z} . \end{cases}$$

(Man beachte, dass der Hauptteil von L(z) stets endlich ist).

Es folgt: $\mathrm{ord}_c(f) = m > 0 \Leftrightarrow$ f ist holomorph in c und besitzt dort eine Nullstelle der Ordnung m.

$\mathrm{ord}_c(f) = m < 0 \Leftrightarrow$ f besitzt in c einen Pol der Ordnung $-m$.

$\mathrm{ord}_c(f) = \infty \Leftrightarrow$ f ist identisch $= 0$ in einer Umgebung von c.

$\mathrm{ord}_c(f) = 0 \Leftrightarrow$ f ist holomorph in c und besitzt dort keine Nullstelle.

__Fall $c = \infty$:__

Sei $L(z) = \sum_{-\infty}^{\infty} b_n z^n$ die Laurentreihe von f __um__ ∞ , so definiert man die __Ordnung von f in ∞__ durch:

$$\mathrm{ord}_\infty(f) := \begin{cases} m & \text{, falls } b_m \neq 0 \text{ und } L(z) = \sum_{-\infty}^{m} b_n z^n \\ \infty & \text{, falls } L(z) = 0 \text{, also } b_n = 0 \text{ für alle } n \in \mathbb{Z} . \end{cases}$$

(Man beachte, dass der Hauptteil von L(z) stets endlich ist).

Es folgt: $\mathrm{ord}_\infty(f) = m < 0 \Leftrightarrow$ f ist holomorph in ∞ und besitzt dort eine Nullstelle der Ordnung $-m$.

$\mathrm{ord}_\infty(f) = m > 0 \Leftrightarrow$ f besitzt in ∞ einen Pol der Ordnung m.

$\mathrm{ord}_\infty(f) = \infty \Leftrightarrow$ f ist identisch $= 0$ in einer Umgebung von ∞.

$\mathrm{ord}_\infty(f) = 0 \Leftrightarrow$ f ist holomorph in ∞ und besitzt dort keine Nullstelle.

5.3.2 Rechenregeln

Sei $U \subset \mathbb{C}$ oder $U \subset \mathbb{P}$ offen, $c \in U$ und $f, g \in \mathcal{M}(U)$.

Dann gelten für die Ordnungsfunktion die folgende Rechenregeln: [17]

---

[17]   Für alle $n \in \mathbb{Z}$ wird hierbei vereinbart: $\infty + \infty = \infty + n = n + \infty = \infty - n = \infty$

o $\mathrm{ord}_c(f \cdot g) = \mathrm{ord}_c(f) + \mathrm{ord}_c(g)$,

o $\mathrm{ord}_c(\frac{f}{g}) = \mathrm{ord}_c(f) - \mathrm{ord}_c(g)$, falls g nicht lokal um c verschwindet,

o $\mathrm{ord}_c(f \pm g) \geq \min(\mathrm{ord}_c(f), \mathrm{ord}_c(g))$, "=" wenn $\mathrm{ord}_c(f) \neq \mathrm{ord}_c(g)$.

5.3.3 Zusammenhang zwischen $\mathrm{ord}_c(f)$ und $\mathrm{ord}_c(f')$

Sei im Folgenden $U \subset \mathbb{C}$ offen, $f \in \mathcal{M}(U)$ sowie k und m positive ganze Zahlen.
Dann gelten folgende Implikationen:

Bei Nullstellen:

a) f besitzt in c eine Nullstelle der Ordnung k $\Rightarrow$ $k = 1$ und f' besitzt in c keine Nullstelle

<u>oder</u>

$k > 1$ und f' besitzt in eine Nullstelle der Ordnung $k-1$.

b) f' besitzt in c eine Nullstelle der Ordnung k $\Rightarrow$ f besitzt in c keine Nullstelle

<u>oder</u>

f besitzt in c eine Nullstelle der Ordnung $k+1$.

Formulierung mit dem Begriff der Ordnungsfunktion:

a') $\mathrm{ord}_c(f) = k$ $\Rightarrow$ $\mathrm{ord}_c(f') = k-1$.

b') $\mathrm{ord}_c(f') = k$ $\Rightarrow$ $\mathrm{ord}_c(f) = 0$ <u>oder</u> $\mathrm{ord}_c(f) = k+1$.

Bei Polstellen:

c) f besitzt in c einen Pol der Ordnung m $\Rightarrow$ f' besitzt in c einen Pol der Ordnung $m+1$ und in der Laurententwicklung von f' kommt kein Summand $\frac{a_{-1}}{z-c}$ vor.

d) f' besitzt in c einen Pol der Ordnung m $\Rightarrow$ $m \geq 2$ und f besitzt in c einen Pol der Ordnung $m-1$.

Formulierung mit dem Begriff der Ordnungsfunktion:

c') $\mathrm{ord}_c(f) = -m$ $\Rightarrow$ $\mathrm{ord}_c(f') = -m-1$.

d') $\mathrm{ord}_c(f') = -m$ $\Rightarrow$ $-m \leq -2$ und $\mathrm{ord}_c(f) = -m+1$.

Anmerkungen:

i)   Beispiel für „$\mathrm{ord}_c(f') = k$ und $\mathrm{ord}_c(f) = 0$": $f(z) = z^2 - 2z$ ($\mathrm{ord}_1(f) = 0$, aber $\mathrm{ord}_1(f') = 1$)

ii) Das Rechnen mit der Ordnungsfunktion kann eine sehr elegante Methode sein, um eine isolierte Singularität zu klassifizieren (siehe Aufgaben).

5.4 Der Argumentensatz

Sei $U \subset \mathbb{C}$ offen, γ ein einfach geschlossener, in U nullhomologer und positiv orientierter Weg in U und $f \in \mathcal{M}(U)$, so dass auf $|\gamma|$ weder Null- noch Polstellen von f liegen.

Sei mit $P(f)$ die Polstellenmenge und mit $N(f)$ die Nullstellenmenge von f bezeichnet, so ist die Menge $M := (N(f) \cup P(f)) \cap \mathrm{Int}(\gamma)$ endlich und es gilt:

$$\frac{1}{2\pi i} \cdot \int_\gamma \frac{f'(z)}{f(z)} \, dz \; = \; \sum_{c \in M} \mathrm{ord}_c(f) \, .$$

5.4.1 Folgerungen aus dem Argumentensatz

Sei $U \subset \mathbb{C}$ offen und γ ein einfach geschlossener, in U nullhomologer und positiv orientierter Weg in U.

a) **Das Null- und Polstellen zählende Integral**

Weiter sei $f \in \mathcal{M}(U)$, so dass weder Null- noch Polstellen von f auf $|\gamma|$ liegen. N und P seien die Anzahl der Nullstellen bzw. die Anzahl der Polstellen von f im Inneren von γ, jeweils gemäß ihren Vielfachheiten gezählt.

Dann folgt aus dem Argumentensatz:

$$\frac{1}{2\pi i} \cdot \int_\gamma \frac{f'(z)}{f(z)} \, dz = N - P \, .$$

b) **Verallgemeinerung: a- und Polstellen zählendes Integral**

Sei $a \in \mathbb{C}$ und $f \in \mathcal{M}(U)$, so dass auf $|\gamma|$ weder a-Stellen (das sind Punkte $z \in U$ mit $f(z) = a$) noch Polstellen von f liegen. A und P seien die Anzahl der a-Stellen bzw. die Anzahl der Polstellen von f im Inneren von γ, jeweils gemäß ihrer Vielfachheit gezählt.

So erhalten wir aus der Gleichung in a) :

$$\frac{1}{2\pi i} \cdot \int_\gamma \frac{f'(z)}{f(z) - a} \, dz = A - P \, .$$

c) **Die Indexversion des Argumentensatzes**

Die Formeln in a) und b) können mit Hilfe der Indexfunktion (Kap. V, 3.1) nach der Transformationsregel (Kap. V, 1.2.1) auch folgendermaßen geschrieben werden:

     i) $\mathrm{ind}_{f \circ \gamma}(0) \; = \; N - P$ bzw.

     ii) $\mathrm{ind}_{f \circ \gamma}(a) \; = \; A - P \, .$

<u>Anwendung:</u>

Ist f sogar eine holomorphe Funktion (d. h. P = 0), dann ist die Anzahl der Nullstellen (a-Stellen) in $\mathrm{Int}(\gamma)$ gleich der Umlaufzahl des Weges $f \circ \gamma$ um 0 (um a).

Die Aufgabe VI.5.8 liefert ein Beispiel und den Beweis für einen Spezialfall.

Zum Lösen von Übungsaufgaben reicht meist die folgende

5.4.2 Einfache Version des Argumentensatzes

Sei $U \subset \mathbb{C}$ offen, B eine offene Kreisscheibe mit $B \subset U$ und $f \in \mathcal{M}(U)$, so dass auf ∂B weder Null- noch Polstellen von f liegen.

Dann ist die Menge $M := (N(f) \cup P(f)) \cap B$ endlich und es gilt:

$$\frac{1}{2\pi i} \cdot \int_{\partial B} \frac{f'(z)}{f(z)} \, dz \; = \; \sum_{c \in M} \mathrm{ord}_c(f)$$

Diese einfache Version kann natürlich auch auf die Sätze in 5.4.1 übertragen werden.

Aufgaben zu Kapitel VI , §5

Aufgabe VI.5.1:

Man bestimme die Ordnungen der Nullstellen folgender Funktionen:

a) $\sin^2 z$,   b) $(1 - e^z) \cdot (z^2 - 4)^3$,   c) $(z^2 - \pi^2)^2 \cdot \sin z$.

Lösung:

a)   Die Nullstellenmenge von $z \mapsto \sin^2 z$ ist $\{k\pi : k \in \mathbb{Z}\}$.

  Sei $k \in \mathbb{Z}$, so gilt: $\sin(k\pi) = 0$ und $\sin'(k\pi) = \cos(k\pi) \neq 0$ $\Rightarrow$ $\mathrm{ord}_{k\pi}(\sin z) = 1$.

  Nach 5.3.2 folgt nun: $\mathrm{ord}_{k\pi}(\sin^2 z) = 2 \cdot \mathrm{ord}_{k\pi}(\sin z) = 2$ für alle $k \in \mathbb{Z}$.

b)   Aus der Darstellung $f(z) = (1 - e^z) \cdot (z^2 - 4)^3 = (1 - e^z) \cdot (z+2)^3 \cdot (z-2)^3$ gewinnt man die
  Nullstellenmenge $\{-2; 2\} \cup \{k \cdot 2\pi i : k \in \mathbb{Z}\}$.

  Die Ordnungen von -2 und 2 können nach 3.1.2 direkt abgelesen werden:

  $$\mathrm{ord}_{-2}(f) = \mathrm{ord}_2(f) = 3 \ .$$

  Für $k \in \mathbb{Z}$ dagegen erhält man: $(1 - e^z)|_{z = k \cdot 2\pi i} = 0$ und $(1 - e^z)'|_{z = k \cdot 2\pi i} = -e^{2k\pi i} \neq 0$,
  da $\exp(\mathbb{C}) = \mathbb{C}^*$ ist.

  Das bedeutet: $\mathrm{ord}_{k \cdot 2\pi i}(f) = 1$ für alle $k \in \mathbb{Z}$.

c)   Aus der Darstellung $(z^2 - \pi^2)^2 \cdot \sin z = (z+\pi)^2 \cdot (z-\pi)^2 \cdot \sin z$ erhält man als
  Nullstellen erster Ordnung (vgl a)): $k\pi$, $k \in \mathbb{Z}\setminus\{-1; 1\}$.
  und nach 5.3.2 als Nullstellen dritter Ordnung: $-\pi, \pi$.

Aufgabe VI.5.2:

Sei G ein Gebiet in $\mathbb{C}$ und f meromorph in G. Kann e^f einen Pol in G haben?

Lösung:

Behauptung: $g := e^f$ besitzt keine Polstelle in G.

Beweis: Annahme: Es existiert eine Polstelle $c \in G$ von g der Ordnung $m \in \mathbb{N}$.

  Da Kompositionen holomorpher Funktionen selbst holomorph sind, kann c keine
  Holomorphiestelle von $f \in \mathcal{M}(G)$ sein. Der Punkt c ist somit eine Polstelle von f .

  Nach dem Satz über die Polstellenordnung bei Ableitungen (5.3.3) besitzt g' in c eine
  Polstelle der Ordnung $m + 1$.

  Wegen $g' = (\exp' \circ f) \cdot f' = g \cdot f'$ besitzt daher f' in c nach den Rechenregeln für die
  Ordnungsfunktion (5.3.2) einen Pol erster Ordnung.

  Dies ist ein Widerspruch zum Satz über die Polstellenordnung bei Ableitungen (5.3.3), denn
  danach müßte f' einen Pol der Ordnung ≥ 2 haben.

Anmerkung: Teil b) der nächsten Aufgabe zeigt ein konkretes Beispiel hierfür.

Aufgabe VI.5.3:

---

a) *Bestimmen Sie, welche Singularität die Funktion* $\dfrac{\cos z - 1}{z^6}$ *im Nullpunkt hat.*

b) *Zeigen Sie, dass* $e^{\frac{1}{\sin z}}$ *keinen Pol in 0 hat.*

Lösung:

a) Lösung mit Hilfe der Ordnungsfunktion (5.3):

Sei $f(z) := \cos z - 1$ definiert.

Aus $f(0) = 0$, $f'(0) = -\sin(0) = 0$, $f''(0) = -\cos(0) = -1 \neq 0$ erhalten wir: $\mathrm{ord}_0(f) = 2$.

Weiter sei $g(z) := z^6$ definiert, so kann man sofort ablesen: $\mathrm{ord}_0(g) = 6$.

Die Rechenregeln für die Ordnungsfunktion (5.3.2) liefern:

$$\mathrm{ord}_0\left(\frac{f}{g}\right) = \mathrm{ord}_0(f) - \mathrm{ord}_0(g) = 2 - 6 = -4$$

Die Funktion $\dfrac{\cos z - 1}{z^6}$ besitzt damit im Nullpunkt einen Pol der Ordnung 4.

b) Sei $f(z) := (\sin z)^{-1}$ und $g(z) := e^{f(z)}$ vorgegeben.

Dann gilt: $\mathrm{ord}_0(f) = -1$, da $\sin z$ in 0 eine Nullstelle erster Ordnung hat.
Und es gilt nach 5.3.3: $\mathrm{ord}_0(f') = -2$.

Annahme: Die Funktion g hat in 0 einen Pol der Ordnung $m \in \mathbb{N}$.

   Nach 5.3.3 besitzt somit die Ableitung g' in 0 einen Pol der Ordnung $m+1$.
   In Formeln: $\mathrm{ord}_0(g) = -m$ und $\mathrm{ord}_0(g') = -(m+1) = -m-1$. (*)
   Andererseits ist aber $g' = (\exp \circ f) \cdot f' = g \cdot f'$
   Nach den Rechenregeln für die Ordnungsfunktion (5.3.2) gilt nun:

$$\mathrm{ord}_0(g') = \mathrm{ord}_0(g) + \mathrm{ord}_0(f') = -m + (-2) = -m-2.$$

   Widerspruch zu (*).

Aufgabe VI.5.4:

Es sei $G \subset \mathbb{C}$ ein Gebiet und $f, g : G \to \mathbb{C}$ holomorphe Funktionen mit $f' = f \cdot g$.
Zeigen Sie: Hat f eine Nullstelle, so ist $f = 0$.

Lösung:

1. Möglichkeit: Die Funktion f besitze in $c \in G$ eine Nullstelle.

   Annahme: $f \neq 0$.

   Dann ist $\mathrm{ord}_c(f) = k > 0$ endlich. Nach 5.3.3 ist dann $\mathrm{ord}_c(f') = k-1$.

   Andererseits erhalten wir nach den Rechenregeln der Ordnungsfunktion (5.3.2):

$$\mathrm{ord}_c(f') = \mathrm{ord}_c(f \cdot g) = \mathrm{ord}_c(f) + \mathrm{ord}_c(g) \geq \mathrm{ord}_c(f) = k.$$

   Widerspruch.

2. Möglichkeit: Siehe Aufgabe V.2.5 a).

Aufgabe VI.5.5:

Sei f eine rationale Funktion und nicht konstant. Begründen Sie, warum der Grenzwert

$$\lim_{r \to \infty} \int_{|z|=r} \frac{f'(z)}{f(z)} \, dz \quad \text{existiert und bestimmen Sie diesen Grenzwert.}$$

Lösung:

Seien $g, h \in (\mathbb{C}[z]) \setminus \{0\}$ zwei Polynome ohne gemeinsame Nullstelle mit $f = \dfrac{g}{h}$.

Nach 5.2 sind die Nullstellen bzw. Polstellen von f genau die Nullstellen von g bzw. die Nullstellen von h . Diese sind endlich viele und mögen alle im Kreis $B_R(0)$ mit Radius $R > 0$ liegen.

Somit gilt nach dem Satz über das Null- und Polstellen zählende Integral (5.4.1, a)):

$$\frac{1}{2\pi i} \cdot \int_{|z|=r} \frac{f'(z)}{f(z)} \, dz = N - P \quad (*)$$

für alle $r > R$, mit $N :=$ Anzahl der Nullstellen von f und $P :=$ Anzahl der Polstellen von f (jeweils mit Vielfachheiten gezählt).

Nach dem Zerlegungssatz (Kap. III, 1.5.2) ist aber $N = \text{grad}\,(g)$ und $P = \text{grad}\,(h)$ und da die rechte Seite von $(*)$ unabhängig von $r > R$ ist, existiert der gesuchte Limes und ist gleich

$$2\pi i \cdot (\text{grad}\,(g) - \text{grad}\,(h)) .$$

Aufgabe VI.5.6:

Skizzieren Sie einen Beweis des Satzes von Rouché ·

(Hinweis: Null- und Polstellen zählendes Integral)

Lösung:

Seien f, g und γ wie in 3.1.3 vorausgesetzt. Wir können annehmen, dass γ positiv orientiert ist (sonst Übergang zu $-\gamma$).

Für jedes $t \in [0;1] \subset \mathbb{R}$ ist die Funktion

$$z \mapsto f(z) + t \cdot g(z)$$

holomorph in U , die keine Nullstelle auf $|\gamma|$ hat, da $|t \cdot g(z)| < |f(z)|$ auf $|\gamma|$ gilt.

Sei $N : [0;1] \to \mathbb{C} , \ t \mapsto N(t) := \dfrac{1}{2\pi i} \cdot \int_{\gamma} \dfrac{f'(z) + t \cdot g'(z)}{f(z) + t \cdot g(z)} \, dz$ vorgegeben.

Nach dem Satz über Parameterintegrale (Kap. V, 4.1) ist dies ist eine stetige Funktion. Da der Wert des Integrals nach 5.4 stets ganzzahlig ist, muss die Funktion folglich konstant sein.

Damit ist $N(0) = N(1)$.

Nach dem Satz über das Pol- und Nullstellen zählende Integral (5.4.1 a) gilt somit:

    $N(0) = $ „Anzahl der Nullstellen von f im Innern von γ" $=$

    $N(1) = $ „Anzahl der Nullstellen von $f + g$ im Innern von γ" .

Aufgabe VI.5.7:

Wie viele Nullstellen hat die Funktion $f : z \mapsto z^8 - 3z^2 + 1$ in $\mathbb{C} \setminus \overline{\mathbb{E}}$?

Lösung:

Es gilt für $z \in \partial\mathbb{E}$:

$$|z^8| = 1 < 3 - 1 = |-3z^2| - 1 \leq |-3z^2 + 1| \quad (*)$$

Deshalb besitzen nach dem Satz von Rouché (3.1.3) die Polynome

$$\widetilde{f}(z) = -3z^2 + 1 \quad \text{und} \quad \widetilde{f}(z) + z^8 = f(z)$$

in $\mathbb{E}$ gleich viele Nullstellen (mit Vielfachheiten gezählt). Wegen $|\pm\sqrt{1/3}| < 1$ sind dies zwei.

Da f auf $\partial\mathbb{E}$ wegen (*) keine Nullstellen besitzt, liegen in $\mathbb{C} \setminus \overline{\mathbb{E}}$ genau $8 - 2 = 6$ Nullstellen von f (wiederum mit den Vielfachheiten gezählt).

Aufgabe VI.5.8:

Die in einer Umgebung von $\overline{\mathbb{E}}$ holomorphe Funktion ϕ bilde $\partial\mathbb{E}$ auf die folgende Kurve α ab:

Liegt der Punkt p im Bild von $\mathbb{E}$?

Liegt der Punkt q im Bild von $\mathbb{E}$?

Begründung durch Satz 5.4.1 b).

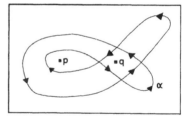

Lösung:

Sei $\beta : [0; 2\pi] \to \mathbb{C}$, $\gamma(t) =: e^{it}$ die Standardparamerisierung der Einheitskreislinie $\partial\mathbb{E}$. Dann ist $\alpha = \phi \circ \beta$ der Bildweg unter ϕ.

Nach 5.4.1 b) ist die Anzahl A_c der gemäß ihren Vielfachheiten gezählten Urbilder eines Punktes $c \notin |\alpha|$ gleich (Polstellen sind keine vorhanden!)

$$A_c = \frac{1}{2\pi i} \cdot \int_\beta \frac{\phi'(z)}{\phi(z) - c} \, dz \ .$$

Aus der Transformationsregel für Wegintegrale (Kap. V, 1.2.1) folgt nun

$$A_c = \frac{1}{2\pi i} \cdot \int_{\phi \circ \beta} \frac{1}{z - c} \, dz = \text{ind}_{\phi \circ \beta}(c) = \text{ind}_\alpha(c)$$

(vgl. 5.4.1 c)).

A_c ist somit die Umlaufzahl $\text{ind}_\alpha(c)$ von α um c (vergleiche Kap.V, 3.1).

Aus der Skizze erhält man nach dem „Uhrenmodell" (Kap. V, 3.1.3) für $c = p$ bzw. $c = q$:

$$A_p = \text{ind}_\alpha(p) = 0 \quad \text{und} \quad A_q = \text{ind}_\alpha(q) = 2 \ ,$$

$$\text{also} \quad p \notin f(\mathbb{E}) \quad \text{und} \quad q \in f(\mathbb{E}) \ .$$

§6   Der Satz von Mittag-Leffler und der Weierstraßsche Produktsatz

6.1   Der Satz von Mittag-Leffler: Existenz einer meromorphen Funktion zu
vorgegebenen Polstellen und Hauptteilen

Meromorphe Funktionen zu vorgegebenen Polstellen und Hauptteilen können selten in geschlossener Form angegeben werden. Stattdessen erfolgt die Darstellung meist in Form von konvergenten Reihen meromorpher Funktionen. Aus diesem Grund befassen wir uns zunächst mit diesen unendlichen Funktionsreihen.

6.1.1   Definition: Kompakte Konvergenz einer Reihe meromorpher Funktionen

Sei U eine offene Teilmenge von $\mathbb{C}$ oder $\mathbb{P}$ und $(f_n)_n$ eine Folge von auf U meromorphen Funktionen.

Die Funktionenreihe $\sum_n f_n$ heißt <u>kompakt konvergent</u> in U , falls für jede kompakte Teilmenge $K \subset U$ ein $n_K \in \mathbb{N}$ existiert, so dass für alle $n \geq n_K$ die Funktionen f_n keinen Pol in K besitzen und die Funktionenreihe $\sum_{n \geq n_K} f_n$ auf K gleichmäßig konvergiert.

6.1.2   Konvergenzsatz

Sei U eine offene Teilmenge von $\mathbb{C}$ oder $\mathbb{P}$ und $\sum_n f_n$ eine in U kompakt konvergente Reihe auf U meromorpher Funktionen.

Sei P die Menge aller Polstellen aller Funktionen f_n , dann gilt:

i)   Die Menge P ist diskret in U.

ii) Die auf $U' := U \setminus P$ definierte Grenzfunktion $f := \sum_n f_n : U' \to \mathbb{C}$ ist holomorph mit Polstellen oder hebbaren Singularitäten in P. Die Funktion f ist somit ebenfalls meromorph auf U .

6.1.3   Der Satz von Mittag-Leffler

Sei U eine offene Teilmenge von $\mathbb{C}$ oder $\mathbb{P}$ und P eine abzählbare Teilmenge von U ohne Häufungspunkt in U .

Jedem Punkt $c \in P$ sei ein endlicher Hauptteil h_c <u>um</u> c zugeordnet.

Dann existiert eine meromorphe Funktion $f \in \mathcal{M}(U)$ mit folgenden Eigenschaften:

a)   Die Polstellenmenge von f ist P .

b)   Für jede Polstelle $c \in P$ besitzt die Laurentreihe von f <u>um</u> c den Hauptteil h_c .

6.1.4   Bemerkungen zum Satz

i)   Sei $c \in \mathbb{P}$, so ist ein endlicher Hauptteil h_c um c von folgender Gestalt:

$$c \neq \infty : \quad h_c(z) = \sum_{k=1}^{m_c} \frac{a_{-k}^{(c)}}{(z-c)^k} \quad \text{mit } m_c \in \mathbb{N} , a_{-k}^{(c)} \in \mathbb{C} \text{ für } 1 \leq k \leq m_c .$$

$$c = \infty : \quad h_\infty(z) = \sum_{k=1}^{m_\infty} a_k^{(\infty)} z^k \quad \text{mit } m_\infty \in \mathbb{N} , a_k^{(\infty)} \in \mathbb{C} \text{ für } 1 \leq k \leq m_\infty.$$

ii) Zwei Funktionen $f, g \in \mathcal{M}(U)$ mit denselben Polstellen und Hauptteilen unterscheiden sich um eine in U holomorphe Funktion: $f - g \in \mathcal{O}(u)$.

iii) Im Falle einer endlichen Menge $P = \{c_1, \ldots, c_j\}$ lässt sich eine meromorphe Funktion mit den gesuchten Eigenschaften sofort angeben:

$$f = \sum_{n=1}^{j} h_{c_n} .$$

Ist die Menge P aber unendlich, dann besitzt P nach dem Satz von Bolzano-Weierstraß (Kap. II, 1.4.1) wegen der Kompaktheit von $\mathbb{P}$ mindestens einen Häufungspunkt in $\mathbb{P}$.

Da nur für eine unendliche Menge P, die ausschließlich im Punkt ∞ einen Häufungspunkt besitzt, ein einfaches Verfahren zur Konstruktion der gesuchten Funktion existiert, werden wir uns im Folgenden auf diesen Fall beschränken. Für $U = \mathbb{C}$ ist dieser automatisch gegeben.

6.1.5 Konstruktion der gesuchten meromorphen Funktion f

Sei also U eine offene und unbeschränkte Teilmenge von $\mathbb{C}$ und P eine unendliche Teilmenge von U, deren einziger Häufungspunkt in $\mathbb{P}$ der Punkt ∞ ist.

Auch wenn die gesuchte meromorphe Funktion im Nullpunkt keinen Pol besitzen soll, kann 0 zu P gerechnet werden, indem gegebenenfalls $h_0 = 0$ gesetzt wird. Da P diskret und damit abzählbar ist[18], können wir die Punkte von P folgendermaßen durchnumerieren:

$$0 = c_0 < |c_1| \leq |c_2| \leq |c_3| \leq \ldots$$

Für die zugehörigen Hauptteile schreiben wir dann h_n statt h_{c_n}.

Motiviert durch die Lösung im endlichen Fall ist man versucht, die unendliche Reihe meromorpher Funktionen

$$h_0 + \sum_1^\infty h_n$$

als Lösung anzusetzen. Diese Reihe divergiert aber im Allgemeinen.

Um eine kompakt konvergente Reihe zu erhalten und damit nach Satz 6.1.2 eine meromorphe Funktion zu erzeugen, benötigt man so genannte konvergenzerzeugende Summanden P_n, $n \in \mathbb{N}$, die zu den Funktionen h_n addiert werden.

Diese Funktionen P_n können als ganze Funktionen gewählt werden, so dass sie die Polstellen und Hauptteile der Grenzfunktion nicht beeinflussen.

Sie bewirken die kompakte Konvergenz der Reihe

$$h_0 + \sum_1^\infty (h_n + P_n) ,$$

deren meromorphe Grenzfunktion f damit die geforderten Eigenschaften besitzt.

Prinzipiell können dabei die konvergenzerzeugenden Summanden auf folgende Weise ermittelt werden:

Da für $n \neq 0$ die auf $\mathbb{C}$ meromorphe Funktion h_n lokal um den Nullpunkt holomorph ist, besitzt sie eine Taylorentwicklung $\sum_{k=0}^\infty a_k^{(n)} z^k$ um den Nullpunkt. Für genügend großes $m_n \in \mathbb{N}_0$ ist dann die Partialsumme $P_n(z) = \sum_{k=0}^{m_n} a_k^{(n)} z^k$ ein konvergenzerzeugender Summand. [19]

Ein Beispiel für die Konstruktion der gesuchten Funktion nach diesem Verfahren findet man in Aufgabe VI.6.2.

---

[18]   Siehe dazu Anhang C.

[19]   Der Beweis kann hier nicht ausgeführt werden. Siehe hierzu [9] im Literaturverzeichnis.

6.2   Der Weierstraßsche Produktsatz: Existenz einer holomorphen Funktion zu

vorgegebenen Nullstellen und Nullstellenordnungen

Holomorphe Funktionen zu vorgegebenen Nullstellen und Nullstellenordnungen können oftmals nicht in geschlossener Form, sondern nur in Form eines unendlichen Produkts von holomorphen Funktionen dargestellt werden.

Im Folgenden werden die wichtigsten Informationen über unendliche Produkte zusammengestellt.

6.2.1 Definition: Konvergenz eines unendlichen Produkts von komplexen Zahlen

Sei $(c_n)_n$ eine Folge komplexer Zahlen.

Das unendliche Produkt $\prod_0^\infty c_n$ heißt <u>konvergent</u>, wenn es ein $N \in \mathbb{N}$ gibt, so dass $c_n \neq 0$ für alle $n \geq N$ gilt, der Grenzwert

$$\lim_{m \to \infty} \prod_{n=N}^m c_n \ =: \ p$$

existiert <u>und</u> von Null verschieden ist.

Im Falle der Konvergenz ordnet man dem unendlichen Produkt den Wert $w := c_0 \cdot \ldots \cdot c_{m-1} \cdot p$ zu und schreibt $\prod_0^\infty c_n \ = w$.

Konvergiert das unendliche Produkt nicht, so heißt es <u>divergent</u>.

6.2.2 Bemerkungen

Sei $(c_n)_n$ eine Folge komplexer Zahlen.

i)   Die obige Definition und alle folgenden Aussagen über unendliche Produkte sind natürlich unabhängig vom Anfangsindex. Wie allgemein üblich, wurde hier als Anfangsindex die Null gewählt.

ii) Eine notwendige Bedingung für die Konvergenz des unendlichen Produkts $\prod_0^\infty c_n$ ist $\lim_{n \to \infty} c_n = 1$.

iii) Beim unendlichen gilt wie auch beim endlichen Produkt die Nullteilerfreiheit:

Das unendliche Produkt $\prod_0^\infty c_n$ ist Null genau dann, wenn mindestens ein Faktor c_n Null ist.

6.2.3 Konvergenzkriterium und Definition der absoluten Konvergenz

Sei $(c_n)_n$ eine Folge komplexer Zahlen.

Dann sind folgende Aussagen äquivalent:

i)   Das unendliche Produkt $\prod_0^\infty c_n$ konvergiert.

ii) Die unendliche Reihe $\sum_0^\infty (c_n - 1)$ konvergiert.

iii) Es existiert ein $N \in \mathbb{N}$ mit $c_n \in \mathbb{C}^-$ für alle $n \geq N$ und die unendliche Reihe $\sum_0^\infty \log c_n$ konvergiert.

(Hierbei bezeichnet $\log : \mathbb{C}^- \to \mathbb{C}$ den Hauptzweig des Logarithmus).

Die Äquivalenz von ii) und iii) bleibt auch dann bestehen, wenn „konvergent" durch „absolut konvergent" ersetzt wird.

Im Falle der absoluten Konvergenz der beiden Reihen in ii) und iii) heißt auch das unendliche Produkt $\prod_0^\infty c_n$ absolut konvergent.

Wie bei unendlichen Reihen zieht auch bei unendlichen Produkten die absolute Konvergenz die (gewöhnliche) Konvergenz nach sich.

Anmerkung zur absoluten Konvergenz des Produkts:

Die absolute Konvergenz des Produkts $\prod_0^\infty c_n$ kann nicht durch die Konvergenz des Produkts $\prod_0^\infty |c_n|$ definiert werden.

Denn sei beispielsweise $(c_n)_n = (1 ; -1 ; 1 ; -1 ; 1 ; -1 ; \ldots)$, dann konvergiert zwar $\prod_0^\infty |c_n|$, aber $\prod_0^\infty c_n$ konvergiert nicht.

6.2.4 Definition: Konvergenz eines unendlichen Produkts von Funktionen

Sei U eine offene Teilmenge von $\mathbb{C}$ oder $\mathbb{P}$, $f : U \to \mathbb{C}$ eine Funktion und $(f_n)_n$ eine Folge von stetigen Funktionen $f_n : U \to \mathbb{C}$.

a) Das unendliche Produkt $\prod_0^\infty f_n$ von Funktionen heißt in U (punktweise) gegen die Grenzfunktion f konvergent, falls für alle $z \in U$ das unendliche Produkt $\prod_0^\infty f_n(z)$ komplexer Zahlen im Sinne von 6.2.1 gegen den Wert $f(z)$ konvergiert.

Man schreibt dann: $\prod_0^\infty f_n = f$.

b) Das unendliche Produkt $\prod_0^\infty f_n$ heißt normal konvergent, falls die Funktionenreihe $\sum_0^\infty (f_n - 1)$ normal auf U konvergiert.

Zur Erinnerung an Kapitel II, 1.2:

Die Funktionenreihe $\sum_0^\infty (f_n - 1)$ heißt normal konvergent in U , falls die Funktionenreihe $\sum_0^\infty |f_n - 1|$ in U kompakt konvergiert.

c) Ein nicht punktweise konvergentes Produkt von Funktionen heißt divergent.

6.2.5 Konvergenzsatz

Sei U eine offene Teilmenge von $\mathbb{C}$ oder $\mathbb{P}$ und $\prod_0^\infty f_n$ ein normal konvergentes Produkt holomorpher Funktionen $f_n : U \to \mathbb{C}$.

Dann ist die Grenzfunktion $f := \prod_0^\infty f_n : U \to \mathbb{C}$ selbst holomorph.

Ein Punkt $c \in U$ ist Nullstelle von f genau dann, wenn c Nullstelle mindestens einer Funktion f_n ist.

Es gilt sogar: $\operatorname{ord}_c(f) = \sum_0^\infty \operatorname{ord}_c(f_n)$,   wobei die Reihe endlich ist.

6.2.6 Der Weierstraßsche Produktsatz

Sei U eine offene Teilmenge von $\mathbb{C}$ oder $\mathbb{P}$ und N eine Teilmenge von U ohne Häufungspunkt in U. Jedem Punkt $c \in N$ sei eine natürliche Zahl k_c zugeordnet. Dann existiert eine holomorphe Funktion $f \in \mathcal{O}(U)$ mit folgenden Eigenschaften:

a) Die Nullstellenmenge von f ist N.

b) Für jede Nullstelle $c \in N$ ist die Nullstellenordnung k_c.

6.2.7 Bemerkungen zum Satz

i) Wie auch schon beim Satz von Mittag-Leffler ist die Aufgabe, eine Funktion mit den geforderten Eigenschaften zu finden, im Fall einer endlichen Menge $N = \{c_0, c_1, \ldots, c_m\}$ leicht zu lösen (wir schreiben k_n statt k_{c_n}):

$$f(z) = \prod_0^m (z - c_n)^{k_n}$$

oder auch

$$f(z) = \prod_0^m (1 - \frac{z}{c_n})^{k_n}$$

falls alle $c_n \neq 0$ sind.

Falls $z = 0$ eine Nullstelle der Ordnung k_0 ist, erhält man mit

$$f(z) = z^{k_0} \cdot \prod_1^m (1 - \frac{z}{c_n})^{k_n}$$

und $c_n \neq 0$ für $n \geq 1$ eine Funktion mit den geforderten Eigenschaften.

ii) Sei U ein einfach zusammenhängendes Gebiet und seien $f, g \in \mathcal{O}(U)$ zwei holomorphe Funktionen mit denselben Nullstellen und Nullstellenordnungen, dann ist $h := \frac{f}{g}$ eine in U holomorphe Funktion ohne Nullstellen. Deshalb gibt es eine holomorphe Funktion $\phi \in \mathcal{O}(U)$ mit $h = e^{\phi}$, also $f = g \cdot e^{\phi}$. (Vgl. Kap. III, 2.2 b) und 2.2.5.)

iii) Eine unendliche Menge N hat mindestens einen Häufungspunkt in $\mathbb{P}$ (Satz von Bolzano-Weierstraß, Kap. II, 1.4.1). Da hier, wie auch schon beim Satz von Mittag-Leffler, ein einfaches Konstruktionsverfahren für die gesuchte Funktion nur für den Fall einer ausschließlich im Punkt ∞ sich häufenden Menge N angegeben werden kann, wird nur dieser Spezialfall im Folgenden behandelt:

6.2.8 Konstruktion der gesuchten holomorphen Funktion

Sei also $U \subset \mathbb{C}$ offen und N eine unendliche Teilmenge von U, die sich in $\mathbb{P}$ nur im Punkt ∞ häuft. Wiederum schreiben wir k_n statt k_{c_n} für $n \in \mathbb{N}$.

Selbst wenn die gesuchte Funktion im Nullpunkt keine Nullstelle besitzen soll, kann 0 zu N gerechnet werden, indem gegebenenfalls $k_0 = 0$ gesetzt wird. Da N diskret und damit abzählbar ist, können die Punkte aus N folgendermaßen durchnumeriert werden:

$$0 = c_0 < |c_1| \leq |c_2| \leq \ldots$$

Setzt man nun, motiviert durch die Lösung im endlichen Fall, das unendliche Produkt

$$z^{k_0} \cdot \prod_1^{\infty} (1 - \frac{z}{c_n})^{k_n}, \, z \in U,$$

als Lösung des obigen Nullstellenproblems an, so erhält man im Allgemeinen ein divergentes Produkt.

Zur Erzwingung der normalen Konvergenz des Produkts werden so genannte konvergenzerzeugende Faktoren benötigt, welche zu $(1 - \frac{z}{c_n})$ zu multiplizieren sind. Diese können in der Form $\exp(P_n(z))$, $n \in \mathbb{N}$, angegeben werden, wobei die Funktionen $P_n(z)$ Polynome sind.

Ein Beispiel für konvergenzerzeugende Faktoren $\exp(P_n(z))$:

Da $\lim\limits_{n \to \infty} |c_n| = \infty$ gilt, gibt es eine Folge nicht negativer ganzer Zahlen m_1, m_2, m_3, ..., so dass die Reihe

$$\sum_{n=1}^{\infty} k_n \cdot \left(\frac{z}{c_n}\right)^{m_n + 1}$$

für alle $z \in \mathbb{C}$ absolut konvergiert.[20]

Dann sind die Funktionen $\exp(P_n(z))$, $z \in U$, $n \in \mathbb{N}$, mit

$$P_n(z) := \sum_{\mu=1}^{m_n} \frac{1}{\mu} \left(\frac{z}{c_n}\right)^{\mu}$$

konvergenzerzeugende Faktoren.[21]

Das so definierte unendliche Produkt

$$z^{k_0} \cdot \prod_{n=1}^{\infty} \left[\left(1 - \frac{z}{c_n}\right) \cdot \exp(P_n(z)) \right]^{k_n}$$

konvergiert also normal in U (sogar in $\mathbb{C}$). Deren Grenzfunktion $f : U \to \mathbb{C}$ ist nach dem Konvergenzsatz 6.2.5 holomorph und erfüllt die geforderten Eigenschaften.

Aufgaben zu Kapitel VI , §6

Aufgabe VI.6.1:

Es sei f eine in $\mathbb{C} \cup \{\infty\}$ meromorphe Funktion.

a)   Warum kann f nur endlich viele Pole besitzen?

b)   Beweisen Sie, dass f eine rationale Funktion ist.

Lösung:

a)   Die Riemannsche Zahlensphäre $\mathbb{P} = \mathbb{C} \cup \{\infty\}$ ist ein kompakter topologischer Raum (vgl. Kap. III, 4.2).

Gäbe es nun unendlich viele Polstellen von f in $\mathbb{P}$, so würde die Polstellenmenge von f nach Bolzano-Weierstraß (Kap. II, 1.4.1) einen Häufungspunkt in $\mathbb{P}$ besitzen, was aber der Eigenschaft 5.1.2, i) meromorpher Funktionen widersprechen würde.

b)   Seien $c_1, \ldots, c_j$ die Polstellen von f in $\mathbb{C}$ und $h_n(z) = \sum_{k=1}^{m_n} \frac{a_{-k}^{(n)}}{(z-c_n)^k}$ $(1 \leq n \leq j)$ die

Hauptteile der zugehörigen Laurentreihen um diese Punkte $c_1, \ldots, c_j$.

---

[20]   Eine solche Folge $(m_n)_n$ kann leicht angegeben werden, z. B. $m_n := k_n + n$, $n \in \mathbb{N}$.

[21]   Ist dabei $m_n = 0$, so ist die Summe leer und der konvergenzerzeugende Faktor P_n verschwindet.

Ist ∞ ebenso eine Polstelle, so fügen wir deren Hauptteil $h_\infty(z) = \sum_{k=1}^{m_\infty} a_k^{(\infty)} z^k$ hinzu, ansonsten setzen wir $h_\infty(z) = 0$.

Die meromorphe Funktion $g(z) = \sum_{n=1}^{j} h_n(z) + h_\infty(z)$ besitzt also die gleichen Polstellen und Hauptteile wie f.

Die Differenzfunktion $h = f - g : \mathbb{P} \to \mathbb{C}$ ist nach der Bemerkung 6.1.4 ii) zum Satz von Mittag-Leffler eine holomorphe Funktion: $h \in \mathscr{O}(\mathbb{P})$.

Nach Kap. III, 4.6 d) ist h damit konstant: $h(z) = b \in \mathbb{C}$.

Da nun die Summanden von $f(z) = \sum_{n=1}^{j} h_n(z) + h_\infty(z) + b$ rationale Funktionen sind und die Menge $\mathbb{C}(z)$ einen Körper bildet, ist f selbst eine rationale Funktion.

Aufgabe VI.6.2:

Konstruieren Sie eine auf $\mathbb{C}$ meromorphe Funktion f mit Polstellenmenge $P := \{ \sqrt{n} : n \in \mathbb{N} \}$ und folgender Eigenschaft:

Für $n \in \mathbb{N}$ besitzt die Laurententwicklung von f um die Polstelle $c_n := \sqrt{n}$ den Hauptteil

$$h_n(z) := \frac{\sqrt{n}}{z - \sqrt{n}} \ .$$

(Hinweis: Zur Bestimmung der konvergenzerzeugenden Summanden genügt es, die Taylorreihe von h_n um 0 bis zum Grad 2 zu berechnen.)

Lösung:

Da die Folge $(h_n(z))_n$ für kein $z \in \mathbb{C} \setminus P$ gegen Null konvergiert, divergiert die Funktionenreihe $\sum_1^\infty h_n$ in jedem Punkt von $\mathbb{C} \setminus P$.

Die notwendigen konvergenzerzeugenden Summanden P_n, $n \in \mathbb{N}$, werden gemäß 6.1.5 auf folgende Weise ermittelt:

Für $n \in \mathbb{N}$ lautet die Taylorreihe von h_n um 0 nach Kap. III, 3.1.3 (geometrische Reihe) wie folgt:

$$h_n(z) = \frac{\sqrt{n}}{z - \sqrt{n}} = -\frac{1}{1 - \frac{z}{\sqrt{n}}} = -\sum_{k=0}^\infty \left(\frac{z}{\sqrt{n}} \right)^k, \quad z \in B_{n^{1/2}}(0) \ .$$

Als konvergenzerzeugender Summand P_n wird nun die Partialsumme vom Grad 2 angesetzt (vgl. Hinweis):

$$P_n(z) := -1 - \frac{z}{\sqrt{n}} - \frac{z^2}{n} \ .$$

Es ist nun zu zeigen, dass die Reihe $\sum_1^\infty (h_n - P_n)$ meromorpher Funktionen auf $\mathbb{C}$ kompakt konvergiert (vgl. 6.1.1).

Zunächst ergibt sich für alle $n \in \mathbb{N}$, $z \in \mathbb{C}$, $z \neq \sqrt{n}$ nach kurzer Rechnung die Gleichung:

$$h_n(z) - P_n(z) = \frac{\sqrt{n}}{z - \sqrt{n}} + 1 + \frac{z}{\sqrt{n}} + \frac{z^2}{n} = \frac{z^3}{zn - \sqrt{n}^3} \ ,$$

und daraus für alle $z \in \mathbb{C}^*$ die Abschätzung (vgl. Kap. I, 0.3.3):

$$|h_n(z) - P_n(z)| \leq \frac{|z|^3}{|\sqrt{n}^3 - |z| \cdot n|} = |\left(\frac{\sqrt{n}}{|z|}\right)^3 - \left(\frac{\sqrt{n}}{|z|}\right)^2|^{-1} \qquad (*)$$

Sei nun K eine kompakte Teilmenge von $\mathbb{C}$.

Wie weiter unten gezeigt wird, gibt es eine natürliche Zahl n_k, so dass gilt:

1)   Die meromorphen Funktionen $h_n - P_n$, $n \geq n_k$, besitzen keinen Pol in K.

2)   Für alle $z \in K$ und $n \geq n_k$ gilt die Abschätzung $|h_n(z) - P_n(z)| \leq n^{-5/4}$.

Die Reihe $\sum_1^\infty (h_n - P_n) = \sum_1^\infty \dfrac{z^3}{zn - \sqrt{n}^3}$ meromorpher Funktionen konvergiert somit nach dem

Majorantenkriterium von Weierstraß [22] (Kap. II, 1.3.3) kompakt auf $\mathbb{C}$ und stellt damit nach dem Konvergenzsatz 6.1.2 eine meromorphe Funktion mit den geforderten Eigenschaften dar.

Noch zu erledigen:

Bestimmung der natürlichen Zahl n_k, welche die Kriterien 1) und 2) erfüllt

Da K kompakt ist, gibt es ein $n_k \in \mathbb{N}$ mit $|z| \leq \frac{1}{2} \cdot \sqrt[12]{n_k}$ für alle $z \in K$.

zu 1):   Da für alle $n \geq n_k$ und $z \in K$ die Ungleichung

$$\sqrt{n} \geq \sqrt{n_k} > \frac{1}{2} \cdot \sqrt[12]{n_k} \geq |z|$$

erfüllt ist, besitzen die meromorphen Funktionen $h_n - P_n$, $n \geq n_k$, keinen Pol in K.

zu 2):   Wegen $h_n(0) - P_n(0) = 0$ ist die zu beweisende Ungleichung für $z = 0$ erfüllt.

Sei nun $z \in K \setminus \{0\}$ und $n \geq n_k$ vorgegeben, so gilt:

$$\frac{1}{2} \cdot \frac{\sqrt{n}^3}{\sqrt{n}^2} = \frac{1}{2} \cdot \sqrt{n} \geq \frac{1}{2} \cdot \sqrt[12]{n} \geq \frac{1}{2} \cdot \sqrt[12]{n_k} \geq |z| = \frac{|z|^3}{|z|^2}.$$

Daraus folgt direkt:

$$\frac{1}{2} \cdot \left(\frac{\sqrt{n}}{|z|}\right)^3 \geq \left(\frac{\sqrt{n}}{|z|}\right)^2 \quad \text{und damit} \quad \left(\frac{\sqrt{n}}{|z|}\right)^3 - \left(\frac{\sqrt{n}}{|z|}\right)^2 \geq \frac{1}{2} \cdot \left(\frac{\sqrt{n}}{|z|}\right)^3.$$

Somit kann die Abschätzung (*) von $h_n(z) - P_n(z)$ für $z \in K \setminus \{0\}$ folgendermaßen fortgeführt werden:

$$|h_n(z) - P_n(z)| \leq |\frac{1}{2} \cdot \left(\frac{\sqrt{n}}{|z|}\right)^3|^{-1} = 2 \cdot \left(\frac{|z|}{\sqrt{n}}\right)^3 \leq$$

$$\leq 2 \cdot \left(\frac{\frac{1}{2} \cdot \sqrt[12]{n_k}}{\sqrt{n}}\right)^3 \leq \frac{1}{4} \cdot \left(\frac{\sqrt[12]{n}}{\sqrt{n}}\right)^3 = \frac{1}{4} \cdot n^{-5/4}$$

---

[22]   Aus der reellen Analysis ist bekannt: Die Reihe $\sum_1^\infty n^{-\alpha}$ ($\alpha \in \mathbb{R}$) konvergiert genau dann, wenn $\alpha > 1$ ist.

Also gilt $|h_n(z) - P_n(z)| \leq n^{-5/4}$ für alle $n \geq n_k$ und $z \in K$.

Die meromorphe Funktion $f : \mathbb{C} \to \mathbb{P}, \quad z \mapsto \sum_{n=1}^{\infty} \dfrac{z^3}{zn - \sqrt{n}^3}$ besitzt also die geforderten Eigenschaften.

Aufgabe VI.6.3:

Man beweise: Jede meromorphe Funktion f in $\mathbb{C}$ ist darstellbar als Quotient von zwei ganzen Funktionen g und h .

Lösung:

Sei $f \in \mathcal{M}(\mathbb{C})$ vorgegeben. Nach 5.1.2, i) besitzt die Polstellenmenge P(f) von f keinen Häufungspunkt in $\mathbb{C}$.

Nach dem Produktsatz von Weierstraß (6.2.6) existiert eine ganze Funktion $h \in \mathcal{O}(\mathbb{C})$, die genau in den Punkten von P(f) verschwindet und zwar mit der jeweiligen Polstellenordnung von f als Nullstellenvielfachheit.

Die auf $\mathbb{C}$ meromorphe Funktion $g := f \cdot h$ ist auf $\mathbb{C} \setminus P(f)$ holomorph und lässt sich in allen Punkten $p \in P(f)$ wegen

$$\mathrm{ord}_p(g) = \mathrm{ord}_p(f \cdot h) = \mathrm{ord}_p(f) + \mathrm{ord}_p(h) = 0$$

holomorph auf $\mathbb{C}$ fortsetzen (vgl. 5.3.1).

Diese Fortsetzung bezeichnen wir wieder mit g .

So erhalten wir $f = \dfrac{g}{h}$ mit ganzen Funktionen g und h .

Aufgabe VI.6.4:

Sei $W \subset \mathbb{C}$ ein Gebiet. Eine Folge $(a_n)_n$ mit $a_n \in W$ ($n \in \mathbb{N}$) heißt Eindeutigkeitsfolge für W ,
wenn gilt: Sind f, g holomorph auf W und $f(a_n) = g(a_n)$ für alle $n \in \mathbb{N}$, so folgt f = g auf W.
Zeigen Sie:

a)   *$(a_n)_n$ ist Eindeutigkeitsfolge für W genau dann, wenn die Menge $\{a_n : n \in \mathbb{N}\}$ einen Häufungspunkt in W hat.* [23]

b)   *Es gibt eine Eindeutigkeitsfolge $(a_n)_n$ und holomorphe Funktionen f, g mit $f \neq g$ und $f(\{a_n : n \in \mathbb{N}\}) = g(\{a_n : n \in \mathbb{N}\})$.*

---

[23]   In der Originalangabe der Bayerischen Staatsprüfung heißt es:
„a) $(a_n)_n$ ist eine Eindeutigkeitsfolge für W genau dann, wenn $(a_n)_n$ einen Häufungspunkt in W hat."
Dies ist eine leicht missverständliche Formulierung, denn eine konstante Folge $(a_n)_n$ besitzt zwar einen Häufungspunkt (Häufungswert) in W , ist aber sicher keine Eindeutigkeitsfolge.

Lösung:

a) **Es ist also zu zeigen:**

Sei W ein Gebiet in $\mathbb{C}$ und $(a_n)_n$ eine Folge in W, so gilt die Äquivalenz:

$(a_n)_n$ ist Eindeutigkeitsfolge für W $\Leftrightarrow$ M $:= \{a_n : n \in \mathbb{N}\}$ besitzt einen Häufungspunkt in W .

Beweis:

„$\Leftarrow$" : folgt aus dem Identitätssatz (Kap. I, 3.2)

„$\Rightarrow$" : Annahme: Es gibt eine Eindeutigkeitsfolge $(a_n)_n$ für W, ohne dass M einen Häufungspunkt in W besitzt.

Nach dem Weierstraßschen Produktsatz (6.2.6) existiert dann eine holomorphe Funktion $h \in \mathscr{O}(W)$, $h \neq 0$, die genau in den Punkten von M verschwindet.

Zu einer beliebigen, nicht verschwindenden holomorphen Funktion $f \in \mathscr{O}(W)$ definieren wir nun $g := f + h$, so ist zwar $f(a_n) = g(a_n)$ für alle $n \in \mathbb{N}$, aber $f \neq g$. Widerspruch

b) O. E. sei $W = \mathbb{C}$.

Wir betrachten die Folge $(a_n)_n := (1, -1, \frac{1}{2}, -\frac{1}{2}, \frac{1}{3}, -\frac{1}{3}, \dots)$ in W .

Nach a) ist dies eine Eindeutigkeitsfolge für W, da die Folge in $0 \in W$ einen Häufungswert hat. Definieren wir noch f, $g \in \mathscr{O}(W)$ durch $f(z) = z$ und $g(z) = -z$ für $z \in W$, so ist

$$f(\{a_n : n \in \mathbb{N}\}) = g(\{a_n : n \in \mathbb{N}\}) , \quad \text{aber} \quad f \neq g .$$

Aufgabe VI.6.5:

Es sei f eine ganze Funktion, deren Nullstellen alle die Ordnung 2 haben.
Zeigen Sie: Es gibt eine ganze Funktion g mit $f = g^2$.

Lösung:

Da die Nullstellenmenge N(f) von f keinen Häufungspunkt in $\mathbb{C}$ besitzt (3.1.1, iv)), gibt es nach dem Weierstraßschen Produktsatz (6.2.6) eine ganze Funktion $h : \mathbb{C} \to \mathbb{C}$, die genau in den Punkten von N(f) verschwindet und zwar jeweils mit der Vielfachheit 1.

Nach den Rechenregeln zur Ordnungsfunktion (5.3.2) bei meromorphen Funktionen gilt für alle $a \in N(f)$:

$$\text{ord}_a(\frac{f}{h^2}) = \text{ord}_a(f) - 2 \cdot \text{ord}_a(h) = 0 .$$

Die auf $\mathbb{C}$ meromorphe Funktion $\frac{f}{h^2}$ ist damit sogar auf $\mathbb{C}$ holomorph und nullstellenfrei.

Auf dem einfach zusammenhängenden Gebiet $\mathbb{C}$ besitzt daher die Funktion $\frac{f}{h^2}$ nach Kap. III, 2.4 a) einen holomorphen Logarithmus, d. h. es existiert ein $\phi \in \mathscr{O}(\mathbb{C})$ mit $\frac{f}{h^2} = \exp \phi$.

Die ganze Funktion $g := h \cdot \exp(\frac{\phi}{2}) : \mathbb{C} \to \mathbb{C}$ erfüllt somit die geforderten Eigenschaften:

$$g^2 = h^2 \cdot (\exp(\frac{\phi}{2}))^2 = h^2 \cdot \exp(\phi) = h^2 \cdot \frac{f}{h^2} = f \qquad \text{auf } \mathbb{C} .$$

Aufgabe VI.6.6:

Sei f : $\mathbb{C} \to \mathbb{C}$ eine ganze Funktion und nicht konstant Null.

Man gebe eine Bedingung an die Ordnung der Nullstellen von f an, die äquivalent dazu ist, dass es eine ganze Funktion g mit $(g(z))^2 = f(z)$ für alle $z \in \mathbb{C}$ gibt. (Hinweis: Produktsatz)

Gilt dieselbe Aussage für holomorphe Funktionen auf einem beliebigen Gebiet statt $\mathbb{C}$?

Lösung:

Sei f eine ganze, nicht verschwindende Funktion.

Behauptung: Notwendige und hinreichende Bedingung für die Existenz einer holomorphen Quadratwurzel von f auf $\mathbb{C}$ ist:

Sei $c \in \mathbb{C}$ eine Nullstelle von f , so ist $\text{ord}_c(f)$ gerade.

Beweis:

1. Teil: Es existiere eine ganze Funktion $g : \mathbb{C} \to \mathbb{C}$ mit $(g(z))^2 = f(z)$ für alle $z \in \mathbb{C}$. Sei $c \in \mathbb{C}$ eine Nullstelle von f .

Nach dem Satz über die Rechenregeln der Ordnungsfunktion (5.3.2) ist dann

$$\text{ord}_c(f) = \text{ord}_c(g^2) = \text{ord}_c(g) + \text{ord}_c(g) = 2 \cdot \text{ord}_c(g) .$$

Damit ist $\text{ord}_c(f)$ gerade.

2. Teil: Sei $N(f) \subset \mathbb{C}$ die Nullstellenmenge von f und die Ordnung jeder Nullstelle sei gerade. Die Menge $N(f)$ besitzt nach 3.1.1, iv) keinen Häufungspunkt in $\mathbb{C}$.

Nach dem Weierstraßschen Produktsatz (6.2.6) gibt es nun eine ganze Funktion $\tilde{g} : \mathbb{C} \to \mathbb{C}$ mit $N(\tilde{g}) = N(f)$ und $\text{ord}_c(\tilde{g}) = \frac{1}{2}\,\text{ord}_c(f)$ für alle $c \in N(\tilde{g}) = N(f)$.

Die ganzen Funktionen $\tilde{g}^2 : \mathbb{C} \to \mathbb{C}$ und f besitzen also die gleiche Nullstellenmenge und alle Nullstellen haben nach 5.3.2 die gleiche Ordnung.

Die Funktion $h := \dfrac{f}{\tilde{g}^2} : \mathbb{C} \to \mathbb{C}$ ist somit ganz und nullstellenfrei.

Da $\mathbb{C}$ einfach zusammenhängend ist, besitzt h folglich einen holomorphen Logarithmus (vgl. Kap. III, 2.4 a)).

Es existiert also ein $\lambda \in \mathcal{O}(\mathbb{C})$ mit $h = \exp \circ \lambda$.

Die ganze Funktion $\tilde{h} := \exp \circ \dfrac{\lambda}{2}$ ist dann eine Quadratwurzel von h auf $\mathbb{C}$, denn es gilt für alle $z \in \mathbb{C}$:

$$(\tilde{h}(z))^2 = \exp(\frac{\lambda(z)}{2})^2 = \exp(\lambda(z)) = h(z)$$

Somit gilt für $z \in \mathbb{C}$: $(\tilde{h}(z))^2 = \dfrac{f(z)}{(\tilde{g}(z))^2}$.

Und damit: $(g(z))^2 = f(z)$ für $g := \tilde{h} \cdot \tilde{g} \in \mathcal{O}(\mathbb{C})$.

Die Aussage gilt für alle einfach zusammenhängenden Gebiete $G \subset \mathbb{C}$. Denn der Weierstraßsche Produktsatz kann auf beliebige Gebiete G angewendet werden und der Satz über die Existenz eines holomorphen Logarithmus (Kap. III, 2.4) setzt nicht $\mathbb{C}$, sondern nur ein einfach zusammenhängendes Gebiet voraus.

Auf nicht einfach zusammenhängende Gebiete ist die Aussage nicht übertragbar:

Gegenbeispiel: Sei $f : \mathbb{C}^* \to \mathbb{C}$, $z \mapsto z$, dann erfüllt f obige Bedingung.

Annahme: Es existiert ein holomorphes $g : \mathbb{C}^* \to \mathbb{C}$ mit $(g(z))^2 = f(z)$ für alle $z \in \mathbb{C}^*$. Dann muss g auf $\mathbb{C}^- := \mathbb{C} \backslash \{x \in \mathbb{R} : x \leq 0\}$ mit einem der beiden Zweige der Wurzelfunktion übereinstimmen:

$$w_1(z) = \exp(\tfrac{1}{2} \log z), \, z \in \mathbb{C}^-, \text{ und}$$

$$w_2(z) = -\exp(\tfrac{1}{2} \log z), \, z \in \mathbb{C}^-,$$

wobei $\log : \mathbb{C}^- \to \mathbb{C}$ den Hauptzweig des Logarithmus (Kap. III, 2.2.2) bezeichnet.

Der Hauptzweig des Logarithmus kann nicht auf $\mathbb{C}^*$ stetig fortgesetzt werden (siehe Aufgabe III.2.3), da er beim Übergang über die negative reelle Achse um $\pm 2\pi i$ „springt".

Damit „springt" auch das Argument der Exponentialfunktion beim Übergang über die negative reelle Achse um $\pm \pi i$, die Funktionen w_1 und w_2 wechseln bei diesem Übergang somit ihre Vorzeichen und sind damit auf $\mathbb{C}^*$ nicht stetig fortsetzbar.

Widerspruch zur Holomorphie von $g : \mathbb{C}^* \to \mathbb{C}$.

Aufgabe VI.6.7:

Es sei $a \in \mathbb{C}$ *mit* $|a| < 1$, *ferner* $f(z) = \prod_0^\infty (1 - a^{n+1} z) \quad (:= \lim_{k \to \infty} \prod_0^k (1 - a^{n+1}z))$.

a) *Zeigen Sie: f ist eine wohldefinierte holomorphe Funktion auf* $\mathbb{C}$.

b) *Zeigen Sie:* $f(z) = (1 - az) \cdot f(az)$ *für alle* $z \in \mathbb{C}$.

Lösung:

a) Nach dem Konvergenzsatz 6.2.5 stellt f eine holomorphe Funktion auf $\mathbb{C}$ dar, falls die die Funktionenreihe $\sum_0^\infty (-a^{n+1} z)$ normal auf $\mathbb{C}$ konvergiert.

Nach Definiton 6.2.4 muss also die kompakte Konvergenz der Funktionenreihe $\sum_0^\infty |-a^{n+1} z|$ auf $\mathbb{C}$ gezeigt werden.

Sei nun $K \subset \mathbb{C}$ kompakt, so gilt wegen $|a| < 1$ für alle $z \in K$:

$$\sum_0^\infty |-a^{n+1} z| = |z| \cdot \sum_0^\infty |-a^{n+1}| \leq M \cdot \frac{|a|}{1 - |a|} \quad \text{mit } M := \max_{\zeta \in K} |\zeta|.$$

Nach dem Weierstraßschen Majorantenkriterium (Kap. II, 1.3.3) konvergiert nun die Reihe

$$\sum_0^\infty |-a^{n+1} z|$$

gleichmäßig auf K, also kompakt auf $\mathbb{C}$.

b) Es gilt nach a) für alle $z \in \mathbb{C}$:

$$(1 - az) \cdot f(az) = \lim_{k \to \infty} (1 - az) \cdot \prod_0^k (1 - a^{n+2} z) = \lim_{k \to \infty} \prod_{n=-1}^k (1 - a^{n+2} z) =$$

$$= \lim_{k \to \infty} \prod_0^{k+1} (1 - a^{n+1} z) = f(z)$$

Aufgabe VI.6.8:

Es sei $\mathbb{E}$ *der offene Einheitskreis und* $(a_n)_n$ *eine Folge komplexer Zahlen* $a_n \in \mathbb{E} \setminus \{0\}$ *mit*
$\sum_1^\infty (1 - |a_n|) < \infty$.

Für $z \in \mathbb{E}$ *sei* $f(z) = \prod_1^\infty \dfrac{|a_n|}{a_n} \cdot \dfrac{a_n - z}{1 - \overline{a}_n z} =: \prod_1^\infty f_n(z)$.

a)   *Man beweise, dass das unendliche Produkt auf* $\mathbb{E}$ *normal konvergiert, also eine in* $\mathbb{E}$
     holomorphe Funktion f *darstellt!*
     Man gebe alle Nullstellen von f *an!*

b)   *Man konstruiere eine Folge* $(a_n)_n$ *mit obigen Eigenschaften, für welche jeder Randpunkt von*
     $\mathbb{E}$ *in* $\mathbb{C}$ *ein Häufungswert ist!*
     Warum lässt sich die zugehörige Funktion f *in kein* $\mathbb{E}$ *echt umfassendes Gebiet hinein*
     fortsetzen?

Lösung:

a)   Sei $f_n(z) := \dfrac{|a_n|}{a_n} \cdot \dfrac{a_n - z}{1 - \overline{a}_n z}$ und K eine kompakte Teilmenge von $\mathbb{E}$.

Dann gibt es ein $0 < r < 1$ mit $K \subset \overline{B_r(0)}$.

Es gilt für $z \in \mathbb{E}$:

$$f_n(z) - 1 = \frac{|a_n| \cdot (a_n - z) - a_n \cdot (1 - \overline{a}_n z)}{a_n \cdot (1 - \overline{a}_n z)} = \frac{(|a_n| - 1) \cdot (a_n + |a_n| z)}{a_n \cdot (1 - \overline{a}_n z)} .$$

Für $z \in \mathbb{E}$ sind die beiden Ungleichungen erfüllt (vgl. Kap. I, 0.3.3):

$$\left| \frac{a_n + |a_n| z}{a_n} \right| \leq 1 + |z| \quad \text{und} \quad |1 - \overline{a}_n z| \geq 1 - |z| ,$$

und da $\dfrac{1 + |z|}{1 - |z|} \leq \dfrac{2}{1 - r}$ wegen $|z| \leq r < 1$ ist, folgt:

$$\| f_n - 1 \|_K \leq \frac{2}{1 - r} \cdot \big| |a_n| - 1 \big| = \frac{2}{1 - r} \cdot (1 - |a_n|) .$$

Damit ist

$$\sum_1^\infty \| f_n - 1 \|_K \leq \frac{2}{1 - r} \cdot \sum_1^\infty (1 - |a_n|) < \infty \quad \text{nach Voraussetzung.}$$

Nach 6.2.5 konvergiert somit das unendliche Produkt $\prod_1^\infty f_n$ normal auf $\mathbb{E}$ und stellt dort
eine holomorphe Funktion f dar.

Nullstellen von f :

Nach 6.2.2 iii) gilt: Die Nullstellen von f sind genau die Nullstellen der einzelnen f_n :

$$N(f) = \bigcup_{n \in \mathbb{N}} N(f_n)$$

Die Menge $\{ a_n : n \in \mathbb{N} \}$ ist somit die Nullstellenmenge von f .

b)   Konstruktion der Folge $(a_n)_n$ mit $a_n \in \mathbb{E}^*$ und $\sum_1^\infty (1 - |a_n|) < \infty$:

Setze $a_n = \left(1 - \dfrac{1}{(n+1)^2} \right) \cdot e^{i \phi_n}$

mit $\quad (\phi_n)_n = (1, \frac{1}{2}, 1, \frac{1}{4}, \frac{2}{4}, \frac{3}{4}, 1, \frac{1}{8}, \frac{2}{8}, \frac{3}{8}, \frac{4}{8}, \frac{5}{8}, \frac{6}{8}, \frac{7}{8}, 1, \frac{1}{16}, \frac{2}{16}, \ldots)$. [24]

Damit gilt: Für jedes $t \in [0; 2\pi]$ und für jedes $\varepsilon > 0$ gibt es ein $n_\varepsilon \in \mathbb{N}$, so dass gilt:

$$|t - 2\pi \cdot \phi_{n_\varepsilon}| < \varepsilon$$

Die Menge $\{2\pi \cdot \phi_n : n \in \mathbb{N}\}$ ist damit dicht in $[0; 2\pi]$.

Da ferner der „Radialanteil" von a_n gegen den Wert 1 strebt, so ist jeder Punkt von $\partial\mathbb{E}$ ein Häufungswert von $(a_n)_n$.

Schließlich erhalten wir aus der Gleichung

$$|1 - |a_n|| = |1 - |1 - \frac{1}{(n+1)^2}|| = \frac{1}{(n+1)^2} \qquad (n \in \mathbb{N})$$

die (absolute) Konvergenz der Reihe $\sum_1^\infty (1 - |a_n|)$ nach dem Weierstraßschen Majorantenkriterium (Kap. II, 1.3.3).

Die zugehörige Funktion f lässt sich nicht in ein $\mathbb{E}$ echt umfassendes Gebiet holomorph fortsetzen, da f sonst aufgrund des Identitätssatzes (Kap. I, 3.2) mit der Nullfunktion identisch wäre, was nach a) sicher nicht der Fall ist.

Aufgabe VI.6.9:

Geben Sie eine holomorphe Funktion $f : \mathbb{C} \to \mathbb{C}$ an, deren Nullstellen genau in den Kuben

1; 8; 27; 64 . . . natürlicher Zahlen liegen mit den dritten Wurzeln 1; 2; 3; 4 . . . als Ordnung.

Lösung:

Versuch: Konstruktion einer solchen Funktion als unendliches Produkt von Funktionen gemäß des Weierstraßschen Produktsatzes (6.2.6 und 6.2.8):

Sei also die Folge der Nullstellen

$$c_1 = 1, \quad c_2 = 8, \quad c_3 = 27, \ldots \ c_n = n^3$$

und die Folge der zugehörigen Nullstellenordnungen

$$k_1 = 1, \quad k_2 = 2, \quad k_3 = 3, \ldots \ k_n = n$$

vorgegeben.

Zur Konstruktion der konvergenzerzeugenden Faktoren $\exp(P_n(z))$ ist nun nach 6.2.8 eine Folge $(m_n)_n$ nicht negativer ganzer Zahlen gesucht, so dass für alle $z \in \mathbb{C}$ die Reihe

$$\sum_{n=1}^\infty |k_n (\frac{z}{c_n})^{m_n+1}| = \sum_{n=1}^\infty |n(\frac{z}{n^3})^{m_n+1}|$$

konvergiert.

---

[24]   Formale rekursive Definition:

$$\tilde{\phi}_1 = 1, \quad \tilde{\phi}_{n+1} = \tilde{\phi}_n + 2^{-[\tilde{\phi}_n]} \qquad ([\ ] := \text{Gaußsche Klammer})$$

$$\text{und} \quad \phi_n = \tilde{\phi}_n - [\tilde{\phi}_{n-1}] \text{ für } n \geq 2, \quad \phi_1 = 1.$$

Wegen

$$\sum_{n=1}^{\infty} \left| \frac{z}{n^2} \right|^{0+1} = |z| \sum_{n=1}^{\infty} \frac{1}{n^2} < \infty$$

ist die triviale Folge $(m_n)_n = (0)_n$ ausreichend. Die konvergenzerzeugende Faktoren $\exp(P_n(z))$, $n \in \mathbb{N}$, verschwinden.

Das unendliche Produkt

$$\prod_{n=1}^{\infty} \left(1 - \frac{z}{c_n} \right)^{k_n} = \prod_{n=1}^{\infty} \left(1 - \frac{z}{n^3} \right)^n$$

konvergiert somit auch ohne konvergenzerzeugende Faktoren normal auf $\mathbb{C}$ und definiert damit eine holomorphe Funktion $f : \mathbb{C} \to \mathbb{C}$ mit den geforderten Eigenschaften.

Aufgabe VI.6.10:

Gesucht ist eine holomorphe Funktion $f : \mathbb{C} \to \mathbb{C}$, deren Nullstellen einfach sind und genau in den ganzzahligen Vielfachen von i liegen.

Lösung:

Lösung 1: Konstruktion einer solchen Funktion als unendliches Produkt von Funktionen gemäß des Weierstraßschen Produktsatzes (6.2.6 und 6.2.8):

Sei die Folge der Nullstellen

$$c_0 = 0, \quad c_1 = i, \quad c_2 = -i, \quad c_3 = 2i, \quad c_4 = -2i, \ldots \quad c_n = (-1)^{n+1} \left[\tfrac{1}{2}(n+1) \right] \cdot i$$

([.] : Gaußsche Klammer) und die konstante Folge der zugehörigen Nullstellenordnungen

$$(k_n)_n = (1)_n$$

vorgegeben.

Zur Konstruktion der konvergenzerzeugenden Faktoren $\exp(P_n(z))$ ist nun nach 6.2.8 eine Folge $(m_n)_n$ nicht negativer ganzer Zahlen gesucht, so dass für alle $z \in \mathbb{C}$ die Reihe

$$\sum_{n=1}^{\infty} \left| k_n \left(\frac{z}{c_n} \right)^{m_n+1} \right| = \sum_{n=1}^{\infty} \left| \left(\frac{z}{c_n} \right)^{m_n+1} \right|$$

konvergiert. Wegen

$$\sum_{n=1}^{\infty} \left| \left(\frac{z}{c_n} \right)^{1+1} \right| = \sum_{n=1}^{\infty} \frac{|z|^2}{|c_n|^2} \leq |z|^2 \cdot \sum_{n=1}^{\infty} \frac{1}{\left(\frac{1}{2}n \right)^2} < \infty$$

ist die konstante Folge $(m_n)_n = (1)_n$ eine solche.

Danach ist das unendliche Produkt

$$z \cdot \prod_{n=1}^{\infty} \left[\left(1 - \frac{z}{c_n} \right) \cdot \exp\left(\frac{z}{c_n} \right) \right]^1 = z \cdot \prod_{n=1}^{\infty} \left(1 - \frac{z}{in} \right) \left(1 + \frac{z}{in} \right) \exp\left(\frac{z}{in} \right) \exp\left(-\frac{z}{in} \right) =$$

$$= z \cdot \prod_{n=1}^{\infty} \left(1 - \frac{z^2}{i^2 n^2} \right) = z \cdot \prod_{n=1}^{\infty} \left(1 + \frac{z}{n^2} \right)$$

auf $\mathbb{C}$ normal konvergent. Deren Grenzfunktion $f : \mathbb{C} \to \mathbb{C}$ erfüllt die geforderten Eigenschaften.

Lösung 2: Eine weitere Lösung ist die ganze Funktion $f : \mathbb{C} \to \mathbb{C}$, $z \mapsto z \cdot (e^{2\pi z} - 1)$.

Kapitel VII
Das Residuenkalkül

Dieses Kapitel ist ausschließlich dem wichtigen Residuensatz und seinen Anwendungen gewidmet. Hierbei behandelt der erste Paragraph das Residuum und den Residuensatz im Endlichen, während im letzten Paragraphen die Übertragung der Theorie auf den unendlich fernen Punkt durchgeführt wird. Dazwischen liegt ein Abschnitt (§2) über die Berechnungsmöglichkeiten spezieller Integrale mit Hilfe des Residuensatzes. Hier findet man auch ein Schema zur Berechnung von reellen uneigentlichen Integralen.

§1   Der Residuensatz

1.1   Definition: Residuum

Sei $U \subset \mathbb{C}$ offen, $c \in U$ und $f : U\setminus\{c\} \to \mathbb{C}$ holomorph.

Weiter sei $\sum_{-\infty}^{\infty} a_n(z-c)^n$ die Laurentreihe von f <u>um</u> c, also diejenige eindeutig bestimmte Laurententwicklung, die auf einer punktierten Kreisscheibe um c gegen f konvergiert.

Dann heißt der Koeffizient a_{-1} das <u>Residuum</u> von f in c und man schreibt: $\mathrm{Res}_c(f) := a_{-1}$.

1.1.1   Die Bedeutung des Residuums

Aus der Koeffizientenformel im Entwicklungssatz von Laurent (Kap. VI, 2.1 c)) erhalten wir für a_{-1} die folgende Integraldarstellung:

$$a_{-1} = \frac{1}{2\pi i} \cdot \int_{\partial B} f(\zeta)d\zeta$$

für jede Kreisscheibe B um c mit $\overline{B} \subset U$.

Der Wert des Integrals $\int_{\partial B} f(z)dz$ kann somit sofort angegeben werden, wenn nur der Koeffizient a_{-1} der Laurententwicklung von f <u>um</u> c bekannt ist.

1.1.2   Erste Eigenschaften

Seien U eine offene Teilmenge von $\mathbb{C}$, $c \in U$ und $a, b \in \mathbb{C}$ sowie $f, g \in \mathcal{O}(U\setminus\{c\})$. Dann gilt:

i)   Sei f holomorph (fortsetzbar) in c, so ist $\mathrm{Res}_c(f) = 0$.

ii) $\mathbb{C}$ - Linearität: $\mathrm{Res}_c(a\cdot f + b\cdot g) = a\cdot \mathrm{Res}_c(f) + b\cdot \mathrm{Res}_c(g)$.

iii)   Transformationsregel:

Sei $U' \subset \mathbb{C}$ offen, $c' \in U'$ und $h : U' \to U$ holomorph mit $h(c') = c$ und $h'(c) \neq 0$.

So folgt:

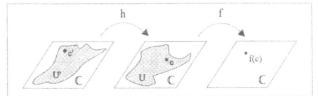

$\mathrm{Res}_c(f) = \mathrm{Res}_{c'}((f \circ h) \cdot h')$.

1.2 Regeln zur Berechnung von Residuen bei meromorphen Funktionen

Natürlich kann man stets versuchen, das Residuum einer Funktion f in einem Punkt c direkt durch Berechnung der Laurententwicklung um diesen Punkt c zu bestimmen. Dies ist allerdings oftmals ein sehr aufwendiges Unternehmen.

Nachfolgend sind einige meist einfachere Methoden zur Residuenberechnung bei meromorphen Funktionen aufgeführt:

Sei $U \subset \mathbb{C}$ offen, $c \in U$, $m \in \mathbb{N}$ und $f, g \in \mathcal{M}(U)$.

1) Besitzt f in c keinen Pol, so gilt:
$$\text{Res}_c(f) = 0.$$

2) Besitzt f in c einen Pol erster Ordnung, so gilt:
$$\text{Res}_c(f) = \lim_{z \to c} (z-c) \cdot f(z).$$

3) Besitzt f in c einen Pol m-ter Ordnung, so gilt:
$$\text{Res}_c(f) = \lim_{z \to c} \frac{1}{(m-1)!} \cdot \frac{d^{m-1}}{dz^{m-1}}((z-c)^m \cdot f(z)).$$

4) Besitzt f in c einen Pol erster Ordnung und g in c keinen Pol, so gilt:
$$\text{Res}_c(g \cdot f) = g(c) \cdot \text{Res}_c(f).$$

5) Besitzt f in c eine Nullstelle erster Ordnung und g in c keine Pol- oder Nullstelle, so gilt:
$$\text{Res}_c\left(\frac{g}{f}\right) = \frac{g(c)}{f'(c)}.$$

6) Besitzt f in c eine Nullstelle endlicher Ordnung k, so gilt:
$$\text{Res}_c\left(\frac{f'}{f}\right) = k > 0.$$

7) Besitzt f in c eine Polstelle der Ordnung m, so gilt:
$$\text{Res}_c\left(\frac{f'}{f}\right) = -m < 0.$$

1.3 Der Residuensatz

Sei $U \subset \mathbb{C}$ offen, γ ein in U nullhomologer Weg und A eine Teilmenge von U ohne Häufungspunkt in U und ohne einen Punkt auf $|\gamma|$. Ferner sei $f : U \setminus A \to \mathbb{C}$ holomorph.

Dann gilt:

a) $M := A \cap \text{Int}(\gamma)$ besteht aus endlich vielen Punkten. [1]

b) $\int_\gamma f(z)dz = 2\pi i \cdot \sum_{c \in M} \text{ind}_\gamma(c) \cdot \text{Res}_c(f).$

Zum Lösen von Prüfungsaufgaben genügen meist die folgenden Versionen des Residuensatzes:

1.4 Einfache Versionen des Residuensatzes

Sei im Folgenden $U \subset \mathbb{C}$ offen und A eine Teilmenge von U ohne einen Häufungspunkt in U.

a) „Einfach-geschlossener-Weg-Version" und „Stetigkeit-am-Rand-Version":

Sei weiter γ ein in U nullhomologer, einfach geschlossener und positiv orientierter Weg

---

[1] Denn wäre M unendlich, so würde die Menge A nach dem Satz von Bolzano-Weierstraß (Kap. II, 1.4.1) im Kompaktum $\overline{\text{Int}(\gamma)} \subset U$ einen Häufungspunkt besitzen.

in $U\setminus A$.

Dann ist $M := \text{Int}(\gamma) \cap A$ endlich und es gilt für alle $f \in \mathcal{O}(U\setminus A)$:

$$\int_\gamma f(z)dz = 2\pi i \cdot \sum_{c \in M} \text{Res}_c(f) .$$

Diese Formel gilt bereits dann, wenn f auf $\overline{\text{Int}(\gamma)}\setminus A$ stetig und auf $\text{Int}(\gamma)\setminus A$ holomorph ist.

b) „Kreisscheiben-Version":

Sei B eine offene Kreisscheibe mit $\overline{B} \subset U$, so gilt für alle $f \in \mathcal{O}(U)$:

$$\int_{\partial B} f(z)dz = 2\pi i \cdot \sum_{c \in A \cap B} \text{Res}_c(f) .$$

Diese Formel gilt bereits dann, wenn f auf $\overline{B}$ stetig und auf B holomorph ist.

Aufgaben zu Kapitel VII , §1

Aufgabe VII.1.1:

Berechnen Sie das Integral $\int_\gamma \dfrac{dz}{1+z^2}$,
wobei γ der in der Skizze angegebene Integrationsweg ist.

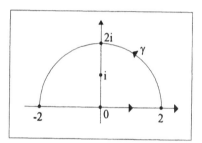

Lösung:

Der Integrand $z \mapsto f(z) = \dfrac{1}{1+z^2} = \dfrac{1}{(z+i)(z-i)}$

ist eine holomorphe Funktion auf $\mathbb{C}\setminus\{i, -i\}$ und hat im Punkt $+i$ einen Pol erster Ordnung.

Nach Rechenregel 2) aus 1.2 erhält man:

$$\text{Res}_i(f) = \lim_{z \to i} (z-i) \cdot f(z) = \lim_{z \to i} \frac{1}{z+i} = \frac{1}{2i} .$$

Nach dem Residuensatz (1.3) gilt somit:

$$\int_\gamma f(z)dz = 2\pi i \cdot \text{Res}_i(f) = 2\pi i \cdot \frac{1}{2i} = \pi .$$

Aufgabe VII.1.2:

Sei $f(z) := \dfrac{1}{1+z^2}$ für $z \in \mathbb{C}\setminus\{-i, i\}$. Man bestimme $I_k := \int_{\gamma_k} f(z)dz$ für die Wege

$\gamma_k(t) := \exp(i\,\frac{k\pi}{2}) + \exp(2\pi i t)$, $t \in [0;1]$, $k = 1,2,3,4$, und für $\gamma_5 := 2 \cdot \exp(2\pi i t)$, $t \in [0;1]$.

Lösung:

Die Residuen $\text{Res}_{-i}(f)$ und $\text{Res}_i(f)$ berechnen sich nach Regel 5) von 1.2 zu

$$\frac{1}{2z}\Big|_{z=-i} = -\frac{1}{2i} \quad \text{bzw.}$$

$$\frac{1}{2z}\Big|_{z=i} = \frac{1}{2i} .$$

Somit folgt aus dem Residuensatz:

$J_1 = 2\pi i \cdot \text{Res}_i(f) = \pi \quad ; \quad J_2 = 0 \; ;$

$J_3 = 2\pi i \cdot \text{Res}_{-i}(f) = -\pi \quad ; \quad J_4 = 0 \; ;$

$J_5 = 2\pi i \cdot (\text{Res}_i(f) + \text{Res}_{-i}(f)) = 2\pi i \cdot 0 = 0 .$

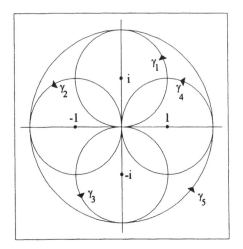

Aufgabe VII.1.3:

a)   *Man bestimme die Nullstellenmenge der Funktion* $f : \mathbb{C}^* \to \mathbb{C}$, $z \mapsto e^{\frac{1}{z}} - 1$.

b)   *Man berechne das Kurvenintegral* $J := \int_\gamma \dfrac{z^{-2}\, e^{\frac{1}{z}}}{e^{\frac{1}{z}} - 1}\, dz$ *für die Kurve*

$\gamma : [0; 2\pi] \to \mathbb{C}^*$, $\gamma(t) = i + \dfrac{7}{8} e^{it}$.

Lösung:

a)   Für $z \in \mathbb{C}^*$ gilt:

$f(z) = 0 \;\Leftrightarrow\; e^{\frac{1}{z}} = 1 \;\Leftrightarrow\; \dfrac{1}{z} \in 2\pi i \cdot (\mathbb{Z}\setminus\{0\}) \;\Leftrightarrow\; z \in N := \{z \in \mathbb{C}^* : z = \dfrac{i}{2\pi k}, k \in \mathbb{Z}\setminus\{0\}\}$

Die Menge N ist also die Nullstellenmenge von f.

Da die Ableitung $f'(z) = -z^{-2} e^{\frac{1}{z}}$ auf $\mathbb{C}^*$ nullstellenfrei ist, sind dies Nullstellen der Ordnung 1.

b)   Die einzige Nullstelle des Nenners des Integranden in $\text{Int}(\gamma)$ ist $c := \dfrac{i}{2\pi}$.

Nach dem Residuensatz (1.3) und Regel 6) aus 1.2 ist damit

$$J = -\int_\gamma \frac{f'(z)}{f(z)}\, dz = -2\pi i \cdot \text{Res}_c\Big(\frac{f'}{f}\Big) = -2\pi i .$$

Aufgabe VII.1.4:

Sei $f : \mathbb{C} \setminus \{1; 2\} \to \mathbb{C}$, $z \mapsto \dfrac{z}{(z-1)(z-2)}$ *vorgegeben. Welche Werte kann* $\int_\gamma f(z)\, dz$ *annehmen,*

wenn γ *irgendein geschlossener Weg in* $\mathbb{C}$ *ist, der nicht* $z = 1$ *oder* $z = 2$ *durchläuft?*

Lösung:

Die Residuen von f in den Punkten $z = 1$ und $z = 2$ berechnen sich nach Regel 2) aus 1.2 zu

$$\text{Res}_1(f) = \lim_{z \to 1} (z-1) \cdot f(z) = \frac{1}{-1} = -1 \quad \text{und}$$

$$\text{Res}_2(f) = \lim_{z \to 2} (z-2) \cdot f(z) = \frac{2}{1} = 2 .$$

Nach dem Residuensatz (1.3) ergibt sich nun:

$$\int_\gamma f(z)dz = 2\pi i \cdot \text{ind}_\gamma(1) \cdot \text{Res}_1(f) + 2\pi i \cdot \text{ind}_\gamma(2) \cdot \text{Res}_2(f) = 2\pi i \cdot (-\text{ind}_\gamma(1) + 2 \cdot \text{ind}_\gamma(2)).$$

Da nun $\text{ind}_\gamma(z) \in \mathbb{Z}$ gilt für alle $z \in \mathbb{C} \setminus |\gamma|$ (siehe Kap. V, 3.1.2ii)), kann das Integral alle Zahlen aus $2\pi i \mathbb{Z}$ als Werte annehmen.

Aufgabe VII.1.5:

Bestimmen Sie die möglichen Werte von $\int_\gamma \frac{dz}{1+z^2}$ für Wege γ im Holomorphiegebiet des Integranden, deren Ausgangspunkte 0 und deren Endpunkte 1 sind.

<u>Lösung:</u>

Sei $U := \mathbb{C} \setminus \{-i, i\}$, so ist $f : U \to \mathbb{C}$, $f(z) = \frac{1}{1+z^2}$ holomorph.

Sei weiter $\gamma : [0;1] \to U$ ein Weg in U mit obigen Eigenschaften.

Durch den Weg $[1;0]$ wird γ zu einem geschlossenen Weg $\alpha := \gamma + [1;0]$ in U ergänzt.

Nach dem Residuensatz und Rechenregel 5) von 1.2 gilt nun:

$$\int_\gamma f(z)dz + \int_{[1;0]} f(z)dz = \int_\alpha f(z)dz = 2\pi i \cdot \text{ind}_\alpha(-i) \cdot \text{Res}_{-i}(f) + 2\pi i \cdot \text{ind}_\alpha(i) \cdot \text{Res}_i(f) =$$

$$= 2\pi i \cdot (\text{ind}_\alpha(-i) \cdot \frac{1}{2z}\big|_{z=-i} + \text{ind}_\alpha(i) \cdot \frac{1}{2z}\big|_{z=i}) = \pi \cdot (-\text{ind}_\alpha(-i) + \text{ind}_\alpha(i)) .$$

Da f auf dem einfach zusammenhängenden Gebiet $G := \mathbb{C} \setminus \{it : t \in \mathbb{R}, |t| \geq 1\}$ den Hauptzweig des Arcustanges als Stammfunktion besitzt, folgt nun:

$$\int_{[1;0]} f(z)dz = [\arctan z]_1^0 = -\frac{\pi}{4} .$$

Die möglichen Werte des Integrals $\int_\gamma f(z)dz$ sind somit: $\frac{\pi}{4} + \pi \cdot \mathbb{Z} .$

Aufgabe VII.1.6:

Man bestimme alle isolierten Singularitäten der durch $f(z) = \frac{z^2 - 2z}{z^2 + 4}$ definierten Funktion in $\mathbb{C}$ und berechne die zugehörigen Residuen.

Für welche einfach geschlossenen Wege γ in $\mathbb{C}$, die nicht über die isolierten Singularitäten laufen, ist $\int_\gamma f(z)dz = 0$?

Lösung:

Die isolierten Singularitäten von $f(z) = \dfrac{z \cdot (z-2)}{(z-2i)(z+2i)}$ sind $a := 2i$ und $b := -2i$.

Beide sind Polstellen erster Ordnung, deshalb berechnen sich die Residuen nach Regel 5) in 1.2 zu:

$$\text{Res}_a(f) = \frac{a^2 - 2a}{2a} = \frac{-4 - 4i}{4i} = i - 1 \quad \text{und}$$

$$\text{Res}_b(f) = \frac{b^2 - 2b}{2b} = \frac{-4 + 4i}{-4i} = -i - 1.$$

Wegen $\text{Res}_a(f) \neq 0$, $\text{Res}_b(f) \neq 0$ und $\text{Res}_a(f) + \text{Res}_b(f) \neq 0$ gilt für einen einfach geschlossenen Weg $\gamma : [0;1] \to \mathbb{C} \setminus \{a, b\}$ nach dem Residuensatz (1.3) die Äquivalenz:

$$\int_\gamma f(z)\, dz = 0 \quad \Leftrightarrow \quad \text{Int}(\gamma) \cap \{a, b\} = \emptyset$$

In Worte gefasst:

Die gesuchten Wege γ sind genau die Wege in $\mathbb{C}$, bei denen weder Punkt $2i$ noch Punkt $-2i$ in ihrem Innern liegen.

Aufgabe VII.1.7:

Ist R eine rationale Funktion auf $\mathbb{C}$ und Γ ein geschlossener Weg, auf dem keine Pole von R liegen, dann ist durch $f(z) = \int_\Gamma e^{z\zeta} R(\zeta)\, d\zeta$ eine ganze Funktion gegeben.

(Vergleiche Aufgabe V.4.2 a))

Für $R(\zeta) := \dfrac{1}{(\zeta - 1)(\zeta - 2)}$ und zwei passend gewählte Wege Γ_1, Γ_2 berechne man zwei über $\mathbb{C}$ linear unabhängige Funktionen f_1, f_2 mit dem Residuensatz.

Lösung:

Als Wege Γ_1 und Γ_2 wählen wir zwei positiv orientierte Randparametrisierungen von $B_{1/2}(1)$ bzw. $B_{1/2}(2)$.

Die Abbildung $\quad g : \mathbb{C} \times (|\Gamma_1| \cup |\Gamma_2|) \to \mathbb{C}$, $(z, \zeta) \mapsto e^{z\zeta} \cdot R(\zeta)$

ist stetig und für beliebiges $\zeta \in (|\Gamma_1| \cup |\Gamma_2|)$ ist die Funktion

$$g(\cdot, \zeta) : \mathbb{C} \to \mathbb{C}, z \mapsto g(z, \zeta) \quad \text{holomorph.}$$

So gilt nach dem Residuensatz (1.3) und Regel 2) von 1.2:

$$f_1(z) := \int_{\Gamma_1} g(z, \zeta)\, d\zeta = 2\pi i \cdot \text{Res}_1(g(z, \cdot)) = 2\pi i \cdot \frac{e^{z\zeta}}{\zeta - 2} \Big|_{\zeta = 1} = -2\pi i \cdot e^z$$

und $\quad f_2(z) := \int_{\Gamma_2} g(z, \zeta)\, d\zeta = 2\pi i \cdot \text{Res}_2(g(z, \cdot)) = 2\pi i \cdot \frac{e^{z\zeta}}{\zeta - 1} \Big|_{\zeta = 2} = 2\pi i \cdot e^{2z}.$

Die ganzen Funktionen f_1 und f_2 sind linear unabhängig über $\mathbb{C}$, da die

Gleichung $\quad c_1 \cdot f_1(z) + c_2 \cdot f_2(z) = 0 \quad$ für alle $z \in \mathbb{C}$ nur für $\quad c_1 = c_2 = 0 \quad$ erfüllt ist.

Aufgabe VII.1.8:

---

*Sei a eine reelle Zahl mit 0 < a < 1. Integrieren Sie für R > 0 die Funktion $f(z) = e^{az}(1 + e^z)^{-1}$
über den Rand des Rechtecks mit den Ecken ±R , ±R + 2πi und zeigen Sie so, dass*

$$J := \lim_{R \to \infty} \int_{-R}^{R} \frac{e^{ax}}{1 + e^x} dx = \frac{\pi}{\sin a\pi} \quad ist.$$

<u>Lösung:</u>

Für R > 0 betrachte man den Integrationsweg

$$\gamma_R = [-R, R] + [R, R + 2\pi i] +$$
$$+ [R + 2\pi i, -R + 2\pi i] + [-R + 2\pi i, -R].$$

Die isolierten Singularitäten von f sind

$$z_k = i\pi \cdot (2k+1) , k \in \mathbb{Z} ,$$

von denen nur der Punkt iπ in Int(γ_R) liegt.

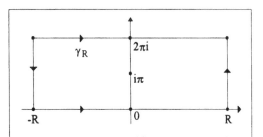

<u>Berechnung von Res $_{i\pi}$(f)</u> :

Wegen $(1 + e^z)'|_{z = i\pi} = e^{i\pi} = -1 \neq 0$ ist iπ Nullstelle erster Ordnung des Nenners von f .

Da iπ keine Nullstelle des Zählers ist, erhält man nach Regel 5) in 1.2 :

$$\text{Res}_{i\pi}(f) = \frac{e^{i\pi a}}{e^{i\pi}} = -e^{i\pi a} .$$

Nach dem Residuensatz (1.3) ergibt sich damit:

$$\int_{\gamma_R} f(z)\,dz = -2\pi i \cdot e^{i\pi a} . \quad (*)$$

Die Limes der Einzelintegrale berechnen sich wie folgt:

1) $| \int_{[R, R + 2\pi i]} f(z)\,dz | \le L([R, R + 2\pi i]) \cdot \| f \|_{[R, R + 2\pi i]} = 2\pi \cdot e^{aR} \cdot \| \frac{1}{1 + e^z} \|_{[R, R + 2\pi i]} =$

$$= 2\pi \cdot e^{aR} \cdot |\frac{1}{1 - e^R}| = \frac{2\pi}{e^{(1-a)R} - e^{-aR}} \xrightarrow[R \to \infty]{} 0 ,$$

nach Anwendung der Standardabschätzung für Wegintegrale (Kap. V, 1.2.3) und unter
Berücksichtigung von 0 < a < 1 .

2) $\int_{[-R, R]} f(z)\,dz \xrightarrow[R \to \infty]{} J$.

Der Limes existiert, da $x^2 \cdot f(x) = \frac{x^2}{e^{-ax} + e^{x(1-a)}}$ wegen 0 < a < 1 auf ℝ beschränkt ist.
(vgl. Kriterium I in 2.2.2). **ᶻ**

3) $\int_{[R + 2\pi i, -R + 2\pi i]} f(z)\,dz = \int_0^1 f((R + 2\pi i) + t \cdot (-2R)) \cdot (-2R)\,dt =$

$$= \int_0^1 \frac{\exp(a \cdot (R + 2\pi i - 2Rt))}{1 + \exp(R - 2Rt)} \cdot (-2R)\,dt =$$

ᶻ   Es existiert sogar das uneigentliche Integral $\int_{-\infty}^{\infty} f(z)\,dz$ und ist gleich J. Siehe hierzu
          2.2.1, „Zur Beachtung".

$$= -\exp(a \cdot 2\pi i) \cdot \int_1^0 \frac{\exp(a \cdot (R - 2Rt))}{1 + \exp(R - 2Rt)} \cdot (-2R)\, dt =$$

$$= -\exp(a \cdot 2\pi i) \cdot \int_{[-R, R]} \frac{e^{az}}{1 + e^z}\, dz \xrightarrow[R \to \infty]{} -e^{a \cdot 2\pi i} \cdot J$$

4) $\left| \int_{[-R, -R + 2\pi i]} f(z)\, dz \right| \leq L([-R, -R + 2\pi i]) \cdot \|f\|_{[-R, -R + 2\pi i]} \leq 2\pi \cdot \frac{e^{-aR}}{|1 + e^{-R + i\pi}|} =$

$$= 2\pi \cdot \frac{e^{-aR}}{1 - e^{-R}} \xrightarrow[R \to \infty]{} 0.$$

Wiederum nach Anwendung der Standardabschätzung für Wegintegrale (Kap. V, 1.2.3).

Zusammenfassend erhalten wir für $R \to \infty$ mit (*):

$$J + 0 - e^{a \cdot 2\pi i} \cdot J + 0 = -2\pi i \cdot e^{i\pi a}.$$

und damit: $J = -2\pi i \cdot \dfrac{e^{i\pi a}}{1 - e^{a \cdot 2\pi i}} = \dfrac{-2\pi i}{e^{-i\pi a} - e^{i\pi a}} = \dfrac{\pi}{\sin a\pi}.$

Aufgabe VII.1.9:

Sei das Polynom $p(z) = z^7 - 5z^3 + 7$ gegeben. Man integriere die Funktion $\dfrac{1}{p(z)}$ entlang der Kurve $\gamma : \mathbb{R} \to \mathbb{C}$, $t \mapsto 3i + t$.

(Fortsetzung von Aufgabe VI.3.2)

Lösung:

Unter dem Integral von $\dfrac{1}{p}$ entlang γ versteht man den Grenzwert

$$\lim_{R \to \infty} \int_{\alpha_R} \frac{1}{p(z)}\, dz \quad \text{mit } \alpha_R : [-R; R] \to \mathbb{C}, \ t \mapsto 3i + t \quad (R > 0).$$

Man betrachte den skizzierten Integrationsweg $\alpha_R + \beta_R$

mit $\alpha_R : [-R; R] \to \mathbb{C}, t \mapsto 3i + t$

und $\beta_R : [0; \pi] \to \mathbb{C}, t \mapsto 3i + R \cdot e^{it}, \ (R > 0).$

Gesucht ist also der Grenzwert $\lim\limits_{R \to \infty} \int_{\alpha_R} \dfrac{1}{p(z)}\, dz$ (*).

Da nach Aufgabe VI.3.2 alle Polstellen von $\dfrac{1}{p}$ außerhalb des Integrationsweges liegen, gilt nach dem Residuensatz (1.3):

$$\int_{\alpha_R + \beta_R} p(z)^{-1}\, dz = 0 \quad (**) \quad \text{für alle } R > 0.$$

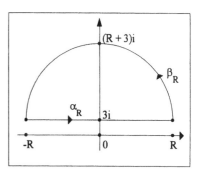

Da aber nach Kap. III, 1.3 Konstanten $\rho > 0$ und $M > 0$ existieren mit $\left| \dfrac{1}{p(z)} \right| \leq \dfrac{M}{|z|^7}$

für alle $z \in \mathbb{C}$ mit $|z| > \rho$, so gilt auch für alle $z \in \mathbb{C}$ mit $|z - 3i| > \rho + 3$, insbesondere für $z \in |\beta_R|$ mit $R > \rho + 3$, die Ungleichung $\left| \dfrac{1}{p(z)} \right| \leq \dfrac{M}{|z|^7}$.

Wendet man die Standardabschätzung für Wegintegrale (Kap. V, 1.2.3) an, so gilt für alle $R > \rho + 3$:

$$\left| \int_{\beta_R} \frac{1}{p(z)}\, dz \right| \;\leq\; L(\beta_R) \cdot \left\| \frac{M}{|z|} \right\|_{\beta_R} \;\leq\; \pi \cdot R \cdot \frac{M}{R^7} \;\xrightarrow[R \to \infty]{}\; 0 \,.$$

Da die rechte Seite von (**) unabhängig von R ist, existiert der gesuchte Limes (*) und besitzt den Wert 0.

Aufgabe VII.1.10:

Sei r eine reelle Zahl mit $0 < r \neq \frac{\pi}{2} + n\pi$ und $n \in \mathbb{N}_0$. Bestimmen Sie $\int_{|z| = r} \tan(z)\, dz$.

Lösung:

Sei $k \in \mathbb{N}_0$ mit $\frac{\pi}{2} + (k-1)\pi < r < \frac{\pi}{2} + k\pi$, so ist nach dem Residuensatz (1.3) und Regel 6) aus 1.2:

$$\int_{|z| = r} \tan(z)\, dz \;=\; 2\pi i \cdot \sum_{s=-k}^{k-1} \operatorname{Res}_{\pi/_2 + s\pi} (\tan z) \;=$$

$$=\; -2\pi i \cdot \sum_{s=-k}^{k-1} \operatorname{Res}_{\pi/_2 + s\pi} \left(\frac{\cos' z}{\cos z} \right) \;=$$

$$=\; -2\pi i \cdot 2k \cdot 1 \;=\; -k \cdot 4\pi i \,,$$

da cos nur die einfachen Nullstellen $\frac{\pi}{2} + k \cdot \pi$, $k \in \mathbb{Z}$, besitzt.

Aufgabe VII.1.11:

Sei $f : \mathbb{C} \to \mathbb{C}$ analytisch in $z_0 \in \mathbb{C}$ mit $f'(z_0) \neq 0$ und sei g meromorph auf $\mathbb{C}$ mit einem Pol erster Ordnung in $w_0 = f(z_0)$ mit Residuum A.

Man berechne das Residuum von $g \circ f$ in z_0.

Lösung:

Zur Erinnerung: Nach Kap. VI, 1.2 sind die Begriffe „analytisch" und „holomorph" identisch.

Die Laurentreihe von g um w_0 lautet nach Voraussetzung:

$$g(z) = \frac{A}{z - w_0} + \sum_0^\infty c_n (z - w_0)^n \qquad\qquad \text{mit } A \in \mathbb{C}^* \text{ und } c_n \in \mathbb{C}.$$

Die Taylorentwicklung von f um z_0 ist:

$$f(z) = \sum_0^\infty a_k (z - z_0)^k = w_0 + \sum_1^\infty a_k (z - z_0)^k \qquad \text{mit } a_k \in \mathbb{C}.$$

Damit gilt in einer kleinen punktierten Umgebung von z_0:

$$(g \circ f)(z) = g(f(z)) = \frac{A}{f(z) - w_0} + \sum_0^\infty c_n (f(z) - w_0)^n = \frac{A}{\sum_1^\infty a_k (z - z_0)^k} + \sum_0^\infty c_n (f(z) - w_0)^n .$$

Behauptung: $g \circ f$ hat in z_0 einen Pol erster Ordnung.

Beweis: Wegen

$$\lim_{z \to z_0} |(g \circ f)(z)| = \lim_{z \to z_0} \left| \frac{A}{f(z)-w_0} + c_0 \right| = \infty$$

ist z_0 Polstelle der Funktion $g \circ f$, und aufgrund

$$\lim_{z \to z_0} |(z-z_0) \cdot (g \circ f)(z)| = \lim_{z \to z_0} \left| (z-z_0) \cdot \frac{A}{f(z)-w_0} + 0 \cdot c_0 \right| =$$

$$= \lim_{z \to z_0} \left| \frac{A}{\frac{f(z)-w_0}{z-z_0}} \right| = \left| \frac{A}{f'(z_0)} \right| < \infty$$

ist nach Kap. IV 3.2.3 die Polstellenordnung von $f \circ g$ im Punkt z_0 gleich 1.

Nach Rechenregel 2) von 1.2 berechnet sich das Residuum von $g \circ f$ in z_0 zu:

$$\text{Res}_{z_0}(g \circ f) = \lim_{z \to z_0} (z-z_0) \cdot (g \circ f)(z) = \frac{A}{f'(z_0)} .$$

Aufgabe VII.1.12:

Sei $G \subset \mathbb{C}$ ein einfach zusammenhängendes Gebiet, a ein Punkt aus G , $G_0 := G \setminus \{a\}$ und
$f : G_0 \to G$ eine holomorphe Funktion.

Beweisen Sie: Genau dann besitzt f auf G_0 eine holomorphe Stammfunktion F ,
*   wenn $\text{Res}_a(f) = 0$ ist.*

Lösung:

Nach Kap. V, 2.2 ist die Existenz einer Stammfunktion äquivalent zur wegunabhängigen
Integrierbarkeit.

„⇐": Es gelte $\text{Res}_a(f) = 0$.

Sei γ ein beliebiger geschlossener Weg in G_0 , so ist $\int_\gamma f(z)dz = 0$ aufgrund des Residuensatzes (1.3).
Die Funktion f ist also wegunabhängig integrierbar auf G_0 .

„⇒": Diese Richtung beweist man am einfachsten mit Hilfe eines Kontrapositionsbeweises:[3]

Es gelte nun $\text{Res}_a(f) \ne 0$.

Weiter seien α ein geschlossener Weg in G_0 mit $a \in \text{Int}(\alpha)$, also $\text{ind}_\alpha(a) \ne 0$.[4]

So gilt nach dem Residuensatz (1.3):

$$\int_\alpha f(z)dz = 2\pi i \cdot \text{ind}_\alpha(a) \cdot \text{Res}_a(f) \ne 0 .$$

Also ist f auf G_0 nicht wegunabhängig integrierbar, besitzt also keine Stammfunktion auf G_0 .

---

[3]   Kontrapositionsbeweis: Anstatt „A ⇒ B" zu beweisen, zeigt man „Nicht-B ⇒ Nicht-A".
[4]   Beispiel: $\gamma = \partial B_r(a)$ mit $r > 0$ beliebig.

§2   Berechnung spezieller Integrale

2.1   Integrale der Form $\int_0^{2\pi} F(\cos t, \sin t)\,dt$

Seien $p, q \in \mathbb{C}[x, y]$ komplexe Polynome zweier reeller Variablen $(x, y) \in \mathbb{R}^2$ mit $q \neq 0$, so ist durch $F(x, y) = \frac{p(x, y)}{q(x, y)}$ mit $(x, y) \in \mathbb{R}^2$ eine komplexe rationale Funktion zweier reeller Variablen definiert.

Integrale der Form $\int_0^{2\pi} F(\cos t, \sin t)\,dt$ lassen sich mit der weiter unten stehenden Substitution in ein Kreisintegral einer komplex-rationalen Funktion $\tilde{F}(z)$ einer Variablen $z \in \mathbb{C}$ überführen.

Dieses ist dann im Allgemeinen leicht mit Hilfe des Residuensatzes auswertbar.

Sei nun der Wert des Integrals $\int_0^{2\pi} F(\cos t, \sin t)\,dt$ gesucht.

Substitution:
$$z := e^{it} \quad \Rightarrow \quad \text{„}dz = i\,e^{it}\,dt = iz\,dt\text{"}$$
$$\cos t = \frac{1}{2} \cdot (e^{it} + e^{-it}) = \frac{1}{2} \cdot (z + z^{-1})$$
$$\sin t = \frac{1}{2i} \cdot (e^{it} - e^{-it}) = \frac{1}{2i} \cdot (z - z^{-1})$$

Dann gilt:
$$\int_0^{2\pi} F(\cos t, \sin t)\,dt = \frac{1}{i} \cdot \int_{\partial\mathbb{E}} \underbrace{\frac{1}{z} F\left(\frac{1}{2}(z+z^{-1}), \frac{1}{2i}(z-z^{-1})\right)}_{:= \tilde{F}(z)} dz = 2\pi \cdot \sum_{c \in \mathbb{E}} \text{Res}_c(\tilde{F}(z))$$

Bemerkungen:

i)   Die obige Gleichheit der beiden Integrale entspricht natürlich der Definitionsgleichung in Kapitel V, 1.2, wenn man die Standardparametrisierung von $\partial\mathbb{E}$ verwendet.

ii) Summiert wird nur über die isolierten Singularitäten c von $\tilde{F}(z)$, da die Residuen in Punkten des Holomorphiebereichs verschwinden.

2.2   Uneigentliche Integrale

2.2.1 Definitionsübersicht

Sei a eine beliebige reelle Zahl.

Sei $f : [a, \infty[\ \to \ \mathbb{C}$ (oder $\mathbb{R}$) stetig. Dann wird definiert:
$$\int_a^\infty f(t)\,dt = \lim_{s \to \infty} \int_a^s f(t)\,dt , \qquad \text{falls der Limes existiert.}$$

Sei $f : \ ]-\infty, a[\ \to \ \mathbb{C}$ (oder $\mathbb{R}$) stetig. Dann wird definiert:
$$\int_{-\infty}^a f(t)\,dt = \lim_{s \to -\infty} \int_s^a f(t)\,dt , \qquad \text{falls der Limes existiert.}$$

Sei $f : \mathbb{R} \ \to \ \mathbb{C}$ (oder $\mathbb{R}$) stetig. Dann wird definiert:
$$\int_{-\infty}^\infty f(t)\,dt = \int_{-\infty}^c f(t)\,dt + \int_c^\infty f(t)\,dt , \quad \text{falls die Integrale auf der rechten Seite für irgendeine reelle Zahl } c \text{ existieren.}$$

Zur Beachtung:

Die Existenz des Limes $\lim_{s \to \infty} \int_{-s}^s f(t)\,dt$ hat nicht die Existenz des Integrals $\int_{-\infty}^\infty f(t)\,dt$ zur Folge. So ist z. B. $\int_{-s}^s t\,dt = 0$ für alle $s \in \mathbb{R}$, aber $\int_{-\infty}^\infty t\,dt$ existiert nicht.

Folglich muss zur Berechnung eines uneigentlichen Integrals $\int_{-\infty}^\infty f(t)\,dt$ zunächst dessen

Existenz bewiesen werden, bevor der Wert des Integrals mit Hilfe der Limesbildung

$$\lim_{s \to \infty} \int_{-s}^{s} f(t)dt \quad \text{bestimmt werden kann.}$$

Die Existenzbeweise lassen sich oftmals durch Anwendung der folgenden Kriterien führen:

2.2.2 Existenzkriterien

Sei im Folgenden J ein unbeschränktes Intervall der Form $]-\infty\,;a]$, $[\,a\,;\infty[$ oder $\mathbb{R}$ $(a \in \mathbb{R})$.

Kriterium I :

Sei $f : J \to \mathbb{C}$ (oder $\mathbb{R}$) stetig.

Gibt es ein $k \in \mathbb{R}$, $k > 1$, so dass $t \mapsto t^k \cdot |f(t)|$ auf J beschränkt ist, dann existiert das

Integral $\int_J f(t)dt$.

Kriterium II :

Sei $f : J \to \mathbb{C}$ (oder $\mathbb{R}$) und $g : J \to \mathbb{R}$ stetige Funktionen.

Ist $|f| \le g$ auf J und existiert $\int_J g(t)dt$, so existiert auch das Integral $\int_J f(t)dt$.

2.2.3 Auswertung spezieller Integrale

Einige spezielle Integrale lassen sich mit Hilfe des Residuensatzes recht einfach und elegant auswerten:

a) Sei $U \subset \mathbb{C}$ eine offene Umgebung von $\overline{\mathbb{H}} = \mathbb{H} \cup \mathbb{R}$. Sei A eine endliche Teilmenge von $\mathbb{H}$ und sei $f \in \mathcal{O}(U \setminus A)$. Es existiere $\int_{-\infty}^{\infty} f(t)dt$ und es gelte $\lim\limits_{\substack{z \to \infty \\ z \in U \setminus A}} z \cdot f(z) = 0$.

Dann gilt:

$$\int_{-\infty}^{\infty} f(t)dt = 2\pi i \cdot \sum_{c \in A} \text{Res}_c(f) \,.$$

Zum Beispiel erfüllt die rationale Funktion $f(z) = \dfrac{p(z)}{q(z)} \in \mathbb{C}(z)$ die obigen Voraussetzungen sicher dann, wenn

i) q keine reellen Nullstellen hat und

ii) $\deg(q) - \deg(p) \ge 2$ ist.

b) Sei A eine endliche Teilmenge von $\mathbb{C} \setminus \mathbb{R}$ und $g \in \mathcal{O}(\mathbb{C} \setminus A)$ mit $\lim\limits_{\substack{z \to \infty \\ z \in U \setminus A}} g(z) = 0$.

So gilt für $f(z) := g(z) \cdot e^{iaz}$, $a \in \mathbb{R} \setminus \{0\}$,

falls $a > 0$: $\quad \int_{-\infty}^{\infty} f(t)dt = 2\pi i \cdot \sum_{c \in \mathbb{H}} \text{Res}_c(f) \,,$

falls $a < 0$: $\quad \int_{-\infty}^{\infty} f(t)dt = -2\pi i \cdot \sum_{-c \in \mathbb{H}} \text{Res}_c(f) \,.$

Die Summen auf der rechten Seite sind natürlich endlich, da das Residuum in allen Punkten des Holomorphiebereichs verschwindet.

2.2.4 Schema zur Berechnung von uneigentlichen Integralen

Die Berechnung von uneigentlichen Integralen der Form $\int_{-\infty}^{\infty} f(x)dx$ oder $\int_{0}^{\infty} f(x)dx$ kann oftmals nach folgendem Schema durchgeführt werden:

1. Schritt: Beweis der Existenz des uneigentlichen Integrals

Meist mit Hilfe der Kriterien I und II aus 2.2.2 .

2. Schritt: (Eventueller) Übergang von $\int_0^\infty f(x)dx$ <u>nach</u> $\int_{-\infty}^\infty f(x)dx$

Bei geraden Funktionen $f : \mathbb{R} \to \mathbb{R}$ kann wegen $\int_0^\infty f(x)dx = \frac{1}{2}\int_{-\infty}^\infty f(x)dx$ auch das meist leichter zu berechnende rechts stehende uneigentliche Integral ausgewertet werden.

3. Schritt: <u>Übergang von der reellen Funktion $x \mapsto f(x)$ zur komplexen Funktion $z \mapsto f(z)$</u>

Oft kann der reelle Integrand $f : \mathbb{R} \to \mathbb{R}$ zu einer auf $\mathbb{C}$ meromorphen Funktion fortgesetzt werden.

4. Schritt: <u>Bestimmung der isolierten Singularitäten von $z \mapsto f(z)$</u>

5. Schritt: <u>Wahl eines geeigneten Integrationsweges</u>

Der Integrationsweg wird meistens so gewählt, dass folgende Bedingungen erfüllt sind:

i) Der Integrationsweg hängt von einer positiven reellen Größe R ab: γ_R .
   Die Zahl R ist dabei - grob gesagt - ein Maß für die Länge des Integrationsweges.

ii) Der Weg γ_R ist einfach geschlossen und positiv orientiert.

iii) Der kleinste Wert R_0 für den Parameter R wird so gewählt, dass für $R > R_0$ kein Weg γ_R über eine isolierte Singularität von f verläuft.
   Die Anzahl von isolierten Singularitäten in $\text{Int}(\gamma_R)$ ist somit vom Parameter R unabhängig. Sie sollte möglichst klein sein (vgl. 6. Schritt).

iv) Der Weg γ_R setzt sich aus zwei oder mehreren Teilwegen zusammen:
   α) „erwünschter" Teilweg: $[-R, R]$
   β) „unerwünschter" Teilweg: oft Halbkreisbögen; die Integrale über diese Teilwege müssen im Limes $R \to \infty$ verschwinden;

6. Schritt: <u>Residuenberechnung der isolierten Singularitäten von f in $\text{Int}(\gamma_R)$</u>

7. Schritt: <u>Anwendung des Residuensatzes auf den geschlossenen Weg γ_R</u>

8. Schritt: <u>Bestimmung der Werte der Einzelintegrale im Limes $R \to \infty$</u>

i) „erwünschtes" Teilintegral: $\lim\limits_{R \to \infty} \int_{[-R, R]} f(z)dz = \int_{-\infty}^\infty f(x)dx$

ii) „unerwünschte" Teilintegrale: Die Beträge lassen sich oftmals mit Hilfe der Standardabschätzung für Wegintegrale (Kap. V, 1.2.3) und dem Satz über das Wachstum rationaler Funktionen (Kap. III, 1.3) derart abschätzen, dass sie im Limes $R \to \infty$ verschwinden.

9. Schritt: <u>Ermittlung des Endergebnisses</u>

Betrachtung der aus dem Residuensatz für endliche R hergeleitete Gleichung im Limes $R \to \infty$.
Auflösung der entstehenden Gleichung nach $\int_{-\infty}^\infty f(x)dx$ bzw. $\int_0^\infty f(x)dx$.

Dieses Schema findet Anwendung in vielen Aufgaben des folgenden Aufgabenteils.

Aufgaben zu Kapitel VII , §2

Aufgabe VII.2.1:

Berechnen Sie das Integral $\int_0^{2\pi} \dfrac{dt}{5-3\cos t}$ mit Hilfe des Residuensatzes.

Lösung:

Das Integral berechnet sich durch Anwendung der Substitution in 2.1 und mit Hilfe des Residuensatzes (1.3) und der Regel 2) von 1.2:

$$\int_0^{2\pi} \frac{dt}{5-3\cos t} = \frac{1}{i} \cdot \int_{\partial E} \frac{1}{z} \underbrace{\frac{1}{5-3\cdot\frac{1}{2}(z+\frac{1}{z})}}_{=:\ \tilde{F}(z)} dz = \frac{1}{i} \cdot \int_{\partial E} \frac{1}{5z-\frac{3}{2}z^2-\frac{3}{2}} dz =$$

$$= \frac{1}{i} \cdot \int_{\partial E} \frac{-2}{3(z-\frac{1}{3})(z-3)} dz = 2\pi \cdot \operatorname{Res}_{1/3}(\tilde{F}) = 2\pi \cdot \lim_{z\to 1/3}(z-\frac{1}{3})\cdot \tilde{F}(z) =$$

$$= 2\pi \cdot \frac{1}{4} = \frac{\pi}{2}\ ,$$

da der Integrand $\tilde{F}$ nur die einfache Polstelle $\frac{1}{3}$ in E besitzt.

Aufgabe VII.2.2:

Man berechne $\int_0^{2\pi} \dfrac{dt}{(5-3\sin t)^2}$.

Lösung:

Die Anwendung der Substitution in 2.1 liefert zunächst:

$$\int_0^{2\pi} \frac{dt}{(5-3\sin t)^2} = \frac{1}{i} \cdot \int_{\partial E} \frac{1}{z} \frac{1}{(5-3\cdot\frac{1}{2i}(z-\frac{1}{z}))^2} dz$$

Der Integrand $\tilde{F}(z) := \dfrac{1}{z} \dfrac{1}{(5-3\cdot\frac{1}{2i}(z-\frac{1}{z}))^2}$ lässt sich dabei umschreiben zu:

$$\tilde{F}(z) = \frac{1}{z}\frac{1}{(5-\frac{3}{2i}z+\frac{3}{2i}\frac{1}{z})^2} = \frac{1}{z}\frac{1}{\frac{1}{z^2}(5z-\frac{3}{2i}z^2+\frac{3}{2i})^2} = \frac{z}{(5z-\frac{3}{2i}z^2+\frac{3}{2i})^2} =$$

$$= \frac{z}{(-\frac{3}{2i})^2(z^2-\frac{10}{3}iz-1)^2} = \frac{-4z}{9(z-\frac{1}{3}i)^2(z-3i)^2}\ .$$

Daraus folgt, dass $\tilde{F}$ in den Punkten $z_1 = \dfrac{1}{3}i$ und $z_2 = 3i$ jeweils eine Polstelle zweiter Ordnung besitzt, wobei nur z_1 in E liegt.

Das Residuum von $\tilde{F}$ in z_1 berechnet sich nach Regel 3) von 1.2 zu:

$$\operatorname{Res}_{z_1}(\tilde{F}) = \lim_{z\to z_1}\frac{d}{dz}((z-z_1)^2\cdot\tilde{F}(z)) = \lim_{z\to z_1}\frac{d}{dz}\frac{-4z\cdot(z-z_1)^2}{9(z-z_1)^2(z-3i)^2} =$$

$$= \lim_{z \to z_1} \frac{d}{dz} \frac{-4z}{9(z-3i)^2} = \lim_{z \to z_1} \frac{-4}{9} \cdot \frac{-z-3i}{(z-3i)^3} = \frac{5}{64} .$$

Damit lässt sich nun der Wert des vorgegebenen Integrals angeben:

$$\int_0^{2\pi} \frac{dt}{(5-3\sin t)^2} = \frac{1}{i} \cdot \int_{\partial E} \widetilde{F}(z) \, dz = 2\pi \cdot \text{Res}_{z_1}(\widetilde{F}) = 2\pi \cdot \frac{5}{64} = \frac{5\pi}{32} .$$

Aufgabe VII.2.3:

Berechnen Sie für $A > 2$ das Integral $J(A) = \int_0^{2\pi} \frac{\cos t}{A + 2\cos t} \, dt$ nach der Residuenmethode.

Zeigen Sie, dass $\lim\limits_{A \to \infty} A^2 \cdot J(A)$ existiert, und berechnen Sie diesen Grenzwert.

Hinweis: Es ist $J(A) = -\pi \cdot \left(\frac{A}{\sqrt{A^2 - 4}} - 1 \right) .$

Lösung:

Mit $z := e^{it}$ und $\cos t = \frac{1}{2}(e^{it} + e^{-it}) = \frac{1}{2}(z + z^{-1})$ erhält man (vgl. 2.1):

$$J(A) = \int_{|z|=1} \frac{1}{2} \cdot \frac{(z+z^{-1})}{A+z+z^{-1}} \cdot \frac{dz}{iz} = \frac{1}{i} \cdot \int_{|z|=1} \frac{1}{2} \cdot \frac{z^2+1}{z(z^2+Az+1)} dz .$$

Der Integrand $\widetilde{F}(z) := \frac{1}{2} \cdot \frac{z^2+1}{z(z^2+Az+1)}$ besitzt die einfachen Polstellen $z_1 = 0$ und

$z_{2,3} = \frac{1}{2}(-A \pm \sqrt{A^2-4}) \in \mathbb{R}$.

Dabei ist $z_2 \cdot z_3 = \frac{1}{4}(A^2 - (A^2-4)) = 1$, $|z_3| = \frac{1}{2}(A + \sqrt{A^2-4}) > \frac{A}{2} > 1$, also $|z_2| = |z_3|^{-1} < 1$, d. h. nur z_1 und z_2 liegen in $\mathbb{E}$.

Das gesuchte Integral ergibt sich nun mit Rechenregel 2) in 1.2 nach kurzer Rechnung zu:

$$J(A) = 2\pi \cdot (\text{Res}_0(\widetilde{F}) + \text{Res}_{z_2}(\widetilde{F})) = 2\pi \cdot \left(\frac{1}{2} \cdot \frac{0^2+1}{0^2+A \cdot 0+1} + \frac{1}{2} \cdot \frac{z_2^2+1}{z_2 \cdot (z_2-z_3)} \right) = -\pi \cdot \left(\frac{A}{\sqrt{A^2-4}} - 1 \right).$$

Nach dem Satz 3.1.3 aus Kapitel III (binomische Reihe) erhält man die folgende Reihenentwicklung:

$$A^2 \cdot \left(\frac{A}{\sqrt{A^2-4}} - 1 \right) = A^2 \cdot \left(-1 + (1 - \frac{4}{A^2})^{-1/2} \right) = -A^2 + A^2 \cdot \left(1 - \frac{1}{2}(-\frac{4}{A^2}) + \frac{3}{8}(-\frac{4}{A^2})^2 - + \dots \right) \xrightarrow[A \to \infty]{} 2.$$

und somit berechnet sich der gesuchte Limes zu:

$$\lim_{A \to \infty} A^2 \cdot J(A) = -2\pi .$$

Aufgabe VII.2.4:

Berechnen Sie $J := \int_0^{2\pi} (\sin\theta)^{2n} d\theta$ für $n \in \mathbb{N}$.

Lösung:

Das Integral berechnet sich mit Hilfe der Substitution in 2.1 und dem Residuensatz (1.3) zu:

$$J = \int_0^{2\pi} \frac{(\frac{-1}{2i})^{2n} \cdot (e^{i\theta} - e^{-i\theta})^{2n} \, i e^{i\theta}}{i e^{i\theta}} \, d\theta = (\frac{1}{2i})^{2n} \cdot \int_{\partial E} \frac{(z - z^{-1})^{2n}}{iz} \, dz = \frac{1}{i 2^{2n}(-1)^n} \cdot 2\pi i \cdot \text{Res}_0 \left(\frac{(z^2-1)^{2n}}{z^{2n+1}} \right)$$

Aus der Laurententwicklung um den Nullpunkt (binomische Reihe, Kap. III, 3.1.3)

$$\frac{1}{z^{2n+1}} \cdot (1 - z^2)^{2n} = \frac{1}{z^{2n+1}} \cdot \sum_{k=0}^{2n} (-1)^k \cdot \binom{2n}{k} \cdot (z^2)^k = \sum_{k=0}^{2n} (-1)^k \cdot \binom{2n}{k} \cdot z^{2k-(2n+1)}.$$

erhält man das gesuchte Residuum: $(-1)^n \cdot \binom{2n}{n}$.

Das Ergebnis lautet somit: $J = \frac{2\pi}{2^{2n} \cdot (-1)^n} \cdot (-1)^n \cdot \binom{2n}{n} = \frac{2\pi}{2^{2n}} \cdot \binom{2n}{n}$.

Aufgabe VII.2.5:

Sei a eine positive reelle Zahl. Berechnen Sie $J := \int_0^\infty \frac{dx}{(x^2 + a^2)^2}$ mit Hilfe des Residuensatzes.

Lösung:

Zur Lösung wenden wir das Schema 2.2.4 an. Sei im Folgenden $f(x) = \frac{1}{(x^2 + a^2)^2}$.

1. Schritt:

Da die Funktion $x \mapsto x^2 \cdot f(x)$ auf $[0 ; \infty[$ beschränkt ist, existiert das uneigentliche Integral J nach Kriterium I in 2.2.2.

2. Schritt:

Da der Integrand gerade ist, berechnen wir das Integral leichter in der Form $J = \frac{1}{2} \cdot \int_{-\infty}^\infty f(x) \, dx$.

3. Schritt:

Übergang zur komplexen Funktion $z \mapsto f(z) := \frac{1}{(z^2 + a^2)^2}$, $z \in \mathbb{C} \setminus \{\pm ia\}$.

4. Schritt:

Für $z \in \mathbb{C} \setminus \{\pm ia\}$ gilt: $f(z) = \frac{1}{(z - ia)^2 (z + ia)^2}$.

Die isolierten Singularitäten von f sind also $z_1 = ia$ und $z_2 = -ia$. Dies sind Polstellen der Ordnung 2.

5. Schritt:

Als Integrationsweg wählen wir den „Standardintegrationsweg" $\alpha_R + \beta_R$, gegeben durch

$\alpha_R : [-R ; R] \to \mathbb{C}$, $t \mapsto t$ und

$\beta_R : [0 ; \pi] \to \mathbb{C}$, $t \mapsto R \cdot e^{it}$,

wobei R > a gewählt wird, so dass $z_1 = ia$ im Innern des Integrationsweges liegt.

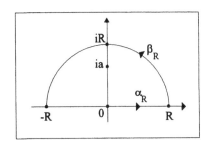

6. Schritt:

Das Residuum von f in $z_1 = ia$ berechnet sich nach Regel 3) in 1.2 zu:

$$\text{Res}_{ia}(f) = \lim_{z \to ia} \frac{d}{dz}[(z - ia)^2 \cdot f(z)] = \frac{-2}{(2ia)^3} = -\frac{i}{4a^3} .$$

7. Schritt:

Nach dem Residuensatz (1.3) ergibt sich nun:

$$\int_{\alpha_R + \beta_R} f(z)dz = 2\pi i \cdot \text{Res}_{ia}(f) = 2\pi i \cdot (-\frac{i}{4a^3}) = \frac{2\pi}{4a^3} . \quad (*)$$

8. Schritt:

Die Limes der Einzelintegrale berechnen sich zu

1) $\int_{\alpha_R} f(z)dz \xrightarrow[R \to \infty]{} \int_{-\infty}^{\infty} f(x)dx = 2 \cdot J .$

2) Nach dem Satz über das Wachstum von rationalen Funktionen (Kap. III, 1.3) gibt es eine Konstante $M > 0$, so dass für genügend große $R > a$ gilt:

$$|f(z)| \leq \frac{M}{|z|^4} \quad \text{für alle } z \in \mathbb{C}, |z| \geq R .$$

Somit gilt nach der Standardabschätzung für Wegintegrale (Kap. V, 1.2.3) für genügend große $R > a$:

$$|\int_{\beta_R} f(z)dz| \leq \|f\|_{|\beta_R|} \cdot L(\beta_R) \leq \|\frac{M}{|z|^4}\|_{|\beta_R|} \cdot \pi \cdot R = \frac{M}{R^4} \cdot \pi \cdot R \xrightarrow[R \to \infty]{} 0 .$$

9. Schritt:

Zusammenfassend erhalten wir für $R \to \infty$ aus Gleichung (*) :

$$2J + 0 = \frac{2\pi}{4a^3} , \text{ d. h. } J = \frac{\pi}{4a^3} .$$

Aufgabe VII.2.6:

Man berechne $J := \int_0^{\infty} \frac{x^n}{x^m + 1} dx$ für $m \geq n + 2 \geq 2$ nach dem Residuenkalkül mit Hilfe eines Integrationsweges, der nur einen der Pole des Integranden umläuft.

Lösung:

Bearbeitung der Aufgabe nach Schema 2.2.4 :

Sei im Folgenden $f(x) := \frac{x^n}{x^m + 1}$.

1. Schritt:

Da die Funktion $x \mapsto x^2 \cdot f(x)$ auf $[0; \infty[$ beschränkt ist, existiert das uneigentliche Integral J nach Kriterium I in 2.2.2.

2. Schritt:

Entfällt hier.

3. Schritt:

Übergang zur komplexen Funktion $z \mapsto f(z) := \frac{z^n}{z^m + 1}$, $z \in \mathbb{C}$, $z^m \neq -1$.

4. Schritt:

Die m (einfachen) Polstellen von f sind: $c_m := e^{\frac{i\pi}{m}}$, c_m^3, c_m^5, $\ldots$, c_m^{2m-1}.

5. Schritt:

Wir betrachten nun den skizzierten Integrationsweg

$\alpha_R + \beta_R + \gamma_R$:

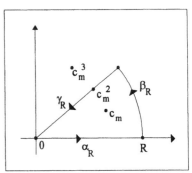

$\qquad \alpha_R : [0; R] \to \mathbb{C}$, $t \mapsto t$,

$\qquad \beta_R : [0; \frac{2\pi}{m}] \to \mathbb{C}$, $t \mapsto R \cdot e^{it}$ und

$\qquad \gamma_R : [0; R] \to \mathbb{C}$, $t \mapsto c_m^2 \cdot (R-t)$

$\qquad$ mit $R > 1$.

6. Schritt:

Das Residuum von f in $z = c_m$ berechnet sich nach Regel 5) in 1.2 zu:

$$\text{Res}_{c_m}(f) = \left(\frac{z^n}{m \cdot z^{m-1}}\right)\Big|_{z=c_m} = -\frac{c_m^{n+1}}{m} , \quad \text{da } c_m^m = -1 \text{ ergibt.}$$

7. Schritt:

Aus dem Residuensatz (1.3) folgt nun für beliebiges $R > 1$:

$$\int_{\alpha_R+\beta_R+\gamma_R} f(z)dz = 2\pi i \cdot \text{Res}_{c_m}(f) = -2\pi i \cdot \frac{c_m^{n+1}}{m} . \quad (*)$$

8. Schritt:

Die Einzelintegrale berechnen sich für $R \to \infty$ zu:

1) $\quad \lim\limits_{R \to \infty} \int_{\alpha_R} f(z)dz = \int_0^\infty f(x)\, dx = J$.

2) $\quad$ Nach dem Satz über das Wachstum von rationalen Funktionen (Kap. III, 1.3) gibt es eine Konstante $M > 0$, so dass für genügend große $R > 1$ gilt:

$$|f(z)| \leq \frac{M}{|z|^2} \quad \text{für alle } z \in \mathbb{C}, |z| \geq R .$$

$\quad$ Somit gilt nach der Standardabschätzung für Wegintegrale (Kap. V, 1.2.3) für genügend große $R > 1$:

$$\left| \int_{\beta_R} f(z)dz \right| \leq \|f\|_{|\beta_R|} \cdot L(\beta_R) \leq \left\|\frac{M}{|z|^2}\right\|_{|\beta_R|} \cdot \frac{2\pi}{m} \cdot R = \frac{M}{R^2} \cdot \frac{2\pi}{m} \cdot R \xrightarrow[R\to\infty]{} 0$$

3) $\quad$ Da der Umkehrweg $-\gamma : [0; R] \to \mathbb{C}$, $t \mapsto c_m^2 \cdot t$ die einfachere Parameterdarstellung hat, berechnen wir das Integral leichter durch $\int_{\gamma_R} f(z)dz = -\int_{-\gamma_R} f(z)dz$.

$\quad$ Es ergibt sich unter Berücksichtigung von $c_m^{2m} = 1$:

$$\int_{\gamma_R} f(z)dz = -\int_0^R \frac{c_m^{2n} \cdot t^n}{c_m^{2m} t^m + 1} \cdot c_m^2\, dt = -c_m^{2n+2} \cdot \int_0^R \frac{t^n}{t^m + 1}\, dt \xrightarrow[R\to\infty]{} -c_m^{2n+2} \cdot J .$$

9. Schritt:

Zusammenfassend erhält man für $R \to \infty$ aus Gleichung (*) ($c_m^{2n+2} \neq 1$):

$$J + 0 - c_m^{2n+2} \cdot J = -2\pi i \cdot \frac{c_m^{n+1}}{m} , \quad \text{und daraus folgt:}$$

$$J = (1 - c_m^{2n+2})^{-1} \cdot (-2\pi i \cdot \frac{c_m^{n+1}}{m}) = \frac{2\pi i}{m} \cdot (c_m^{n+1} - c_m^{-(n+1)})^{-1} = \frac{\pi}{m \cdot \sin(\frac{n+1}{m} \cdot \pi)}$$

Die beiden folgenden Aufgaben liefern numerische Beispiele für dieses allgemein berechnete Integral.

Aufgabe VII.2.7:

Man berechne $J := \int_{-\infty}^{\infty} \frac{1}{x^4 + 1} \, dx$.

Lösung:

Es ist $J = 2 \cdot \int_0^{\infty} \frac{1}{x^4 + 1} \, dx$, da der Integrand gerade ist.

Nach Aufgabe VII.2.6 erhalten wir mit $m = 4$ und $n = 0$ das Ergebnis:

$$J = 2 \cdot \frac{\pi}{4 \sin \frac{\pi}{4}} = \frac{\pi}{\sqrt{2}} .$$

Aufgabe VII.2.8:

Man berechne $\int_0^{\infty} \frac{dx}{1 + x^5}$ *mit Hilfe des Residuensatzes.*

Lösung:

Nach Aufgabe VII.2.6 erhält man mit $m = 5$ und $n = 0$: $\int_0^{\infty} \frac{dx}{1 + x^5} = \frac{\pi}{5 \cdot \sin(\frac{1}{5} \cdot \pi)}$.

Aufgabe VII.2.9:

Berechnen Sie mittels des Residuensatzes das Integral $J := \int_0^{\infty} \frac{x^2 - 1}{x^4 + 1} \, dx$.

Lösung:

Sei im Folgenden $f(x) := \frac{x^2 - 1}{x^4 + 1}$.

1. Möglichkeit:

Da sowohl $x \mapsto x^2 \cdot f(x)$ als auch $x \mapsto x^2 \cdot \frac{x^2}{x^4 + 1}$ und $x \mapsto x^2 \cdot \frac{1}{x^4 + 1}$ auf $[0 ; \infty[$ beschränkt sind, existieren nachfolgende Integrale (nach Kriterium I in 2.2.2) und es lässt sich schreiben:

$$\int_0^{\infty} f(x) dx = \int_0^{\infty} \frac{x^2}{x^4 + 1} \, dx - \int_0^{\infty} \frac{1}{x^4 + 1} \, dx .$$

Nach Aufgabe VII.2.6 ergibt sich nun mit $m = 4$ und $n = 2$, bzw. $m = 4$ und $n = 0$ das gesuchte

Integral zu:

$$J = \int_0^\infty f(x)dx = \frac{\pi}{4 \cdot \sin(\frac{3}{4} \cdot \pi)} - \frac{\pi}{4 \cdot \sin(\frac{\pi}{4})} = 0 .$$

2. Möglichkeit:

Berechnung des Integrals nach Schema 2.2.4 :

1. Schritt:

Da die Funktion $x \mapsto x^2 \cdot f(x)$ auf $[0 ; \infty[$ beschränkt ist, existiert das uneigentliche Integral J nach Kriterium I in 2.2.2.

2. Schritt:

Da der Integrand gerade ist, berechnen wir das Integral leichter in der Form $J = \frac{1}{2} \cdot \int_{-\infty}^\infty f(x)dx$.

3. Schritt:

Übergang zur komplexen Funktion $z \mapsto f(z) := \dfrac{z^2 - 1}{z^4 + 1}$, $z \in \mathbb{C}$, $z^4 \neq -1$.

4. Schritt:

Für $z \in \mathbb{C}$ mit $z^4 \neq -1$ gilt: $\quad f(z) = \dfrac{z^2 - 1}{(z^2 - i)(z^2 + i)}$.

Die isolierten Singularitäten von f sind also $\pm\sqrt{i}$ und $\pm i\sqrt{i}$ mit $\sqrt{i} = e^{i\pi/4}$ (Hauptwert der Quadratwurzel von i). Dies sind jeweils Polstellen erster Ordnung.

5. Schritt:

Als Integrationsweg wählen wir den „Standardintegrationsweg" $\alpha_R + \beta_R$, gegeben durch

$$a_R : [-R ; R] \to \mathbb{C} , t \mapsto t \text{ und}$$

$$\beta_R : [0 ; \pi] \to \mathbb{C} , t \mapsto R \cdot e^{it} ,$$

wobei $R > 1$ gewählt wird, so dass $z_1 := \sqrt{i}$ und $z_2 := i\sqrt{i}$ im Innern des Integrationsweges liegen.

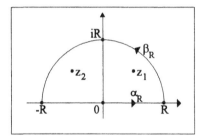

6. Schritt:

Die Residuen von f in $z_1 = \sqrt{i}$ und $z_2 = i\sqrt{i}$ berechnen sich nach Regel 5) in 1.2 und nach Anwendung der Eulerschen Formel (Kap. III, 2.1.2 v)) zu:

$$\operatorname{Res}_{z_1}(f) = \frac{z^2 - 1}{4z^3}\Big|_{z = z_1} = \frac{1}{4} \cdot (z_1^{-1} - z_1^{-3}) = \frac{1}{4} \cdot (e^{-\frac{\pi}{4}i} - e^{-\frac{3\pi}{4}i}) = \frac{\sqrt{2}}{4} ,$$

$$\operatorname{Res}_{z_2}(f) = \frac{z^2 - 1}{4z^3}\Big|_{z = z_2} = \frac{1}{4} \cdot (z_2^{-1} - z_2^{-3}) = \frac{1}{4} \cdot (e^{-\frac{3\pi}{4}i} - e^{-\frac{9\pi}{4}i}) = -\frac{\sqrt{2}}{4} .$$

7. Schritt:

Nach dem Residuensatz (1.3) ergibt sich nun:

$$\int_{\alpha_R + \beta_R} f(z)dz = 2\pi i \cdot (\operatorname{Res}_{z_1}(f) + \operatorname{Res}_{z_2}(f)) = 2\pi i \cdot 0 = 0 . \quad (*)$$

8. Schritt:

Die Limes der Einzelintegrale berechnen sich zu

1) $\quad \displaystyle\int_{\alpha_R} f(z)dz \xrightarrow[R \to \infty]{} \int_{-\infty}^\infty f(x)dx = 2 \cdot J$.

2) Nach dem Satz über das Wachstum von rationalen Funktionen (Kap. III, 1.3) gibt es eine Konstante $M > 0$, so dass für genügend große $R > a$ gilt:

$$|f(z)| \leq \frac{M}{|z|^2} \quad \text{für alle } z \in \mathbb{C}, \, |z| \geq R \, .$$

Somit gilt nach der Standardabschätzung für Wegintegrale (Kap. V, 1.2.3) für genügend große $R > 1$:

$$\left| \int_{\beta_R} f(z) dz \right| \leq \|f\|_{|\beta_R|} \cdot L(\beta_R) \leq \left\| \frac{M}{|z|^2} \right\|_{|\beta_R|} \cdot \pi \cdot R = \frac{M}{R^2} \cdot \pi \cdot R \xrightarrow[R \to \infty]{} 0 \, .$$

9. Schritt:

Zusammenfassend erhalten wir nach Gleichung (*) für $R \to \infty$:

$$2J + 0 = 0 \quad \Rightarrow \quad J = 0 \, .$$

Aufgabe VII.2.10:

Betrachten Sie $f(z) = \dfrac{1}{z^4 + z^2 + 1}$. *Bestimmen Sie die Pole von* f *im Quadranten* $\mathrm{Re}\, z > 0$, *Im* $z > 0$ *und ihre Residuen.*

Zeigen Sie: $\displaystyle\int_0^\infty \frac{dx}{x^4 + x^2 + 1} - i \cdot \int_0^\infty \frac{dy}{y^4 - y^2 + 1} = \frac{\pi}{6} \cdot \sqrt{3} - i \cdot \frac{\pi}{2}$.

Lösung:

Polstellen von f **im I. Quadranten:**

Wir substituieren $u := z^2$ und erhalten $e^{i\frac{2\pi}{3}}$ und $e^{i\frac{4\pi}{3}}$ als Nullstellen von $u^2 + u + 1$.

Damit sind $e^{i\frac{\pi}{3}} =: c$, $-c = c^4$ und $e^{i\frac{2\pi}{3}} = c^2$, $-c^2 = c^5$ die vier einfachen Polstellen von f.

Davon liegt nur c im ersten Quadranten.

Residuum im Punkt c :

Aus Rechenregel 5) in 1.2 folgt nun mit $c = e^{i\frac{\pi}{3}} = \frac{1}{2}(1 + i\sqrt{3})$:

$$\mathrm{Res}_c(f) = \frac{1}{4c^3 + 2c} \underset{c^3 = -1}{=\!=\!=} \frac{1}{2} \cdot \frac{1}{c - 2} = \frac{1}{2} \cdot \frac{\overline{c - 2}}{|c - 2|^2} = -\frac{1}{12} \cdot (3 + i\sqrt{3}) \, .$$

Integralberechnung:

Wir betrachten den skizzierten Integrationsweg $\alpha_R + \beta_R + \gamma_R$:

$\alpha_R : [0; R] \to \mathbb{C} \, , \, t \mapsto t$,

$\beta_R : [0; \frac{\pi}{2}] \to \mathbb{C} \, , \, t \mapsto R \cdot e^{it}$ und

$\gamma_R : [0; R] \to \mathbb{C} \, , \, t \mapsto i \cdot (R - t) \, , \, R > 1$

und Umkehrweg

$-\gamma_R : [0; R] \to \mathbb{C} \, , \, t \mapsto it$.

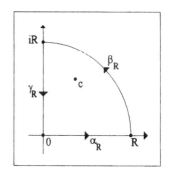

Aus dem Residuensatz (1.3) erhalten wir für alle $R > 1$:

$$\int_{\alpha_R + \beta_R + \gamma_R} f(z)dz \; = \; 2\pi i \cdot \operatorname{Res}_c(f) \; = \; \frac{\pi\sqrt{3}}{6} - i \cdot \frac{\pi}{2} \; . \quad (*)$$

Schließlich berechnen sich die Limes der Einzelintegrale zu:

1) $\displaystyle \int_{\alpha_R} f(z)dz \; = \; \int_0^R f(x)dx \; \xrightarrow[R \to \infty]{} \; \int_0^\infty f(x)dx \; .$

    (Das Integral existiert wegen Kriterium I aus 2.2.2.)

2) $\displaystyle \int_{\gamma_R} f(z)dz \; = \; -\int_{-\gamma_R} f(z)dz \; = \; -\int_0^R f(it) \cdot i \, dt \; \xrightarrow[R \to \infty]{} \; -i \cdot \int_0^\infty \frac{1}{y^4 - y^2 + 1} \, dy \; .$

    (Das Integral existiert wegen Kriterium I aus 2.2.2.)

3) Nach dem Satz über das Wachstum von rationalen Funktionen (Kap. III, 1.3) gibt es eine Konstante $M > 0$, so dass für genügend große $R > 1$ gilt:

    $$|f(z)| \; \leq \; \frac{M}{|z|^4} \quad \text{für alle } z \in \mathbb{C} \, , \; |z| \geq R \; .$$

    Somit gilt nach der Standardabschätzung für Wegintegrale (Kap. V, 1.2.3) für genügend große $R > 1$:

    $$\left| \int_{\beta_R} f(z)dz \right| \; \leq \; \|f\|_{|\beta_R|} \cdot L(\beta_R) \; \leq \; \left\| \frac{M}{|z|^4} \right\|_{|\beta_R|} \cdot \frac{\pi}{2} \cdot R \; = \; \frac{M}{R^4} \cdot \frac{\pi}{2} \cdot R \; \xrightarrow[R \to \infty]{} \; 0$$

Zusammenfassend erhalten wir nun aus der Gleichung (*) die zu beweisende Gleichung:

$$\int_0^\infty \frac{dx}{x^4 + x^2 + 1} \; - \; i \cdot \int_0^\infty \frac{dy}{y^4 - y^2 + 1} \; = \; \frac{\pi}{6} \cdot \sqrt{3} - i \cdot \frac{\pi}{2} \; .$$

Aufgabe VII.2.11:

Man berechne mit Hilfe des Residuensatzes $\displaystyle J := \int_0^\infty \frac{\cos x}{x^2 + a^2} \, dx \, , \; a \in \mathbb{R}^* .$

Lösung:

Sei im Folgenden $\displaystyle f(x) := \frac{\cos x}{x^2 + a^2} \, , \; a \in \mathbb{R}^* .$

Das Lösungsschema 2.2.4 muss bei dieser Aufgabe ab dem 4. Schritt etwas abgeändert werden:

1. Schritt:

Da $x \mapsto x^2 \cdot f(x)$ auf $[0 ; \infty[$ beschränkt ist, existiert das gesuchte Integral nach Kriterium I aus 2.2.2. Mit der gleichen Begründung existiert auch das Integral $\displaystyle \int_0^\infty \frac{\sin x}{x^2 + a^2} \, dx \; .$

2. Schritt:

Da der Integrand gerade ist, berechnen wir das Integral leichter in der Form $\displaystyle J = \frac{1}{2} \cdot \int_{-\infty}^\infty f(x) \, dx \; .$

3. Schritt:

Die entscheidende Idee ist hier die Wahl folgender komplexer Funktion F :

$$F : \mathbb{C}\setminus\{-ia, ia\} \to \mathbb{C}, \quad F(z) := \frac{e^{iz}}{z^2 + a^2} = \frac{\cos z}{z^2 + a^2} + i \cdot \frac{\sin z}{z^2 + a^2} .$$

4. Schritt:

Die Funktion F besitzt in den Punkten $z_{1,2} = \pm ia$ jeweils eine Polstelle erster Ordnung.

5. Schritt:

Als Integrationsweg wählen wir den „Standardintegrationsweg" $\alpha_R + \beta_R$, $R > |a|$, aus Aufgabe VII.2.5. Somit liegt die Polstelle $i|a|$ im Innern von $\alpha_R + \beta_R$.

6. Schritt:

Das Residuum von F in $z = i|a|$ berechnet sich nach Regel 5) in 1.2 zu:

$$\text{Res}_{i|a|}(F) = \frac{e^{iz}}{2z}\Big|_{z=i|a|} = \frac{e^{-|a|}}{2i|a|} .$$

7. Schritt:

Nach dem Residuensatz (1.3) gilt nun:

$$\int_{\alpha_R+\beta_R} F(z)dz = 2\pi i \cdot \text{Res}_{i|a|}(F) = 2\pi i \cdot \frac{e^{-|a|}}{2i|a|} = \frac{\pi}{|a| \cdot e^{|a|}} . \qquad (*)$$

8. Schritt:

Berechnung der Einzelintegrale im Limes $R \to \infty$:

1) Es gilt: $\int_{-R}^{R} \frac{\sin x}{x^2 + a^2} dx = 0$ für alle $R > |a|$, da der Integrand eine ungerade Funktion darstellt. Somit folgt:

$$\int_{\alpha_R} F(z)dz = \int_{-R}^{R} F(x)dx = \int_{R}^{R} f(x)dx \xrightarrow[R\to\infty]{} \int_{-\infty}^{\infty} f(x)dx .$$

2) Nach dem Satz über das Wachstum rationaler Funktionen (Kap. III, 1.3) gibt es Konstanten $M > 0$ und $k > 0$, so dass für alle $z \in \mathbb{C}$ mit $|z| > k$ gilt:

$$\left|\frac{1}{z^2 + a^2}\right| \leq \frac{M}{|z|^2} .$$

Wegen der Abschätzung

$$|e^{iz}| = e^{-\text{Im } z} \leq 1 \quad \text{für alle } z \in |\beta_R|$$

gilt nach der Standardabschätzung für Wegintegrale (Kap. V, 1.2.3) für alle $R > \max\{|a|, k\}$:

$$\left|\int_{\beta_R} F(z)\, dz\right| \leq \|F\|_{|\beta_R|} \cdot L(\beta_R) \leq \frac{M}{R^2} \cdot \pi \cdot R \xrightarrow[R\to\infty]{} 0 .$$

9. Schritt:

Damit erhalten wir für $R \to \infty$ zusammenfassend nach Gleichung (*)

$$\frac{\pi}{|a| \cdot e^{|a|}} = \int_{-\infty}^{\infty} f(x)dx + 0$$

und schließlich den gesuchten Wert des Integrals:

$$J = \frac{1}{2} \cdot \int_{-\infty}^{\infty} f(x)dx = \frac{\pi}{2 \cdot |a| \cdot e^{|a|}} .$$

Aufgabe VII.2.12:

Berechnen Sie das Integral $J := \int_0^\infty \dfrac{\sqrt{x}}{1+x^4}\, dx$
durch Integration längs des skizzierten Weges:

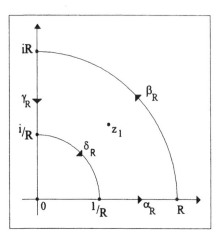

Lösung:

Anmerkung:

Dieser ungewöhnliche Integrationsweg ist hier nötig,

da die komplexe Funktion $z \mapsto f(z) = \dfrac{\sqrt{z}}{1+z^4}$

sowohl in den Punkten $\{z \in \mathbb{C} : z^4 = -1\}$, als auch in

den Punkten $z \in \mathbb{R}^-$ nicht holomorph fortsetzbar ist,

wenn für die Wurzel wie gewöhnlich der Hauptzweig der Quadratwurzel (vgl. Kap. III, 3.3.1) gewählt

wird. Wenn man dies beachtet, lässt sich auch diese Aufgabe mit dem Schema in 2.2.4 lösen:

Sei im Folgenden $f(x) := \dfrac{\sqrt{x}}{1+x^4}$.

1. Schritt:

Da $x \mapsto x^2 \cdot f(x)$ auf $[0;\infty[$ beschränkt ist, existiert das gesuchte Integral nach Kriterium I aus 2.2.2.

2. Schritt:

Entfällt hier.

3. Schritt:

Übergang zur komplexen Funktion $z \mapsto f(z) := \dfrac{\sqrt{z}}{1+z^4}$, $z \in \mathbb{C}^-$ und $z^4 \neq -1$.

4. Schritt:

Die Funktion f besitzt in den Punkten $z_k = e^{(2k-1)\cdot\frac{\pi}{4} i}$, $k = 1, 2, 3, 4$, jeweils eine Polstelle erster

Ordnung. Davon liegt nur $z_1 = e^{\frac{\pi}{4} i}$ im Innern des Integrationsweges.

5. Schritt:

Wir betrachten den oben angegebenen Integrationsweg $\alpha_R + \beta_R + \gamma_R + \delta_R$ mit

$$\alpha_R : [\tfrac{1}{R};R] \to \mathbb{C} , t \mapsto t \ ,$$

$$\beta_R : [0;\tfrac{\pi}{2}] \to \mathbb{C} , t \mapsto R\,e^{it} \ ,$$

$$\gamma_R : [\tfrac{1}{R};R] \to \mathbb{C} , t \mapsto i\cdot(\tfrac{1}{R} + R - t) \ \text{und}$$

$$\delta_R : [0;\tfrac{\pi}{2}] \to \mathbb{C} , t \mapsto \tfrac{1}{R}\cdot e^{i(\frac{\pi}{2} - t)} \ , \ \text{mit} \ R > 1 \ .$$

6. Schritt:

Das Residuum von f an der Stelle $z = z_1$ berechnet sich nach Regel 5) in 1.2 zu:

$$\text{Res}_{z_1}(f) \;=\; \frac{\sqrt{z}}{4z^3}\Big|_{z=z_1} \;=\; \frac{e^{i\,\pi/8}}{4e^{\,i3\pi/4}} \;=\; \frac{1}{4}\cdot e^{-i\frac{5}{8}\pi}.$$

7. Schritt: Nach dem Residuensatz (1.3) gilt:

$$\int_{\alpha_R+\beta_R+\gamma_R+\delta_R} f(z)\,dz \;=\; 2\pi i \cdot \text{Res}_{z_1}(f) \;=\; 2\pi i \cdot \frac{1}{4}\,e^{-i\frac{5}{8}\pi} \;=\; \frac{\pi}{2}\,e^{\,i\frac{\pi}{2}-i\frac{5\pi}{8}} \;=\; \frac{\pi}{2}\,e^{-i\frac{\pi}{8}}. \quad (*)$$

8. Schritt:

Berechnung der Einzelintegrale im Limes $R \to \infty$:

1) $\displaystyle \int_{\alpha_R} f(z)\,dz \;\xrightarrow[R\to\infty]{}\; \int_0^\infty f(x)\,dx \;=\; J$

2) Vorbemerkung: Für $z \in \mathbb{C}^-$ gilt: $|\sqrt{z}| = \sqrt{|z|}$.

   Begründung: $|\sqrt{z}| = |\exp(\tfrac{1}{2}\log z)| = \exp(\text{Re}\,(\tfrac{1}{2}\log z)) = \exp(\tfrac{1}{2}\ln|z|) = \sqrt{|z|}$

   (log : $\mathbb{C}^- \to \mathbb{C}$ stellt hierbei den Hauptzweig des Logarithmus dar.
   Vgl. Kap. III, 2.2.2.)

   Somit folgt für alle $z \in \mathbb{C}^-$ mit $|z| \geq 1$: $|f(z)| = \dfrac{\sqrt{|z|}}{|1+z^4|} \leq \left|\dfrac{z}{1+z^4}\right|$.

   Nach dem Satz über das Wachstum rationaler Funktionen (Kap. III, 1.3) gibt es eine
   Konstante $M > 0$, so dass für genügend große $R > 1$ gilt:

   $$|f(z)| \;\leq\; \frac{M}{|z|^3} \quad \text{für alle } z \in \mathbb{C},\ |z| \geq R .$$

   Somit gilt nach der Standardabschätzung für Wegintegrale (Kap. V, 1.2.3) für genügend große
   $R > 1$:

   $$\left|\int_{\beta_R} f(z)\,dz\right| \;\leq\; \|f\|_{|\beta_R|}\cdot L(\beta_R) \;\leq\; \left\|\frac{M}{|z|^3}\right\|_{|\beta_R|}\cdot\frac{\pi}{4}\cdot R \;=\; \frac{M}{R^3}\cdot\frac{\pi}{4}\cdot R \;\xrightarrow[R\to\infty]{}\; 0$$

3) Zur Berechnung des Integrals nützen wir wieder die Beziehung $\int_{\gamma_R} f(z)\,dz = -\int_{-\gamma_R} f(z)\,dz$ aus.
   Es gilt: $-\gamma_R(t) = i\cdot \alpha_R(t)$ für alle $t \in [\tfrac{1}{R}; R]$.

   Somit erhalten wir:

   $$\int_{\gamma_R} f(z)\,dz = -\int_{-\gamma_R} f(z)\,dz = -\int_{R^{-1}}^{R} f(i\alpha_R(t))\cdot i\,\alpha_R{}'(t)\,dt \;=\; -\int_{R^{-1}}^{R} \sqrt{i}\cdot i\cdot f(\alpha_R(t))\cdot \alpha_R{}'(t)\,dt \;=\;$$

   $$=\; -i\cdot\sqrt{i}\cdot\int_{\alpha_R} f(z)\,dz \;\xrightarrow[R\to\infty]{}\; -i\cdot\sqrt{i}\cdot J .$$

4) Nach der Standardabschätzung für Wegintegrale (Kap. V, 1.2.3) gilt für alle $R > 2$:

   $$\left|\int_{\delta_R} f(z)\,dz\right| \;\leq\; \|f\|_{|\delta_R|}\cdot L(\delta_R) \;\leq\; \left\|\frac{\sqrt{|z|}}{1-|z|^4}\right\|_{|\delta_R|}\cdot\frac{\pi}{4}\cdot\frac{1}{R} \;\leq\; 2\cdot\frac{1}{\sqrt{R}}\cdot\frac{\pi}{4}\cdot\frac{1}{R} \;\xrightarrow[R\to\infty]{}\; 0 .$$

9. Schritt:

Zusammenfassend erhalten wir aus Gleichung (*) beim Grenzübergang $R \to \infty$:

$$\frac{\pi}{2}\cdot e^{-\frac{\pi}{8}i} \;=\; J + 0 - i\sqrt{i}\cdot J + 0 .$$

Also $\displaystyle J = \frac{1}{1-i\sqrt{i}}\cdot\frac{\pi}{2}\cdot e^{-\frac{\pi}{8}i} = \frac{\pi}{2}\cdot\frac{1}{1-e^{i\frac{3\pi}{4}}}\cdot e^{-\frac{\pi}{8}i} = \frac{\pi}{2}\cdot(e^{\frac{\pi}{8}i} - e^{\frac{7\pi}{8}i})^{-1} = \frac{\pi}{4\cdot\cos\frac{\pi}{8}}$,

nach Anwendung der Eulerschen Formel (Kap. III, 2.1.2 v)).

§3   Der Residuensatz für den Punkt ∞

Motiviert durch die Veranschaulichung des unendlich fernen Punktes ∞ als den „Nordpol" der Riemannschen Zahlensphäre $\mathbb{P}$, können wir im Folgenden auch von einem Integrationsweg um den Punkt ∞ sprechen. Bei geeigneter Definition der Umlaufzahl und des Residuums kann auch der Residuensatz auf den Punkt ∞ übertragen werden.

3.1   Definition der Umlaufzahl um den Punkt ∞

Sei γ ein geschlossener Weg in $\mathbb{C}^*$.

Die Umlaufzahl (Index) des Weges γ um ∞ ist definiert durch:

$$\text{ind}_\gamma(\infty) = -\text{ind}_\gamma(0)$$

Diese Definition kann an der Riemannschen Zahlensphäre veranschaulicht werden:

Vom „Südpol" (= Nullpunkt) aus gesehen ist der Umlaufsinn γ entgegengesetzt wie vom „Nordpol" (= Punkt ∞) aus gesehen:

$$\text{ind}_\gamma(\infty) = \text{ind}_{-\gamma}(0) = -\text{ind}_\gamma(0) .$$

(Vgl. Kap. V, 3.1.2 iii).)

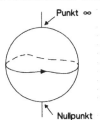

3.2   Definition: Das Residuum im Punkt ∞

Sei $U \subset \mathbb{P}$ offen, ∞ $\in U$ und $f \in \mathcal{O}(U \setminus \{\infty\})$. [5]

So gibt es eine offene Kreisscheibe B um 0, mit $\mathbb{P} \setminus B \subset U$.

Dann ist das Residuum von f im Punkt ∞ definiert durch:

$$\text{Res}_\infty(f) = -\frac{1}{2\pi i} \cdot \int_{\partial B} f(z)dz .$$

Diese Definition ist so gewählt, dass der Residuensatz in seiner bisherigen Form beibehalten werden kann. [6]

3.2.1 Bestimmung des Residuums

Es mögen dieselben Voraussetzungen und Bezeichnungen wie in der Definition 3.2 gelten.

i)   Sei $L(z) = \sum_{-\infty}^{\infty} a_n z^n$ die Laurentreihe von f um den Punkt ∞ . [7]
     Dann gilt:

$$\text{Res}_\infty(f) = -a_{-1} .$$

ii) Sei $V \subset \mathbb{C}$ offen, $c \in V$ und $g : V \to U$ eine holomorphe Abbildung mit $g(c) = \infty$.
     So erhalten wir:

$$\text{Res}_\infty(f) = \text{Res}_c((f \circ g) \cdot g') .$$

---

[5]   Beispiel: $U = \mathbb{P}$, $U \setminus \{\infty\} = \mathbb{C}$ und f eine ganze Funktion.

[6]   Siehe 3.3 in diesem Kapitel.

[7]   Siehe Kap. VI, 4.1.1.

Diese Formel angewendet auf

$$g = \text{inv} : B_{1/r}(0) \to U , \quad z \mapsto \frac{1}{z} , \quad (r \text{ genügend groß})$$

und $c = 0$ ergibt:

$$\text{Res}_\infty(f(z)) = \text{Res}_0(-\frac{1}{z^2} \cdot f(\frac{1}{z})) . \quad \textbf{8}$$

Auch mit Hilfe des folgenden Satzes lässt sich oft das Residuum im Punkt ∞ leicht bestimmen:

3.2.2 Satz über die Residuensumme

Seien endlich viele komplexe Zahlen $c_1 , \ldots , c_n$ vorgegeben.

Für eine holomorphe Funktion $f : \mathbb{C} \backslash \{c_1, \ldots , c_n\} \to \mathbb{C}$ ist die Summe der Residuen aller

isolierten Singularitäten $c_1 , \ldots , c_n$ im Endlichen und der isolierten Singularität ∞ gleich Null.

In Formeln:

$$\sum_1^n \text{Res}_{c_i}(f) + \text{Res}_\infty(f) = 0 ,$$

oder anders geschrieben:

$$\sum_1^n \text{Res}_{c_i}(f) = - \text{Res}_\infty(f) .$$

Mit 3.2.1 folgt dann:

$$\sum_1^n \text{Res}_{c_i}(f) = \text{Res}_0(\frac{1}{z^2} \cdot f(\frac{1}{z})) .$$

3.3 Der Residuensatz für den Punkt ∞

Sei $U \subset \mathbb{P}$ offen, $\infty \in U$ und $f \in \mathcal{O}(U\backslash\{\infty\})$.
Ferner sei γ ein geschlossener Weg in $U\backslash\{0 ; \infty\}$ mit $\text{Ext}(\gamma) \subset U\backslash\{\infty\}$.
Dann gilt:

$$\int_\gamma f(z)dz = 2\pi i \cdot \text{ind}_\gamma(\infty) \cdot \text{Res}_\infty(f) .$$

3.4 Bemerkung

Mit Hilfe des Residuensatzes für den Punkt ∞ erkennt man, dass auf den Punkt ∞ die Aussage des Cauchyschen Integralsatzes in Kapitel V, 3.3, nicht übertragen werden kann.

So ist z. B. $f : \mathbb{P}^* \to \mathbb{C} , z \mapsto \frac{1}{z}$ eine holomorphe Funktion, aber es gilt:

$$\int_{\partial E} f(z)dz = 2\pi i \cdot \text{ind}_\gamma(\infty) \cdot \text{Res}_\infty(f) =$$
$$= - 2\pi i \cdot \text{ind}_\gamma(0) \cdot \text{Res}_\infty(f) =$$
$$= - 2\pi i \cdot (-1) = 2\pi i \neq 0 .$$

---

8   Vergleiche auch Aufgabe VII.3.2.

Mit anderen Worten:

Eine im Punkt ∞ holomorphe Funktion kann dort ein nicht verschwindendes Residuum besitzen.

3.5   Praktische Berechnung von Integralen über Kreislinien

Sei $U \subset \mathbb{C}$ offen, $f \in \mathcal{O}(U)$ und B eine offene Kreisscheibe in $\mathbb{C}$ mit $\partial B \subset U$.

Gesucht ist der Wert des Integrals von f über der Kreislinie ∂B:

$$\int_{\partial B} f(z) \, dz$$

Ist eine der beiden Bedingungen

„$B\backslash U$ besitzt nur endlich viele Punkte"   oder   „$0 \in B$ und $\mathbb{C}\backslash B \subset U$"

erfüllt, so kann das Integral mit Hilfe der Residuensatzversionen 1.4 bzw. 3.3 ausgewertet werden:

Fall 1: $B\backslash U$ besitzt nur endlich viele Punkte.

Dann gilt nach 1.4 b):

$$\int_{\partial B} f(z) \, dz = 2\pi i \cdot \sum_{c \in B\backslash U} \text{Res}_c(f) \, .$$

Fall 2: $0 \in B$ und $\mathbb{C}\backslash B \subset U$.

Dann erhält man nach 3.3 und 3.2.1 ii):

$$\int_{\partial B} f(z) \, dz = 2\pi i \cdot \text{ind}_{\partial B}(\infty) \cdot \text{Res}_\infty(f) =$$

$$= 2\pi i \cdot \text{Res}_0 \left(\frac{1}{z^2} \cdot f\left(\frac{1}{z}\right) \right) \, .$$

In Aufgabe VII.3.1 wird ein Integral auf beide Arten berechnet.

Aufgaben zu Kapitel VII , §3

Aufgabe VII.3.1:

Berechnen Sie folgende Integrale mit Hilfe des Residuensatzes

$$J_1 := \int_{\Gamma_1} \frac{e^z}{z} \, dz \quad und \quad J_2 := \int_{\Gamma_2} \frac{1}{(z-2)^2(z-1)^3} \, dz$$

mit $\Gamma_1 : [0;1] \to \mathbb{C}, \, t \mapsto e^{2\pi i t}$ *und* $\Gamma_2 : [0;1] \to \mathbb{C}, \, t \mapsto 3e^{2\pi i t}$.

Lösung:

Zu J_1:

Da der Nullpunkt die einzige isolierte Singularität des Integranden ist und zwar eine Polstelle erster Ordnung, gilt nach dem Residuensatz (1.3) und Regel 5) in 1.2 :

$$J_1 = 2\pi i \cdot \text{Res}_0(\frac{e^z}{z}) = 2\pi i \cdot e^0 = 2\pi i .$$

<u>Zu J_2:</u>

Man betrachte den Integrand $f : \mathbb{C} \setminus \{1;2\} \to \mathbb{C}, \ f(z) := \dfrac{1}{(z-2)^2(z-1)^3}$.

Da beide Bedingungen aus 3.5 erfüllt sind, kann das Integral auf zwei Arten berechnet werden:

1. Berechnungsmölichkeit (Fall 1 aus 3.5):

Im Innern von Γ_2 , in der offene Kreisscheibe $B_3(0)$, liegt eine Polstelle der Ordnung zwei, nämlich 2, und eine Polstelle der Ordnung drei, nämlich 1.

Somit berechnet sich das Integral nach dem Residuensatz (1.3) und Regel 3) in 1.2 zu:

$$J_2 = 2\pi i \cdot \{\text{Res}_1[(z-2)^{-2} \cdot (z-1)^{-3}] + \text{Res}_2[(z-2)^{-2} \cdot (z-1)^{-3}]\} =$$

$$= 2\pi i \cdot \{\lim_{z \to 1} \frac{1}{2!} \frac{d^2}{dz^2}[(z-2)^{-2}] + \lim_{z \to 2} \frac{d}{dz}[(z-1)^{-3}]\} =$$

$$= 2\pi i \cdot \{\frac{6}{2} - 3\} = 0 .$$

2. Berechnungsmöglichkeit (Fall 2 aus 3.5):

Der Integrationsweg Γ_2 kann auch als Weg um den Punkt ∞ aufgefasst werden.

Da die Funktion f in $\mathbb{C} \setminus B_3(0)$ keine isolierten Singularitäten besitzt, gilt somit nach dem Residuensatz für den Punkt ∞ (3.3):

$$J_2 = 2\pi i \cdot \text{ind}_{\Gamma_2}(\infty) \cdot \text{Res}_\infty(f) = -2\pi i \cdot \text{ind}_{\Gamma_2}(0) \cdot \text{Res}_\infty(f) = 2\pi i \cdot \text{Res}_0(\frac{1}{z^2} f(\frac{1}{z})) =$$

$$= -2\pi i \cdot \text{Res}_0(-\frac{1}{z^2} \cdot \frac{1}{(1/z - 2)^2 (1/z - 1)^3}) = -2\pi i \cdot \text{Res}_0(-\frac{z^3}{(1-2z)^2(1-z)^3}) = 0 ,$$

da $z \mapsto -\dfrac{z^3}{(1-2z)^2(1-z)^3}$ im Nullpunkt holomorph ist.

Aufgabe VII.3.2:

a) α) *Es sei f holomorph auf $R := R_{r,\infty}(0) := \{z \in \mathbb{C} : |z| > r\}$ für ein $0 < r \in \mathbb{R}$.*

   Wie muss man das Residuum von f im Punkt ∞ definieren, damit die Aussage des Residuensatzes auch für Integration um die Singularität in ∞ gültig ist.

   β) *Es sei p ein Polynom vom Grad $N \geq 2$.*

   Zeigen Sie: Im Punkt ∞ hat $\dfrac{1}{p}$ das Residuum 0 .

b) *Wieviele Nullstellen (mit ihrer Vielfachheit gezählt) hat das Polynom*
   $$p : z \mapsto 11z^{10} + 3z^2 + 2z + 1 \ \text{in} \ \mathbb{E} \ ?$$

   Berechnen Sie $\int_{\partial \mathbb{E}} \dfrac{dz}{p(z)}$. (Hinweis: Verwenden Sie Aussage a)β).)

<u>Lösung:</u>

a) α) Sei $\gamma : [0,1] \to R$ ein geschlossener Weg in R , so ist durch

$$\tilde{\gamma} : [0,1] \to B_{1/r}(0)\backslash\{0\} , \quad \tilde{\gamma}(t) := (\gamma(t))^{-1}$$

ein geschlossener Weg in $B := B_{1/r}(0)\backslash\{0\}$ gegeben. O.E. sei γ und damit $\tilde{\gamma}$ stetig differenzierbar.

Die komplexe Zahl $\text{Res}_\infty(f)$ muss nun so bestimmt werden, dass die Gleichung

$$(*) \quad \int_\gamma f(z)dz = 2\pi i \cdot \text{ind}_\gamma(\infty) \cdot \text{Res}_\infty(f) = -2\pi i \cdot \text{ind}_\gamma(0) \cdot \text{Res}_\infty(f)$$

erfüllt ist.

Definiert man nun die Funktion

$$g : B \to \mathbb{C} , z \mapsto g(z) := f(z^{-1}) ,$$

so erhält man:

$$(**) \quad \int_\gamma f(z)dz = \int_0^1 f(\gamma(t)) \cdot \gamma'(t)dt = -\int_0^1 g(\frac{1}{\gamma(t)}) \cdot (-\frac{\gamma'(t)}{\gamma^2(t)}) \cdot \gamma^2(t)dt =$$

$$= -\int_0^1 g(\tilde{\gamma}(t)) \cdot \tilde{\gamma}'(t) \cdot \frac{dt}{\tilde{\gamma}^2(t)} = -\int_{\tilde{\gamma}} \frac{g(z)}{z^2} dz =$$

$$= -2\pi i \cdot \text{ind}_{\tilde{\gamma}}(0) \cdot \text{Res}_0(\frac{g(z)}{z^2}) = -2\pi i \cdot \text{ind}_{\tilde{\gamma}}(0) \cdot \text{Res}(z^{-2} \cdot f(z^{-1})) .$$

Es bleibt noch $\text{ind}_{\tilde{\gamma}}(0)$ zu berechnen:

$$(***) \quad \text{ind}_{\tilde{\gamma}}(0) = \int_{\tilde{\gamma}} \frac{dz}{z} = \int_0^1 \frac{\tilde{\gamma}'(t)}{\tilde{\gamma}(t)} dt = -\int_0^1 \gamma(t) \cdot \frac{\gamma'(t)}{\gamma^2(t)} dt =$$

$$= -\int_\gamma \frac{dz}{z} = -\text{ind}_\gamma(0) . \qquad ^9$$

Die Gleichungen $(*),(**),(***)$ zusammengefasst ergeben:

$$-2\pi i \cdot \text{ind}_\gamma(0) \cdot \text{Res}_\infty(f) = 2\pi i \cdot \text{ind}_\gamma(0) \cdot \text{Res}_0(z^{-2} \cdot f(z^{-1}))$$

und somit erhält man das gesuchte Residuum:

$$\text{Res}_\infty(f) = \text{Res}_0(-z^{-2} \cdot f(z^{-1})) .$$

β) Sei $p(z) = a_N z^N + ... + a_0$ $(a_N \neq 0)$, so gilt nach a):

$$\text{Res}_\infty(\frac{1}{p}) = -\text{Res}_0(\frac{z^{-2}}{p(\frac{1}{z})}) = -\text{Res}_0(\frac{z^{N-2}}{a_N + a_{N-1}z + ... + a_0 z^N})$$

Da $a_N \neq 0$ gilt, ist die rationale Funktion um den Nullpunkt eine holomorphe Funktion und

---

9   Dieses Ergebnis kann man auch mit Hilfe der Transformationsregel für Wegintegrale (Kap. V, 1.2.1) herleiten.

damit ist das Residuum Null.

b) Wir wenden den Satz von Rouché (Kap. VI, 3.1.3) auf die Funktionen

$$g(z) = 3z^2 + 2z + 1 \quad\text{und}\quad f(z) = 11z^{10} \text{ an.}$$

Es gilt nämlich für alle $z \in \partial\mathbb{E}$:

$$|g(z)| = |3z^2 + 2z+1| \leq |3z^2| + |2z| + 1 = 3 + 2 + 1 < 11 = |11z^{10}| = |f(z)| .$$

Somit besitzen f und $f + g = p$ in $\mathbb{E}$ gleich viele Nullstellen, also genau 10 (mit Vielfachheiten gerechnet), da 0 zehnfache Nullstelle von g ist. Das Polynom p besitzt also in $\mathbb{C}\backslash\mathbb{E}$ keine Nullstellen.

Nach dem Residuensatz für den unendlich fernen Punkt (3.3) gilt für das gesuchte Integral:

$$\int_{\partial\mathbb{E}} \frac{dz}{p(z)} = 2\pi i \cdot \text{ind}_\gamma(\infty) \cdot \text{Res}_\infty(\frac{1}{p}) .$$

Da der Grad von p größer als 1 ist verschwindet somit nach 1 b) das Residuum, und damit auch das gesuchte Integral:

$$\int_{\partial\mathbb{E}} \frac{dz}{p(z)} = 0 .$$

Aufgabe VII.3.3:

Sei f die meromorphe Funktion $f(z) = \dfrac{1}{1 + z^2}$ und sei $R := \mathbb{C}\backslash\mathbb{E}$.

Zeigen Sie, dass das Integral $\int_\gamma f(z)\,dz$ für Wege $\gamma : [0\,;1] \to R$ nur von den Endpunkten $\gamma(0)$ und $\gamma(1)$ von γ abhängt.

Lösung:

Anmerkung:

Diese ist die zweite Lösungsmethode zur Aufgabe VI.2.2 b).

Nach dem Satz über die Stammfunktionen (Kap. V, 2.2) reicht es zu zeigen, dass das Integral von f über jedem geschlossenen Weg in R verschwindet.

Da $\deg(1 + z^2) = 2$ gilt nach Aufgabe VII.3.2 1b) :

$$\text{Res}_\infty(f) = 0 .$$

Somit gilt für jeden in R geschlossenen Weg α nach dem Residuensatz für den Punkt ∞ (3.3) :

$$\int_\alpha f(z)\,dz = 2\pi i \cdot \text{ind}_\alpha(\infty) \cdot \text{Res}_\infty(f) = 0 .$$

Die Funktion f ist also wegunabhängig integrierbar.

Aufgabe VII.3.4:

Sei f eine auf $\mathbb{C}$ meromorphe Funktion mit $\lim\limits_{z \to \infty} f(z) = 0$. Γ sei eine einfach geschlossene positiv orientierte Jordankurve, so dass alle Polstellen von f im Innern von Γ liegen. Es sei G_i das Innere und G_a das Äußere von Γ.

Für $z \in \mathbb{C} \setminus \Gamma$ sei $\quad g(z) = \int_\Gamma \dfrac{f(\zeta)}{\zeta - z}\, d\zeta$.

Zeigen Sie $g|_{G_i} = 0$ und berechnen Sie $g|_{G_a}$.

Lösung:

Anmerkung: Eine Jordankurve ist ein einfach geschlossener Weg. [10]

Da G_i beschränkt ist, existieren in G_i nur endlich viele Polstellen von f. [11]

Sei nun $c \in G_i$ fest. Ferner bezeichne $b_1, \ldots, b_k$ alle Polstellen von $z \mapsto \dfrac{f(z)}{z - c}$ in G_i, also alle Polstellen von f, unter Hinzunahme des Punktes c, falls dieser nicht hebbar ist.

Nach dem Residuensatz (1.3) und dem Satz über die Residuensumme (3.2.3) gilt nun:

$$g(c) = 2\pi i \cdot \sum_{i=1}^{k} \text{ind}_\Gamma(b_i) \cdot \text{Res}_{b_i}\left(\frac{f(z)}{z-c}\right) = -2\pi i \cdot \text{Res}_\infty\left(\frac{f(z)}{z-c}\right).$$

Da die Abbildung $z \mapsto \dfrac{f(z^{-1})}{1 - zc}$ im Nullpunkt eine hebbare Singularität besitzt, berechnet sich das Residuum nach den Regel ii) von 3.2.1 und Regel 2) von 1.2 zu:

$$\text{Res}_\infty\left(\frac{f(z)}{z-c}\right) = \text{Res}_0\left(-\frac{1}{z^2} \cdot \frac{f(z^{-1})}{\frac{1}{z} - c}\right) = \text{Res}_0\left(-\frac{1}{z} \cdot \frac{f(z^{-1})}{1 - zc}\right) = (-1) \cdot \lim_{z \to 0} \frac{f(z^{-1})}{1 - zc} = 0,$$

gemäß Voraussetzung.

Damit erhalten wir $g(c) = 0$ für alle $c \in G_i$, d. h. $g|_{G_i} = 0$.

Sei nun $c \in G_a$. Ferner seien $b_1, \ldots, b_n$ alle Polstellen von f in G_i. Dies sind auch die Polstellen von $z \mapsto \dfrac{f(z)}{z - c}$ in G_i. Der Punkt c ist eine Polstelle oder eine hebbare Singularität von $z \mapsto \dfrac{f(z)}{z - c}$ in G_a. Wiederum nach dem Residuensatz und dem Satz über die Residuensumme erhält man:

$$g(c) = 2\pi i \cdot \sum_{i=1}^{n} \text{ind}_\Gamma(b_i) \cdot \text{Res}_{b_i}\left(\frac{f(z)}{z-c}\right) = -2\pi i \cdot \left(\text{Res}_\infty\left(\frac{f(z)}{z-c}\right) + \text{Res}_c\left(\frac{f(z)}{z-c}\right)\right).$$

Genau wie oben berechnet sich das erste Residuum zu 0, so dass man schließlich erhält:

$$g(c) = -2\pi i \cdot \text{Res}_c\left(\frac{f(z)}{z-c}\right) = -2\pi i \cdot f(c) \qquad \text{für alle } c \in G_a,$$

d. h. $g|_{G_a} = -2\pi i \cdot f|_{G_a}$.

---

[10]   Siehe Definition in Anhang B.

[11]   Ansonsten würde die Polstellenmenge nach dem Satz von Bolzano-Weierstraß (Kap. II, 1.3.1) im Kompaktum $\overline{G}_i$ einen Häufungspunkt besitzen, im Widerspruch zur Eigenschaft Kap. VI 5.1.2 i) meromorpher Funktionen.

Zusammenfassungen und Übersichten

In den folgenden Abschnitten werden wichtige paragraphenübergreifende Ergebnisse dieses Buches in Übersichten und Tabellen zusammengefasst.

Teil A: Zusammenfassung aller Holomorphie- und Biholomorphiecharakteristika

Teil B: Zusammenfassung der Charakteristika einfach zusammenhängender Gebiete

Teil C: Gegenüberstellung von Potenz- und Laurentreihe

Teil D: Gegenüberstellung von Taylor- und Laurententwicklung

Teil E: Übersicht über die wichtigsten holomorphen Funktionen

Teil A: Zusammenfassungen aller Holomorphie- und
          Biholomorphiecharakteristika

In den folgenden beiden Sätzen sind alle wichtigen Charakteristika holomorpher und biholomorpher Funktionen zusammengefasst, die in diesem Repetitorium behandelt werden.

Satz: Holomorphiecharakteristika

Sei U eine offene Teilmenge von $\mathbb{C}$.
Dann sind die folgenden Aussagen über eine stetige Funktion $f : U \to \mathbb{C}$ äquivalent:

0.   f ist holomorph.

1.1   f ist auf U komplex differenzierbar.

1.2   f ist auf U beliebig oft komplex differenzierbar.

1.3   f ist auf U bis auf eine Menge $A \subset U$, die keinen Häufungspunkt in U besitzt, komplex differenzierbar.

2.1   Zu jedem Punkt $c \in U$ gibt es eine $\mathbb{C}$-lineare Abbildung $L_c : \mathbb{C} \to \mathbb{C}$ und eine in c stetige Funktion $\phi_c : U \to \mathbb{C}$ mit $\phi_c(c) = 0$, so dass für $z \in U$ gilt:

$$f(z) = f(c) + L_c(z - c) + \phi_c(z) \cdot |z - c| .$$

2.2   Zu jedem Punkt $c \in U$ gibt es eine $\mathbb{C}$-lineare Abbildung $L_c : \mathbb{C} \to \mathbb{C}$ mit

$$\lim_{z \to c} \frac{f(z) - f(c) - L_c(z - c)}{z - c} = 0 .$$

3.1   f ist auf U reell differenzierbar und in jedem Punkt von U ist das Differential von f $\mathbb{C}$-linear.

3.2   f ist auf U reell differenzierbar und es gelten auf U die Cauchy-Riemannschen Differentialgleichungen :

$$(\text{Re } f)_x = (\text{Im } f)_y , (\text{Re } f)_y = - (\text{Im } f)_x .$$

3.3   f ist auf U reell differenzierbar und es ist $f_{\bar{z}} = 0$ auf U.

4.1   Für jede kompakte Dreiecksfläche $\blacktriangle \subset U$ gilt : $\int_{\partial\blacktriangle} f(z)dz = 0$.

4.2   Für jeden in U nullhomologen Weg γ gilt: $\int_{\gamma} f(z)dz = 0$.

4.3   Für jeden in U nullhomologen Weg γ gilt:

$$\text{ind}_\gamma(z) \cdot f(z) = \frac{1}{2\pi i} \cdot \int_{\gamma} \frac{f(\zeta)}{\zeta - z} d\zeta \quad \text{für } z \in U \backslash |\gamma| .$$

4.4   f ist auf U lokal wegunabhängig integrierbar. Um jeden Punkt von U gibt also es eine Umgebung in U, auf der die Funktion f wegunabhängig integrierbar ist.

4.5   f ist auf U lokal integrabel. Um jeden Punkt von U gibt es also eine Umgebung in U, auf der die Funktion f eine Stammfunktion besitzt.

5.   f ist analytisch. Um jeden Punkt von U gibt es also eine Umgebung in U, auf der die Funktion f durch eine Potenzreihe darstellbar ist.

6.   f ist meromorph auf U mit leerer Polstellenmenge.

7.   f ist reell differenzierbar und für jede Zusammenhangskomponente Z von U gilt eine der beiden Aussagen:

            a)   f ist konstant auf Z.

            b)   Es gibt eine Teilmenge A von Z ohne Häufungspunkt in Z, so dass f in jedem Punkt von Z\A winkel- und orientierungstreu ist.

Nachweis:

1.1 (Kap. I, 2.1); 1.2 (Kap. I, 3.1); 1.3 (Kap. I, 3.3); 2.1, 2.2 (Kap. I, 1.3); 3.1 (Kap. I, 1.3.1) 3.2, 3.3 (Kap. I, 1.5); 4.1 (Kap. V, 3.2); 4.2 (Kap. V, 3.3); 4.3 (Kap. V, 3.4); 4.4, 4.5 (Kap. V, 3.3); 5 (Kap. VI, 1.2); 6 (Kap. VI, 5.1.2); 7 (Kap. I, 3.4; Kap. IV, 1.5) .

Satz: Biholomorphiecharakteristika

Seien U und V offene Teilmengen von $\mathbb{C}$.
Dann sind die folgenden Aussagen über eine Abbildung f : U → V äquivalent:

0.   f ist biholomorph, d. h. f ist bijektiv und sowohl die Abbildung f als auch ihre Umkehrabbildung f^{-1} : V → U sind holomorph.

1.1   f ist bijektiv und holomorph.

1.2   f ist homöomorph (topologisch) und holomorph.

2.1   f ist konform.

2.2   f ist bijektiv und in jedem Punkt von U winkel- und orientierungstreu.

Nachweis:

1.1, 1.2 (Kap. I, 4.2.2); 2.1, 2.2 (Kap. IV, 1.7) .

Teil B: Charakterisierung einfach zusammenhängender Gebiete

Satz: Einfach zusammenhängende Gebiete

Sei G ein Gebiet in $\mathbb{C}$. Dann sind die folgenden Aussagen äquivalent:

0.   G ist ein einfach zusammenhängendes Gebiet.

1.1   G ist ein homologisch einfach zusammenhängendes Gebiet.

1.2   G ist ein homotopisch einfach zusammenhängendes Gebiet.

1.3   Das Komplement $\mathbb{C}\backslash G$ besitzt keine beschränkten Zusammenhangskomponenten.
      (Anschaulich: G besitzt keine Löcher.)

2.1   G ist die komplexe Zahlenebene oder konform (biholomorph) auf $\mathbb{E}$ abbildbar.

2.2   G ist homöomorph zu $\mathbb{E}$.

3.   Für jede Funktion $f \in \mathcal{O}(G)$ und jeden geschlossenen Weg γ in G gilt:
$$\int_\gamma f(z)dz = 0$$

4.   Jede Funktion $f \in \mathcal{O}(G)$ besitzt eine Stammfunktion $F \in \mathcal{O}(G)$:
$$F' = f$$

5.1   Jede nullstellenfreie Funktion $f \in \mathcal{O}(G)$ besitzt einen holomorphen Logarithmus $\ell_f \in \mathcal{O}(G)$:
$$e^{\ell_f} = f$$

5.2   Jede nullstellenfreie Funktion $f \in \mathcal{O}(G)$ besitzt eine holomorphe Quadratwurzel $w \in \mathcal{O}(G)$:
$$w^2 = f$$

5.3   Jede nullstellenfreie Funktion $f \in \mathcal{O}(G)$ besitzt für jedes $n \in \mathbb{N}$ eine holomorphe n-te Wurzel
      $w \in \mathcal{O}(G)$: $w^n = f$

6.   Zu jeder harmonischen Funktion $u : G \to \mathbb{R}$ existiert eine harmonisch konjugierte
      Funktion $v : G \to \mathbb{R}$.

7.   Für jede Funktion $f \in \mathcal{O}(G)$ und jedes Kompaktum $K \subset G$ gibt es eine Folge von Polynomen,
      die auf K gleichmäßig gegen f konvergiert.

Nachweis:

1.1, 1.2 (Anhang B); 2.1, 2.2 (Aufgabe I.4.2 ; Kap. IV, 1.9); 4 (Kap. V, 2.4 *);
5.1 (Kap. III, 2.4 a) *); 5.2, 5.3 (Kap. III, 3.3 *), 6 (Kap. I, 5.3 *); 7 (Kap. III, 1.4.1 b) *) .

* Diese Sätze liefern nur eine Richtung der Äquivalenz.

Teil C: <u>Gegenüberstellung von Potenz- und Laurentreihe</u>

	reelle Potenzreihe	komplexe Potenzreihe	(komplexe) Laurentreihe
	$\sum_0^\infty a_n (x-c)^n$, c , $a_n \in \mathbb{R}$	$\sum_0^\infty a_n (z-c)^n$, c , $a_n \in \mathbb{C}$	$\sum_{-\infty}^\infty a_n (z-c)^n$, c , $a_n \in \mathbb{C}$
Maximaler offener Konvergenzbereich	Konvergenzintervall $B_\rho(c) :=]c-\rho \, ; c+\rho[$ mit Konvergenzradius $\rho \in [0; \infty]$ (Falls $\rho = 0$: $B_\rho(c) = \emptyset$)	Konvergenzkreis $B_\rho(c) := \{z \in \mathbb{C} : |z-c| < \rho\}$ mit Konvergenzradius $\rho \in [0; \infty]$ (Falls $\rho = 0$: $B_\rho(c) = \emptyset$)	Konvergenzring $R_{r,s} := \{z \in \mathbb{C} : r < |z-c| < s\}$ mit Innenradius $\quad r \in [0; \infty]$ und Außenradius $s \in [0; \infty]$ (Falls $r \geq s$: $R_{r,s}(c) = \emptyset$)
Menge M der Konvergenzpunkte	$B_\rho(c) \subset M \subset \overline{B_\rho(c)}$ Keine allgemeine Aussage über das Konvergenzverhalten in den Randpunkten möglich.		$R_{r,s}(c) \subset M \subset \overline{R_{r,s}(c)}$ Keine allgemeine Aussage über das Konvergenzverhalten in den Randpunkten möglich.
Bestimmung der Konvergenzradien	$\rho = (\limsup\limits_{n \to \infty} \sqrt[n]{|a_n|})^{-1}$ <small>(Cauchy-Hadamardsche Formel)</small> $\rho = \lim\limits_{n \to \infty} |\dfrac{a_n}{a_{n+1}}|$, falls der Limes existiert. <small>(Quotientenformel)</small>		$\dfrac{1}{r}$ ist der Konvergenzradius von $\sum_1^\infty a_{-n} (z-c)^n$. s ist der Konvergenzradius von $\sum_0^\infty a_n (z-c)^n$.
Konvergenzverhalten	Die Potenzreihe konvergiert auf $B_\rho(c)$ kompakt.		Die Laurentreihe konvergiert auf $R_{r,s}(c)$ kompakt.
Ableitung und Stammfunktion der Grenzfunktion	Die Grenzfunktion f ist auf $B_\rho(c)$ ∞-oft (reell) differenzierbar. Die Potenzreihe $\sum_0^\infty n(n-1) \cdot \dots \cdot (n-(k-1)) \cdot a_n (x-c)^{n-k}$ besitzt ebenfalls das Konvergenzintervall $B_\rho(c)$ und stellt dort die Ableitungsfunktion $f^{(k)}$ dar. Die Potenzreihe $\sum_0^\infty (n+1)^{-1} a_n (x-c)^{n+1}$ besitzt ebenfalls das Konvergenzintervall $B_\rho(c)$ und stellt dort eine Stammfunktion von f dar.	Die Grenzfunktion f ist auf $B_\rho(c)$ ∞-oft komplex differenzierbar (holomorph). Die Potenzreihe $\sum_0^\infty n(n-1) \cdot \dots \cdot (n-(k-1)) \cdot a_n (z-c)^{n-k}$ besitzt ebenfalls den Konvergenzkreis $B_\rho(c)$ und stellt dort die Ableitungsfunktion $f^{(k)}$ dar. Die Potenzreihe $\sum_0^\infty (n+1)^{-1} a_n (z-c)^{n+1}$ besitzt ebenfalls den Konvergenzkreis $B_\rho(c)$ und stellt dort eine Stammfunktion von f dar.	Die Grenzfunktion f ist auf $R_{r,s}(c)$ ∞-oft komplex differenzierbar (holomorph). Die Laurentreihe $\sum_{-\infty}^\infty n(n-1) \cdot \dots \cdot (n-(k-1)) \cdot a_n (z-c)^{n-k}$ besitzt ebenfalls den Konvergenzring $R_{r,s}(c)$ und stellt dort die Ableitungsfunktion $f^{(k)}$ dar. Falls $a_{-1} = 0$, so besitzt die Laurentreihe $\sum_{-\infty}^\infty (n+1)^{-1} a_n (z-c)^{n+1}$ ($n \neq -1$) ebenfalls den Konvergenzkreis $R_{r,s}(c)$ und stellt dort eine Stammfunktion von f dar. Falls $a_{-1} \neq 0$, so existiert keine Stammfunktion von f auf $R_{r,s}(c)$.

Teil D: <u>Gegenüberstellung von Taylor- und Laurententwicklung</u>

reelle Taylorentwicklung	**komplexe Taylorentwicklung**
Sei $J \subset \mathbb{R}$ offen, $f : J \to \mathbb{R}$ unendlich oft reell differenzierbar und $c \in J$.	Sei $U \subset \mathbb{C}$ offen, $f : U \to \mathbb{C}$ unendlich oft komplex differenzierbar (holomorph) und $c \in U$.

a) Die reelle Potenzreihe $\sum_0^\infty a_n (x-c)^n$ mit $a_n := (n!)^{-1} \cdot f^{(n)}(c)$ für $n \in \mathbb{N}_0$ heißt <u>die Taylorreihe von f um c</u>.

a') Die komplexe Potenzreihe $\sum_0^\infty a_n (z-c)^n$ mit $a_n := (n!)^{-1} \cdot f^{(n)}(c)$ für $n \in \mathbb{N}_0$ heißt <u>die Taylorreihe von f um c</u>.

b) Die Taylorreihe konvergiert nicht notwendig auf einer (auch noch so kleinen) ε-Umgebung von c. Sie besitzt also nicht notwendig einen positiven Konvergenzradius ρ.

b') Die Taylorreihe konvergiert sicher auf der größten offenen Kreisscheibe B um c, die noch in U liegt.

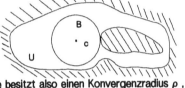

Sie besitzt also einen Konvergenzradius ρ, der größer oder gleich dem Randabstand dist $(\partial U, c)$ ist.
(Falls $\partial U = \emptyset$, also $U = \mathbb{C}$, wird $\rho = \infty$ gesetzt.)
Stets gilt also: $c \in B \subset B_\rho(c)$.

c) Falls die Taylorreihe einen positiven Konvergenzradius ρ besitzt, so konvergiert sie auf $B_\rho(c) := \,]c-\rho\,;\,c+\rho[$ kompakt.

c') Auf $B_\rho(c)$ konvergiert die Taylorreihe kompakt.

d) Auch im Falle eines positiven Konvergenzradius konvergiert die Taylorreihe nicht notwendig auch nur in einem Punkt $z \neq c$, $z \in J$, gegen $f(z)$.

d') Auf B konvergiert die Taylorreihe gegen die holomorphe Funktion f.

e) Ist die Funktion f um den Punkt c durch eine Potenzreihe (mit reellen oder komplexen Koeffizienten) darstellbar, so stimmt diese Potenzreihe mit <u>der</u> Taylorreihe von f um c überein (s.o.).
Man spricht daher von <u>der</u> Taylorentwicklung von f um c.

e') Ist die Funktion f um den Punkt c durch eine Potenzreihe darstellbar, so stimmt diese Potenzreihe mit <u>der</u> Taylorreihe von f um c überein (s.o.).

Man spricht daher von <u>der</u> Taylorentwicklung von f um c.

Die Koeffizienten sind festgelegt durch:

$$a_n = \frac{1}{2\pi i} \cdot \int_{\partial B_{\rho'}(c)} \frac{f(z)}{(z-c)^{n+1}}\,dz$$

für beliebiges ρ' mit $0 < \rho' < \rho$.

Laurententwicklung

Sei $U \subset \mathbb{C}$ offen, $f : U \to \mathbb{C}$ unendlich oft komplex differenzierbar (holomorph), c ein nicht notwendig in U liegender Punkt in $\mathbb{C}$ und $\rho > 0$ mit $\partial B_\rho(c) \subset U$.

a") Die Laurentreihe $\sum_{-\infty}^{\infty} a_n (z-c)^n$ mit $a_n := \frac{1}{2\pi i} \cdot \int_{\partial B_\rho(c)} \frac{f(z)}{(z-c)^{n+1}} dz$

heißt die Laurentreihe von f auf $\partial B_\rho(c)$ mit Zentrum c .

b") Die Laurentreihe konvergiert sicher auf dem größten offenen Kreisring R mit Zentrum c für den $\partial B_\rho(c) \subset R \subset U$ gilt.

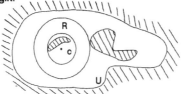

Sie besitzt also einen Konvergenzring $R_{r,s}(c)$, dessen Innenradius r kleiner oder gleich $\sup\{0 < \rho' < \rho : \partial B_{\rho'}(c) \not\subset U\}$ und dessen Außenradius s größer oder gleich $\inf\{\rho' > \rho : \partial B_{\rho'}(c) \not\subset U\}$ ist.

(Falls kein $0 < \rho' < \rho$ mit $\partial B_{\rho'}(c) \not\subset U$ bzw. kein $\rho' > \rho$ mit $\partial B_{\rho'}(c) \not\subset U$ existiert, so wird $r = 0$ bzw. $s = \infty$ gesetzt.)

Stets gilt also: $\partial B_\rho(c) \subset R \subset R_{r,s}(c)$ mit $0 \le r < \rho < s \le \infty$.

c") Auf $R_{r,s}(c)$ konvergiert die Laurentreihe kompakt.

d") Auf R konvergiert die Laurentreihe gegen die holomorphe Funktion f .

e") Ist die Funktion f auf dem Kreisring R durch eine Laurentreihe darstellbar, so stimmt diese Laurentreihe mit der Laurentreihe von f auf $\partial B_\rho(c)$ überein (s.o.).

Man spricht daher von der Laurententwicklung von f auf R.

Die Koeffizienten sind festgelegt durch:

$$a_n := \frac{1}{2\pi i} \cdot \int_{\partial B_{\rho'}(c)} \frac{f(z)}{(z-c)^{n+1}} dz$$

für beliebiges ρ' mit $r < \rho' < s$.

Beachte: Auf verschiedenen Kreisringen kann f unterschiedliche Laurentdarstellungen besitzen. (Vergleiche Aufgabe II.4.1.)

Teil E: <u>Übersicht über die wichtigsten holomorphen Funktionen</u>

Funktion	Definition	Def.-bereich	Werte-bereich	Null-stellen	Periode	Funktionalgleichung Additionstheorem	Ableitungs-funktion
exp	$\exp z = \sum_0^\infty \frac{z^n}{n!}$	$\mathbb{C}$	$\mathbb{C}^*$	$\emptyset$	$2\pi i$	$\exp(z + z') =$ $= \exp(z) \cdot \exp(z')$ $(\exp z)^{-1} = \exp(-z)$	$\exp z$
cos	$\cos z = \sum_0^\infty \frac{(-1)^n}{(2n)!} z^{2n}$	$\mathbb{C}$	$\mathbb{C}$	$\frac{\pi}{2} + \pi\mathbb{Z}$	2π	$\cos(z \pm z') =$ $= \cos z \cdot \cos z' \mp$ $\mp \sin z \cdot \sin z'$	$- \sin z$
sin	$\sin z = \sum_0^\infty \frac{(-1)^n}{(2n+1)!} z^{2n+1}$	$\mathbb{C}$	$\mathbb{C}$	$\pi\mathbb{Z}$	2π	$\sin(z \pm z') =$ $= \sin z \cdot \cos z' \pm$ $\pm \cos z \cdot \sin z'$	$\cos z$
cot	$\cot z = \dfrac{\cos z}{\sin z}$	$\mathbb{C}\setminus\pi\mathbb{Z}$	$\mathbb{C}$	$\frac{\pi}{2} + \pi\mathbb{Z}$	π	$\cot(z \pm z') =$ $= \dfrac{\cot z \cdot \cot z' -1}{\cot z \pm \cot z'}$	$-(\sin z)^{-2} =$ $-(1+\cot^2 z)$
tan	$\tan z = \dfrac{\sin z}{\cos z}$	$\mathbb{C}\setminus(\frac{\pi}{2} + \pi\mathbb{Z})$	$\mathbb{C}$	$\pi\mathbb{Z}$	π	$\tan(z \pm z') =$ $= \dfrac{\tan z \pm \tan z'}{1 \mp \tan z \cdot \tan z'}$	$(\cos z)^{-2} =$ $1+\tan^2 z$
log Hauptzweig des Logarithmus	$\log : \mathbb{C}^- \to G_0$ $z = \|z\| \cdot \exp(i \cdot \arg z) \mapsto$ $\mapsto \ln \|z\| + i \cdot \arg z$	$\mathbb{C}^-$	G_0	$\{1\}$	—	$\log(z \cdot z') =$ $= \log z + \log z'$, falls $\arg z + \arg z' \in \;]-\pi,\pi[$	$\dfrac{1}{z}$
a^z , $a \in \mathbb{C}^*$ allgem. Exponential-funktion	$a^z = \exp(z \cdot \log a)$ (log a = Hauptwert des Logarithmus von a)	$\mathbb{C}$ falls $\log a \neq 0$	$\mathbb{C}^*$	$\emptyset$	$\dfrac{2\pi i}{\log a}$ falls $\log a \neq 0$	$a^{z+z'} = a^z \cdot a^{z'}$	$\log(a) \cdot a^z$

Gebiete:

$G_0 := \{z \in \mathbb{C} : -\pi < \text{Im } z < \pi\}$; $\quad B_1 := \mathbb{C}\backslash\{z = t : t \in \mathbb{R}, |t| \geq 1\}$; $\quad B_2 := \mathbb{C}\backslash\{z = it : t \in \mathbb{R}, |t| \geq 1\}$;

$S_1 := \{z \in \mathbb{C} : 0 < \text{Re } z < \pi\}$; $\quad S_2 := \{z \in \mathbb{C} : -\frac{\pi}{2} < \text{Re } z < \frac{\pi}{2}\}$; $\quad S_3 := \{z \in \mathbb{C} : 0 < \text{Im } z < \pi\}$;

$S_4 := \{z \in \mathbb{C} : -\frac{\pi}{2} < \text{Im } z < \frac{\pi}{2}\}$.

Reihendarstellung Folgendarstellung	Darstellung durch andere Funktionen	Injektivitätsgebiet Umkehrfunktion	Wichtige Beziehungen Bemerkungen
Siehe Definition. $\exp z =$ $= \lim_n (1 + \frac{z}{n})^n$ auf $\mathbb{C}$	$\exp(iz) =$ $= \cos z + i \cdot \sin z$ „Eulersche Formel"	G_0 ist ein Injektivitätsgebiet. $\log : \mathbb{C}^- \to G_0$ (Hauptzweig)	i) Schreibweise: $e^z = \exp z$ ii) Charakteristisch für exp ist auch das Anfangswertproblem $f' - f = 0$, $f(0) = 1$ iii) $\exp^{-1}(1) = 2\pi i \mathbb{Z}$
Siehe Definition. $\cos z =$ $= \frac{1}{2} \cdot (e^{iz} + e^{-iz})$ $\cos z =$ $= \sin (z + \frac{\pi}{2})$		S_1 ist ein Injektivitätsgebiet. $\arccos : B_1 \to S_1$ (Hauptzweig)	i) $\sin^2 z + \cos^2 z = 1$ ii) Charakteristisch für cos ist auch das Anfangswertproblem $f'' + f = 0$, $f(0) = 1$ iii) $\cos(-z) = \cos z$
Siehe Definition. $\sin z =$ $= \frac{1}{2i} \cdot (e^{iz} - e^{-iz})$ $\sin z =$ $= \cos (z - \frac{\pi}{2})$		S_2 ist ein Injektivitätsgebiet. $\arcsin : B_1 \to S_2$ (Hauptzweig)	i) $\sin^2 z + \cos^2 z = 1$ ii) Charakteristisch für sin ist auch das Anfangswertproblem $f'' + f = 0$, $f(0) = 0$ iii) $\sin(-z) = -\sin z$
$\cot z =$ $\frac{1}{z} - \sum_1^\infty \frac{2^{2n}}{(2n)!} B_n \cdot z^{2n-1}$ auf $B_\pi(0)\backslash\{0\}$. (B_n : Bernoullische Zahlen)	$\cot z =$ $= i \cdot \frac{e^{2iz} + 1}{e^{2iz} - 1}$	S_1 ist ein Injektivitätsgebiet. $\text{arccot} : B_2 \to S_1$ (Hauptzweig)	$\cot(-z) = -\cot z$
$\tan z =$ $\sum_1^\infty \frac{2^{2n}(2^{2n}-1)}{(2n)!} B_n \cdot z^{2n-1}$ auf $B_{\pi/2}(0)$. (B_n : Bernoullische Zahlen)	$\tan z =$ $i \cdot \frac{1 - e^{2iz}}{1 + e^{2iz}}$	S_2 ist ein Injektivitätsgebiet. $\arctan : B_2 \to S_2$ (Hauptzweig)	$\tan(-z) = -\tan z$
$\log z =$ $\sum_1^\infty (-1)^{n-1} \frac{1}{n} \cdot (z-1)^n$ auf $B_1(1)$ „Logarithmusreihe"		ganz $\mathbb{C}^-$ ist ein Injektivitätsgebiet. $\exp : G_0 \to \mathbb{C}^-$	log ist Stammfunktion zu $\text{inv} : \mathbb{C}^- \to \mathbb{C}, z \mapsto z^{-1}$.
$a^z =$ $\sum_0^\infty \frac{(\log a)^n}{n!} \cdot z^n$ auf $\mathbb{C}$		von a abhängig	Für $a = e$ gilt: $e^z = \exp z$.

Funktion	Definition	Def.-bereich	Werte-bereich	Null-stellen	Periode	Funktionalgleichung Additionstheorem	Ableitungs-funktion
z^a, $a \in \mathbb{C}$ Hauptzweig d. a-ten Potenz	$z^a : \mathbb{C}^- \to \mathbb{C}$ $z \mapsto \exp(a \cdot \log z)$	$\mathbb{C}^-$	von a abhäng.	$\emptyset$	—	$(z \cdot z')^a = z^a \cdot z'^{\,a}$, falls $\arg z + \arg z' \in \,]-\pi,\pi[$	$a \cdot z^{a-1}$
$p(z) =$ $a_n z^n + ... + a_0$ Polynom $a_i \in \mathbb{C}$, $a_n \neq 0$		$\mathbb{C}$	$\mathbb{C}$ falls $n \geq 1$	$\neq \emptyset$ falls $n \geq 1$	—		$n \cdot a_n \cdot z^{n-1} + ...$ $... + a_1$
cosh	$\cosh z = \frac{1}{2} \cdot (e^z + e^{-z})$	$\mathbb{C}$	$\mathbb{C}$	$i\frac{\pi}{2} +$ $+ i\pi\mathbb{Z}$	$2\pi i$	$\cosh(z \pm z') =$ $= \cosh z \cdot \cosh z' \pm$ $\pm \sinh z \cdot \sinh z'$	$\sinh z$
sinh	$\sinh z = \frac{1}{2} \cdot (e^z - e^{-z})$	$\mathbb{C}$	$\mathbb{C}$	$i\pi\mathbb{Z}$	$2\pi i$	$\sinh(z \pm z') =$ $= \sinh z \cdot \cosh z' \pm$ $\pm \cosh z \cdot \sinh z'$	$\cosh z$
arccos Hauptzweig d. Arcuscosinus	Umkehrfunktion von $\cos\vert_{S_1} : S_1 \to B_1$	B_1	S_1	$\emptyset$	—		$-(\sqrt{1-z^2}\,)^{-1}$ ($\sqrt{\quad}$ Haupt-zweig)
arcsin Hauptzweig d. Arcussinus	Umkehrfunktion von $\sin\vert_{S_2} : S_2 \to B_1$	B_1	S_2	$\{0\}$	—		$(\sqrt{1-z^2}\,)^{-1}$ ($\sqrt{\quad}$ Haupt-zweig)
arccot Hauptzweig d. Arcuscotang.	Umkehrfunktion von $\cot\vert_{S_1} : S_1 \to B_2$	B_2	S_1	$\emptyset$	—		$-(1+z^2)^{-1}$
arctan Hauptzweig d. Arcustangens	Umkehrfunktion von $\tan\vert_{S_2} : S_2 \to B_2$	B_2	S_2	$\emptyset$	—		$(1+z^2)^{-1}$

Reihendarstellung Folgendarstellung	Darstellung durch andere Funktionen	Injektivitätsgebiet Umkehrfunktion	Wichtige Beziehungen Bemerkungen
$z^a = \sum_0^\infty \binom{a}{n} \cdot (z-1)^n$ auf $B_1(1)$ „Binomische Reihe"		von a abhängig	Ist $a \in \mathbb{Z}$, so stimmt z^a mit der „gewöhnlichen" a-ten Potenz überein.
		Falls $n = 1$: $\mathbb{C}$ $p^{-1}(z) =$ $= a_1^{-1} \cdot z - a_0 \cdot a_1^{-1}$	Falls $n \geq 1$: $\lim_{z \to \infty} p(z) = \infty$
$\cosh z = \sum_0^\infty \frac{1}{(2n)!} \cdot z^{2n}$ auf $\mathbb{C}$	$\cosh z = \cos(iz)$	S_3 ist ein Injektivitätsgebiet $\text{arcosh} : B_1 \to S_3$ (Hauptzweig des Areacosinus)	$\cosh^2 z - \sinh^2 z = 1$ $\cosh(-z) = \cosh z$
$\sinh z = \sum_0^\infty \frac{1}{(2n+1)!} \cdot z^{2n+1}$ auf $\mathbb{C}$	$\sinh z = -i \cdot \sin(iz)$	S_4 ist ein Injektivitätsgebiet $\text{arsinh} : B_2 \to S_4$ (Hauptzweig des Areasinus)	$\cosh^2 z - \sinh^2 z = 1$ $\sinh(-z) = -\sinh z$
$\arccos z =$ $\frac{\pi}{2} - \sum_0^\infty \frac{(2n+1)!!}{(2n)!!(2n+1)^2} \cdot z^{2n+1}$ auf $\mathbb{E}$	$\arccos z =$ $= i \cdot \log(z + i\sqrt{1-z^2})$ ($\log$ und $\sqrt{\ }$ Haupt- zweige)	Siehe Definition.	$\arccos z + \arcsin z = \frac{\pi}{2}$
$\arcsin z =$ $\sum_0^\infty \frac{(2n+1)!!}{(2n)!!(2n+1)^2} \cdot z^{2n+1}$ auf $\mathbb{E}$	$\arcsin z =$ $= i \cdot \log(-iz + \sqrt{1-z^2})$ ($\log$ und $\sqrt{\ }$ Haupt- zweige)	Siehe Definition.	$\arccos z + \arcsin z = \frac{\pi}{2}$
$\text{arccot } z =$ $\frac{\pi}{2} - \sum_0^\infty \frac{(-1)^n}{2n+1} \cdot z^{2n+1}$ auf $\mathbb{E}$	$\text{arccot } z =$ $= \frac{1}{2i} \cdot \log\left(\frac{z+i}{z-i}\right)$ ($\log$ Hauptzweig)	Siehe Definition.	$\text{arccot } z + \arctan z = \frac{\pi}{2}$
$\arctan z =$ $\sum_0^\infty \frac{(-1)^n}{2n+1} \cdot z^{2n+1}$ auf $\mathbb{E}$	$\arctan z =$ $= \frac{1}{2i} \cdot \log\left(\frac{1+iz}{1-iz}\right)$ ($\log$ Hauptzweig)	Siehe Definition.	$\text{arccot } z + \arctan z = \frac{\pi}{2}$

Anhang A
Topologische und
ordnungtheoretische Grundbegriffe

1. Topologische Grundbegriffe

Die folgende alphabetisch geordnete Zusammenstellung der verwendeten topologischen Grundbegriffe erhebt keinen Anspruch auf Vollständigkeit. Die formulierten Kurzdefinitionen wurden den
Erfordernissen dieses Buches angepasst. Die topologischen Begriffe „Weg" und „Gebiet" werden
wegen ihrer großen Bedeutung im folgenden Anhang B gesondert behandelt.

Das Zeichen * deutet an, dass der dahinter stehende Begriff an anderer Stelle definiert wird.

Wenn nichts anderes angegeben ist, bezeichnet M im Folgenden einen *metrischen Raum. Man kann
dann - falls größere Allgemeinheit angestrebt wird - sogar auch von einem *topologischen Raum ausgehen.

Da die einzigen metrischen Räume in diesem Repetitorium die Teilmengen von $\mathbb{C}$, $\mathbb{P}$ und $\mathbb{R}^n$ sind, kann
man sich unter M stets einen dieser Räume vorstellen. Das Symbol $\mathbb{K}$ bezeichnet entweder den
Zahlenkörper $\mathbb{R}$ oder den Zahlenkörper $\mathbb{C}$. Alle im Folgenden auftretenden Mengen seien nichtleer.

o　Die abgeschlossene Hülle einer Teilmenge U von M besteht aus den *inneren Punkten und den
　*Randpunkten von U in M.
　Symbol: $\overline{U}$.

o　Eine Abbildung f : M → N zwischen zwei *metrischen (oder allgemeiner: *topologischen)
　Räumen M und N heißt abgeschlossen (offen), falls mit jeder *abgeschlossenen (*offenen) Menge
　A ⊂ M auch f(A) ⊂ N *abgeschlossen (*offen) ist.

o　Ein Punkt p aus M heißt Berührpunkt einer Teilmenge U von M, falls jede *Umgebung von p in M
　mindestens einen Punkt mit U gemeinsam hat.

o　Eine Folge $(c_n)_n$ in einem *metrischen Raum M mit *Metrik d heißt Cauchyfolge in M, wenn zu
　jedem $\varepsilon > 0$ ein Index $N_\varepsilon \in \mathbb{N}$ existiert, so dass für alle natürlichen Zahlen n, m ≥ N_ε stets
　$d(c_n, c_m) < \varepsilon$ gilt.

o　Seien V und U Teilmengen von M mit V ⊂ U. Man sagt, die Menge V liegt dicht in U, falls in jeder
　*Umgebung eines jeden Punktes aus U mindestens ein Punkt aus V liegt.

o　Eine Teilmenge U von M heißt diskret in M, falls alle Punkte von U *isolierte Punkte von U sind.
　(Zur Beachtung: 　In der Literatur gibt es keine einheitliche Definition dieses Begriffs. Die hier
　　　　　　　　　　verwendete Definition ist die häufigste.)

o　Seien M und M' *metrische Räume mit *Metriken d bzw. d', D eine Teilmenge von M, c' ∈ M' und
　f : D → M' eine Abbildung.

　Fall 1:
　Sei c ∈ M ein *Häufungspunkt von D. Der Punkt c' heißt der Grenzwert der Abbildung f in c,
　wenn zu jedem $\varepsilon > 0$ ein $\delta > 0$ existiert, so dass für alle x ∈ D\{c} mit d(x, c) < δ gilt:
　$d'(f(x), c') < \varepsilon$.

　Fall 2:
　Sei M = $\mathbb{R}$ (oder M = $\mathbb{C}$) mit euklidischer Metrik d(x, y) := |x − y| und D ⊂ $\mathbb{R}$ *nach oben unbe-

schränkt (bzw. $D \subset \mathbb{C}$ *unbeschränkt). Der Punkt c' heißt der Grenzwert der Abbildung f in ∞, wenn zu jedem $\varepsilon > 0$ ein $K > 0$ existiert, so dass für alle $x \in D$ mit $x > K$ (bzw. $|x| > K$) gilt: $d'(f(x), c') < \varepsilon$

Fall 3:
Sei M' = $\mathbb{R}$ (oder M' = $\mathbb{C}$) mit euklidischer Metrik $d(x,y) := |x-y|$ und $c \in M$ ein *Häufungspunkt von D. Man sagt, die Abbildung f strebt für $x \to c$ gegen ∞, wenn zu jedem $K' > 0$ ein $\delta > 0$ existiert, so dass für alle $x \in D \backslash \{c\}$ mit $d(x,c) < \delta$ gilt: $f(x) > K'$ (bzw. $|f(x)| > K'$).

Fall 4:
Sei M = $\mathbb{R}$ (oder M = $\mathbb{C}$) und M' = $\mathbb{R}$ (oder M' = $\mathbb{C}$) mit euklidischer Metrik $d(x, y) := |x-y|$ und $D \subset \mathbb{R}$ *nach oben unbeschränkt (bzw. $D \subset \mathbb{C}$ *unbeschränkt).
Man sagt, die Abbildung f strebt für $x \to \infty$ gegen ∞, wenn zu jedem $K' > 0$ ein $K > 0$ existiert, so dass für alle $x \in D$ mit $x > K$ (bzw. $|x| > K$) gilt: $f(x) > K'$ (bzw. $|f(x)| > K'$).

Definitionen für „-∞" analog.

Symbol: $\lim\limits_{x \to c} f(x) = c'$ oder $f(x) \to c'$ für $x \to c$

mit $c \in M$ oder $c = \pm \infty$, $c' \in M'$ oder $c' = \pm \infty$.

○ Ein Punkt p aus M heißt Häufungspunkt einer Teilmenge U von M, falls in jeder *Umgebung von p in M ein Punkt aus U liegt, der von p verschieden ist.

○ Ein Punkt p aus M heißt Häufungswert der Folge $(c_n)_n$ in M, falls in jeder *Umgebung von p in M ein Folgenglied c_n liegt.

Bemerkung: Statt eines Häufungswerts einer Folge spricht man auch oft von einem Häufungspunkt einer Folge.

○ Eine bijektive und in beide Richtungen *stetige Abbildung $f : M \to N$ zwischen zwei *metrischen Räumen (oder allgemeiner: zwischen zwei *topologischen Räumen) M und N heißt homöomorphe oder topologische Abbildung.

Beispiele: Alle diffeomorphen und biholomorphen (konformen) Abbildungen.

○ Ein Punkt p aus einer Teilmenge U von M heißt innerer Punkt von U, falls U eine *Umgebung von p in M ist.

○ Ein Punkt p aus einer Teilmenge U von M heißt isolierter Punkt von U, falls eine *Umgebung von p in M existiert, in der außer p keine weiteren Punkte aus U liegen.

○ Eine Teilmenge U von M heißt kompakt, falls aus jeder Überdeckung von U mit *offenen Teilmengen von M (sog. „offene Überdeckung von M") stets endlich viele dieser offenen Mengen ausreichen, um U zu überdecken.

Beispiele: · Die beschränkten und abgeschlossenen Teilmengen des $\mathbb{R}^n$ und $\mathbb{C}^n$ sind genau die kompakten Teilmengen (Satz von Heine-Borel).
· Die Riemannsche Zahlensphäre $\mathbb{P}$ und deren abgeschlossene Teilmengen.

○ Eine Folge $(c_n)_n$ aus einem *metrischen Raum M mit *Metrik d heißt konvergent gegen den Grenzwert $c \in M$, falls zu jedem $\varepsilon > 0$ einen Index $N_\varepsilon \in \mathbb{N}$ existiert, so dass $d(c_n, c) < \varepsilon$ für alle $n \geq N_\varepsilon$ gilt.

Symbol: $\lim\limits_{n \to \infty} c_n = c$.

○ Ein *metrischer Raum heißt lokal kompakt, falls jeder seiner Punkte eine *kompakte Umgebung besitzt.

Beispiele: Alle Teilräume von $\mathbb{R}$, $\mathbb{C}$ und $\mathbb{P}$.

○ Eine Menge M mit einer Abbildung $d : M \times M \to \mathbb{R}$ heißt metrischer Raum mit Metrik d, falls für beliebige Punkte x, y und z aus M die folgenden Eigenschaften erfüllt sind:

(i) $d(x, y) = 0 \Leftrightarrow x = y$,

(ii) $d(x, y) = d(y, x)$,   (Symmetrie)

(iii) $d(x, y) \leq d(x, y) + d(y, z)$.   (Dreiecksungleichung)

Eine Teilmenge U von M wird durch die Einschränkung d_U von d auf $U \times U$ selbst zu einem metrischen Raum, einem <u>metrischen Teilraum</u> von M. Die zugehörige Metrik $d_U : U \times U \rightarrow \mathbb{R}$ heißt die von M auf U <u>induzierte Metrik</u>.

Beispiele: · Die wichtigsten Beispiele sind die metrischen Räume $\mathbb{R}^n$ und $\mathbb{C}^n$ ($n \in \mathbb{N}$) mit der gewöhnlichen euklidischen Metrik und $\mathbb{P}$ mit der vom $\mathbb{R}^3$ induzierten Metrik.
              · Alle *normierten Vektorräume $(V, \| \cdot \|)$ mit der Metrik $d(x, y) := \|x-y\|$ ($x, y \in V$).

o   Ein $\mathbb{R}$- oder $\mathbb{C}$-Vektorraum V mit einer Abbildung $\| \cdot \| : V \rightarrow \mathbb{R}, v \mapsto \|v\|$ heißt <u>normierter</u> <u>Vektorraum</u> mit <u>Norm</u> $\| \cdot \|$, falls für beliebige Punkte v,w aus V und einer beliebigen reellen bzw. komplexen Zahl λ die folgenden Eigenschaften erfüllt sind:

(i) $\|v\| = 0 \Leftrightarrow v = 0$,

(ii) $\|\lambda v\| = |\lambda| \cdot \|v\|$,

(iii) $\|v+w\| \leq \|v\| + \|w\|$.   (Dreiecksungleichung)

Beispiele: · Die Vektorräume $\mathbb{R}^n$ und $\mathbb{C}^n$ ($n \in \mathbb{N}$) mit der gewöhnlichen euklidischen Norm $\|x\| = |x| = (x_1\bar{x}_1 + \ldots + x_n\bar{x}_n)^{1/2}$ ($x = (x_1, \ldots, x_n) \in \mathbb{R}^n$ oder $\mathbb{C}^n$).
              · Der $\mathbb{K}$-Vektorraum B aller auf einem *metrischen Raum M definierten und beschränkten Funktionen $f : M \rightarrow \mathbb{K}$ wird durch die Abbildung (Supremumsnorm) $\| \cdot \| : B \rightarrow \mathbb{R}, f \mapsto \|f\| := \sup_{x \in M} |f(x)|$ zu einem normierten Vektorraum.

o   Der <u>offene Kern</u> einer Teilmenge U von M besteht aus den *inneren Punkten von U in M.

    Symbol: $\overset{o}{U}$

o   Ein Punkt p aus M heißt <u>Randpunkt</u> einer Teilmenge U von M, falls jede *Umgebung von p in M sowohl mit U als auch mit $M \setminus U$ mindestens einen Punkt gemeinsam hat. Die Menge aller Randpunkte von U in M heißt der <u>Rand</u> von U.

    Symbol: ∂U

o   Sei U eine nichtleere Teilmenge von M. Eine Menge $V \subset U$ heißt <u>offen</u> in der <u>Relativtopologie</u> von M auf U (oder in der von M auf U <u>induzierten Topologie</u>), wenn es eine in M *offene Menge W gibt, so dass gilt $V = W \cap U$.

    U ist mit dieser *Topologie ein eigenständiger *topologischer Raum, ein <u>topologischer Teilraum</u> von M.

Beispiel: · Die Riemannsche Zahlensphäre $\mathbb{P}$ kann als topologischer Teilraum des $\mathbb{R}^3$ aufgefasst werden.
              · Die Zahlenebene $\mathbb{C}$ kann als topologischer Teilraum der Riemannschen Zahlensphäre $\mathbb{P}$ aufgefasst werden.

o   Eine Abbildung zwischen *metrischen (oder allgemeiner: *topologischen) Räumen heißt <u>stetig</u>, falls Urbilder *offener Mengen stets offen sind.

Beispiele: · Alle reell differenzierbaren und holomorphen Abbildungen (Funktionen).
              · Die Konjugation $\bar{} : \mathbb{C} \rightarrow \mathbb{C}$, $z \mapsto \bar{z}$
              · Die Summe und das Produkt reell- oder komplexwertiger stetiger Funktionen
              · Das Inverse Kehrwert einer reell- oder komplexwertigen, nirgends verschwindenden stetigen Funktion
              · Kompositionen stetiger Abbildungen
              · Die Funktionen Re : $\mathbb{C} \rightarrow \mathbb{R}$ und Im : $\mathbb{C} \rightarrow \mathbb{R}$

o   Seien M und N *metrische (oder allgemeiner: *topologische) Räume und $c \in M$. Eine Funktion $f : M \rightarrow N$ heißt <u>stetig im Punkt c</u>, falls zu jeder Umgebung $U_{f(c)}$ von f(c) in N eine Umgebung V_c von c in M existiert mit $f(V_c) \subset U_{f(c)}$.

Beispiel: $M \subset \mathbb{C}$ (oder $\mathbb{R}$), $N = \mathbb{C}$ (oder $\mathbb{R}$), $U_{f(c)} = B_\varepsilon(f(c))$ und $V_c = B_\delta(c)$:
Existiert zu jedem $\varepsilon > 0$ ein $\delta > 0$, so dass für alle $z \in M$ mit $|z - c| < \delta$ die Ungleichung $|f(z) - f(c)| < \varepsilon$ erfüllt ist, so ist f in c stetig.

o   Eigenschaften und Beziehungen, die bei *stetigen Abbildungen zwischen *metrischen Räumen (oder allgemeiner: *topologischen Räumen) auf den Zielraum übertragen werden, heißen stetige Invarianten und solche die bei *homöomorphen (topologischen) Abbildungen auf den Zielraum übertragen werden, topologische Invarianten.

Jede stetige Invariante ist demnach auch eine topologische, aber nicht umgekehrt!

Beispiele für stetige Invarianten: *Kompaktheit, *Zusammenhang, *Berührpunkt-Beziehung

Beispiele für topologische Invarianten: Einfacher Zusammenhang, *Offenheit, *Abgeschlossenheit, *Innerer-Punkt-Beziehung

o   Eine Menge M mit einer Menge $\mathcal{T}$ von Teilmengen von M heißt ein topologischer Raum mit Topologie $\mathcal{T}$, falls die drei folgenden Axiome (sog. „Topologie-Axiome") erfüllt sind:

    (i)   Die Vereinigung von beliebig vielen Mengen aus $\mathcal{T}$ ist selbst eine Menge aus $\mathcal{T}$.

    (ii)   Der Durchschnitt endlich vieler Mengen aus $\mathcal{T}$ ist selbst eine Menge aus $\mathcal{T}$.

    (iii)   Die Mengen $\emptyset$ und M sind Mengen aus $\mathcal{T}$.

Die Elemente von $\mathcal{T}$ heißen die offenen Mengen des topologischen Raumes M. Eine Teilmenge U von M heißt abgeschlossen, falls $M \setminus U$ eine offene Menge (also ein Element in $\mathcal{T}$) ist.

Mit dieser Definition können die Axiome (i),(ii) und (iii) auch folgendermaßen formuliert werden:

    (i')   Die Vereinigung von beliebig vielen offenen Mengen ist selbst eine offene Menge.

    (ii')   Der Durchschnitt endlich vieler offener Mengen ist selbst eine offene Menge.

    (iii')   Die Mengen $\emptyset$ und M sind offene Mengen.

Beispiele: Alle *metrischen Räume mit den durch die *Metrik definierten gewöhnlichen offenen Mengen (z. B. $\mathbb{R}^n$ und $\mathbb{C}^n$ mit der euklidischen Metrik, $\mathbb{P}$ mit der vom euklidischen $\mathbb{R}^3$ *induzierten Metrik).

o   Eine Teilmenge U von M heißt Umgebung eines Punktes p aus M, falls eine *offene Menge V in M existiert mit $p \in V \subset U$. Die Menge $U \setminus \{p\}$ heißt dann punktierte Umgebung von p in M.

Beispiel: Die offenen Kreisscheiben $B_r(c) := \{ z \in \mathbb{C} : |z - c| < r \}$ sind offene Umgebungen von c in U.

o   Ein *metrischer Raum M heißt vollständig, wenn jede *Cauchyfolge in M einen *Grenzwert in M besitzt.

Beispiele: Die *metrischen Räume $\mathbb{R}^n$, $\mathbb{C}^n$ und $\mathbb{P}$ ($n \in \mathbb{N}$) und alle *abgeschlossenen Teilmengen, nicht aber z. B. der euklidische Teilraum $]0; 1]$ von $\mathbb{R}$.

o   Eine *stetige Abbildung $\gamma : [a,b] \to M$ eines *kompakten Intervalls $[a,b] \subset \mathbb{R}$ in M heißt Weg in M mit Anfangspunkt $\gamma(a)$ und Endpunkt $\gamma(b)$. (Details siehe Anhang B.)

o   Eine nichtleere Teilmenge U von M heißt wegzusammenhängend, falls zu je zwei Punkten $p, q \in U$ ein *Weg γ in M existiert mit Anfangspunkt p und Endpunkt q.

Jeder wegzusammenhängende Raum U ist auch *zusammenhängend.

Ist U offen in M und *zusammenhängend, so auch wegzusammenhängend.

o   Eine nichtleere Teilmenge U von M heißt zusammenhängend, falls für zwei beliebige *offene Mengen V und W in M mit der Eigenschaft, dass die Mengen $U \cap V$ und $U \cap W$ disjunkt sind und U überdecken, gilt: $$U \cap V = \emptyset \text{ oder } U \cap W = \emptyset$$

Die Menge U ist genau dann zusammenhängend, wenn die leere Menge $\emptyset$ und U die einzigen Teilmengen von U sind, die in U (bezüglich der *Relativtopologie von M auf U) zugleich *offen und *abgeschlossen sind.

2.   Ordnungstheoretische Grundbegriffe

Die folgende Zusammenstellung ordnungstheoretischer Begriffe beschränkt sich auf die in diesem Repetitorium benötigten Grundbegriffe.

Auch hier deutet das Zeichen * an, dass der dahinterstehende Begriff an anderer Stelle definiert wird.

Alle im Folgenden auftretenden Mengen seien nichtleer.

o   Sei M eine Menge.

Eine Relation $R \subset M \times M$ auf M heißt Ordnungsrelation auf M (man schreibt oft „a $\leq$ b" anstatt „$(a,b) \in R$", falls die Relation R

(i)	reflexiv	(für alle $a \in M$ gilt: $a \leq a$),
(ii)	antisymmetrisch	(für alle $a, b \in M$ gilt: Aus $a \leq b$ und $b \leq a$ folgt $a = b$),
(iii)	transitiv	(für alle $a, b, c \in M$ gilt: Aus $a \leq b$ und $b \leq c$ folgt $a \leq c$) ist.

Die Relation R heißt konnexe (vollständige) Ordnungsrelation auf M, falls sie zusätzlich

(iv)	konnex	(für alle $a, b \in M$ gilt: $a \leq b$ oder $b \leq a$) ist.

Die Menge M heißt dann durch R geordnet bzw. konnex geordnet. (Die Eigenschaften (i) bis (iv) nennt man Ordnungsaxiome).

Ferner wird definiert: $a < b$ $:\Leftrightarrow$ $a \leq b$ und $a \neq b$.

Beispiele: · $\mathbb{R}$ und alle Teilmengen von $\mathbb{R}$ sind durch die gewöhnliche „$\leq$" - Relation konnex geordnet.

· Die Potenzmenge $\mathscr{P}$ (N) einer beliebigen Menge N ist durch die „$\subseteq$" - Relation geordnet. Besitzt N mindestens zwei Elemente, so ist dies keine konnexe Ordnung.

· Jede Teilmenge einer (konnex) geordneten Menge ist selbst (konnex) geordnet.

o   Sei K ein Körper mit einer *konnexen Ordnungsrelation R (man schreibt wieder „a $\leq$ b" anstatt „$(a,b) \in R$").

Der Körper K heißt angeordnet, falls die Relation R im Folgenden Sinne mit der algebraischen Struktur von K verträglich ist:

(i)	Für alle $a, b, k \in K$ mit $a \leq b$ gilt: $a + k \leq b + k$. (1. Monotoniegesetz)
(ii)	Für alle $a, b \in K$ mit $0 \leq a$ und $0 \leq b$ gilt: $0 \leq a \cdot b$. (2. Monotoniegesetz)

Die Elemente $p \in K$ mit $p \geq 0, p \neq 0$ heißen positiv.

Der Körper K heißt archimedisch angeordnet, falls zusätzlich das Archimedische Axiom erfüllt ist:

(iii)	Für alle $a, b \in K$ mit $0 < a$ und $0 < b$ gibt es ein $n \in \mathbb{N}$ mit $b < n \cdot a$.

Beispiele: · Der Körper $\mathbb{R}$ ist mit der gewöhnlichen „$\leq$" - Relation archimedisch angeordnet.

· Der Körper $\mathbb{C}$ lässt sich nicht anordnen.

o   Sei M eine *geordnete Menge, $N \subset M$ und $a \in M$.

a heißt maximales Element von M, falls für alle $x \in N$ mit $a \leq x$ gilt: $a = x$.

(Analog: minimales Element)

a heißt obere Schranke von N, falls für alle $x \in N$ gilt: $x \leq a$.

(Analog: untere Schranke)

a heißt <u>Supremum</u> von N, falls gilt: i) a ist obere Schranke von N .

                                           ii) Ist $a' \in M$ eine obere Schranke von N mit $a' \leq a$,

                                              so gilt: $a' = a$.

(Analog: <u>Infimum</u>)

Existiert ein Supremum (Infimum) der Menge N, so ist es eindeutig bestimmt.

Existiert ein maximales (minimales) Element der Menge N, so ist es i. a. nicht eindeutig bestimmt.

Sofern aber M und damit N *konnex geordnet sind (z. B. M $\subset$ $\mathbb{R}$) und ein maximales (minimales) Element existiert, so ist es eindeutig bestimmt. Man spricht dann auch von <u>dem Maximum</u> (<u>Minimum</u>) von N.

Symbol: max(N), min(N)

Beispiele: · $]0;1] \subset \mathbb{R}$:   Es existiert kein minimales Element.

                                       0 ist Infimum.

                                       1 ist Supremum und maximales Element (Maximum).

           · $[0;\infty[\subset \mathbb{R}$:   0 ist Infimum und minimales Element (Minimum).

                                       Es existiert weder ein Supremum, noch ein maximales Element oder obere Schranken.

           · Jede nichtleere, nach oben (nach unten) *beschränkte Teilmenge von $\mathbb{R}$ besitzt ein Supremum (Infimum). („Supremumseigenschaft")

           · Sei $K \subset \mathbb{R}$ kompakt, so existieren max(K) und min(K).

Unter dem <u>Maximum</u> (<u>Minimum</u>) <u>einer reellwertigen Funktion</u> versteht man das *Maximum (*Minimum) ihrer Wertemenge.

○   Sei M eine *geordnete Menge und N $\subset$ M.

Die Teilmenge N von M heißt <u>nach oben</u> (<u>nach unten</u>) <u>beschränkt</u>, falls N eine obere (untere) Schranke besitzt. Ansonsten heißt N <u>nach oben</u> (<u>nach unten</u>) <u>unbeschränkt</u>.

Die Teilmenge N heißt <u>beschränkt</u>, falls sie nach oben und nach unten beschränkt ist. Ansonsten heißt N <u>unbeschränkt</u>.

Eine Teilmenge U von $\mathbb{C}$ heißt <u>beschränkt</u>, falls die Menge $|U| := \{|z| : z \in U\} \subset \mathbb{R}$ beschränkt ist. Ansonsten heißt U <u>unbeschränkt</u>.

○   Sei M eine *geordnete Menge und $(x_n)_n$ eine Folge in M.

Die Folge heißt <u>beschränkt</u>, falls die Menge $\{x_n : n \in \mathbb{N}\} \subset M$ *beschränkt ist.

Insbesondere ist eine komplexe Folge $(z_n)_n$ beschränkt, wenn die Menge $|\{z_n : n \in \mathbb{N}\}| = \{|z_n| : n \in \mathbb{N}\} \subset \mathbb{R}$ *beschränkt ist.

○   Sei M eine *geordnete Menge, X eine beliebige Menge und $f : X \to M$ eine Abbildung (Funktion). Die Abbildung f heißt <u>beschränkt</u>, falls die Bildmenge $f(X) := \{f(x) : x \in X\} \subset M$ *beschränkt ist.

Insbesondere ist eine komplexwertige Funktion $f : X \to \mathbb{C}$ beschränkt, falls die reellwertige Funktion $|f| : X \to \mathbb{R}$, $x \mapsto |f(x)|$ beschränkt ist.

Entsprechend sind die Begriffe <u>nach oben</u> (<u>unten</u>) <u>beschränkte</u> Abbildung (Funktion) und <u>nach oben</u> (<u>unten</u>) <u>unbeschränkte</u> Abbildung (Funktion) zu definieren.

○   Sei M eine *geordnete Menge und (x_n) eine Punktfolge in M. Die Folge $(x_n)_n$ heißt <u>monoton steigend</u> (<u>monoton fallend</u>), falls gilt: $x_1 \leq x_2 \leq x_3 \ldots$ ($x_1 \geq x_2 \geq x_3 \geq \ldots$) .

Die Folge $(x_n)_n$ heißt <u>echt</u> oder <u>streng monoton steigend</u> (<u>fallend</u>), falls sie monoton steigend (fallend) ist und die Folgenglieder paarweise verschieden sind.

Anhang B
Wege und Gebiete in der Funktionentheorie

1. Wege in der Zahlenebene $\mathbb{C}$

Sei im Folgenden $U \subset \mathbb{C}$ offen und a, b, c, d reelle Zahlen mit $a < b$ und $c < d$.

○ **Weg:**

Eine stetige Abbildung $\gamma : [a,b] \to U$, $t \mapsto \gamma(t)$, heißt ein <u>Weg</u> in U. Wege werden oft auch <u>Kurven</u> genannt.

Man nennt $\gamma(a)$ den <u>Anfangspunkt</u>,

$\quad\quad\quad\quad\gamma(b)$ den <u>Endpunkt</u> und

$\quad\quad\quad\quad|\gamma| := \gamma([a,b])$ den <u>Träger</u>, die <u>Spur</u> oder das <u>Bild</u> von γ in U.

Man spricht bei der Abbildung γ auch von einer <u>Parametrisierung</u> des Trägers oder des Weges.

Ein Weg γ in U heißt (stetig) <u>differenzierbar</u>, falls die Abbildung γ (stetig) <u>differenzierbar</u> ist.

○ **Summenweg $\gamma = \gamma_1 + \gamma_2$:**

Sei $\gamma_1 : [a,b] \to U$ und $\gamma_2 : [c,d] \to U$ zwei Wege in U mit $\gamma_1(b) = \gamma_2(c)$, so wird durch

$$\gamma : [a, d-c+b] \to U, \quad t \mapsto \begin{cases} \gamma_1(t) & \text{für } t \in [a;b] \\ \gamma_2(t+c-b) & \text{für } t \in [b; d-c+b] \end{cases}$$

ein Weg in U definiert, der <u>Summenweg</u>
der Teilwege γ_1 und γ_2.

Symbol: $\gamma = \gamma_1 + \gamma_2$

Diese Wegeaddition ist assoziativ, d. h. Klammern können weggelassen werden.

○ **Stückweise stetig differenzierbare Wege, Wege im engeren Sinn:**

Ein Weg γ in U heißt <u>stückweise stetig differenzierbar</u>, falls endlich viele stetig differenzierbare Wege $\gamma_1, \ldots, \gamma_n$ in U existieren mit $\gamma = \gamma_1 + \ldots + \gamma_n$.

> Falls in dem vorliegenden Repetitorium von Wegen oder Integrationswegen die Rede ist, versteht man darunter stets stückweise stetig differenzierbare Wege.

○ **Nullweg:**

Ein Weg γ in U heißt <u>Nullweg</u>, falls sein Träger $|\gamma|$ einpunktig ist.

○ **Umkehrweg $-\gamma$:**

Sei $\gamma : [a,b] \to U$ ein Weg, so wird durch $-\gamma : [a,b] \to U$, $t \mapsto \gamma(a+b-t)$, ein Weg in U definiert, der <u>Umkehrweg</u> von γ oder der zu γ <u>entgegengesetzte</u> Weg.

Für $\gamma_1 + (-\gamma_2)$ schreibt man auch $\gamma_1 - \gamma_2$.

○ **einfacher Weg:**

Ein Weg γ in U heißt <u>einfach</u>, falls die Abbildung γ injektiv ist.

o geschlossener Weg, einfach geschlossener Weg:

Ein Weg $\gamma : [a,b] \to U$ heißt <u>geschlossen</u>, falls $\gamma(b) = \gamma(a)$ ist.

Ist zusätzlich $\gamma|_{[a,b[}$ injektiv, so heißt γ <u>einfach geschlossen</u>, oder <u>Jordankurve</u>.

Insbesondere kreuzt sich eine Jordankurve nirgends.

o <u>Indexfunktion (Umlaufzahl)</u> Ind$_\gamma$ eines geschlossenen Weges γ:

Definition in Kapitel V, 3.1 .

o <u>Das Innere Int(γ) und das Äußere Ext(γ) eines geschlossenen Weges:</u>

Definition in Kapitel V, 3.1 .

Für einen einfach geschlossenen Weg γ in ℂ gilt:

ind$_\gamma$ ist konstant +1 oder konstant −1 auf Int(γ) .

Der folgende Satz ist genauso einleuchtend wie schwierig zu beweisen:

<u>Jordanscher Kurvensatz:</u>

Das Innere Int(γ) und das Äußere Ext(γ) eines einfach geschlossenen Weges γ sind Gebiete in ℂ , wobei Int(γ) beschränkt und Ext(γ) unbeschränkt ist.

Die Mengen Int(γ), $|\gamma|$ und Ext(γ) bilden eine disjunkte Zerlegung von ℂ .

o <u>Orientierung:</u>

Sei γ ein einfach geschlossener Weg in ℂ . Dann nennt man

γ <u>positiv orientiert</u>, falls   ind$_\gamma$(z) > 0   für alle $z \in$ Int(γ) ,

γ <u>negativ orientiert</u>, falls   ind$_\gamma$(z) < 0   für alle $z \in$ Int(γ) .

Die Orientierung lässt sich auch anschaulich deuten:
Liegt das Innere Int(γ) eines einfach geschlossenen Weges γ zu seiner Linken (bzw. Rechten), so ist γ positiv (bzw. negativ) orientiert.

o <u>Beispiele für Wege:</u>

i) Durch $\gamma : [0;1] \to$ ℂ , $t \mapsto (1-t) \cdot z_0 + t \cdot z_1$ wird die <u>Strecke</u> von $z_0 \in$ ℂ nach $z_1 \in$ ℂ parametrisiert.
Statt γ schreibt man oft auch einfach $[z_0, z_1]$. Der Träger von γ ist natürlich das Intervall $[z_0, z_1]$.
Ist $z_0 = z_1$, so ist $[z_0, z_1]$ ein Nullweg.

ii) Durch $\gamma : [0;2\pi] \to$ ℂ , $t \mapsto c + r \cdot e^{+it}$ (bzw. $t \mapsto c + r \cdot e^{-it}$) , $c \in$ ℂ , $r > 0$, wird die <u>Kreislinie</u> um c mit Radius r „positiv" (bzw. „negativ") parametrisiert.
Im Falle einer positiven Parametrisierung schreibt man statt γ auch einfach $\partial B_r(c)$ oder $|z - c| = r$ und spricht von der <u>Standardparametrisierung</u> der Kreislinie $\partial B_r(c)$.
Die drei Schreibweisen $\int_\gamma \ldots dz$, $\int_{\partial B_r(c)} \ldots dz$ und $\int_{|z-c|=r} \ldots dz$ sind somit gleichbedeutend.

iii) Seien $z_0, z_1, \ldots, z_n \in$ ℂ mit $z_{i-1} \neq z_i$ für $1 \leq i \leq n$, so heißt der Summenweg $[z_0, z_1] + \ldots + [z_{n-1}, z_n]$ <u>Streckenzug</u> oder <u>Polygonzug</u> in ℂ .
Zum Beispiel ist $[z_0, z_1] + [z_1, z_2] + [z_2, z_0]$ die <u>Randkurve</u> eines Dreiecks mit den Eckpunkten $z_0, z_1, z_2 \in$ ℂ .
Statt $[z_0, z_1] + [z_1, z_2] + [z_2, z_0]$ schreibt man oft auch $\partial \blacktriangle$.

2.   Gebiete in der Zahlenebene $\mathbb{C}$

o   Bereich:

Eine offene Teilmenge U von $\mathbb{C}$ (oder von $\mathbb{P}$) nennt man Bereich in $\mathbb{C}$ (bzw. $\mathbb{P}$).
Im Allgemeinen wird in diesem Repetitorium von nichtleeren offenen Mengen ausgegangen.

o   Gebiet:

$G \subset \mathbb{C}$ (oder $G \subset \mathbb{P}$) ist ein Gebiet in $\mathbb{C}$ (bzw. $\mathbb{P}$), falls G offen und zusammenhängend in $\mathbb{C}$ (bzw. $\mathbb{P}$) ist.
Ein Gebiet in $\mathbb{C}$ (bzw. $\mathbb{P}$) ist wegzusammenhängend.

o   Zusammenhangskomponente

Sei U eine Teilmenge von $\mathbb{C}$ oder $\mathbb{P}$. Für $c \in U$ sei $Z_c \subset \mathbb{C}$ (bzw. $\mathbb{P}$) die Vereinigung aller zusammenhängenden Teilmengen von U , die c beinhalten.

Die Mengen Z_c , $c \in U$, heißen die Zusammenhangskomponenten von U .

Sie sind selbst zusammenhängend und bilden eine Zerlegung von U , d. h. $U = \underset{c \in U}{\cup} Z_c$ mit $Z_c = Z_{c'}$ oder $Z_c \cap Z_{c'} = \emptyset$ $(c, c' \in U)$.

Jede offene Menge in $\mathbb{C}$ oder $\mathbb{P}$ ist Vereinigung von höchstens abzählbar vielen (paarweise verschiedenen) Zusammenhangskomponenten.

So besteht z. B. nebenstehende nichtschraffierte Menge aus vier Zusammenhangskomponenten.

o   Homologie und Homotopie (heuristisch):

Sei $U \subset \mathbb{C}$ offen und γ ein geschlossener Weg in U .

Homologie	Homotopie
i) γ heißt nullhomolog in U, falls sein Inneres $\mathrm{Int}(\gamma)$ in U liegt. (Vgl. Kap. V, 3.1.1.)	i) γ heißt nullhomotop in U, falls γ sich stetig in U zu einem Nullweg zusammenziehen lässt.

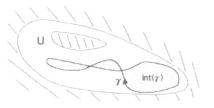   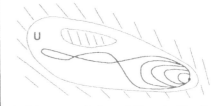

ii) Seien α und β geschlossene Wege in U. Sie heißen homogen in U, falls $\mathrm{ind}_\alpha(z) = \mathrm{ind}_\beta(z)$ für alle $z \in \mathbb{C}\setminus U$ gilt.	ii) Seien α und β zwei Wege in U mit gleichem Anfangspunkt und gleichem Endpunkt. Sie heißen homotop in U, falls der Summenweg $\alpha - \beta$ nullhomotop in U ist.
iii) Ist U ein Gebiet, so heißt U homologisch einfach zusammenhängend, falls jeder geschlossene Weg in U nullhomolog in U ist.	iii) Ist U ein Gebiet, so heißt U homotopisch einfach zusammenhängend, falls jeder geschlossene Weg in U nullhomotop in U ist.

Zur Beachtung:

Es gilt zwar die Implikation:

$$\gamma \text{ ist nullhomotop in U} \Rightarrow \gamma \text{ ist nullhomolog in U,}$$

die Umkehrung gilt im Allgemeinen aber nicht.

Seien zum Beispiel $U := \mathbb{C}^*$ und γ_1, γ_2, γ_3, γ_4 die positiv orientierten Rand-kurven der Kreisscheiben $B_1(0)$, $B_{1,5}(0{,}5)$, $B_2(1)$, $B_{2,5}(1{,}5)$ mit jeweils -1 als Anfangs- und Endpunkt.

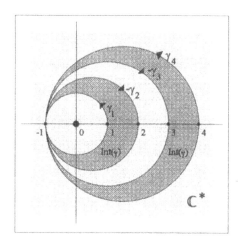

So ist der geschlossene Weg $\gamma := \gamma_1 - \gamma_2 - \gamma_3 + \gamma_4$ zwar null-homolog (da $\text{Int}(\gamma) \subset U$), aber nicht nullhomotop, da bei jeder zu einem Null-weg führenden stetigen Deformation des Weges γ dieser über des Nullpunkt hin-weggezogen werden muss.

○ Sterngebiet:

Ein Gebiet G in $\mathbb{C}$ heißt sternförmig oder ein Sterngebiet, falls es ein $c \in G$ gibt, so dass für alle $z \in G$ die Strecke $[z,c]$ in G liegt.

○ Konvexes Gebiet:

Ein Gebiet G in $\mathbb{C}$ heißt konvex, falls für alle $z, w \in G$ die Strecke $[z,w]$ in G liegt.

○ Einfach zusammenhängendes Gebiet:

Sei G ein Gebiet in $\mathbb{C}$, so sind die folgenden Aussagen äquivalent:

i) G ist homologisch einfach zusammenhängend.

ii) G ist homotopisch einfach zusammenhängend.

iii) Das Komplement von $\mathbb{C}\backslash G$ besitzt keine beschränkten Zusammenhangskomponenten. (Anschaulich: G besitzt keine „Löcher".)

Ist eine dieser Aussagen erfüllt, nennt man G ein einfach zusammenhängendes Gebiet.

Zum Beispiel hängt jedes Sterngebiet und jedes konvexe Gebiet in $\mathbb{C}$ einfach zusammen (z.B $\mathbb{C}^-$, $\mathbf{E}$, $\mathbf{H}$, $\mathbb{C}\backslash\{t \in \mathbb{R} : |t| \geq 1\}$).

Zur Beachtung:

In vielen Definitionen und Sätzen wird nicht nur die Offenheit von Mengen, sondern zusätzlich der Zusammenhang dieser Mengen vorausgesetzt. Man achte daher stets genau darauf, ob offene Mengen, Gebiete oder sogar einfach zusammenhängende Gebiete vorausgesetzt werden.

3.   Zusammenfassung

Sei U ⊂ ℂ offen und γ ein Weg in U .

Wege in U	Offene Mengen in ℂ

Weg:

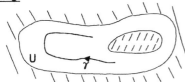

Offene Menge (Bereich):

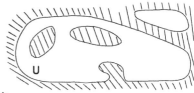

geschlossener Weg:

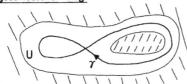

Gebiet:

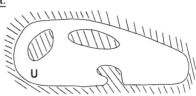

einfach geschlossener Weg:

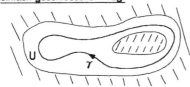

einfach zusammenhängendes Gebiet:

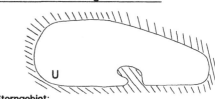

nullhomologer Weg:

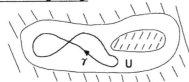

Sterngebiet:

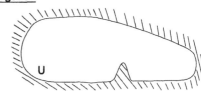

einfach geschlossener nullhomologer Weg:

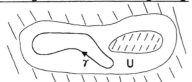

konvexes Gebiet:

... , der sein Inneres positiv berandet:

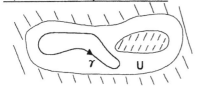

kreisförmiges Gebiet:

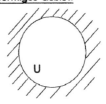

Anhang C
Erläuterungen und Beispiele zu häufig auftretenden Formulierungen

Die folgende Liste beinhaltet Formulierungen von Aussagen, die sich in diesem Repetitorium mehrmals wiederholen und erfahrungsgemäß oft Schwierigkeiten bereiten.

Die zahlreichen Beispiele sollen zum besseren Verständnis dieser Aussagen beitragen.

Im Folgenden sei U eine offene Teilmenge von $\mathbb{C}$ oder $\mathbb{P}$, W eine beliebige Teilmenge von $\mathbb{C}$, $\mathbb{P}$ oder $\mathbb{R}^n$ und a ein Punkt aus $\mathbb{P}$.

o   „Die Menge $M \subset W$ ist abgeschlossen (offen) in W."

[Siehe: * Definition von „Relativtopologie" in Anhang A, 1. Topologische Grundbegriffe;

 * „M besitzt keinen Häufungspunkt in W"]

Die Teilmenge W von $\mathbb{C}$ ($\mathbb{P}$ bzw. $\mathbb{R}^n$) betrachtet man hier als eigenständigen topologischen Raum, einen topologischen Teil- oder Unterraum von $\mathbb{C}$ ($\mathbb{P}$ bzw. $\mathbb{R}^n$).

Eine Teilmenge M von W heißt abgeschlossen (offen) in W, falls eine in $\mathbb{C}$ ($\mathbb{P}$ bzw. $\mathbb{R}^n$) abgeschlossene (offene) Menge A existiert mit $A \cap W = M$.

Beispiele:

i) $W_1 := \mathbb{E}$, $M_1 := \{z \in \mathbb{C} : \text{Re } z \geq 0, |z| < 1\}$, $A_1 := \{z \in \mathbb{C} : \text{Re } z \geq 0\}$;
    M_1 ist abgeschlossen in W_1, da A_1 in $\mathbb{C}$ abgeschlossen ist und $A_1 \cap W_1 = M_1$ gilt.
    Aber M_1 ist nicht abgeschlossen in $\mathbb{C}$!

ii) $W_2 := \{z \in \mathbb{C} : \text{Im } z \geq 0\}$, $M_2 := \{z \in \mathbb{C} : \text{Im } z \geq 0, |z| < 1\}$, $A_2 := \mathbb{E}$;
    M_2 ist offen in W_2, da A_2 in $\mathbb{C}$ offen ist und $A_2 \cap W_2 = M_2$ gilt.
    Aber M_2 ist nicht offen in $\mathbb{C}$!

iii) $W_3 := \mathbb{C}^*$ (oder $\mathbb{P}^*$), $M_3 := \{\frac{1}{n} : n \in \mathbb{N}\}$, $A_3 := M_3 \cup \{0\}$;
    M_3 ist abgeschlossen in W_3, da A_3 in $\mathbb{C}$ (und $\mathbb{P}$) abgeschlossen ist mit $A_3 \cap W_3 = M_3$.
    Aber M_3 ist nicht abgeschlossen in $\mathbb{C}$ (oder in $\mathbb{P}$).

Allgemeiner Satz:

$M \subset W$ ist genau dann abgeschlossen in W, falls alle Häufungspunkte von M in W auch zu M gehören.

o   „Die Teilmenge W von $\mathbb{C}$ ($\mathbb{P}$ oder $\mathbb{R}^n$) ist dicht in $\mathbb{C}$ ($\mathbb{P}$ oder $\mathbb{R}^n$)."

[Siehe: * Definition in Anhang A, 1. Topologische Grundbegriffe;

 * Satz von Casorati-Weierstraß (Kap. VI, 3.2.4) und Kap. VI, 4.3.4]

Beispiele:

i) $\mathbb{Q}$ ist dicht in $\mathbb{R}$.

ii) $\mathbb{Q} \times \mathbb{Q}$ ist dicht in $\mathbb{R}^2$.

iii) $\mathbb{R}$ ist nicht dicht in $\mathbb{C}$.

iv) $\mathbb{C}$ ist dicht in $\mathbb{P}$.

v) Ist M eine endliche Teilmenge von $\mathbb{C}$, so ist $\mathbb{C} \setminus M$ dicht in $\mathbb{C}$.

vi) Ist G eine Gerade oder Kreislinie in $\mathbb{C}$,   vii) Ist B eine offene Kreisscheibe in $\mathbb{C}$, so ist $\mathbb{C}\backslash B$
    so ist $\mathbb{C}\backslash G$ dicht in $\mathbb{C}$.   nicht dicht in $\mathbb{C}$.

○ A_1 : „Die Menge $M \subset W$ besitzt keinen Häufungspunkt in W."

    A_2 : „Die Menge $M \subset W$ ist abgeschlossen in W."

    A_3 : „Die Menge $M \subset W$ ist diskret in W."

[Siehe: * Definitionen in Anhang A, 1. Topologische Grundbegriffe;
        * Identitätssatz (Kap. I, 3.2), Satz von Mittag-Leffler (Kap. VI, 6.1.3), Weierstraßscher
          Produktsatz (Kap. VI, 6.2.6), Residuensatz (Kap. VII, 1.3), … ;
        * Definition von meromorpher Funktion (Kap. VI, 5.1);
        * „Die Menge $M \subset W$ ist abgeschlossen in W" (oben);
        * „Der Punkt $p \in W$ ist Häufungswert der Folge $(c_n)_n$ in W"]

Beispiele:

$W_1 := \mathbb{C}$, $W_2 := \mathbb{C}^*$, $W_3 := \mathbb{P}$;

$M_1 := \{ \frac{1}{n} : n \in \mathbb{N} \}$, $M_2 := M_1 \cup \{0\}$, $M_3 := \mathbb{N}$;

1. Fall: $W = W_1$, $M = M_1$:

    A_1 falsch (Nullpunkt ist Häufungspunkt von M in W.)

    A_2 falsch (Nicht jeder Häufungspunkt von M in W gehört auch zu M.)

    A_3 wahr

2. Fall: $W = W_1$, $M = M_2$:

    A_1 falsch (Nullpunkt ist Häufungspunkt von M in W.)

    A_2 wahr

    A_3 falsch (Nullpunkt ist kein isolierter Punkt von M in W.)

3. Fall: $W = W_1$, $M = M_3$:

    A_1 bis A_3 wahr

4. Fall: $W = W_2$, $M = M_1$:

    A_1 wahr (Nullpunkt liegt nicht in W.)

    A_2 wahr (M_2 ist in $\mathbb{C}$ abgeschlossen (vgl. 2. Fall) und $M_1 = M_2 \cap W_2$.)

    A_3 wahr

5. Fall: $W = W_2$, $M = M_2$: M ist keine Teilmenge von W.

6. Fall: $W = W_2$, $M = M_3$: Wie 3. Fall

7. Fall: $W = W_3$, $M = M_1$: Wie 1. Fall

8. Fall: $W = W_3$, $M = M_2$: Wie 2. Fall

9. Fall: $W = W_3$, $M = M_3$:

    A_1 falsch (Punkt ∞ ist Häufungspunkt von M in W.)

    A_2 falsch (Nicht jeder Häufungspunkt von M in W gehört auch zu M.)

    A_3 wahr

Allgemeine Sätze:

I. $A_1 \Leftrightarrow A_2$ und zugleich A_3

$A_1 \Rightarrow A_3$

$A_3 \not\Rightarrow A_1$ (vgl. 1. Fall)

II. Gilt A_1, so ist M   * endlich oder abzählbar unendlich

        * im Fall W = $\mathbb{P}$ endlich.

III. Ist die Menge M leer, so erfüllt sie die Eigenschaft A_2 „per definitionem" und die Eigenschaften A_1 und A_3 „by default".

o H_1 : „Der Punkt $p \in \mathbb{C}$ ($\mathbb{P}$ bzw. $\mathbb{R}^n$) ist Häufungswert der Folge $(c_n)_n$ in $\mathbb{C}$ ($\mathbb{P}$ oder $\mathbb{R}^n$)."

H_2 : „Der Punkt $p \in \mathbb{C}$ ($\mathbb{P}$ bzw. $\mathbb{R}^n$) ist Häufungspunkt der Menge W in $\mathbb{C}$ ($\mathbb{P}$ oder $\mathbb{R}^n$)."

[Siehe: * Definitionen in Anhang A, 1. Topologische Grundbegriffe

        * „Die Menge $M \subset W$ besitzt keinen Häufungspunkt in W."]

Beispiele:

i)   Der Nullpunkt ist Häufungswert der Folge $(\frac{1}{n})_n$ in $\mathbb{C}$.

Der Nullpunkt ist Häufungspunkt der Menge $\{\frac{1}{n} : n \in \mathbb{N}\}$ in $\mathbb{C}$.

ii) Die Punkte -1 und 1 sind die Häufungswerte der Folge $((-1)^n)_n$ in $\mathbb{C}$.

Die Menge $\{-1 ; 1\}$ besitzt keinen Häufungspunkt in $\mathbb{C}$.

Zur Beachtung:

Statt von einem Häufungswert einer Folge spricht man (leider) auch häufig von einem Häufungspunkt einer Folge.

o   „Die Teilmenge W von $\mathbb{C}$ ($\mathbb{P}$ oder $\mathbb{R}^n$) ist kompakt."

[Siehe: * Definition in Anhang A, 1. Topologische Grundbegriffe;

        * Kap. III, 4.2]

Allgemeine Sätze:

I. $K \subset \mathbb{C}$ oder $\mathbb{R}^n$:   K kompakt $\Leftrightarrow$ K beschränkt und abgeschlossen in $\mathbb{C}$ (bzw. $\mathbb{R}^n$).

(Satz von Heine-Borel)

II. $K \subset \mathbb{P}$:   K kompakt $\Leftrightarrow$ K abgeschlossen in $\mathbb{P}$.

Beispiele:

i)   Für alle $c \in \mathbb{C}$ und $\rho > 0$ ist $\overline{B_\rho(c)} := \{z \in \mathbb{C} : |z - c| \leq \rho\}$ kompakt.

ii) $\mathbb{C}$ und $\mathbb{R}^n$ sind nicht kompakt.

iii) $\mathbb{P}$ ist kompakt.

iv) Für alle $c \in \mathbb{C}$ und $\rho > 0$ ist $\mathbb{P} \backslash B_\rho(c)$ abgeschlossen in $\mathbb{P}$, also kompakt.

○ C_1 : „Die Funktion $f : U \to \mathbb{C}$ ($\mathbb{P}$ oder $\mathbb{R}^n$) ist nicht lokal konstant um $c \in U$."

   C_2 : „Die Funktion $f : U \to \mathbb{C}$ ($\mathbb{P}$ oder $\mathbb{R}^n$) ist nirgends lokal konstant in U."

   C_3 : „Die Funktion $f : U \to \mathbb{C}$ ($\mathbb{P}$ oder $\mathbb{R}^n$) verschwindet nicht lokal um $c \in U$."

   C_4 : „Die Funktion $f : U \to \mathbb{C}$ ($\mathbb{P}$ oder $\mathbb{R}^n$) verschwindet nirgends lokal in U."

   [Siehe: * Satz über die Charakterisierung konstanter Funktionen (Kap. I, 3.4);
              * Meromorphe Funktionen (Kap. IV, §5)]

   Aussage C_1 bedeutet:
   Es gibt keine Umgebung $V \subset U$ von c , so dass $f|_V$ konstant ist.

   Aussage C_2 bedeutet:
   Es gibt keinen Punkt c aus U , so dass f um c lokal konstant ist.

      Ist $f : U \to \mathbb{C}$ (oder $\mathbb{P}$) holomorph oder meromorph, so bedeutet Aussage C_2 nach dem
      Identitätssatz:
      f ist auf keiner Zusammenhangskomponente von U konstant.

      Ist zusätzlich U ein Gebiet in $\mathbb{C}$ (bzw. $\mathbb{P}$), so kann „(nirgends) lokal konstant" in den
      Aussagen C_1 und C_2 durch "konstant" ersetzt werden.

   Die Aussagen C_3 und C_4 sind Spezialfälle von C_1 und C_2 .

○ M_1 : „Es existiert das Maximum von $M \subset \mathbb{R}$."

   M_2 : „Der Betrag der Funktion $f : U \to \mathbb{C}$ (oder $\mathbb{R}^n$) nimmt in U ein Maximum an."

   M_3 : „Der Betrag der Funktion $f : U \to \mathbb{C}$ (oder $\mathbb{R}^n$) nimmt in U ein lokales
          Maximum an."

   [Siehe: * Definition in Anhang A, 2. Ordnungstheoretische Grundbegriffe;
              * Maximumprinzip (Kap. I, 3.7)]

   Zu M_1 : M besitzt kein Maximum genau dann, wenn einer der folgenden Fälle vorliegt:
             i)   M ist leer.
             ii) M ist nach oben unbeschränkt. Beispiel: $M = \mathbb{N}$.
             iii) M ist nach oben beschränkt, besitzt also ein Supremum, das aber nicht zu M gehört.
                  Beispiel: $M = [\,0\,;1[$ besitzt Supremum 1 , aber $1 \notin M$.

   Zu M_2 : Die Menge $M := \{|f(z)| : z \in U\} \subset \mathbb{R}$ besitzt ein Maximum, d. h. es gibt ein $c \in U$
             mit $|f(c)| \geq |f(z)|$ für alle $z \in U$.

   Zu M_3 : Es existiert eine offene Menge $V \subset U$, so dass die Menge $M_V := \{|f(z)| : z \in V\}$ ein
             Maximum besitzt.

○   „Die Menge $M \subset \mathbb{C}$ ($\mathbb{P}$ oder $\mathbb{R}^n$) ist der Rand von W in $\mathbb{C}$ ($\mathbb{P}$ oder $\mathbb{R}^n$)."

   [Siehe: Definition in Anhang A, 1. Topologische Grundbegriffe]

   Beispiele:

   i)   Der Rand von $\mathbb{C}$ in $\mathbb{C}$ ist die leere Menge.
        Der Rand von $\mathbb{C}$ in $\mathbb{P}$ ist $\{\infty\}$.

   ii) Der Rand von $[\,0\,;1\,]$ in $\mathbb{R}$ ist $\{0\,;1\}$.
        Der Rand von $[\,0\,;1\,]$ in $\mathbb{R}^2$ (oder $\mathbb{C}$) ist $[\,0\,;1\,]$.

iii) Der Rand von $\mathbb{Q}$ in $\mathbb{Q}$ ist die leere Menge.

Der Rand von $\mathbb{Q}$ in $\mathbb{R}$ ist $\mathbb{R}$.

○ „Die Menge $W \subset \mathbb{C}$ ($\mathbb{P}$ oder $\mathbb{R}^n$) ist zusammenhängend."

[Siehe: * Definition in Anhang A, 1. Topologische Grundbegriffe;

* Sätze und Definitionen, bei denen Gebiete und nicht nur offene Mengen
vorausgesetzt werden: Identitätssatz (Kap. I, 3.2), Existenzsatz für holomorphe
Logarithmen (Kap. III, 2.4), Maximumprinzip (Kap. I, 3.7), ...]

Beispiele:

i) $\mathbb{C}$, $\mathbb{P}$ und $\mathbb{R}^n$ sind zusammenhängend.

ii) $\mathbb{R}^* :=]-\infty ; 0[\ \cup \ ]0 ; \infty[$ ist nicht zusammenhängend.

iii) $\mathbb{Q} := (]-\infty ; \sqrt{2}[\ \cap \ \mathbb{Q}) \ \cup \ (]\sqrt{2} ; \infty[\ \cap \ \mathbb{Q})$ ist nicht zusammenhängend.

Allgemeine Sätze:

I. $Z \subset \mathbb{R}$: Z zusammenhängend $\Leftrightarrow$ Z Intervall.

II. Z topologischer Raum: Z zusammenhängend $\Leftrightarrow$ $\emptyset$ und Z sind die einzigen zugleich
offenen und abgeschlossenen Teilmengen
von Z .

○ H_1 : „$f : U \to \mathbb{C}$ ist holomorph."

H_2 : „$f \in \mathcal{O}(U)$."

H_3 : „f ist eine holomorphe Funktion auf U."

H_4 : „$f : U \to \mathbb{P}$ ist holomorph."

H_5 : „f ist eine holomorphe Abbildung auf U."

Siehe Kapitel VI, 5.1.1 ii).

○ M_1 : „f ist meromorph in U."

M_2 : „$f \in \mathcal{M}(U)$."

M_3 : „$f : U \to \mathbb{P}$ ist meromorph."

M_4 : „$f : U \backslash P \to \mathbb{C}$ ist meromorph in U mit Polstellenmenge $P \subset U$."

Siehe Kapitel VI, 5.1.1 ii).

○ L_1 : „$L(z)$ ist die Laurentreihe von f um c."

L_2 : „$L(z)$ ist die Laurentreihe von f mit Zentrum c."

Siehe Kapitel VI, 2.3 iii).

○ „Sei $U \subset \mathbb{C}$ oder $U \subset \mathbb{P}$ offen."

Da eine Teilmenge $U \subset \mathbb{C}$ genau dann in $\mathbb{C}$ offen (abgeschlossen) ist, wenn sie in $\mathbb{P}$ offen
(abgeschlossen) ist, könnte man einfacher schreiben: „Sei $U \subset \mathbb{P}$ offen"

[Siehe: * Definition in Anhang A, 1. Topologische Grundbegriffe]

Symbolverzeichnis

$\mathbb{N} := \{1; 2; 3; \dots\}$	Menge der natürlichen Zahlen
$\mathbb{N}_0 := \{0; 1; 2; 3; \dots\}$	Menge der natürlichen Zahlen einschließlich der Null
$\mathbb{Z}$	Ring der ganzen Zahlen
$\mathbb{R}$	Körper der reellen Zahlen; reelle Zahlengerade
$\mathbb{C}$	Körper der komplexen Zahlen; komplexe Zahlenebene
$\mathbb{K}$	Körper der reellen oder komplexen Zahlen
$\mathbb{P}$	Riemannsche Zahlensphäre
$\mathbb{R}^+ := \;]0; \infty[$ (auch $\mathbb{R}_+$)	Menge der positiven reellen Zahlen
$\mathbb{R}_0^+ := \;[0; \infty[$	Menge der positiven reellen Zahlen einschließlich der Null
$\mathbb{R}^- := \;]-\infty; 0[$ (auch $\mathbb{R}_-$)	Menge der negativen reellen Zahlen
$\mathbb{R}_0^- := \;]-\infty; 0]$	Menge der negativen reellen Zahlen einschließlich der Null
$\mathbb{E} := \{z \in \mathbb{C}: |z| < 1\}$	Einheitskreisscheibe
$\mathbb{H} := \{z \in \mathbb{C}: \operatorname{Im} z > 0\}$	obere Halbebene
$\mathbb{H}_u := \{z \in \mathbb{C}: \operatorname{Im} z < 0\}$	untere Halbebene
$\mathbb{H}^- := \{z \in \mathbb{C}: \operatorname{Re} z < 0\}$	linke Halbebene
$\mathbb{H}^+ := \{z \in \mathbb{C}: \operatorname{Re} z > 0\}$	rechte Halbebene
$\mathbb{C}^- := \mathbb{C} \setminus \;]-\infty; 0]$	geschlitzte komplexe Zahlenebene
$i\mathbb{R}$	Menge der imaginären Zahlen
$i\mathbb{Z}$	Menge der imaginären ganzen Zahlen
$\mathbb{Z}^*, \mathbb{R}^*, \mathbb{C}^*, \mathbb{P}^*, \mathbb{E}^*$	Zahlenmengen (Punktmengen) ohne der Null (Ursprung)
$Q_I, Q_{II}, Q_{III}, Q_{IV}$	offene Quadranten der komplexen Zahlenebene
$B_r(c) := \{z \in \mathbb{C}: |z - c| < r\}$	offene Kreisscheibe um $c \in \mathbb{C}$ mit Radius $0 \le r \le \infty$
$R_{a,b}(c) := \{z \in \mathbb{C}: a < |z - c| < b\}$	offener Kreisring um $c \in \mathbb{C}$ mit dem Innenradius a und dem Außenradius b, $0 \le a < b \le \infty$
$\emptyset$	leere Menge
$\partial M, \overline{M}, \overset{\circ}{M}$	(topologischer) Rand, abgeschlossene Hülle und offener Kern einer Teilmenge M eines metrischen Raumes
$A \subset B, A \supset B$	Teilmengenrelationen, Gleichheit nicht ausgeschlossen
$A \subsetneq B, A \supsetneq B$	Teilmengenrelationen, Gleichheit ausgeschlossen
$A \not\subset B, A \not\supset B$	„A keine Teilmenge von B", „A keine Obermenge von B"
$A \cap B$	Schnittmenge von A und B
$A \cup B$	Vereinigungsmenge von A und B, A und B sind nicht notwendig disjunkt
$A \;\dot\cup\; B$	Vereinigungsmenge der disjunkten Mengen A und B
$A \setminus B$	Menge A ohne die Elemente von B. Teilmengenbeziehung $A \supset B$ ist nicht vorausgesetzt!
$M \cong N$	Topologische Isomorphie zweier topologischer Räume
$a := b$	„a wird durch b definiert"
$a \;\hat=\; b$	„a entspricht b"
$:=$	„. . . ist definiert durch . . ."
$\mathcal{O}\,(U)$	die Menge der auf U holomorphen Funktionen
$\mathcal{M}\,(U)$	die Menge der auf U meromorphen Funktionen

$\mathscr{O}(U)^*$, $\mathscr{M}(U)^*$	Funktionenmengen ohne der Nullfunktion
$\mathbb{R}[x]$, $\mathbb{C}[z]$	die Menge der Polynome einer Variablen über $\mathbb{R}$ bzw. $\mathbb{C}$
$\mathbb{C}[x,y]$	die Menge der Polynome zweier Variablen über $\mathbb{C}$
$\mathbb{R}(x)$, $\mathbb{C}(z)$	Körper der rationalen Funktionen über $\mathbb{R}$ bzw. $\mathbb{C}$
Aut (U)	Automorphismengruppe von U
Quot(R)	Quotientenkörper (eines Integritätsringes)
f', $\dfrac{df}{dz}$	erste Ableitungsfunktion von f
$f^{(n)}$, $\dfrac{d^n f}{dz^n}$	n-te Ableitungsfunktion von f
f_z, $f_{\bar{z}}$	Wirtinger Ableitungen nach z und $\bar{z}$
f_x, f_y	erste partielle Ableitungen nach x und y
f_{xx}, f_{xy}, f_{yx}, f_{yy}	zweite partielle Ableitungen nach x und y
f^{-1}	Umkehrfunktion von f (nicht $\frac{1}{f}$!)
$f|_V$	Einschränkung einer Funktion
ℓ_f	holomorpher Logarithmus der Funktion f
Re(z), Im(z), Re(f), Im(f)	Realteil, Imaginärteil vom Punkt z bzw. Funktion f
$\mathrm{ord}_c(f)$	Ordnung von f in $c \in \mathbb{C}$ ($\mathbb{P}$)
$\mathrm{ord}_c(f - a)$	a-Stellenordnung von f in $c \in \mathbb{C}$ ($\mathbb{P}$)
$\mathrm{Res}_c(f)$	Residuum von f in $c \in \mathbb{C}$ ($\mathbb{P}$)
deg(p)	Grad des Polynoms p
grad F	Gradient eines Vektorfeldes F
C^1-Funktion	reell stetig differenzierbare Funktion
1_U	Indikatorfunktion
$\|f\|$, $\|f\|_M$	Supremumsnorm
N(f)	Nullstellenmenge einer holomorphen (meromorphen) Funktion
P(f)	Polstellenmenge einer meromorphen Funktion
$|\gamma| := \gamma([a,b])$	Träger des Weges $\gamma : [a,b] \to \mathbb{C}$
$L(\gamma)$	euklidische Länge des Weges γ
$\gamma_1 + \gamma_2$	Summe der Wege γ_1 und γ_2
$-\gamma$	zu γ entgegengesetzter Weg
[a,b]	als Integrationsweg: Parametrisierung $t \mapsto a + t \cdot (b-a)$, $t \in [0;1]$, der Strecke von a nach b
	als Menge: abgeschlossenes Intervall von a nach b
det(M)	Determinante der Matrix M
$SL(2;\mathbb{R})$	multiplikative Gruppe der reellen 2x2-Matrizen mit Determinante 1
∂B $(B := B_r(c))$	als Integrationsweg: Parametrisierung $t \mapsto c + r \cdot e^{i2\pi t}$, $t \in [0;1]$, der Kreislinie ∂B
	als Menge: Kreislinie
$\partial \mathbb{E}$	als Integrationsweg: Parametrisierung $t \mapsto e^{i2\pi t}$, $t \in [0;1]$, der Einheitskreislinie $\partial \mathbb{E}$
	als Menge: Kreislinie des Einheitskreises
▲	Symbol für die abgeschlossene Dreiecksfläche
∂▲	als Integrationsweg: Parametrisierung $[a,b]+[b,c]+[c,a]$ der Begrenzungslinien des Dreiecks mit den Eckpunkten a, b und c
	als Menge: Rand der Dreiecksfläche ▲
dist $(\partial U, c) := \inf\limits_{z \in \partial U} |z - c|$	Randabstand des Punktes c vom Rand ∂U der Menge U

$\text{ind}_\gamma(c)$ — Index (Umlaufzahl) des geschlossenen Weges γ um $c \in \mathbb{C}$ oder $\mathbb{P}$

$\text{Int}(\gamma), \text{Ext}(\gamma)$ — Inneres, Äußeres eines geschlossenen Weges γ

$\bar{z} := x - iy$ — die zu $z = x + iy \in \mathbb{C}$ komplex konjugierte Zahl

$\arg(z)$ — Argument von $c \in \mathbb{C}^*$

$\zeta_n := \exp\left(\frac{2\pi i}{n}\right)$ — n-te Einheitswurzel

∞ — unendlich ferner Punkt

B_n — Bernoullische Zahlen

$<\alpha>$ $(\alpha \in \mathbb{R})$ — „ $<\alpha> \equiv \alpha \mod 2\pi$ ", $<\alpha> \in [0;2\pi[$

$[\alpha]$ $(\alpha \in \mathbb{R})$ — größte ganze Zahl, die kleiner oder gleich a ist (Gaußsche Klammer, Gaußsche Treppenfunktion)

$\sphericalangle(z,w)$ — Winkel zwischen z und w

$<a,b>$ — euklidisches Skalarprodukt der komplexen Zahlen (Vektoren) a und b

$D(a; b, c, d)$ — Doppelverhältnis der Zahlen a, b, c und d

$a|b$ — „a teilt b"

$\binom{\sigma}{n}$ — Binomialkoeffizient

$n! := n \cdot (n-1) \cdot \ldots \cdot 2 \cdot 1$ — Fakultät

$(2n+1)!! := (2n+1) \cdot (2n-1) \cdot \ldots \cdot 3 \cdot 1$ — Doppel-Fakultät

$(2n)!! := (2n) \cdot (2n-2) \cdot \ldots \cdot 4 \cdot 2$ — Doppel-Fakultät

$\delta_{n,k} := \begin{cases} 1, & \text{falls } n = k \\ 0, & \text{falls } n \neq k \end{cases}$ — δ-Funktion

$\sum_n$ — Summensymbol einer unendlichen Reihe mit Summationsindex n (Wertebereich von n ist eindeutig aus dem Zusammenhang ersichtlich)

$\sum_0^\infty, \sum_1^\infty$ — Summensymbole unendlicher Reihen (der Summationsindex ist eindeutig aus dem Zusammenhang ersichtlich)

$\sum_{-\infty}^\infty$ — Summensymbol einer Laurentreihe (der Summationsindex ist eindeutig aus dem Zusammenhang ersichtlich)

$\prod_n$ — Symbol eines unendlichen Produktes mit Index n (Wertebereich von n ist eindeutig aus dem Zusammenhang ersichtlich)

$\prod_0^\infty, \prod_1^\infty$ — Symbol eines unendlichen Produktes (der Summationsindex ist eindeutig aus dem Zusammenhang ersichtlich

max, min — Maximum, Minimum einer Menge

$\lim, \lim_n, \lim_{n \to \infty}$ — Grenzwert einer Funktion oder Folge

$\limsup_{n \to \infty}$ oder $\limsup_n$ — Limes Superior

exp — Exponentialfunktion

log — ein Zweig des Logarithmus

ln — natürlicher Logarithmus

sin, cos, tan, cot — Trigonometrische Funktionen

arcsin, arccos, arctan, arccot — Hauptzweige der Umkehrfunktionen trigonometrischer Funktionen

sinh, cosh — hyperbolische Funktionen

a^z $(a \in \mathbb{C}^*)$ — allgemeine Exponentialfunktion zur Basis a

z^a, $\sqrt[n]{z}$ $(a \in \mathbb{C}, n \in \mathbb{N} \setminus \{1\})$ — Hauptzweig der a-ten Potenz, Hauptzweig der n-ten Wurzel

Literaturverzeichnis

Eine Auswahl zu empfehlender Lehrbücher der Funktionentheorie:

[1]	ALBRECHT/ZUSER	Übungsaufgaben zur Funktionentheorie. Teil IV. München: Oldenbourg (1962)
[2]	BEHNKE/SOMMER	Theorie der analytischen Funktionen einer komplexen Veränderlichen. Berlin/Heidelberg/New York: Springer (1965)
[3]	BETZ	Konforme Abbildung. Berlin/Heidelberg/New York: Springer (1964)
[4]	BIEBERBACH	Einführung in die Funktionentheorie. Stuttgart: Teubner (1966)
[5]	CARTAN	Elementare Theorie der analytischen Funktionen einer oder mehrerer komplexer Veränderlichen. Mannheim: Bibliographisches Institut (1966)
[6]	CONWAY	Functions of One Complex Variable I. Berlin/Heidelberg/New York: Springer (1995)
[7]	FISCHER/LIEB	Funktionentheorie. Braunschweig/Wiesbaden: Vieweg (2003)
[8]	FORSTER	Lectures on Riemann surfaces. Berlin/Heidelberg/New York: Springer (1999)
[9]	FREITAG/BUSAM	Funktionentheorie 1. Berlin/Heidelberg/New York: Springer (2000)
[10]	GÜNTHER/KUSMIN	Aufgabensammlung zur Höheren Mathematik II. Berlin: DVW (1983)
[11]	HEINHOLD	Theorie und Anwendung der Funktionen einer komplexen Veränderlichen. Erster Band. München: Leibniz (1948)
[12]	JÄNICH	Funktionentheorie. Berlin/Heidelberg/New York: Springer (1999)
[13]	KNESER	Funktionentheorie. Göttingen: Vandenhoeck und Ruprecht (1966)
[14]	KOPPENFELS/STALLMANN	Praxis der konformen Abbildung. Berlin/Heidelberg/New York: Springer (1959)
[15]	LAWRENTJEW/SCHABAT	Methoden der komplexen Funktionentheorie. Berlin: DVW (1967)
[16]	NEVANLINNA/PAATERNO	Einführung in die Funktionentheorie. Basel: Birkhäuser (1965)
[17]	PESCHL	Funktionentheorie I. Mannheim: Bibliographisches Institut (1968)
[18]	PRIWALOW	Einführung in die Funktionentheorie, Teil I. Leipzig: Teubner (1970)
[19]	PRIWALOW	Einführung in die Funktionentheorie, Teil II. Leipzig: Teubner (1969)
[20]	PRIWALOW	Einführung in die Funktionentheorie, Teil III. Leipzig: Teubner (1966)
[21]	REMMERT/SCHUMACHER	Funktionentheorie I. Berlin/Heidelberg/New York: Springer (2002)
[22]	REMMERT	Funktionentheorie II. Berlin/Heidelberg/New York: Springer (1995)
[23]	SPIEGEL	Komplexe Variablen (Schaum's Outline Series). London: Mc Graw-Hill (1991)

Verzeichnis der Examensaufgaben
aus der Bayerischen Ersten Staatsprüfung

Die meisten der über 200 bearbeiteten Aufgaben stammen aus der Bayerischen Ersten Staatsprüfung für das Lehramt an Gymnasien. Die Angaben einiger Aufgaben wurden aus Gründen der Einheitlichkeit geringfügig abgeändert, ohne jedoch den inhaltlichen Kern zu verändern.

Sachverzeichnis

Mathematiker: Ein Beruf mit Zukunft

Berufs- und Karriere-Planer 2003: Mathematik - Schlüsselqualifikation für Technik, Wirtschaft und IT

Für Studierende und Hochschulabsolventen.

Ein Studienführer und Ratgeber

2. Aufl. 2003. 472 S. Br. € 14,90   ISBN 3-528-13157-8

Inhalt: Warum Mathematik studieren? - Wahl der Hochschule - Aufbau und Inhalt des Mathematik-Studiums an Universitäten - Das Mathematik-Studium an Fachhochschulen - Tipps fürs Studium - Finanzierung des Studiums - Weiterbildung nach dem Studium - Bewerbung und Vorstellungsgespräch - Arbeitsvertrag und Berufsstart - Branchen und Unternehmensbereiche - Beispiele für berufliche Tätigkeitsfelder von Mathematikern: Praktikerporträts - Mathematikstudium und Berufe in Österreich und in der Schweiz - Existenzgründung: Tipps zur Selbständigkeit - Firmenindex

Dieses Buch beschreibt die Wichtigkeit der Mathematik als Schlüsselqualifikation. Es zeigt, wie vielfältig und interessant die beruflichen Möglichkeiten für Mathematiker sind, und informiert über Wert, Attraktivität und Chancen des Mathematikstudiums. Als Handbuch und Nachschlagewerk richtet es sich an Abiturienten, Studierende, Absolventen, Berufsanfänger, aber auch an Lehrer, Dozenten, Studien- und Berufsberater.

„Ein reichhaltiges Buch also, das man (angehenden oder fertigen Studenten) warm empfehlen kann"

Mathematische Semesterberichte 48/02

vieweg

Abraham-Lincoln-Straße 46
65189 Wiesbaden
Fax 0611.7878-400
www.vieweg.de

Stand 1.7.2003. Änderungen vorbehalten.
Erhältlich im Buchhandel oder im Verlag.

Mathematik als Teil der Kultur

Martin Aigner, Ehrhard Behrends (Hrsg.)
Alles Mathematik
Von Pythagoras zum CD-Player
2., erw. Aufl. 2002. VIII, 342 S. Br. € 24,90   ISBN 3-528-13131-4

An der Berliner Urania, der traditionsreichen Bildungsstätte mit einer großen Breite von Themen für ein interessiertes allgemeines Publikum, gibt es seit einiger Zeit auch Vorträge, in denen die Bedeutung der Mathematik in Technik, Kunst, Philosophie und im Alltagsleben dargestellt wird. Im vorliegenden Buch ist eine Auswahl dieser Urania-Vorträge dokumentiert, die mit den gängigen Vorurteilen „Mathematik ist zu schwer, zu trocken, zu abstrakt, zu abgehoben" aufräumen.

Denn Mathematik ist überall in den Anwendungen gefragt, weil sie das oft einzige Mittel ist, praktische Probleme zu analysieren und zu verstehen. Vom CD-Player zur Börse, von der Computertomographie zur Verkehrsplanung, alles ist (auch) Mathematik.

Es ist die Hoffnung der Herausgeber, dass zwei wesentliche Aspekte der Mathematik deutlich werden: Einmal ist sie die reinste Wissenschaft - Denken als Kunst -, und andererseits ist sie durch eine Vielzahl von Anwendungen in allen Lebensbereichen gegenwärtig.

Die 2. Auflage enthält drei neue Beiträge zu aktuellen Themen (Intelligente Materialien, Diskrete Tomographie und Spieltheorie) und mehr farbige Abbildungen.

Abraham-Lincoln-Straße 46
65189 Wiesbaden
Fax 0611.7878-400
www.vieweg.de

Stand 1.7.2003. Änderungen vorbehalten.
Erhältlich im Buchhandel oder im Verlag.

In neuem Glanz:
Viewegs Standardwerk zur Funktionentheorie

Wolfgang Fischer, Ingo Lieb

Funktionentheorie

Komplexe Analysis in einer Veränderlichen

8., neuberarb. Aufl. 2003. X, 307 S. 51 Abb. Br. € 29,90

ISBN 3-528-77247-6

Inhalt: Komplexe Zahlen und Funktionen - Kurvenintegrale - Holomorphe Funktionen - Der globale Cauchysche Integralsatz - Die Umkehrung der elementaren Funktionen - Isolierte Singularitäten - Partialbruch- und Produktentwicklungen - Funktionentheorie auf beliebigen Bereichen - Biholomorphe Abbildungen

Dieses Buch ist einem klassischen Teilgebiet der Mathematik gewidmet: Sein Inhalt wird durch folgende Stichworte beschrieben: Holomorphe Funktionen einer komplexen Veränderlichen, homogene und inhomogene Cauchy-Riemannsche Differentialgleichungen, Cauchysche Integralsätze und -formeln, isolierte Singularitäten und Residuentheorie, Sätze von Mittag-Leffler und Weierstraß für beliebige Bereiche, doppeltperiodische Funktionen, rationale Approximation, konforme Abbildung, nichteuklidische Geometrie, Riemannscher Abbildungssatz. Es werden sowohl klassische als auch neuere Ergebnisse ausführlich dargestellt.

vieweg

Abraham-Lincoln-Straße 46
65189 Wiesbaden
Fax 0611.7878-400
www.vieweg.de

Stand 1.7.2003. Änderungen vorbehalten.
Erhältlich im Buchhandel oder im Verlag.